数学名著译丛

代数几何引论

（第二版）

〔荷〕B. L. 范德瓦尔登 著

李培廉 李 乔 译

李培廉 高小山 校

科学出版社

北京

内 容 简 介

本书主要内容包括：n 维空间的射影几何、代数函数、平面代数曲线的基本概念和性质、点的概念、一般广义点和代数流形、代数流形不可约分解算法、代数对应这一非常重要概念以及有广泛应用的计算常数原理, 代数流形的对应形式和构造方法、重数的概念和流形与超曲面之间交、线性系理论、一种把曲线变成没有重点的曲线位的方法, Bertini 定理、著名的 Noether 定理, Riemann-Roch 定理、平面曲线的奇点、包括相交重数、邻近点以及 Cremona 变换对邻近点的影响.

本书适合大学数学系高年级本科生、研究生, 以及相关专业的研究人员阅读参考.

Translation from the German language edition:
Einführung in die algebraische Geometrie by B. L. van der Waerden
Copyright © Springer-Verlag Berlin Heidelberg 1973
Springer is a part of Springer Science+Business Media
All Rights Reserved

图书在版编目 (CIP) 数据

代数几何引论(第二版)/〔荷〕B. L. 范德瓦尔登著; 李培廉, 李乔译. —北京: 科学出版社, 2008

(数学名著译丛)

ISBN 978-7-03-021298-6

I. 代… II. ①范… ②李… ③李… III. 代数几何 IV. O187

中国版本图书馆 CIP 数据核字 (2008) 第 031064 号

责任编辑: 张 扬 吴伶伶 / 责任校对: 陈玉凤
责任印制: 吴兆东 / 封面设计: 陈 敬

科学出版社 出版
北京东黄城根北街 16 号
邮政编码: 100717
http://www.sciencep.com

北京虎彩文化传播有限公司 印刷
科学出版社发行 各地新华书店经销

*

2008 年 5 月第 一 版 开本: B5(720×1000)
2022 年 3 月第八次印刷 印张: 17
字数: 314 000

定价: **88.00 元**
(如有印装质量问题, 我社负责调换)

中译本序言

1958 年时, 中国科学院为了培养年轻的科研人才, 在北京创办了中国科技大学. 当时数学研究所的高级研究人员都义不容辞踊跃参加了中国科技大学的教学工作. 我先在力学系教了两年微积分后, 于 1960 年起继华罗庚、关肇直之后为数学系担任整个系的所谓一条龙教学工作. 三年基础课后, 数学系建立了几何拓扑专门化. 主要设置了两门课程: 一门是代数拓扑, 由岳景中同志任教; 另一门是代数几何, 由我本人担任教学.

我对代数几何本是外行. 我采取了边教边学的方式, 主要采用现代代数几何学的先驱 van der Waerden 于 1939 年出版的 *Einfuehrung in die algebraische Geometrie* 一书. 当时帮助我整理讲稿的年轻学者有不少, 其中有李培廉、李乔两位. 他们把 van der Waerden 的德文原著翻译成中文. 我把译稿交给了科学出版社, 当时还写了一份推荐出版的信. 所幸该信还在, 现照录如下:

关于翻译 van der Waerden 所著一书的意见: 代数几何是数学中极其重要又极其困难的领域. 其流派众多, 有些稍纵即逝. 例如, 1950 年, Weil 的《代数几何基础》一书几乎统治这一领域二三十年. 但近年影响已远不如前. 20 世纪四五十年代之交, Chevalley 也有一部关于代数几何的书, 但几乎不为人知. 近年出现的 Grothendick 的 scheme 为中心概念的代数几何系统, 曾经煊赫一时, 但近来 Harvard 大学某名教授言, 即使 Harvard 是世界代数几何的重要中心, 也从来没有讲授过 scheme 理论的课程. 现在的 scheme 也已没有前几年的声势了. 此外, 以复流形为主的代数几何又是欲概括代数几何全貌. 而其他流派之各有特色者更有不少, 其地位各有千秋.

在各家流派中, van der Waerden 以 generic point 为中心概念的系统不仅是最早奠定代数几何严密基础的理论, 而且我认为也是最有前途、最能经得起历史考验的一派. van der Waerden 所著《代数几何引论》一书于最近重印可以说是重新得到应有的重视的一个迹象. 未来的发展自能做出正确的判断. 为此我十分赞成李培廉和李乔的翻译工作, 以及科学出版社能接受出版此书.

还在我高兴地期待着中译本的出版时, 忽然得到通知, 说是该书的出版计划已被否决. 原因为何, 有关方面当有所知.

1965 年临近暑假时, 我依靠当时学习到的代数几何, 进行了某些探索.

代数几何的主要对象是复投影空间中由有限多个复代数方程所确定的几何图像. 通常只能考虑不可约而无奇点的情形. 这时图像成为有切丛的复流形, 因而可引入陈省身示性类与示性数, 成为 20 世纪数学上的重大创新, 影响及于数学全部甚至理论物理. 但在一般有奇点的情形, 则由于切丛无法定义, 数学家只好用所谓吹涨 (blow up) 的人为复杂办法引进陈省身示性类与示性数. 但是即使是极简单的情形, 也是难以处理的, 更不用说具体计算了.

我通过 van der Waerden 的弟子周炜良所创周形式 (Chow form) 对有任意奇点的代数簇定义了陈省身示性类与示性数. 但定义复杂, 具体计算也极困难. 这时我被遣往安徽六安地区参加 "四清" 运动. 运动结束后返回北京, 接着就开始了 "文化大革命", 一切学术工作陷于停顿, 数学就更谈不上了.

直到 1976 年 "四人帮" 垮台, 学术工作才逐渐恢复. 到 1980 年, 我又重新对代数几何复习并进行思考. 这时的数学已发生了很大变化. 代数几何从过去比较冷僻的领域, 已跃升至数学的中心地位. 实际上, 代数几何已取代数论与拓扑, 成为数学中新的女王. 当时的代数几何, 名家辈出, 英国、德国、法国、美国、日本等国几代巨子各创新说, 开辟了众多不同的新方向, 呈现了百花齐放之势. 这时并无一个足以包含一切的理论可言.

van der Waerden 的代数几何奠基于代数学中的消去法与结式理论, 具有构造性与可机械化进行计算的特色. van der Waerden 所著《代数学》一书乃是近世代数学的代表作, 曾多次再版并译成多种文字, 为世界各大学数学方面的主要教材之一. 在 1930 年最早出版的版本中, 其第二部分开首的第 11 章, 即是消去法与结式理论. 可能是由于当时流行的某些思潮, 这一章在以后的版本中被完全删去. 美国 Purdue 大学具有印度血统的代数几何学家 Abhyankar 对此曾写了一首打油诗, 说是要消去消去消去法的罪人. 笔者认为, 消去法的消去, 将使代数几何失去具体计算与进行构造性推理并因之实现机械化的可能性, 其损失将是不可估量的.

根据 van der Waerden 的理论, 任一不可约复代数簇 V, 不论有无奇点, 都有 "母点" 存在, 簇的任意一点都是母点的 "特定化", 而且母点都有切面. 以此为基础, 我们可以将 V 的一个母点与它的切面看成一个复合元素, 并把这一复合元素看成是相应 Grassman 复合簇 (记为 $\widetilde{G}$) 的一个元素或 "点", 把这个 "点" 作为一个 "母点", 可以在 $\widetilde{G}$ 中定义一个子簇 $\widetilde{V}$, 由此在 $\widetilde{G}$ 作为拓扑流形时确定了一个 $\widetilde{G}$ 的同调类. 在 $\widetilde{G}$ 中高维的子簇 $\widetilde{W}$ 与 $\widetilde{V}$ 相交可得 $\widetilde{V}$ 的同调类. 把 $\widetilde{V}$ 的每一由点与面组成的复合元素只取点即得 $\widetilde{V}$ 到 V 的一个自然映像, 记之为 i, $\widetilde{W}$ 与 $\widetilde{V}$ 相交所得 $\widetilde{V}$ 的同调类在 i 下可得 V 的一个同调类. 易证选取适当的 $\widetilde{W}$ 时, 所得 V 中的 W 在 V 无奇点时即是通常的陈省身示性类与示性数. 而在有任意奇点时则定义了广义的陈类与陈数, 而且是通常的同调类或数, 因而容易处理. 这与以前通过周形式所得周炜良环中元素之不易处理更难以计算者大不相同.

举例来说, 日本的 Miyaoka 与我国的丘成桐曾经证明, 用 blow up 所定的某种特殊的有奇点二次超曲面, 它们的广义陈示性数 c_1, c_2 间有不等式关系 $3c_2 \geqslant c_1^2$.

若用我们所定义的广义陈示性数,则不仅没有任何限制,而且对任意高维有任意奇点的复代数簇,有一大批陈类与陈数间等式或不等式关系,它们都可以通过简单的计算来求得,甚至自动发现.

我们的方法在所谓 CAGD(computer aided geometric design) 方面也获得了应用. 假设有两个圆柱形管的截面,要求用某一给定次数的代数曲面形管光滑拼接. 我们可以假定所求代数曲面形管不可约. 而给出其母点所必须满足的条件. 由此得出在可能时这一代数曲面形管的确切形式. 这一方法可推广至三个以至多个管形的拼接甚至极为复杂的情形. 这一方法已在我国数学机械化研究中心以及中国科技大学数学系得到了极大的发展,前途未可限量.

在我国元代 (1206~1368 年) 朱世杰的《四元玉鉴》(1303 年) 中,提出了一个解多可达四个未知数的多项式方程组的解法. 由于我国古代进行筹算,将算筹置于棋盘形算板上计算,因而朱世杰的算法在三个未知数的情形极难具体实现,只能应用他的方法解决极简单的几何问题. 但朱世杰所提出的方法与思路实质上适用于任意多未知数与任意多多项式方程的情形. 用现代通用的语言来说,朱世杰算法的第一步是将牵涉到的未知数排成一个任意特定的次序,然后将所给方程按一定步骤将未知数按所定次序逐个消去,由此得到一组井然有序的多项式组,再依次逐个解出这组已整序后的方程的未知数. 朱世杰方法的计算主要依赖于消去法. 我们依据朱世杰的思路与方法,得出了任意多项式方程组全部解答的具体形式,称之为多项式方程组的整序原理与零点分解定理,并将之推广到微分方程的情形. 这构成了我们所创数学机械化的核心. 它获得了形形色色数学与数学以外多方面的应用,包括通常几何与微分几何定理的机器证明,取得了巨大成功.

我获得了 2006 年的邵逸夫数学奖. 诺贝尔奖无数学奖,不仅为数学界,也为全世界科技界所诟病. 为此由我国诺贝尔物理奖得主杨振宁教授建议,香港影视界巨擘邵逸夫先生捐出巨资,建立了包括数学奖在内为诺贝尔奖所缺的三项奖金. 每年颁发一次,每奖达 100 万美元,号称"东方诺贝尔奖". 其中数学奖首届 2004 年度授予陈省身教授,奖励他创立整体微分几何与引入陈省身示性类与示性数,其影响及于数学全部甚至理论物理. 2005 年度的数学奖授予美国的 Wiles 教授,奖励他彻底解决已有 300 多年难题 Fermat 大定理. 2005 年度的数学奖授予美国 Fields 奖得主、代数几何巨擘 Mumford 教授与我两人. 评奖委员会五人,除一人为华人外,其余四人是美国、俄罗斯、日本的 Fields 奖得主与美国数学界的一位领导人. 我得奖的理由据宣布是,我的数学机械化将为数学的未来发展提供一个新的模式.

事实上,我们的数学机械化,在数学作为一种特殊类型的脑力劳动时,是一种特殊但也较典型的脑力劳动机械化. 过去的工业革命乃是一种体力劳动的机械化. 在当前知识经济的信息时代,将出现一种新型的工业革命,它将是一种脑力劳动的机械化. 它将借助于计算机之类的新型工具来实现至少是部分的脑力劳动的机械化. 数学由于表现形式的简洁、明确与无二义性, 在各种脑力劳动中, 具有实现机械化的优势. 我们在数学机械化方面所取得的成功足以说明这一点. 我们的数学机械化必将成为一种典型, 其发展还正方兴未艾, 而数学机械化所以可能, 归根结底在于消去法与结式等可以机械地进行的构造性运算. van der Waerden 在代数几何方面的奠基性工作, 以及如母点、特定化等基本概念的引入与具体运算, 也正是依赖于这些可以机械地进行的构造性运算.

应该指出, 消去法的发源地乃是我古代中国. 事实上, 早在秦汉时期, 也即公元前 2 世纪左右成书的我国经典著作《九章算术》中, 其第八章方程即详细记载了如何用消去法解线性联立方程组的具体过程. 此后消去法更以多种形式出现于我国各种数学问题解答的计算中, 而于元代朱世杰《四元玉鉴》的著作中集其大成, 这充分说明中国乃是消去法的故乡.

中华民族正处于伟大复兴的时代, 我国的数学自远古以至元代, 在大部分的时间内曾经左右着数学的发展并通过丝绸之路影响西方的文艺复兴以至于微积分的创立. 在这伟大复兴的新时代里, 如何博采诸家之长, 创立具有我国特色的新型数学, 以至于具有我国特色既有深刻理论并能具体计算的新型代数几何, 乃是值得有雄心壮志的中华新秀深入思考的历史性壮举.

是为序.

吴文俊

2007 年 10 月 20 日

第二版序言

来自各方面的呼声要求重新出版我在 1939 年出的那本《引论》. 尽管代数几何的基本概念已经有了根本的更新, 但是人们还是认为, 作为引论, 我的那本书还仍然是非常适合的.

然而, 要提醒当今读者注意的是, 这本书的一些术语与现在通用的不一样. 特别要指出的是, 同一个 "代数流形" 在当时通行的用法中有两种不同的含义, 它们在今天已更好地分别用 "簇"(varietät) 和用 "链"(zykel) 来表示. "簇" 是一个点集, 一个在 Andá Weil 意义下的一 "通用域"(universal körper)①中的代数方程组的解的集合. 我们也可用 "成长型域"(wachsenden körper)(见本书 §4.1) 来代替. 而 "链" 则是维数相同的绝对不可约簇的形式和, 且和中各项系数都是整数 (如平面中计入两次的一条直线).

如果从头至尾都采用这两个概念就要彻底改写全书, 从而将使该书的付梓不知会拖到何时. 由于这个原因, 我决定出一本不加改变的新版. 读者在阅读时每当遇到流形这个概念可以自己思考, 它到底指的是簇还是闭链. 例如, 讲 "线性系" 的那一章 (第 7 章) 谈的就是在 d-维簇上的 d-维闭链, 而在 §5.5 和 §5.6 中, 遇到 "流形 M" 时, 就要把它理解成 "闭链 M".

改正了一些笔误和引证不完全的地方. 此外还增补了两篇附录:

第一篇是我的一篇论文 "论代数几何学 20", (Math. Annalen, 1971, 193(5): 89-108).

第二篇是谈代数几何从 Severi 到 Andá Weil 的发展历史回顾, 它原来是我在 1970 年 Nice 国际数学家会议上的阶段报告, 后来稍加补充发表在 *Archive for History of Science* (1971, 7) 上.

Zürich, 1973 年 2 月

B. L. van der Waerden

---

① 通用域是基本域 K 上一个代数封闭的无限超越阶次 (unendliden transzendenzgrad) 的扩张. 见 *A-Weil, Foundations of Algebraic Geometry* (1st ed. 1946).

第一版序言

在我讲授 Zariski 为 "数学成就丛书" 所写的那部极有价值的《代数曲面》一书的过程中, 产生了写一部代数几何引论的想法. 这样一部引论应该把在经典意义下的代数几何学的所谓 "要素" 都包括进来, 即它应该为每一个更深入的理论提供必要的基础. Geppert 先生准备为该丛书写一部关于代数曲面的书. 他也认为需要一部这样的引论作为他以后写书的依据, 这就更加鼓励了我来写本书.

我多次讲授代数曲线和曲面的经验对我撰写本书有很大的好处, 我因此能够用到 Deuring 与 Garten 两人所整理的课堂笔记. 此外还从我发表在《数学年刊》上的一系列论代数几何学的论文里采撷了不少材料.

该书材料的选择不是以美学的观点为依据, 而是完全以需要还是不需要作标准来决定的. 所有那些的确是属于 "要素" 之列的材料, 我希望它们都已被选进来. 理想子环的理论是我从前研究工作的课题, 对于基础来说我认为不是必需的, 所以就选了意大利学派有力的方法来代替它. 为了将方法讲述清楚和给问题的提出作好准备, 我叙述了许多独立的几何问题, 不过我还是注意掌握一定的分寸, 否则就会使得该书的篇幅无边无际地扩大起来.

Geppert 教授、Keller 博士、Reichardt 博士和 Schaake 教授帮助我校对并且提出了许多改进的意见, 应该向他们致以最大的谢意, 插图的底稿是由 Reichardt 博士绘制的, 出版社为该书的出版做了无可非议的工作并且好意地接受了我的一些特殊要求, 作者感谢他们.

Leipzig 1939 年 2 月

B. L. van der Waerden

目　录

引　言

代数几何学是由在德国高度发展起来的代数曲线和曲面的理论与意大利学派的多维几何学的理论有机结合而产生的, 由函数论和代数学加以哺育而长大. 狭义意义上来讲的代数几何学是由 Max Noether 所创始, 并通过意大利几何学家 Segre、Severi、Enriques、Castelnuovo 等的工作而发扬光大的. 在我们的时代里, 自从拓扑学服务于它以来, 代数几何学又进入第二次发扬光大的时期, 与之同时也开始了从代数学出发来检讨它的基础的工作. 本书不准备深入到这一基础上. 它的代数基础现在已经是这样完善, 以致有可能直接"从上往下"地来描述整个理论. 首先, 从一个任意的基本域出发建立起 n 维空间代数流形的理论和单变元代数函数域的理论. 然后, 通过特殊化就可分别得到平面代数曲线、空间代数曲线和代数曲面. 至于与函数论和拓扑学的联系, 在将基本域选为复数域后就可随之建立起来.

我们不打算采用这种描述方式, 而宁愿多走一些路, 以历史发展过程作为我们描述的线索, 当然, 在细节上有所简略和变更. 因此, 我们总是尽力做到, 在建立一般的概念之前, 首先准备好必需的直观材料. 最先引入的是射影空间的初等形体 (线性子空间、二次曲面、有理正规曲线、直射变换、对射变换), 然后是平面代数曲线 (偶尔也略为论及曲面和超曲面), 这之后才是 n 维空间中的流形. 基本域在开始是选复数域, 以后再根据需要逐步引入更为一般的基本域, 然而也还总是只限于包含全体代数数的域. 我们还尽量做到, 用初等工具推进到尽可能远的地方, 即使是所得的定理将来可作为更普通定理的特例再一次给出也还是这样. 我可以举三次曲线上点组的初等理论作为这种例子, 在这种初等理论中, 既没有用到椭圆函数, 也没有用到 Noether 基本定理.

这种处理方式的好处是, 它能够把从 Plücker, Hesse, Cayley, Cremona 直到 Clebsch 学派这些经典几何学家的美丽的方法和结果充分再现出来. 并且它与函数论方法的联系在曲线理论的一开始就可以建立起来, 从而平面代数曲线的分支的概念就可用 Puiseux 级数展开来阐述. 常常会听到责难说, 这种方法不是纯粹代数的, 对这种责难我们能够很容易地给予回答. 我充分了解, 用赋值论能建立一个更美丽和更普通的代数基础. 但是在我看来, 首先使初等学者熟悉一下 Puiseux 级数和直观地来看一看代数曲线的奇点, 对正确的理解更为一般的理论是极为重要的.

到第 4 章才引入代数流形的一般理论, 在这里, 分解为不可约流形的方法以及一般点和维数的概念占有核心的地位.

代数流形的一个重要的特殊情形是两个流形间的代数对应, 这就是第 5 章所要讨论的, 不可约对应的一些最简单的定理, 特别是个数守恒原理, 都已经有了许多的应用. 在第 6 章中将由代数对应的概念建立起一般重数的概念, 并将它应用到各种问题中, 特别是相交问题中. 第 7 章讨论线性系的理论纲要, 这一理论是意大利学派在研究代数流形的双有理不变式中所采用方法的基础. 第 8 章讲述 Noether 基本定理, 它的 n 维推广及其各种推论, 其中包括 Brill-Noether 剩余定理. 最后在第 9 章中对平面曲线上的 "无穷邻近点" 的理论作一简短的讨论.

　　读者如对 n 维射影几何学 (第 1 章) 和代数的基本概念 (第 2 章) 已有一定程度的熟悉可以直接从第 3 章开始, 也可以直接从第 4 章开始. 第 3 章和第 4 章是相互无关的, 第 5 章及第 6 章主要是以第 4 章为基础的, 只是从第 7 章开始才需要用到全部前面的内容.

第1章 n 维空间的射影几何

木章内容仅前七节和 §1.10 是本书今后经常要用到的, 其余的几节只是提供一些不用高等代数工具就能处理的直观材料和简例, 为以后代数流形的一般理论做好准备.

§1.1 射影空间 S_n 及其线性子空间

人们早就在平面和空间的射影几何中发现, 将实点的领域扩充到复点领域是有用处的. 由于射影平面上的实点是由三个不全为零且可乘以任一 $\lambda \neq 0$ 的因子的实齐次坐标 (y_0, y_1, y_2) 所给出, 所以对一个 "复点" 我们也用三个不全为零且可以乘以任一 $\lambda \neq 0$ 的因子的复数 (y_0, y_1, y_2) 来给出.

复点的概念也可依照 Von Staudt 用纯粹几何的方式来定义①. 然而, 把平面上的一个复点直接看成是全体三数组 $(y_0\lambda, y_1\lambda, y_2\lambda)$ 的集合 (这些数组是由任一不等于零的因子 λ 与一不全为零的确定的三元复数组 (y_0, y_1, y_2) 相乘而组成), 这种代数的理解方式要方便得多. 我们就把这个代数的定义作为以下讨论的基础.

一旦人们这样远离了几何直观, 把点看成是纯粹代数的结构, 那么 n 维的推广就没有太大困难了, 我们把一个 n 维空间的复点看成为全体 $n+1$ 维数组 $(y_0\lambda, y_1\lambda, \cdots, y_n\lambda)$ 的集合. 这集合里的任一数组都由一 $\lambda \neq 0$ 的因子与一确定的、不全为零的 $n+1$ 维数组 $(y_0, y_1, \cdots, y_n)$ 相乘而组成. 这种点的全体叫做 n 维复射影空间 S_n.

我们还可以做更进一步的推广, 即我们可将任一代数学上所谓的可换体 $\mathbf{K}$ 来代替复数域, 对这个体我们只要求它像复数域一样是代数封闭的, 即每一个在域 $\mathbf{K}$ 中不恒等于一常数的多项式均可完全分解为线性因子. 代数封闭域的例子有代数数域、复数域、k 个未定元的代数函数域. 由所有这些域所导出的射影空间, 它们的性质是这样一致, 以致我们能够把它们统一起来处理.

现在我们把射影空间的概念与矢量空间联系起来, 由域 $\mathbf{K}$ 中的元素所组成的 n 元组 $(y_1, y_2, \cdots, y_n)$ 叫做一个矢量, 全体矢量的集合叫做 n 维矢量空间 E_n. 矢量可以按已知的方式相加、相减或乘以域中的元素. 任意 m 个矢量 $\overset{1}{v}, \cdots, \overset{m}{v}$, 如果由 $\overset{1}{v}\gamma_1 + \cdots + \overset{m}{v}\gamma_m = 0$ 必然会导得 $\gamma_1 = \cdots = \gamma_m = 0$, 就叫做线性无关. 整个线性

---

① 详细的描述可参阅本丛书之一的 Juel G. Vorlesungen über projektive Geometrie. Berlin, 1934.

空间可由任意 n 个线性无关的矢量 $\overset{1}{v},\cdots,\overset{n}{v}$ 张成, 即任一矢量 v 可写成为线性组合 $v = \overset{1}{v}\,\gamma_1 + \cdots + \overset{n}{v}\,\gamma_n$. 由 m 个线性无关的矢量 $\overset{1}{v},\cdots,\overset{m}{v}(m \leqslant n)$ 所作成的全体线性组合叫做矢量空间 E_n 的 m 维线性子空间, 维数 m 与基矢量 $\overset{1}{v},\cdots,\overset{m}{v}$ 的选择无关[1].

特别地, 一个一维的子空间是由全体矢量 $\overset{1}{v}\,\lambda$ 所组成, 其中 $\overset{1}{v} = (y_1,y_2,\cdots,y_n)$ 为一异于零的固定矢量, 根据上述定义可见射影空间 S_n 中的一个点不是别的, 只不过是 E_{n+1} 的一个一维线性子空间 [或者说射线 (strahl)] 而已. S_n 就是矢量空间 E_{n+1} 中的全体射线组成的集合.

S_n 的子空间 S_m 现在就可以定义为 E_{n+1} 的子空间 E_{m+1} 中全体射线组成的集合. 这样, 组成 S_m 的点 y 的坐标 $(y_0,y_1,\cdots,y_n)$ 必线性依赖于 $m+1$ 个线性无关点 $\overset{0}{y},\cdots,\overset{m}{y}$ 的坐标, 即

$$y_k = \overset{0}{y}_k\,\gamma_0 + \overset{1}{y}_k\,\gamma_1 + \cdots + \overset{m}{y}_k\,\gamma_m \quad (k = 0,1,\cdots,n). \tag{1.1.1}$$

可将域内的元素 $\gamma_0,\cdots,\gamma_m$ 看成子空间 S_m 的齐次坐标(或参数), 点 $\overset{0}{y},\cdots,\overset{m}{y}$ 称为这个坐标系的基点. 由于这个子空间中的每一个点均由 $m+1$ 个齐次坐标来确定, 这就肯定了我们原来把它表示为 S_m 是恰当的. 我们把一维的子空间叫做直线; 二维的叫做平面; $(n-1)$ 维的叫做超平面. S_0 就是一个点.

式 (1.1.1) 在 $m = n$ 时仍然成立, 此时 S_m 就与全空间 S_n 相重合. 参数 $\gamma_0,\cdots,\gamma_m$ 就是点 y 的新的坐标, 它与旧坐标的联系由变换 (1.1.1) 给出. 现在我们把这变换写成[2]

$$y_k = \sum \overset{i}{y}_k\,\gamma_i.$$

由于已假设点 $\overset{0}{y},\cdots,\overset{m}{y}$ 是线性无关的, 所以可以从上述方程解出 γ_i:

$$\gamma_i = \sum \theta_i^k y_k.$$

γ_k 就称为一般射影坐标(在平面时为三线坐标; 在空间时为四面体坐标) 在 $(\overset{i}{y}_k)$ 为单位矩阵的特殊情形时, γ_k 就等于原有坐标 y_k.

坐标 $y_0,\cdots,y_n$ 间的 d 个线性无关的齐次线性方程决定 S_n 中的一个 S_{n-d}; 因为我们已知它的解可表为 $n-d+1$ 个线性无关解的线性组合. 特别地, 一个单独的线性方程:

$$u^0 y_0 + u^1 y_1 + \cdots + u^n y_n = 0 \tag{1.1.2}$$

---

[1] 证明可参阅 B.L. 范德瓦尔登. 近世代数. 卷 I, §28 或卷 II, §105.

[2] 此处及以后如对符号 $\sum$ 未做进一步的说明, 即指对其中两次出现的指标 (且一为上标, 另一为下标) 进行求和.

确定一超平面. 称系数 $u^0, u^1, \cdots, u^n$ 为超平面 u 的坐标. 它们只能确定到有一共同因子 $\lambda \neq 0$, 这是因为方程 (1.1.2) 可以乘上任一这样的因子 λ 的缘故.

方程 (1.1.2) 的左面我们以后总用 u_y 或 (uy) 来表示, 即我们令

$$(uy) = u_y = \sum u^i y_i = u^0 y_0 + u^1 y_1 + \cdots + u^n y_n.$$

S_n 中任一线性空间 S_d 均可通过 $n-d$ 个线性无关的线性方程来确定. 因为当 S_d 由点 $\overset{0}{y}, \overset{1}{y}, \cdots, \overset{d}{y}$ 确定时, 则下述 $d+1$ 个线性方程

$$(u\overset{0}{y}) = 0, \quad (u\overset{1}{y}) = 0, \quad \cdots, \quad (u\overset{d}{y}) = 0$$

中的未知量 $u^0, u^1, \cdots, u^n$ 刚好有 $n-d$ 个线性无关解, 每一个这样的解决定一个超平面, 这 $n-d$ 个超平面的交就是一个 S_d, 这个 S_d 包含了点 $\overset{0}{y}, \overset{1}{y}, \cdots, \overset{d}{y}$, 因此必定与原来所给的 S_d 重合.

练 习 1.1

1. n 个线性无关点 $\overset{1}{y}, \cdots, \overset{n}{y}$ 决定一个超平面 u, 试证: 该超平面的坐标 u^v 与矩阵 $(\overset{i}{y}_k)$ 的 n 阶子行列式成比例.

2. n 个线性无关的超平面 $\mu_1, \cdots, \mu_n$ 决定一个点 y, 试证该点的坐标与矩阵 (u_i^k) 的 n 阶子行列式成比例.

3. 由给出空间 S_m 中的基点 $\overset{0}{y}, \cdots, \overset{m}{y}$ 还不足以把任一点的坐标 $\gamma_0, \cdots, \gamma_m$ 唯一决定下来, 因为我们还可将基点的坐标乘上任一不为零的因子 $\lambda_0, \cdots, \lambda_m$. 试证: 只要给定坐标为 $\gamma_0 = 1, \cdots, \gamma_m = 1$ 的 "单位点", 任一点的坐标就可唯一确定到有一共同的因子 $\lambda \neq 0$. 又试问, 单位点可在 S_m 中任意选定吗?

4. 试证: S_m 中的一个 S_{m-1} 可由坐标 $\gamma_0, \cdots, \gamma_m$ 的一个线性方程给出.

5. 试证: 要想由 S_m 中的一组参数 $\gamma_0, \cdots, \gamma_m$ 系转换到同一 S_m 中 (由另一些基点所确定) 另一参数系, 可由一线性参数变换

$$\gamma_i' = \sum \alpha_i^k \gamma_k$$

给出.

§1.2 射影结合定理

由 §1.1 的定义可直接导出下述两个相互对偶的结合定理:

I. S_n 中的 $m+1$ 个点, 如不全位于一 $q < m$ 的 S_q 中, 则决定一个 S_m.

II. S_n 中的 d 个超平面, 如不包含共同的 $q > n-d$ 的 S_q, 则决定一 S_{n-d}.

现在我们来进一步证明:

III. 当 $p+q \geqslant n$ 时, S_n 中的一 S_p 与一 S_q 的交是线性空间 S_d, 其维数 $d \geqslant p+q-n$.

证 因决定 S_p 的线性无关方程有 $n-p$ 个, 决定 S_q 的线性无关的方程有 $n-q$ 个, 总共就有 $2n-p-q$ 个. 如果这些方程式是无关的, 则它们决定一维数为 $n-(2n-p-q)=p+q-n$ 的线性空间; 如果它们是相关的, 则要从其中弃去一些 方程, 从而使相交空间的维数增大.

IV. 同时包含 S_d 的 S_p 与 S_q 必定位于一 $m \leqslant p+q-d$ 的 S_m 中.

证 设 S_d 由 $d+1$ 个线性无关点决定. 为了决定 S_p, 我们在此 $d+1$ 个点外 再补上 $p-d$ 个点, 从而得到 $p+1$ 个线性无关点. 为了决定 S_q, 我们同样地补上 $q-d$ 个点, 所有这些

$$(d+1)+(p-d)+(q-d)=p+q-d+1$$

个点, 当它们线性无关时, 决定一 S_{p+q-d}, 否则决定一 $m < p+q-d$ 的 S_m, 这样 定出的 $S_m(m \leqslant p+q-d)$ 包括所有决定 S_p 与 S_q 的点, 因而也就包含 S_p 与 S_q 本 身.

如相交空间 S_d 不存在, 则用同样的论述方式可推得:

V. 一 S_p 与一 S_q 必同时位于一 $m \leqslant p+q+1$ 的 S_m 中.

利用 III 可以将 IV 与 V 进一步加强为:

VI. 一 S_p 与一 S_q, 如其交为 S_d, 则必定同时位于唯一确定的 S_{p+q-d} 中; 如其 交为零, 则必定同时位于一唯一确定的 S_{p+q+1} 中.

证 先假设有相交为 S_d, 根据 IVS_p 与 S_q 在某一 $m \leqslant p+q-d$ 的 S_m 中, 另 一方面根据 III 有: $d \geqslant p+q-m$, 因而 $m \geqslant p+q-d$.

由此推得 $m = p+q-d$, 如果 S_p 与 S_q 还能包含在另一个 S_m 中, 则这两个 S_m 的交集必也包含 S_p 与 S_q 且有一较小的维数, 根据上述所证明的结果, 这是不 可能的.

现在假设它们不相交, 根据 S_p 与 S_q 同时位于一 $m \leqslant p+q+1$ 的 S_m 中. 如 果 $m \leqslant p+q$, 则根据 III 它们的交集不为空. 因此, 有 $m = p+q+1$. 和第一种情 形完全一样, 还可推得 S_m 为唯一.

由 VI 所确定的空间 S_{p+q-d} 及 S_{p+q+1} 称之为 S_p 与 S_q 的并联空间 (verbindu-ngsraum).

练 习 1.2

1. 试由 I, II, III, VI 通过特殊化导出平面 S_2, 空间 S_3 与空间 S_4 的结合公理.

2. 将 S_n 的一个子空间 S_m 投影到另一子空间 S'_m 上, 是指将 S_m 的全体点与一固定的 S_{n-m-1} 并联起来, 且使每一点与 S_{n-m-1} 的并联空间 S_{n-m} 总是和 S'_m 相交. 假设 S_{n-m-1}

与 S_m 和 S'_m 均不相交. 试证: 上述决定了 S_m 的点与 S'_m 的点间的一个一一对应.

§1.3　对偶原理 · 进一步的概念 · 交比

两个子空间 S_p 与 S_q, 如果其中一个包含在另一个中, 就说它们相互关联. 特别地, 我们说点 y 关联于超平面 u, 如果关系 $(uy) = 0$ 成立.

由于 S_n 中的一个点由 $n + 1$ 个可以乘以任一不等于零的因子 λ 的齐次坐标 $y_0, \cdots, y_n$ 给出, S_n 中的一个超平面也是由 $n + 1$ 个可以乘以任一不等于零的因子 λ 的齐次坐标 $u^0, \cdots, u^n$ 给出, 而且在关联关系式 $(uy) = 0$ 中 u 与 y 处于同等的地位, 故有下述 n 维对偶原理: 在每一个关于点与超平面相关联的正确判断中, 可将这两个概念对调而不会影响判断的正确性. 例如, 对平面而言, 可在任一仅涉及点与直线间关联性的定理中将点与直线的概念相对调; 对空间言, 可在任一仅涉及点与平面间关联性的定理中将点与平面的概念相对调.

我们也可这样来表述对偶原理: 对每一由点与超平面组成的图形有一由超平面与点组成的图形与之对应, 其关联关系与原图形相同, 对应的方式是这样: 对点 y, 令与 y 具有相同坐标 $y_0, \cdots, y_n$ 的超平面与之对应; 对超平面 u, 令与它具有相同坐标 $u^0, \cdots, u^n$ 的点与之对应. 因此, 关系 $(uy) = 0$ 仍保持不变. 这种对应是一种特殊的对射变换, 或称为对偶变换, 由点 $(u^0, \cdots, u^n)$ 组成的空间也称为原空间 S_n 的对偶空间.

现在我们来研究, 一个线性子空间 S_m 在对偶变换下相应于什么; S_m 可通过点坐标 y 的 $n - m$ 个线性无关方程来给出, 如果我们现在将 y 理解为一个超平面的坐标, 则这 $n - m$ 个线性无关的方程表示超平面 y 将通过 $n - m$ 个线性无关的点. 这些 $n - m$ 个点决定一 S_{n-m-1}, 而线性方程则表明, 这个 S_{n-m-1} 包含在超曲面 y 中. 因此, 在对偶变换中, S_m 对应于 S_{n-m-1}, S_m 的点对应于通过 S_{n-m-1} 的超平面.

现在假设 S_p 包含在一 S_q 中, S_p 的一切点同时是 S_q 中的点. 在对偶变换中 S_p 对应于一些 S_{n-p-1}, S_q 对应于一 S_{n-q-1}, 因此所有通过 S_{n-p-1} 的超平面同时也通过 S_{n-q-1}. 很明显, 这就是说 S_{n-q-1} 包含在 S_{n-p-1} 中. 因此, 在对偶变换下包含关系也反转过来.

根据上述考虑可见, 对偶原理不仅能应用于由点和超平面组成的图形, 而且也能直接应用到由任意的线性空间 $S_p, S_q, \cdots$ 组成的图形以及关于这些图形的定理上去, 在对偶变换下, 每一 S_p 与一 S_{n-p-1} 相对应, 且有关 S_p 的关联关系与原关系相反, 即当 S_p 包含于 S_q 中时, 则与 S_p 相对应的 S_{n-p-1} 包含 S_{n-q-1}.

联系在 §1.1 中所阐述的射影几何的基本概念, 还有一系列的导出概念, 我们把其中最重要的一些在此叙述一下.

直线上的全体点也称为一 (线性)点列. 该直线就称为这一点列的载体 (träger). 与这一点列相对偶的为 S_n 中包含 S_{n-2} 的超平面的集合. 我们把这一集合称为**超平面束**($n = 2$ 时称为射线束; $n = 3$ 时称为平面束), 该 S_{n-2} 称为这一超平面束的载体. 和线性点列一样, 束也有一参数表示:

$$u^k = \lambda_0 s^k + \lambda_1 t^k. \tag{1.3.1}$$

一平面 S_2 的全体点称为一平面的**点场**, S_2 称为它的载体, S_n 中与之对偶的全体超平面被称为**网** (netz)或**丛** (bündel), 它包含了这一丛内的载体 S_{n-3}. 网的参数表示为

$$u^k = \lambda_0 r^k + \lambda_1 s^k + \lambda_2 t^k.$$

S_n 中通过一点 y 的全体线性空间称为一**星形**(stem), 点 y 就称为该星形的载体.

设 u, v, x, y 为一直线上的四个不同的点, 并设

$$\begin{cases} x_k = u_k \lambda_0 + v_k \lambda_1, \\ y_k = u_k \mu_0 + v_k \mu_1, \end{cases} \tag{1.3.2}$$

则我们称量

$$\begin{pmatrix} x & y \\ u & v \end{pmatrix} = \frac{\lambda_1 \mu_0}{\lambda_0 \mu_1} \tag{1.3.3}$$

为该四点 u, v, x, y 的**交比**. 将坐标 u 或 v, x 或 y 乘以任一不为零的因子 λ, 交比显然不会因此而改变. 所以, 交比确仅与该四点有关, 而与其坐标无关.

用完全相同的式 (1.3.2) 与式 (1.3.3) 可定义一束中四个超平面 (例如, 一平面射线束中的四条直线) 的交比.

练　习　1.3

1. 在对偶变换下两个线性空间的交对应于其并联空间, 反之亦然.

2. 试由 S_{n+1} 中一点作出的 S_{n+1} 的 S_n 的投影来证明下述转移原理, 每一个关于 S_n 中点, 直线, ⋯⋯ 超平面间的关联性定理均对应于一关于 S_{n+1} 的星形中直线, 平面, ⋯⋯ 超平面间的关联性定理.

3. 试证下列公式:

$$\begin{pmatrix} u & v \\ x & y \end{pmatrix} = \begin{pmatrix} x & y \\ u & v \end{pmatrix} = \begin{pmatrix} v & u \\ y & x \end{pmatrix} = \begin{pmatrix} y & x \\ v & u \end{pmatrix},$$

$$\begin{pmatrix} x & y \\ u & v \end{pmatrix} \begin{pmatrix} y & x \\ u & v \end{pmatrix} = 1,$$

$$\begin{pmatrix} x & y \\ u & v \end{pmatrix} + \begin{pmatrix} x & u \\ y & v \end{pmatrix} = 1.$$

4. 设 a, b, c, d 为平面上的四点, 其中任三个均不在一直线上, 则其坐标可如下地来正规化:

$$a_k + b_k + c_k + d_k = 0,$$

从而 "完全四角形" a, b, c, d 的 "对角点" p, q, r(即 ab 与 cd, ac 与 bd, 以及 ad 与 bc 的交点) 可由下式给出:

$$p_k - a_k + b_k = -c_k - d_k,$$
$$q_k = a_k + c_k = -b_k - d_k,$$
$$r_k = a_k + d_k = -b_k - c_k.$$

5. 试利用练习 1.3 题 4 的符号和公式证下述完全四角形定理: s, t 分别表 pq 与 ad 及 bc 的交点, 对角点 p, q 与此两点成调和共轭, 即其交比为

$$\begin{pmatrix} p & q \\ s & t \end{pmatrix} = -1.$$

6. 如何叙述在平面的射影几何中与上述完全四角形定理相对偶的定理?

§1.4　多重射影空间·仿射空间

以 x 表一 S_m 的点, 以 y 表一 S_n 的点, 则所有形如 (x, y) 的点偶组成的集合就称为二重射影空间 $S_{m,n}$. 因此, $S_{m,n}$ 的一个点就是一个点偶 (x, y). 可以类似地来定义三重、四重以至多重的射影空间, 我们将数 $m + n$ 当作空间 $S_{m,n}$ 的维数.

引进多重射影空间的目的是为了能够类似于处理点流形和单列变量的齐次方程等问题一样地来处理相应的点偶流形、三点组的流形以及多列变量的齐次方程的问题.

我们把多重射影空间 $S_{m,n\cdots}$ 中的一个代数流形理解为该空间中满足方程组 $F(x, y, \cdots) = 0$ 的全体点 $(x, y, \cdots)$ 所组成的集合, 其中方程对每一列变量均为齐次的, 一个具有次数 $g, h, \cdots$ 的单一方程 $F(x, y, \cdots) = 0$ 的解组成一次数为 $g, h, \cdots$ 的代数超曲面.

普通射影空间 S_n 中的一个超曲面只有一个次数, 叫做该超平面的次数或阶数. 次数为 $2, 3, 4$ 的超曲面就分别叫做二次超曲面、三次超曲面和四次超曲面, S_2 或 $S_{1,1}$ 中的一个超曲面称为一条曲线, S_3 中的一个超曲面称为一曲面. S_2 中的二次曲线称为圆锥曲线, 二次的超曲面一般称为二次曲面.

我们能够将二重齐次空间 $S_{m,n}$ 的点一一对应地映像到一普通的射影空间 S_{mn+m+n} 上. 为此我们令

$$z_{ik} = x_i y_k \quad (i = 0, 1, \cdots, m; k = 0, 1, \cdots, n), \tag{1.4.1}$$

并将此 $(m+1)(n+1)$ 个不全为零的元素 z_{ik} 当作 S_{mn+m+n} 中一个点的坐标, 可以反过来由 z_{ik} 决定 x 和 y, 且这决定除一共同的因子 λ 未定外是唯一的. 因为设 $y_0 \neq 0$, 则由式 (1.4.1) 知 $x_0, \cdots, x_m$ 正比于 $z_{00}, z_{10}, \cdots, z_{m0}$ 诸 z_{ik} 由下述

$$\binom{m+1}{2}\binom{n+1}{2}$$

个方程

$$z_{ik}z_{jl} = z_{il}z_{jk} \quad (i \neq j; k \neq l) \tag{1.4.2}$$

联系着, 因此流形 $S_{m,n}$ 可由 $\binom{m+1}{2}\binom{n+1}{2}$ 个二次方程所组成的方程组来决定. 因为它的点能由方程 (1.4.1) 的有理参数表示, 它就叫做有理流形.

映射 (1.4.1) 的最简单的情形是 $m = 1, n = 1$ 的情形. 此时方程 (1.4.2) 就成为

$$z_{00}z_{11} = z_{01}z_{10}, \tag{1.4.3}$$

它定出三维空间中的二次曲面, 并且任一非奇异的二次方程 (无重点二次曲面的方程) 均可通过一射影变换变成方程 (1.4.3) 的形式. 因此, 我们得到一个将两条直线上的点偶映射到任一无二重点二次曲面上的点去的映射. 这个映射在研究二次曲面上的点、直线或曲线的性质时有很大的用处.

练 习   1.4

1. 在流形 $S_{m,n}$ 上将 y 或 x 固定就可分别得到两族线性空间 S_m 或 S_n[特例: 在曲面 (1.4.3) 上可得到两族直线], 不同族中的任两线性空间有一个公共点, 同一族中的任两个线性空间则无公共点.

2. 设方程 $f(x, y) = 0$ 对 x_0, x_1 为齐次, 其次数为 l, 对 y_0, y_1 为齐次, 其次数为 m; 该方程决定二次曲面 (1.4.3) 上的一阶次数为 (l, m) 的曲线 $C_{l,m}$. 试证: 该曲面上直线的次数为 $(1, 0)$ 或 $(0, 1)$, 该曲面与一平面的交线的次数为 $(1, 1)$, 该曲面与一二次曲面的交线次数为 $(2, 2)$.

3. 二次曲面 (1.4.3) 上次数为 (k, l) 的一条曲线与平面的交点数一般为 $k+l$ 个, 试证此结论, 并将 "一般" 这个词下所包含的各种情形枚举出来 (提示: 列出曲线和平面的方程并由此二方程消去 x 或 y).

如将射影空间 S_n 中 $y_0 = 0$ 的超平面上的全体点弃去, 则所成的空间就是仿射空间 A_n. 对仿射空间中的点而言有 $y_0 \neq 0$, 故可将坐标乘以一适当的因子以使 $y_0 = 1$. 这样, 余下的坐标 $y_1, \cdots, y_n$ 就是唯一确定的了, 我们称它们为点 y 的非齐次坐标. 由此可见, 仿射空间 A_n 中的点与 n 数组 $(y_1, \cdots, y_n)$ 成一一对应.

如果在仿射空间中将一点规定为原点 $(0, \cdots, 0)$, 那么它就变成一矢量空间 E_n, 每一点 $(y_1, \cdots, y_n)$ 就可与一向量 $(y_1, \cdots, y_n)$ 成一一对应 (反之, 我们也可将任一矢量空间同时理解为一仿射空间).

从代数的观点来看, 矢量空间与仿射空间比射影空间要简单些, 因为它们的点与域 $\mathbf{K}$ 中 n 个元素 $y_1, \cdots, y_n$ 的有序排列成一一对应. 然而, 从几何上来看, 射影空间 S_n 又更简单些, 而且更有意义些.

为了用代数的方法处理射影空间 S_n, 又常常将它归结到一仿射空间或一矢量空间上来研究. 根据以上所述有两种可能方式: 或者将 S_n 的点理解为一矢量空间 E_{n+1} 的射线或者将 S_n 中 $y_0 = 0$ 的超平面弃去, 从而得到一相同维数 n 的仿射空间 A_n. $y_0 = 0$ 的超平面也叫做非常规超平面, $y_0 \neq 0$ 的点叫做 S_n 的常规点(eigentliche punkt). 因为总有一个 y_i 不为零, 所以通过适当的重排坐标 $y_0, y_1, \cdots, y_n$ 可使任一给定的点变成常点.

在多重射影空间中我们也可以将 $x_0 = 0$ 的点, $y_0 = 0$ 的点等弃去, 余下的点也可由非齐次坐标 $x_1, \cdots, x_m, y_1, \cdots, y_n, \cdots$ 一对一地决定, 从而也可当作一仿射空间来看待, 按照这种方式一个二重射影空间就给出一仿射空间 A_{m+n}, 这就是为什么我们把 $S_{m,n}$ 当作一 $(m+n)$ 维的空间的原因.

在齐次标 x, y 的一个齐次方程内用 $x_0 = 1$, $y_0 = 1$ 代入不一定再得到余下的 x 和 y 的齐次方程, 因此我们将仿射空间中的一个代数流形定义为非齐次坐标的一组任意的代数方程的解的集合, 将超曲面定义为单个这种方程的解的集合.

反之, 任一 $x_1, \cdots, x_m, y_1, \cdots, y_n, \cdots$ 的非齐次方程总可借引入 $x_0, y_0, \cdots$ 变成齐次方程. 因此, 仿射空间 A_n 或 $A_{m+n+\cdots}$ 中的任一代数流形至少必属于射影空间 S_n 或相应的射影空间 $S_{m,n} \cdots$ 中一个代数流形.

§1.5 射 影 变 换

矢量空间 E_{n+1} 中的一非奇异线性变换

$$y_i' = \sum_0^n \alpha_i^k y_k \tag{1.5.1}$$

将每一线性子空间 E_m 仍变为一线性子空间 E_m'. 特别地, 将每一射线 E_1 仍变为一射线 E_1'. 因此, 它就导出射影空间 S_n 中的一个一对一的点变换, 该变换由式 (1.5.2) 给出

$$\rho y_i' = \sum_0^n \alpha_i^k y_k \ (\rho \neq 0). \tag{1.5.2}$$

这样一个变换 (1.5.2) 被称为一射影变换 (projecktive transformation), 或叫做线性直射变换 (lineare kollineation).

射影变换将直线变成直线, 平面变成平面, S_m 变成 S_m', 且保持一切关联关系 (S_m 包含在 S_q 中的这种关系) 不变. 这个定理的逆定理不成立: 并非任一将直线变

成直线 (从而也一定将平面变成平面等) 的一对一的点变换必然是一射影变换. 反线性变换就是一个反例. 所谓反线性变换就是指将任一点变成其共轭复点的变换, 用式子来表示即 $y'_k = \bar{y}_k$. 在最一般的情形下, 一个将直线变成直线的一一对应的点变换由下式给出:

$$\rho y'_i = \sum_0^n \alpha_i^k S y_k,$$

其中 S 为一基本域 $\mathbf{K}$ 的一个自同构.

由变换 (1.5.2) 知, 任一射影变换由一非奇异方阵 $\boldsymbol{A} = (\alpha_i^k)$ 给出. 互成比例的方阵 $\boldsymbol{A}$ 与 $\rho\boldsymbol{A}(\rho \neq 0)$ 定出同一射影变换, 二射影变换之积仍为一射影变换, 其矩阵即为二矩阵之积. 一射影变换的逆变换仍然为一射影变换, 其矩阵即为逆矩阵 $\boldsymbol{A}^{-1}$. 由此可见, S_n 到自身内的全体射影变换组成一个群——射影群 PGL$(n, \mathbf{K})$[①].

S_n 的射影几何学就是研究 S_n 内的图形在射影变换下的不变性质的数学.

如果我们根据 §1.1 所述, 通过下述坐标变换

$$\begin{cases} y_k = \sum \beta_k^l z_l, \\ y'_i = \sum \gamma_i^j z'_j, \end{cases} \tag{1.5.3}$$

引入点 y 与 y' 的一般射影坐标 z 与 z', 则由 (1.5.2) 与 (1.5.3) 可知 z'_j 也是 z_l 的线性函数:

$$\rho z'_j = \sum d_j^l z_l, \tag{1.5.4}$$

其矩阵为

$$\boldsymbol{D} = (d_j^l) = \boldsymbol{C}^{-1}\boldsymbol{A}\boldsymbol{B}.$$

如对 y 与 y' 二者选同一坐标系, 在此特殊情形下就有 $\boldsymbol{C} = \boldsymbol{B}$, 以及

$$\boldsymbol{D} = \boldsymbol{B}^{-1}\boldsymbol{A}\boldsymbol{B}.$$

现在我们来证明:

射影变换的主要定理　空间 S_n 的一个射影变换 T 可以由给出 $n+2$ 个点 $\overset{0}{y}, \overset{1}{y}, \cdots, \overset{n}{y}, \overset{*}{y}$ 和它们的像点 $T\overset{0}{y}, T\overset{1}{y}, \cdots, T\overset{n}{y}, T\overset{*}{y}$ 来唯一决定, 假设这 $n+2$ 个点或其像点中没有 $n+1$ 个在同一超平面内.

证明　我们选点 $\overset{0}{y}, \cdots, \overset{n}{y}$ 作为 S_n 中点 y 的一个新坐标系的基点, 同时选 $T\overset{0}{y}, \cdots, T\overset{n}{y}$ 作为像点 Ty 的坐标系的基点. 因此, 变换 T 的矩阵 $\boldsymbol{D}$ 必定为一对角

矩阵

$$D = \begin{pmatrix} \delta_0 & & & \\ & \delta_1 & & \\ & & \ddots & \\ & & & \delta_n \end{pmatrix}.$$

在变换 T 下将给定坐标为 z 的点 $\overset{*}{y}$ 变到坐标为 z' 的给定点 $T\overset{*}{y}$ 的条件, 根据 (1.5.4) 就是

$$\rho z'_j = \delta_j z_j \quad (j = 0, 1, \cdots, n). \tag{1.5.5}$$

因为 z 以及 z' 全不为零, 所以除有一公共因子 ρ 不定外, 由式 (1.5.5) 可将诸 δ_j 唯一决定下来. 可是方程 (1.5.4) 也是与因子 ρ 无关的, 故变换 T 也就算是唯一决定下来了. □

由上述证明还可得到下述推论: 两射影变换相重合的充分和必要条件是它们的矩阵 (α_i^k) 与 $('\alpha_i^k)$ 仅相差一常数因子 λ, 即

$$('\alpha_i^k) = \lambda(\alpha_i^k).$$

在研究由一个空间 S_n 到另一个空间 S'_n 的射影变换, 而不是研究由空间 S_n 到自身的射影变换时, 前面对射影变换所下的定义以及上述证明仍然一样成立. 特别地, 我们要来研究由空间 S_n 中的一个子空间 S_m 到另一个子空间 S'_m 的射影变换, 在原来射影变换的定义中谈的是坐标 y_k, 现在就要将这些坐标理解为参数 $\gamma_0, \cdots, \gamma_m$ 了, 因此在这种情形下射影变换的形式就应写成:

$$\rho \gamma'_i = \sum \alpha_i^k \gamma_k.$$

在此我们有**投影定理**: 设 S_m 与 S'_m 为 S_n 中两有相同维数的子空间, 再设一第三子空间 S_{n-m-1}, 它与 S_m 和 S'_m 均无公共点. 如将 S_m 中的点 y 投影到 S'_m 上, 即将它通过 S_{n-m} 与 S_{n-m-1} 联结起来且其必须要与 S'_m 相交, 那么该投影为一射影变换.

证明 S_{n-m-1} 的方程为

$$(\overset{0}{u} z) = 0, \quad (\overset{1}{u} z) = 0, \quad \cdots, \quad (\overset{m}{u} z) = 0 \tag{1.5.6}$$

并联空间 S_{n-m} 中的一切点均为 y 与 S_{n-m-1} 中 $n-m$ 个点 $\overset{1}{z}, \overset{2}{z}, \cdots, \overset{n-m}{z}$ 的线性组合. 特别地, 对 S_{n-m} 与 S'_m 的交点 y' 当然也成立, 因此有

$$y'_k = \lambda y_k + \lambda_1 \overset{1}{z_k} + \lambda_2 \overset{2}{z_k} +, \cdots, \lambda_{n-m} \overset{n-m}{z_k}. \tag{1.5.7}$$

由于 $\lambda \neq 0$, 故可选 $\lambda = 1$. 再者, 由于 $\overset{1}{z}, \overset{2}{z}, \cdots, \overset{n-m}{z}$ 属于 S_{n-m-1}, 故必满足式 (1.5.6), 因此式 (1.5.6) 与式 (1.5.7) 可推得

$$
\begin{cases}
(\overset{0}{u}\, y') = (\overset{0}{u}\, y) = \beta_0, \\
(\overset{1}{u}\, y') = (\overset{1}{u}\, y) = \beta_1, \\
\cdots\cdots\cdots \\
(\overset{m}{u}\, y') = (\overset{m}{u}\, y) = \beta_m.
\end{cases}
\tag{1.5.8}
$$

由于 S_m 可用参数表示, 所以 y_k 以及因而 β_i 均可用点 y 的参数 $\gamma_0, \cdots, \gamma_m$ 线性表示出来:

$$
\beta_i = \sum \delta_i^k \gamma_k.
\tag{1.5.9}
$$

同理, y_k' 以及 β_i 也可表示为点 y' 的参数 $\gamma_0', \cdots, \gamma_m'$ 的线性组合

$$
\beta_i = \sum \varepsilon_i^k \gamma_k'.
\tag{1.5.10}
$$

线性变换 (1.5.9) 与 (1.5.10) 是可逆变换, 这是因为 S_m 与 S_m' 均与 S_{n-m-1} 无公共点, 上述线性表示式的右部不可能同时取零值. 因此, γ_k 是 β_i 的线性函数, 而 β_i 又是 γ_l 的线性函数, 从而 γ_k' 也就是 γ_l 的线性函数 (反之亦然), 投影定理由此得证. □

　　由投影定理所作出的从 S_m 到 S_m' 内的射影变换称为透视变换 (Perspektivität).

　　由上述射影变换的基本定理与投影与投影定理可导出射影几何的一些最重要的定理, 如 Desargues 定理与 Pappos 定理 (参阅下面的练习).

练　习　1.5

1. 一个将直线变为自身的射影变换, 如保持三个不同的点不变, 则为一恒等变换.

2. 两相交直线间的一个射影变换如将交点仍变为交点则为一透视变换.

3. Desargues 定理, 设 $A_1, A_2, A_3, B_1, B_2, B_3$ 为平面或空间内六个不同的点, A_1B_1, A_2B_2, A_3B_3 为三条不同的直线, 相交于同一点 P, 则 A_2A_3 与 B_2B_3; A_3A_1 与 B_3B_1 以及 A_1A_2 与 B_1B_2 的交点 C_1, C_2, C_3 在一直线上.

　　(提示: 首先将点到 PA_2B_2 由 C_1 出发投射到 PA_3B_3 上, 然后再由 C_2 出发投射到 PA_1B_1 上, 最后由 C_3 出发投射到 PA_2B_2 上并利用练习 1.5 题 1 的结果.)

4. Pappos 定理, 设六个不同点 $A_1, A_2, A_3, A_4, A_5, A_6$ 中标号为偶数的点与标号为奇数的点分别在两条不同的直线上, 则 A_1A_2 与 A_4A_5 的交点 P、A_2A_3 与 A_5A_6 的交点 Q 以及 A_3A_4 与 A_6A_1 的交点 R 在同一条直线上.

　　(提示: 首先将点到 A_4A_5 由 A_1 出发投射到 A_4A_6 上, 然后再由 A_3 出发投射到 A_5A_6 上, 最后再由 R 出发返回来投射到 A_4A_5 上, 并利用练习 1.5 题 1 的结果.)

5. 空间 S_3 中任二数斜直线 g, h 间的射影变换必然为一透视变换.

(提示: 将 g 上三个点 A_1, A_2, A_3 与其在 h 上的像点 B_1, B_2, B_3 相连接, 然后通过 A_1B_1 上的第三点作一与 A_2B_2 和 A_3B_3 相交的直线 s, 由 s 出发将 g 投射到 h 上.)

6. 试以投影定理为基础构造一射影变换, 将一直线上的给定三点变换到另一直线上的给定三点.

7. 根据射影变换的基本定理, 将空间 S_3 中五个给定 A, B, C, D, E 变换到另五个给定点的射影变换是唯一确定的, 试用几何的方法作出该变换.

(提示: 从 AB 出发将空间投影到 CD 上, 再将练习 1.5 题 6 的结果应用由此所得到的点上. 同样作由 AC 出发到 BD 上的投射, 依此类推.)

§1.6 退化的射影变换·射影变换的分类

除一一对应的射影变换外, 研究退化射影变换有时也是有用的. 这种变换也是用式 (1.5.2) 来定义的, 不过此处矩阵 $\boldsymbol{A} = (\alpha_i^k)$ 的秩 $r \leqslant n$, 因此有可能点 y 属于空间 S_n, 而其像点 y' 属于 S_m. 会有这样的点 y, 它的像点的坐标 y_k' 全为零, 因此它没有一个确定的像点, 这种点作成一个 S_{n-r}. 根据式 (1.5.2) 一切像点均为坐标等于 α_i^k 的 n 个点 α^k 的线性组合, 其中有 r 个是线性无关的. 从而像点 y' 填满 S_m 的一个子空间 S_{r-1}, 故我们有:

秩 $r \leqslant n$ 的一个退化射影变换将空间 S_n 除去一子空间 S_{n-r} 外 (对这部分点变换为不确定的), 映射为像空间 S_{r-1}.

由 S_{n-r} 出发将 S_n 所有点投射到与 S_{n-r} 不相交的一个 S_{r-1} 上, 这个投影就是一个秩为 r 的退化射影变换的例子. 对 S_{n-r} 中的点来说这个投影是不定的. 对其余的点 y 及其投影 y' 来说有形如式 (1.5.8) 与式 (1.5.10) 的式子, 此时 $m = r - 1$. 同样, 我们也可由式 (1.5.10) 来解出 γ_k', 因此 y' 的参数 γ_k' 线性依赖于 $\beta_0, \cdots, \beta_m$, 因而根据式 (1.5.8) 也就线性依赖于 $y_0, \cdots, y_n$, 即我们实际上有

$$\gamma_i' = \sum \alpha_i^k y_k, \tag{1.6.1}$$

其中矩阵 (α_i^k) 的秩为 $r = m + 1$.

我们还可将公式略加简化, 方法是以 β_i 代替 γ_k' 来作为 y 在 S_m 中的坐标. 这是可以办得到的, 因为根据式 (1.5.10), β_i 是通过一可逆线性变换与 γ_k' 相联系的. 这样投影的公式就可以简单地写为

$$\beta_i = (\overset{i}{u}\, y) = \sum \overset{i}{u}{}^k y_k.$$

现在由于 $\overset{i}{u}$ 是完全任意的超平面, 它们所应满足的条件只是要能定出一 S_{n-m-1} 即可, 即 $(\overset{i}{u}{}^k)$ 为一任意秩为 $m+1$ 的矩阵 (有 $m+1$ 行和 $n+1$ 列). 由此推得: 任

一秩为 $r = m + 1$ 的退化射影变换相当于一由子空间 S_{n-m-1} 出发将空间 S_n 投射到一与 S_{n-m-1} 不相交的子空间 S_m 上去的投影.

我们已经看到, 将空间 S_n 变为自身的射影变换 T 如有矩阵 A, 则对另一坐标系, 其矩阵即为 $D = B^{-1}AB$. 我们知道, 通过适当地选择 B 就可将此矩阵变成 Jordan 范式, 由如下的 Jordan 块组成[①]:

$$
\begin{pmatrix}
\lambda & 1 & 0 & \cdots & 0 \\
0 & \lambda & 1 & \cdots & 0 \\
\vdots & \ddots & \ddots & & \\
\vdots & & \ddots & \ddots & 1 \\
0 & \cdots & \cdots & 0 & \lambda
\end{pmatrix}
\tag{1.6.2}
$$

其主对角元由 "特征根" λ 组成, 而在主对角线斜上一行的元由任意异于零的数组成, 我们可将此数选为 1. 当块 (1.6.2) 的阶数 (= 行数) 为 1 时, 主对角线斜以上的数 1 就没有了, 此时块仅由元素 λ 组成, Jordan 范式可用由 Segre 所制定的一套由整数组成的符号系统来标记. 这套符号系统由块的阶数 (= 行数) 所组成, 当特征根为 λ 的块有数个时, 则将其阶数用一圆括号括起来. 整个 Segre 符号最后再用方括号括起来. 例如, 在平面 $(n = 2)$ 的情形下有以下几种可能的范式

$$
\begin{pmatrix}
\lambda_1 & 0 & 0 \\
0 & \lambda_2 & 0 \\
0 & 0 & \lambda_3
\end{pmatrix}, \quad
\begin{pmatrix}
\lambda_1 & 0 & 0 \\
0 & \lambda_1 & 0 \\
0 & 0 & \lambda_2
\end{pmatrix}, \quad
\begin{pmatrix}
\lambda_1 & 0 & 0 \\
0 & \lambda_1 & 0 \\
0 & 0 & \lambda_1
\end{pmatrix}, \quad
\begin{pmatrix}
\lambda_1 & 1 & 0 \\
0 & \lambda_1 & 0 \\
0 & 0 & \lambda_2
\end{pmatrix},
$$

$$
\begin{pmatrix}
\lambda_1 & 1 & 0 \\
0 & \lambda_1 & 0 \\
0 & 0 & \lambda_1
\end{pmatrix}, \quad
\begin{pmatrix}
\lambda_1 & 1 & 0 \\
0 & \lambda_1 & 1 \\
0 & 0 & \lambda_1
\end{pmatrix}.
$$

它们 Segre 符号分别为 $[111], [(11)1], [(111)], [21], [(21)], [3]$.

如令特征根 λ 也可为 0, 则上述分类也包括退化射影变换. 在下面我们仍仅限于讨论一一对应的变换.

Jordan 范式与在 T 下不变点、不变直线等问题有密切的联系, 对每一有 e 行

[①] 参阅 B. L. 范德瓦尔登. 近代数学. II§109. 至于几何的推导可参阅 ST.Cohn-Vossen. Math. Ann. Bd. 115(1937)S.80~86.

的块 (1.6.2) 联系着下述矢量空间中的一组基矢量:

一个 "本征矢量" v_1, 对它有 $Av_1 = \lambda v_1$,

一个矢量 v_2, 对它有 $Av_2 = \lambda v_2 + v_1$,

·········

直到

$$v_e, \text{对它有} \quad Av_e = \lambda v_e + v_{e-1}.$$

因之射线 (v_1) 在变换 T 下是不变的, 空间 (v_1, v_2), (v_1, v_2, v_3) 等也是如此. 因此, 在射影空间中有一个不变点, 一条通过这个点的不变直线, 一个通过这条直线的不变平面, 依此类推直到一个不变空间 S_{e-1}. 同一本征值 λ 的线性无关的本征矢量的线性组合仍然为一本征矢量. 因此, 如设对本征值 λ 有 g 个 Jordan 块 A_v, 那么本征值为 λ 的不同本征矢量也有 g 个, 它们张成一子空间 E_g. E_g 中的射线 E_1 各自都是变换 T 下保持不变的射线, 因此把它们看成射影空间 S_n 中的点时, 它们就组成一线性空间 S_{g-1}. 这种情况对每一特征根 λ 都可重复这个构造. 这种变换再也没有别的不变点了, 因矩阵 A 已无别的本征矢量了.

下述各种特殊情况是有趣的:

(1) $[111\cdots 1]$ 的 "一般情形", 此时 D 为对角矩阵, 其对角元由完全不同的根 $\lambda_1, \cdots, \lambda_n$ 组成. 不变点为新坐标系基本单形的顶点, 该单形的棱边为不变线性空间.

(2) "中心直射变换", 这是一种将一超平面上的全部点变为自身的变换, 它的 Segre 符号为 $[(111\cdots 1)1]$ 或 $[(211\cdots 1)]$, 除了该超平面的点为它的不变点以外, 它还有一个不变点, 叫做 "中心", 具有如下的性质: 所有通过该中心的线性空间为不变子空间, 在 $[(111\cdots 1)1]$ 的情形时该中心不在上述不变超平面内, 其他情形时则均在该超平面内.

(3) 周期为 2 的射影变换, 或称 "对合变换", 此种变换的平方为一恒等变换, 即 $A^2 = \mu E$. 由于矩阵 A^2 的特征根为 A 的特征根的平方, 故根据上述 A^2 的特点知, A 只能有两个特征根: $\lambda = \pm\sqrt{\mu}$. 由于可以任一因子乘 A, 故可设 $\mu = 1$, 现如将 Jordan 块 (1.6.2) 加以平方就可推得, 仅有一行的块出现. 因此 D 为一对角矩阵, 其对角线上的元素为 $+1$ 与 -1. 有两个这样的空间 S_r 与 S_{n-r-1}, 其中每一点均为不变点. 一个非不变点 y 与其像点 y' 的连线交 S_r 与 S_{n-r-1} 于两点, y, y' 与这两点成调和共轭. 在此要假设, 基本域的特征不为 2.

练 习 1.6

1. 试给出各种将平面变为自身的射影变换所具有的全部不变点与不变直线.

2. 一中心直射变换可由给出其不变超平面 S_{n-1} 和两个点 x, y 以及这两个点的像点 x', y' 来完全确定, 不过此处 xy 和 $x'y'$ 应与 S_{n-1} 相交, 试依据上述给出的条件作出直射变换的射影几何构图.

3. 试证: 在一中心直射变换下, 一非不变点 y 与其像点 y' 的连线必通过其中心.

4. 试证: 直线的对合变换必定有两个不同的固定点并可由与此两固定点成调和共轭的点偶 (y, y') 作出.

§1.7   Plücker S_m- 坐标

S_n 中一 S_m 由 $m+1$ 个点给定. 取 $m = 2$ 的情形作为例子, 并令此 $m+1$ 个点为 x, y, z, 我们现在作

$$\pi_{ikl} = \sum \pm x_i y_k z_l = \begin{vmatrix} x_i & x_k & x_l \\ y_i & y_k & y_l \\ z_i & z_k & z_l \end{vmatrix}.$$

量 π_{ikl} 不会全部为 0, 否则点 x, y, z 就会线性相关. 交换任二指标就会改变 π_{ikl} 的符号. 因此, 如两个指标相等, 就有 $\pi_{ikl} = 0$. 于是, π_{ikl} 中不一定为零, 且本质不同的个数与自 $n+1$ 个指标中取 3 个作组合的组合数相等. 在任意 m 的情形下则有 $\pi_{ijk\cdots l}$ 的个数等于 $\begin{pmatrix} n+1 \\ m+1 \end{pmatrix}$.

我们现在来证明, 除去一比例因子不计外, π_{ikl} 仅与平面 S_2 有关, 而与从其中选出的点 x, y, z 无关. 设 x', y', z' 为另外三个确定点, 由于它们在由 x, y, z 所定出的线性空间中, 故有

$$x'_k = x_k \alpha_{11} + y_k \alpha_{12} + z_k \alpha_{13},$$

$$y'_k = x_k \alpha_{21} + y_k \alpha_{22} + z_k \alpha_{23},$$

$$z'_k = x_k \alpha_{31} + y_k \alpha_{32} + z_k \alpha_{33},$$

因而由行列式的乘法定理得

$$\begin{vmatrix} x'_i & x'_k & x'_l \\ y'_i & y'_k & y'_l \\ z'_i & z'_k & z'_l \end{vmatrix} = \begin{vmatrix} x_i & x_k & x_l \\ y_i & y_k & y_l \\ z_i & z_k & z_l \end{vmatrix} \begin{vmatrix} \alpha_{11} & \alpha_{12} & \alpha_{13} \\ \alpha_{21} & \alpha_{22} & \alpha_{23} \\ \alpha_{31} & \alpha_{32} & \alpha_{33} \end{vmatrix}$$

或

$$\pi'_{ikl} = \pi_{ikl} \alpha.$$

我们再来证明, 平面 S_2 可由量 π_{ikl} 决定. 为此我们来建立确定一点 ω 属于平面 S_2 的充分和必要条件. 这个条件就是: 下述矩阵

$$\begin{pmatrix} \omega_0 & \omega_1 & \cdots & \omega_n \\ x_0 & x_1 & \cdots & x_n \\ y_0 & y_1 & \cdots & y_n \\ z_0 & z_1 & \cdots & z_n \end{pmatrix}$$

中的所有四行四列的子行列式均为零. 试将这样的一个子行列式按第一行展开, 则上述条件为

$$\omega_i \pi_{jkl} - \omega_j \pi_{ikl} + \omega_k \pi_{ijl} - \omega_l \pi_{ijk} = 0. \tag{1.7.1}$$

我们可以将条件 (1.7.1) 理解为以点坐标 ω_i 表示的平面 S_2 的方程. 由这些方程就可将一线性空间唯一地确定下来.

上述想法对任意的 $m(0 < m < n)$ 也完全能适用. 这样, 由于 S_m 由 $\pi_{ik\cdots l}$ 唯一决定, 我们就可将此 $\pi_{ik\cdots l}$ 看作 S_m 的坐标, 它们叫做 Plücker 坐标, 因为它们仅确定到一常数因子 λ, 且不能全为零, 所以是齐次坐标.

如将 π_{ghl} 中的所有指标除最后一个 l 外均固定不变, 而 l 任其取遍所有的值, 则我们可将这些 π_{ghl} 当作一点 π_{gh} 的坐标来看待. 这个点属于空间 S_2, 因为我们有

$$\pi_{ghl} = \begin{vmatrix} y_g & y_h \\ z_g & z_h \end{vmatrix} x_l + \begin{vmatrix} z_g & z_h \\ x_g & x_h \end{vmatrix} y_l + \begin{vmatrix} x_g & x_h \\ y_g & y_h \end{vmatrix} z_l.$$

因此, 矢量 π_{gh} 是矢量 x, y, z 的线性组合. 此处又有 $\pi_{ghg} = 0$ 以及 $\pi_{ghh} = 0$, 所以点 π_{gh} 还属于由方程 $\omega_g = \omega_h = 0$ 所决定的空间 S_{n-2}. S_{n-2} 是坐标系基本单形的一个边, 因此点 π_{gh} 是空间 S_2 与坐标单形的一边 S_{n-2} 的交点.

上述一切自然只有当 π_{ghl} (g 和 h 固定, $l = 0, 1, \cdots, n$) 不全为零时才能成立. 如若正是全为零的情形, 则可证明 S_2 与 S_{n-2} 至少有一公共的 S_1, 反之亦然. 我们不打算对此作进一步的讨论. π_{ikl} 之间有一定的关系, 这关系可以这样来求得: 因点 π_{gh} 总是属于空间 S_2, 因而应满足方程 (1.7.1), 将这一事实表达出来就可得到我们要求的关系. 由此求得

$$\pi_{ghi} \pi_{jkl} - \pi_{ghj} \pi_{ikl} + \pi_{ghk} \pi_{ijl} - \pi_{ghl} \pi_{ijk} = 0. \tag{1.7.2}$$

现在设 π_{ikl} 为任意一些量, 它们不全为零, 交换两指标就会改变符号并且满足关系 (1.7.2), 我们来证明这种 π_{ikl} 为平面 Plücker 坐标.

为此我们设 $\pi_{012} \neq 0$ 通过下述诸式:

$$x_i = \pi_{12i},$$
$$y_i = -\pi_{02i},$$
$$z_i = \pi_{01i}.$$

定义三个点, 这三个点定出一平面, 其 Plücker 坐标为

$$p_{ikl} = \pi_{012}^{-2} \begin{vmatrix} x_i & x_k & x_l \\ y_i & y_k & y_l \\ z_i & z_k & z_l \end{vmatrix}$$

(同时我们还可以看到, $p_{012} \neq 0$, 否则该三点就会是线性相关的) 对这个平面也有关系 (1.7.2):

$$p_{ghi}p_{ikl} - p_{ghj}p_{ikl} + p_{ghk}p_{ijl} - p_{ghl}p_{ijk} = 0. \tag{1.7.3}$$

现在我们来计算 p_{01i}

$$p_{01i} = \pi_{012}^{-2} \begin{vmatrix} x_0 & x_1 & x_i \\ y_0 & y_1 & y_i \\ z_0 & z_1 & z_i \end{vmatrix} = +\pi_{012}^{-2} \begin{vmatrix} \pi_{120} & 0 & \pi_{12i} \\ 0 & -\pi_{021} & -\pi_{02i} \\ 0 & 0 & \pi_{01i} \end{vmatrix} = \frac{\pi_{012}\pi_{012}\pi_{01i}}{\pi_{012}^2} = \pi_{01i}.$$

同样求得: $p_{02i} = \pi_{02i}$ 以及 $p_{12i} = \pi_{12i}$. 由此我们看到, 所有的 p_{ghi}, 当 g 与 h 这两个指标取 0, 1 或 2 时, 与相应的 π_{ghi} 相等. 特别地, 有 $p_{012} = \pi_{012} \neq 0$. 现在我们来证明:

$$p_{ghi} = \pi_{ghi} \tag{1.7.4}$$

能一般成立. 由式 (1.7.2) 与式 (1.7.3) 得

$$\pi_{ghi} = \pi_{012}^{-1}(\pi_{gh0}\pi_{i12} - \pi_{gh1}\pi_{i02} + \pi_{gh2}\pi_{i01}), \tag{1.7.5}$$

$$p_{ghi} = p_{012}^{-1}(p_{gh0}p_{i12} - p_{gh1}p_{i02} + p_{gh2}p_{i01}). \tag{1.7.6}$$

如果上面 g 或 h 等于 0, 1 或 2, 那么式 (1.7.5) 与式 (1.7.6) 的右面相等, 这时就有 $p_{ghi} = \pi_{ghi}$. 另一方面, 如果 g, h, i 中没有一个取值 0, 1 或 2, 式 (1.7.5) 与式 (1.7.6) 的右面也还是相等, 从而式 (1.7.4) 一般成立.

总之, 量 π_{ikl} 为 S_n 中一平面的 Plücker 坐标的充分和必要条件是: 它们不全为零, 交换任二指标时改变符号并满足关系式 (1.7.2). 如果 $\pi_{012} \neq 0$, 则所有 π_{ikl} 可用 $\pi_{12i}, \pi_{02i}, \pi_{01i}$ 有理地表达出来.

上述讨论用不着本质的改变就可对 S_n 中 S_m 的 Plücker 坐标也能成立, 关系式 (1.7.3) 在一般情形下为

$$\pi_{g_0 g_1 \cdots g_d} \pi_{a_0 a_1 \cdots a_d} - \sum_0^m \pi_{g_0 \cdots g_{\lambda-1} a_0 g_{\lambda+1} \cdots g_m} \pi_{g \lambda a_1 \cdots a_m} = 0, \qquad (1.7.7)$$

在直线 $(m = 1)$ 的情形下为

$$\pi_{gi} \pi_{kl} - \pi_{gk} \pi_{il} + \pi_{gl} \pi_{ik} = 0. \qquad (1.7.8)$$

关于 S_m 坐标进一步细致的讨论, 特别是具有 $n - m$ 个指标的、与 S_m 坐标相对偶的 $\pi^{ij, \cdots, l}$ 的引入及其到 π_{ikl} 的简化, 请读者们去参阅 Weitzenböck 的书[1]. 如将这 $\binom{n+1}{m+1}$ 个量 $\pi_{ik \cdots l}$ 理解为一空间 S_N 中一个点的坐标

$$N = \binom{n+1}{m+1} - 1,$$

则二次关系式 (1.7.7) 就定义出这个空间内的一个代数流形 M, 这个流形 M 中的点与 S_n 中的一子空间 S_m 间存在一一对应的关系.

这一变换最简单而有趣的情形是有关空间 S_3 中的直线 S_1 的情形. 在这种情形下, 只有一个关系 (1.7.7), 即

$$\pi_{01} \pi_{23} + \pi_{02} \pi_{31} + \pi_{03} \pi_{12} = 0. \qquad (1.7.9)$$

它定出 S_5 中的一个二次超曲面 M. 因此, S_3 中直线可以一对一地映像为 S_5 中一二次超曲面的点.

在此映像下一直线束对应于 M 上一条直线, 因为若是 x 为此束的中心, $y = \lambda_1 y' + \lambda_2 y''$ 为平面上该束中不通过 x 的直线的参数表示, 则可求得此束上所有直线的 Plücker 坐标如下:

$$\begin{aligned}
\pi_{kl} &= x_k (\lambda_1 y_l' + \lambda_2 y_l'') - x_l (\lambda_1 y_k' + \lambda_2 y_k'') \\
&= \lambda_1 (x_k y_l' - x_l y_k') + \lambda_2 (x_k y_l'' - x_l y_k'') \\
&= \lambda_1 \pi_{kl}' + \lambda_2 \pi_{kl}''.
\end{aligned}$$

反之, 如直线 $\pi_{kl} = \lambda_1 \pi_{kl}' + \lambda_2 \pi_{kl}''$ 完全在 M 上, 因而 π_{kl} 在 λ_1 与 λ_2 相同时满足式 (1.7.9), 由此直接导出:

$$\pi_{01}' \pi_{23}'' + \pi_{02}' \pi_{31}'' + \pi_{03}' \pi_{12}'' + \pi_{23}' \pi_{01}'' + \pi_{31}' \pi_{02}'' + \pi_{12}' \pi_{03}'' = 0$$

[1] Weitzenböck R. Invariantentheorie. S. 117~120, Groningen, 1922.

或者在令

$$\pi'_{kl} = x'_k y'_l - x'_l y'_k \quad 与 \quad \pi''_{kl} = x''_k y''_l - x''_l y''_k$$

后, 就可用下述行列式来表示:

$$\begin{vmatrix} x'_0 & x'_1 & x'_2 & x'_3 \\ y'_0 & y'_1 & y'_2 & y'_3 \\ x''_0 & x''_1 & x''_2 & x''_3 \\ y''_0 & y''_1 & y''_2 & y''_3 \end{vmatrix} = 0.$$

因此, 点 x', y', x'', y'' 在同一平面上, 且两直线 π' 与 π'' 相交, 从而决定一直线束.
因此, 在 M 上的一条直线必对应着一直线束.

　　将一固定点 P 与一直线 RS 的所有点联结起来, 就可得一 S_5 中的平面. 如
欲此平面完全在 M 上, 则至少必须直线 PR, PS 与 RS 完全在 M 内. 因此, 点
P, R, S 必定与 S_3 三条互相相交的直线 π, ρ, σ 对应, 这样的三条直线要么在同一平
面内, 要么就必须通过同一点. 现在将直线 π 与一一直线束 $\rho\sigma$ 中的所有直线相联
结起来, 则由此所得直线的集合必为一直线场或一直线星形, 反之任一直线场和任
一直线星形均可用如此的方式获得, 因此, M 上的平面恰好有两类: 一类与 S_3 中
的直线场相对应; 一类与 S_3 中的直线星形相对应. 更进一步, 根据 Felix Klein 还有
下述定理: S_3 中的每一变到自身射影变换均对应于 S_5 中使超曲面 M 保持不变的
射影变换, 并且由此种方式得出所有将 M 变为自身且不会交换上述两类平面的射
影变换[①].

练　习　1.7

1. S_m 与位于其外的一点 ω 相并联的空间有如下的 Plücker 坐标:

$$\sigma_{ijk\cdots l} = \omega_i \pi_{jk\cdots l} - \omega_j \pi_{ik\cdots l} + \omega_k \pi_{ij\cdots l} \cdots + (-1)^{m+1} \omega_l \pi_{ijk\cdots}.$$

2. S_m 与一不包含它的超平面 u 的交集有如下的 Plücker 坐标:

$$\sigma_{k\cdots l} = \sum u^i \pi_{ik\cdots l}.$$

3. 空间 S_n 中两条直线 π, ρ 相交或重合的条件为

$$\pi gi\rho kl - \pi gk\rho il + \pi gl\rho ik + \pi kl\rho gi - \pi il\rho gk + \pi ik\rho gl = 0.$$

4. S_3 的一个正则系 (Regelschar)(即由全体与三条倾斜的直线相交的直线组成的) 对应于
M 上的一圆锥曲线, 即空间 S_5 中一个平面 S_2 与 M 的截线.

---

① 证明可参阅: van der Waerden B L. Gruppen von linearen. Transformationen Ergebn. Math.
Bd. IV 2 (1935), §7.

§1.8 对射变换 · 零配系 · 线性线丛

如对 S_n 中的每一点 y 有 S_n 中的超平面 v 与之对应, 且此超平面坐标用式 (1.8.1)

$$\rho v^i = \sum_k \alpha^{ik} y_k \tag{1.8.1}$$

表达时, 其中 α^{ik} 为一非奇异矩阵, 则此对应即为 (射影)对射变换. 由于 α^{ik} 为非奇异, 故此对应为一一对应, 其逆变换由式 (1.8.2) 给出:

$$\sigma y_k = \sum \beta_{kl} v^l, \tag{1.8.2}$$

其中 (β_{kl}) 为 (α^{ik}) 的逆矩阵, 令点 y 跑遍超平面 u, 则有 $\sum u^k y_k = 0$, 因而由式 (1.8.2) 推得

$$\sum \sum u^k \beta_{kl} v^l = 0,$$

即超平面 v 跑遍其中点为

$$x_l = \sum \beta_{kl} u^k \tag{1.8.3}$$

的星形. 反之, 如超平面 v 跑遍其中点为 x 的星形, 则应有 $\sum v^i x_i = 0$. 因而由式 (1.8.1) 可推得

$$\sum \sum \alpha^{ik} x_i y_k = 0, \tag{1.8.4}$$

即点 y 跑遍一超平面 u, 其坐标为

$$u^k = \sum \alpha^{ik} x_i. \tag{1.8.5}$$

两对射之积显然为一射影直射, 直射与对射之积仍为对射. 因此, 射影直射变换与对射变换共同构成一个群.

式 (1.8.3) 与式 (1.8.5) 定义出第二个一一变换, 它将超平面 u 变成点 x, 且与原来的变换 (1.8.1), (1.8.2) 以下述性质相联系: 如 y 在 u 内, 则 v 通过 x, 反之亦然.

我们把这两个密切相关的变换: $y \longleftrightarrow v$ 与 $u \longleftrightarrow x$ 看成一个整体, 把它叫做完全对射, 或叫做对偶变换. 因此在一完全对射变换下, S_n 中的点 y 与一超平面 v 成一一对应, 超平面 u 与点 x 成一一对应, 且在此变换下, 点与超平面间的关联关系保持不变.

在 §1.3 中我们曾讨论过一特殊的对射 $v^i = y_i$. 和在那里一样, 我们能证明, 在一对射变换下, 对每一 S_n 中的子空间 S_m 有一子空间 S_{n-m-1} 与之对应, 且在此变换下包含关系与原关系相反.

和在射影变换的情形一样, 在知道了 $n+2$ 个给定点 (其中任 $n+1$ 个均不在一超平面内) 的像后, 一对射变换就唯一地确定了下来. 证明与在 §1.5 中主要定理的证明一样, 根据这些数据来构造一对射变换的过程和在练习 1.5 题 7 中对射影变换所作的一样.

和两个射影变换的情形一样, 两对射变换相同的充分和必要条件为它们的矩阵仅相差一常数因子 λ:

$$\alpha'_{ik} = \lambda\alpha_{ik}.$$

一对射变换, 如其逆变换与自身相同, 则称为一对合变换. 现在我们来求变换为对合变换的条件. 因为式 (1.8.1) 的逆变换由式 (1.8.5) 给出, 故一变换为对合变换的充要条件为

$$\alpha^{ki} = \lambda\alpha^{ik} \quad (\lambda \neq 0),\tag{1.8.6}$$

由式 (1.8.6) 直接有

$$\alpha^{ik} = \lambda\alpha^{ki} = \lambda^2\alpha^{ik}.$$

又因 α^{ik} 中至少有一个不为零, 故有

$$\lambda^2 = 1.$$

因此有两种可能的情形: 一种情形为 $\lambda = 1$, 此时矩阵 (α^{ki}) 为对称矩阵:

$$\alpha^{ki} = \alpha^{ik},$$

另一种情形是 $\lambda = -1$, 此时矩阵为反对称:

$$\alpha^{ki} = -\alpha^{ik}.\tag{1.8.7}$$

在第一种 (对称的) 情形中, 我们称此对射变换为一配极系或配极变换, 此时的对称矩阵 (α^{ik}) 可定义一二次形式

$$\sum\sum \alpha^{ik}x_ix_k,$$

而由式 (1.8.1) 给出的超平面就是点 y 关于此二次形式的极面(polare).

在反对称的情形下, 我们称该对射变换为零配系或零配对射. 我们知道, 一非奇异反对矩阵 (α^{ik}) 只有当行数 $n+1$ 为偶数, 也即只有当维数 n 为奇数时才可能不为零. 由式 (1.8.7) 特别有 $\alpha^{ii} = 0$, 进一步可推得

$$\rho\sum v^iy_i = \sum\sum \alpha^{ik}y_iy_k = 0,$$

因此超平面 v(它是 y 的零超平面) 通过点 y(即 v 的零点) 后一个性质也是零配对射的特征性质, 因为在一对射变换下如对每一点 y 有一通过 y 的超平面与之对应,

则对特定点 $(1, 0, 0, \cdots, 0)$ 也应如此, 由此就可推得 $\alpha^{00} = 0$. 同样, 对每一 i 可证 $\alpha^{ii} = 0$. 如再将此性质应用到点 $(1, 1, 0, \cdots, 0)$ 上, 则可推得

$$\alpha^{01} + \alpha^{10} = 0,$$

因此 $\alpha^{01} = -\alpha^{10}$ 同样一般可证 $\alpha^{ik} = -\alpha^{ki}$.

以上讨论的是非奇异的零配对射, 现在我们来讨论奇异的变换, 此时反对称矩阵为奇异矩阵, 相应地零超平面也是一度不定的. 两个点 x, y 称为对一零配系或配极系为共轭, 如果其中一个在另一个的零 (或极) 超平面内. 方程 (1.8.4) 可以作为这一关系的判断标准. 由于方程 (1.8.4) 中不因 x 与 y 的对调其地位而改变. 故共轭关系对 x, y 这两个点来说是对称的: 如 x 在 y 的零超平面内, 则 y 也在 x 的零超平面内.

现在我们研究全体通过一个点 y 并在该点的零超平面内的直线 g 所组成的集合. 如 x 为上述直线内的另一个点, 则我们有式 (1.8.4), 由于式 (1.8.7) 我们可将它写成

$$\sum_{i<k} \alpha^{ik}(x_i y_k - x_k y_i) = 0. \tag{1.8.8}$$

括号内的量为直线 g 的 Plücker 坐标 π_{ik}; 因此式 (1.8.8) 等价于

$$\sum_{i<k} \alpha^{ik} \pi_{ik} = 0. \tag{1.8.9}$$

从这种形式可以看出, 直线 g 的性质与其上点 y 的选择无关. 我们把所有那些它们的 Plücker 坐标满足线性方程 (1.8.9) 的直线称为一线性直线丛 (lineare geradenkomplex).

反过来我们从一线性直线丛 (1.8.9) 出发, 则丛中所有直线通过一超平面上的一点 y, 那么该超平面的方程由 (1.8.8) 给出 [如果 (1.8.8) 对 x 来说不是恒等式的话]. 考虑到 $\alpha^{ki} = -\alpha^{ik}$, 将式 (1.8.8) 写成式 (1.8.4), 则从新得到平面坐标 v^k 的方程式 (1.8.1), 因此

对每一线性直线丛 (1.8.9) 相应地有一 (也可能是奇异的) 零配系 (1.8.1), 以使线丛中通过点 y 的全体直线正好填满 y 的零超平面. 反之亦然. 若是 y 的零超平面为不定, 则通过 y 的全体直线就成为射线丛, 反之亦然.

零配系的射影分类是非常简单的, 因此线性丛的分类亦然. 如果 P_0 为 点, 它的零超平面是确定的, 以及 P_1 为一不与 P_0 共轭的点, 即不在 P_0 的超平面内, 则 P_1 的零超平面也是确定的, 并且由于不通过 P_0, 因此与 P_0 的零超平面是不相同的. 这样, 此两超平面相交于一空间 S_{n-2} 内. 连接直线 $P_0 P_1$ 与 P_0 的零超平面仅相交于 P_0 点, 与 P_1 的零超平面仅相交于 P_1 点, 因与 S_{n-2} 完全无公共点.

现在我们选 P_0 与 P_1 为一新坐标系的基点, 其余的基点则在 S_{n-2} 中选择, 如 S_{n-2} 中的任两点共轭, 则 $P_2, \cdots, P_n$ 就可任意选择: 此时所有这些点的互相共轭, 且又与 P_0 和 P_1 共轭. 如果不是这样, 则我们在 S_{n-2} 中选择 P_2 与 P_3 以使它们不相共轭. 那么 P_2 与 P_3 的零超平面均不能包括 S_{n-2}, 它们分别与 S_{n-2} 相交出一 S_{n-3}. 此 S_{n-3} 又在 S_{n-2} 中相交出一 S_{n-4}, 和上面一样, 它也与连线 $P_2 P_3$ 无公共点.

我们再继续这样做下去: 在 S_{n-4} 中选择 $P_4, \cdots, P_n$. 如果 S_{n-4} 任两点均相互共轭, 则 $P_4, \cdots, P_n$ 在 S_{n-4} 中就可以任意选择, 否则就选两不共轭的点来作 P_4 与 P_5. 那么它们的极超平面又与 S_{n-4} 相交, 如此等等.

最后我们就得到这样一组线性无关的基点: $P_0, P_1, P_2, \cdots, P_{2r-1}, \cdots, P_n$; 其中

$$P_0 与 P_1$$
$$P_2 与 P_3$$
$$\cdots \cdots$$
$$P_{2r-2} 与 P_{2r-1}$$

为不相共轭的点, 其余的则为相互共轭的. 因此, 有 α^{01}, $\alpha^{23}, \cdots, \alpha^{2r-2,2r-1}$ 均不为零, 而其余的则均为零. 适当地选取单位点就可使 $\alpha^{01} = \alpha^{23} = \cdots = \alpha^{2r-2} = \alpha^{2r-1} = 1$, 与零配系相联的直线丛的方程 (1.8.9) 此时就为

$$\pi_{01} + \pi_{23} + \cdots + \pi_{2r-2,2r-1} = 0.$$

矩阵 (α^{ik}) 的秩为 $2r(0 < 2r \leqslant n+1)$, 故数 r 为零配系的一个射影不变量. 这样就完成了线性丛的射影分类:

零配系的反对称矩阵 (α^{ik}) 的秩总是一偶数 $2r$. 给定秩后, 零配系及其所属线性丛就唯一地确定到只相差一射影变换.

在 $n = 1$ 时只有一个零配系: 恒等变换, 它将直线上的每一点变为自身. 在 $n = 2$ 时只有秩为 2 的奇异零配系, 它将每一点变成一条直线 —— 该点与一定点 O 的连线. 所属直线丛为一直线束, 其中心为 O.

在通常空间 ($n = 3$) 的情形下, 则有两个线性丛, 一个为秩等于 2 的奇异(或特殊) 线性丛, 一个为秩等于 4 的正则(或非特殊) 线性丛. 一个奇异线性丛的方程是 $\pi_{01} = 0$, 因此它由与一固定直线相交的全体直线组成, 该固定直线被称为它的轴. 一正则线性丛的方程是 $\pi_{01} + \pi_{23} = 0$, 它属于一非奇异零配系.

S_3 中的一个非奇异零配系可通过下述射影作图来得到: 对一空间五边形的每一顶点, 令通过该点及其相邻两顶点的平面与之相应. 这 5 个平面可能完全互不相同. 这 5 个点和 5 个对应的平面就决定一对射 K, 这是一零配对射, 其中所有相邻顶点偶为共轭点偶, 证: 至少应有一线性丛, 其中包含有该五角形的五条边; 这是因

为这五条边只能给出六个量 α^{ik} 间的五个线性条件, 因为没有一个轴能与这五条边都相交, 所以如果 Γ 是这样一丛, Γ 就不会是奇异的, 因此 Γ 定义一零配对射. 每一顶点的零平面应包含着通过这个顶点的两条边, 因为它们是丛中的直线, 这样一来, 与此五个顶点及其相应平面相联系着的零配对射与对射 K 相一致, 因而就等于它.

零配系的直观图像可以这样来得到: 使一刚体做均匀的螺旋运动 (绕一固定轴 a 转动再加上沿该轴 a 的平移, 两者速度都是均匀的), 然后令刚体中每一点 y 与通过该点且与该点速度矢量相垂直的平面相对应, 如将轴 a 当作 z 轴, 以 ρ 表平移速度与转动角速度的比值, 则上述平面的方程可写成:

$$(x_1y_2 - x_2y_1) - \rho(x_3y_0 - x_0y_3) = 0.$$

这个方程的形式实际上与 (1.8.8) 相同.

练　习　1.8

1. 试证: 通过一正交坐标变换总可将一非奇异零配系方程变成 (1.8.8) 的形式, 因此任一这样的零配系均相当于一螺旋运动.

2. 将上述结果推广到 $2n+1$ 维.

3. S_3 中一零配系 $\sum \alpha^{ik}\pi_{ik} = 0$ 为特殊 (即奇异) 的充要条件为

$$\alpha^{01}\alpha^{23} + \alpha^{02}\alpha^{31} + \alpha^{03}\alpha^{12} = 0,$$

因为正是在这种情形下 (1.8.9) 式为直线 π 与一给定直线相交的条件.

4. S_n 中秩为 2 的线性丛总是由与一给定的 S_{n-2} 相交的直线组成.

5. 一零配对射不仅决定了一线性直线丛, 而且 (与之对偶地) 决定了一由诸空间 S_{n-2} 所组成的线性丛 (这里 S_{n-2} 是由每两个相共轭的超平面相交得出的).

§1.9　S_r 中的二次曲面及其上的线性空间

所谓二次曲面 Q_{r-1} 在以下均将其理解为空间 S_r 中的一个二次超曲面. 因此, 二次曲面 Q_0 就是一对点, 二次曲面 Q_1 就是一圆维曲线, 二次曲面 Q_2 就是普通空间中的二次曲面, 我们将二次曲面的方程写成

$$\sum_{j,k=0}^{r} a^{jk}x_jx_k = 0 \qquad (a^{jk} = a^{kj}). \tag{1.9.1}$$

用下述直线:

$$x_k = \lambda_1 y_k + \lambda_2 z_k \tag{1.9.2}$$

来切割二次曲面 (1.9.1), 则我们将得到 $\lambda_1 : \lambda_2$ 的一个二次方程:

$$\lambda_1^2 \sum_{j,k} a^{jk} y_j y_k + 2\lambda_1 \lambda_2 \sum_{j,k} a^{jk} y_j z_k + \lambda_2^2 \sum_{j,k} a^{jk} z_j z_k = 0. \tag{1.9.3}$$

因此, 如上述直线不是完全在二次曲面内的话, 则将有两个(不同的或重合的)交点.

如在式 (1.9.3) 中中间的那一项等于零:

$$\sum_{j,k} a^{jk} y_j z_k = 0, \tag{1.9.4}$$

则式 (1.9.3) 中 $\lambda_1 : \lambda_2$ 的两个根将大小相等, 符号相反, 即此两交点与 y、z 成调和共轭, 或于 y 点相重合或于 z 点相重合. 如将 y 固定而令 z 变动, 则方程 (1.9.4) 将定义出一超平面, 其坐标为

$$u^k = \sum_j a^{kj} y_j, \tag{1.9.5}$$

它就是 y 在由此二次曲面所确定的配极系中的极面. 如点 y 由 u 唯一确定, 则我们就称它为 u 的极点. 点 z 满足方程 (1.9.4), 因此位于 y 的极面内, 我们说它就该二次曲面而言对 y 共轭, 如 z 对 y 共轭, 则 y 也对 z 共轭.

如 y 的极面不定:

$$\sum_j a^{kj} y_j = 0 \quad (k = 0, 1, \cdots, r), \tag{1.9.6}$$

则式 (1.9.3) 中的头两项就恒为零, 因此每一条通过 y 的直线与二次曲面两交点在 y 处重合, 或整个直线在二次曲面内. 在此种情形下 y 称为二次曲面的 "二重点", 此时二次曲面为一锥面, 其顶点为 y, 即它完全由通过 y 的母线组成.

如方程组 (1.9.6) 的行列式 $|a^{jk}|$ 不为零, 则该二次曲面无二重点, 此时配极系 (1.9.5) 为一非奇异对射. 在此变换下, 不仅对每一点 y 有唯一极面 u 与之对应, 而且反之, 对每一超平面 u 有唯一极点 y 与之对应. 一般而言, 对每一空间 S_p 有一极空间 S_{r-p-1} 与之对应, 这一对应关系为对合对应, 即 S_{r-p-1} 的极空间又是 S_p, 因为如 S_{r-p-1} 的所有点对 S_p 的所有点共轭, 那么 S_p 的所有点也就对 S_{r-p-1} 的所有点共轭.

如 y 是二次曲面的一个点, 但不是二重点, 则我们称通过此点 y 且与二次曲面在 y 有二重交或整个在此二次曲面上的直线为曲面在 y 点的切线. 直线为切线的条件是: 式 (1.9.3) 中除了第一项为零外, 还需要第二项为零, 因而也即需要 z 在 y 的极超平面内. 由此可见, 所有的切线均在 y 的极超平面内, 因此我们也把这个极超平面称为二次曲面在 y 点的切超平面. 特别地, 切超平面包含所有在二次曲面上且通过 y 点的直线. 因而也就包含所有在二次曲面上且通过 y 点的线性空间.

如 y 在二次曲面的外面, 那么所有与 y 之间由曲面上两点来调和隔开的点 z[①]以及所有通过 y 的切线的切点 z 都在 y 的极面内, 通过 y 的所有切线生成一顶点为 y 的锥面, 其方程可通过令二次方程 (1.9.3) 中的判别式为零来求得

$$\left(\sum a^{jk}y_jy_k\right)\left(\sum a^{jk}z_jz_k\right)-\left(\sum a^{jk}y_jz_k\right)^2=0.$$

如 (a'_{jk}) 为非奇异矩阵 (a^{jk}) 的逆矩阵, 则我们可借助方程 (1.9.5) 将 y 解出:

$$y_j=\sum a'_{jk}u^k. \tag{1.9.7}$$

超平面为切超平面的充要条件是: 它通过它的极点 y, 因而也即满足式 (1.9.8):

$$\sum_{j,k}a'_{jk}u^ju^k=0. \tag{1.9.8}$$

因此, 一个无二重点的二次曲面的切超平面形成一对偶空间内的二次曲面, 或如一般所说的, 形成一**第二类超曲面**.

大家知道, 方程 (1.9.1) 总可通过一坐标变换变成如下形式:

$$x_0^2+x_1^2+\cdots+x_{\rho-1}^2=0,$$

其中 ρ 为矩阵 (α^{jk}) 的秩, 因此秩相等的两个二次曲面必定射影等价. 一个秩为 2 的二次曲面可分解为两个超平面, 而秩为 1 的二次曲面则为一个超平面 (但当作两个相重的来看待).

二次曲面 Q_{r-1} 与 S_n 的一个子空间 S_p 的交集可由将 S_p 的方程:

$$x_k=\lambda_0\overset{0}{y}_k+\lambda_1\overset{1}{y}_k+\cdots+\lambda_p\overset{p}{y}_k \tag{1.9.9}$$

代入式 (1.9.1) 求得, 结果得到 $\lambda_0,\cdots,\lambda_p$ 的一个二次齐次方程. 因此, 只要空间 S_p 不是完全包含在二次曲面 Q_{r-1} 内, 则它们的交集就是 S_p 中的一个二次曲面 Q_{p-1}.

练 习   1.9

1. 一将直线 S_1 变为自身的对合射影变换, 如不为恒等变换, 则由全体与一给定点偶成调和共轭的点偶组成, 固定点偶中的一点, 则全体点偶组成一退化对合变换.

2. S_r 中不在 Q_{r-1} 内的一给定直线上所有关于二次曲面 Q_{r-1} 的共轭点偶形成一对合变换.

3. 将一二次曲面 Q_{r-1} 中的所有点与一在 S_r 外的固定点 B 连接起来, 则我们就得着一二次曲面 Q_r, 以 B 作为其二重点.

4. 试给出二次曲面 Q_{r-1} 的仿射分类.

[①] 指 z 和 y 与 y, z 连线与曲面的两个交点成调和共轭. —— 译者注

　　到此为止我们只不过是将圆维曲线和二次曲面的解析几何中的已知结果推广到多维情况. 现在我们来讨论二次曲面上的线性空间, 不过只限于研究无二重点的二次曲面.

　　我们知道, 在 S_3 中的一个二次曲面 Q_2 上有两族直线, 在 S_5 中的一个二次曲面 Q_4 上, 正如我们曾在 §1.7 中用线几何所证明的, 有两族平面. 我们现在要一般地证明, 在二次曲面 Q_{2n} 上有两族 S_n, 而在二次曲面 Q_{2n+1} 上仅有一族 S_n, 并且在此两种情形下二次曲面均不可能包含更高维的线性空间.

　　这里的族是什么意思? 如果我们已经有不可约代数流形的概念, 则可以把族解释为这样一个不可约流形, 然而我们还想对族证明比不可约性与连续性更多的特性, 即我们能对每一族中的 S_n 给出一有理参数表示, 使得对每一组参数值恰好有族中的一个 S_n 与之对应, 而且令参数组取各种数值就能把族中的所有 S_n 都表示出来. 在这种意义上, 我们将来证明, *在 Q_{2n+1} 上存在一个有理族, 在 Q_{2n} 上存在两个互不相交的有理族*. 此外, 我们还要证明, Q_{2n} 上的两个空间 S_n, 如有一 S_{n-1} 作为它们的交集, 则必定属于不同的族.

　　我们利用完全归纳法来证明上述结论. $n = 0$ 时, 二次曲面 Q_0 由两分开的点组成. 而在 $n = 1$ 时, 二次曲面 Q_1 为一圆维曲线, 只包含一有理的点族, 如将圆锥曲线的方程写成

$$x_1^2 - x_0 x_2 = 0$$

的形式, 则圆锥曲线的所有点完全由下述参数方程给出:

$$\begin{cases} x_0 = t_1^2, \\ x_1 = t_1 t_2, \\ x_2 = t_2^2. \end{cases}$$

　　现在我们可以假设我们的结论对二次曲面 Q_{2n-2} 与 Q_{2n-1} 已成立, 我们来研究一二次曲面 Q_{2n}(Q_{2n+1} 的情形可以完全类似地处理, 我们把它留给读者来考虑).

　　我们先来证明, Q_{2n} 上且通过 Q_{2n} 中一固定点 A 的所有空间 S_n 形成两个互不相交的有理族. 这些空间都在切超平面 α 内. 现如设 ω 为包含在 α 内, 但不通过 A 的一个确定的空间 S_{2n-1}(这样的空间是存在的, 因为 α 为一 S_{2n}), 那么 Q_{2n} 与 ω 的交集为一无二重点的二次曲面 Q_{2n-2}. 因为如若这个 Q_{2n-2} 有一个二重点 D, 那么该点就与 ω 中的所有点以及 A 相共轭, 因而 D 的极面就应与 α 相重合, 而这是不可能的, 因为 α 只有 A 这一个极点. A 与 Q_{2n-2} 中的点间的连线定全在 Q_{2n} 内, 这是因为它在 A 点与这个二次曲面相切而且又包括了这个二次曲面中的另一个点. 因此, 如果我们将 A 与 Q_{2n-2} 中一个空间 S_{n-1} 连起来, 则所得的并连空间 S_n 将完全包含在 Q_{2n} 内. 反之, 如有一 S_n 在 Q_{2n} 上且通过 A 点, 那么它也就在

切超平面 α 内, 因而它与 ω 就有一共同的 S_{n-1}, 且此 S_{n-1} 在 Q_{2n-2} 内. 根据归纳法的前提假设, 在 Q_{2n-2} 上有 S_{n-1} 的两有理族而没有更高维的空间, 因此也有两族 S_n 在 Q_{2n} 上通过 A 点, 这就是 A 与每一 S_{n-1} 的并连空间; 同时也不可能会有维数比 n 大的空间. 此外, 根据归纳法的前提假设我们有 Q_{2n-2} 上的两空间 S_{n-1}, 如有一共同的 S_{n-2}, 则一定属于两不同的族. 由此推得, 过 A 点的两个空间 S_n, 如有一共同的 S_{n-1}, 也必定属于两不同的族, 我们将此两族称为 $\Sigma_1(A)$ 与 $\Sigma_2(A)$.

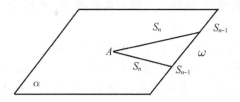

还要指出, 任一在 α 内并且又在 Q_{2n} 上的空间 S_n 也通过 A, 因而也就属于 $\Sigma_1(A)$ 或 $\Sigma_2(A)$, 因为如该 S_n 不通过 A, 则 A 与 S_n 的并连空间 S_{n+1} 将完全在 Q_{2n} 上, 而这是不可能的.

为了摆脱 A 点而把由 S_n 组成的两族看成是在整个二次曲面上, 我们采取如下的办法: 我们在二次曲面上选取一个通过 A 点的空间 S_n 并作出通过它的所有可能的 S_{n+1}, 这些 S_{n+1} 不在 Q_{2n} 上因而与 Q_{2n} 相交出一 Q_n; 这个 Q_n 包含 S_n 作为它的一部分, 因而可分解为两个 S_n. 这两个 S_n 不可能重合, 因为这样 S_n 的每一个都将是 Q_n 的二重点, 从而将与 S_{n+1} 的所有点共轭, 因此 S_n 将在 S_{n+1} 的极空间内, 而这是不行的, 因为这个极空间只不过是一个 S_{n-1} 而已. 我们将这两个由 Q_{2n} 分解成的 S_n 分别以 S_n 与 S_n' 来表示. 如 S_n 与 S_{n+1} 为已给, 则 S_n' 可有理地算出, 方法是: 由 S_n 的一点 B('它不在 S_n' 内) 出发作 $(n+1)$ 条任意的不在 S_n 内的直线, 并且这 $(n+1)$ 条直线张成 S_{n+1}, 然后再令这些直线与 Q_{2n} 相交, 结果是将定出线性空间 S_n' 中的 $n+1$ 个与 B 不同的交点 $B_1, \cdots, B_{n+1}$. 所有这些步骤都是有理的. 现在我们令 S_n 取遍整个族 $\Sigma_2(A)$ 中各种不同的 S_n, 并且令 S_{n+1} 也取遍各种通过 S_n 的空间, 则我们将得到空间 S_n' 的一个有理族. 我们用 Σ_1' 来表示这个族. 同样, 如令 S_n 取遍整个族 $\Sigma_1(A)$, 则我们将得到第二个空间 S_n 的族, 这个族我们用 Σ_2' 来表示.

这并不是交换指标, 而只不过是表明 Σ_1' 是由 $\Sigma_2(A)$ 导出的, Σ_2' 是由 $\Sigma_1(A)$ 导出. 如果我们将上述空间 S_{n+1} 特别选在 α 中, 那么 S_n 与 S_n' 将都在 α 中, 因而也就通过 A (因为 S_n' 不通过 A, 那么 A 就不会是由 S_n 与 S_n' 组成的二次曲面 Q_n 的二重点, 这样 S_{n+1} 中通过 A 点的任一直线 g 都将与 Q_n 且与 Q_{2n}, 相交于两点, 而这是不能成立的, 因为 g 在 α 中; 从而为 Q_{2n} 在 A 点的切线). 因为 S_n 与 S_n' 都在 S_{n+1} 中, 故它们有一 S_{n-1} 作为交集, 因此属于不同的族. 因此, 如果 S_n 属于

$\Sigma_2(A)$, S_n' 就会属于 $\Sigma_1(A)$, 反之亦然, 这样就有 Σ_1' 族中通过 A 点的空间一定属于 $\Sigma(A)$, 而 Σ_2' 族中通过 A 点的空间则一定属于 $\Sigma_2(A)$.

现在我们来证明, Q_{2n} 上的任一空间 S_n' 只能属于族 Σ_1', Σ_2' 中的一个. 对于通过 A 点的空间来说, 根据上述已很清楚: 如果它属于 $\Sigma_1(A)$, 则也就属于 Σ_1', 如果它属于 $\Sigma_2(A)$, 则也就属于 Σ_2', 如设 S_n' 是 Q_{2n} 上的一个不通过 A 点的空间, 那么 S_n' 与 A 的并连空间为一 S_{n+1}', 它与 Q_{2n} 的交集为一二次曲面 Q_n, 这个二次曲面可分解为 S_n' 和一个通过 A 点的 S_n, 然后再根据 S_n 是属于 $\Sigma_1(A)$ 或属于 $\Sigma_2(A)$ 来决定 S_n' 是属于 Σ_2', 或属于 Σ_1'.

族 Σ_1' 与 Σ_2' 因此就是互不相交的, 并且囊括二次曲面 Q_{2n} 的一切 S_n, 以后我们就用 Σ_1 与 Σ_2 来表示它们. 由一族连续地过渡到另一族是不可能的, 否则这两族必定有一个共同的元素. 如果我们不从 A 点, 而从另一个点 A' 出发, 那么按上述方式我们仍然得到这两个族, 只不过是参数表示不同罢了.

如果在 Q_{2n} 上的两个空间 S_n', S_n'', 有一交集 S_{n-1}, 则我们总可将 A 点选在这个交集中, 那么根据上述研究的结果我们有 S_n' 与 S_n'' 属于不同的族 $\Sigma_1(A)$ 与 $\Sigma_2(A)$, 因而也就属于不同的族 Σ_1 与 Σ_2. 这样, 我们在假设所有结论对 Q_{2n-2} 成立的基础上证明了这些结论对 Q_{2n} 也成立, 归纳证明的过程也就此完成.

然后我们来证明, 同一族中的两个空间 S_n', S_n'' 总有一维数为 $n-2k$ 的交, 而不同族中的两空间则总有一维数为 $n-2k-1$ 的交, 这里 k 为一整数, 交为空集时在此当作维数为 -1 来看待.

我们仍然按照 n 来用完全归纳法. 对 $n=0$ 的情形, 这个结论是不言自明的, 这是因为此时每一族仅有唯一的一个 S_0, 而 S_0 与自身的交维数为 0, 与另一个 S_0 的交维数自然为 -1, 因此我们假设上述结论对 Q_{2n-2} 上的 S_{n-1} 能成立.

和上面一样, 我们从 A 点出发来作 Q_{2n-2} 上两族 S_{n-1} 的投影, 由此获得通过 A 点的空间 S_n 的两族: $\Sigma_1(A)$ 与 $\Sigma_2(A)$. 在投影过程中相交空间维数和空间 S_{n-1} 一样也增大一维; 一个维数为 $(n-1)-2k$ 的交空间将变为一个 $n-2k$ 的交空间, 因此我们的结论对族 $\Sigma_1(A)$ 与 $\Sigma_2(A)$ 中的空间能够成立. 同时, 由于点 A 是任意选定的, 因此上述结论对任意两个有一公共点的空间 S_n 也能成立.

现在设 S_n' 与 S_n'' 为两个没有公共点的空间, 我们在 S_n'' 中选 A. A 与 S_n' 的并连空间 S_{n+1} 与 S_n'' 的公共点就只有 A. 这个并连空间与 Q_{2n} 相交于一二次曲面 Q_n, 这个 Q_n 又能分解为 S_n' 与另一通过 A 点的 S_n. 对于 S_n 与 S_n'' 来说, 由于现在它们都通过 A, 我们的结论已经证明是成立的, 即由 A 点出发投影所得出的交, 当 S_n 与 S_n'' 属于同一族时, 其维数为 $n-2k$, 当 S_n 与 S_n'' 属于不同族时, 其维数为 $n-2k-1$. 然而在第一种情形时 S_n' 与 S_n'' 在不同的族内, 故其交的维数实际上是 $-1=0-1=(n-2k)-1$; 在第二种情况下则相反, S_n' 与 S_n'' 属于同一族, 故其交的维数为 $-1=0-1=(n-2k-1)-1=n-(2k+1)$. 因此在两种情形都证明了该结论是正确的.

§1.10 超平面到点的映射 · 线性系

多维空间不仅自身是很有趣的, 而且也是研究平面上的曲线系和通常空间中的曲面系不可缺少的工具. 其缘由在于:

我们能够将平面的代数曲线: S_3 的代数曲面, 以及一般地将任一给定空间 S_n 中的 g 次超曲面一对一地映像到一射影空间 S_N 中的点上去, 这里

$$N = \binom{g+n}{n} - 1.$$

因为 S_n 中一 g 次超曲面由下述方程给出:

$$a_0 x_0^g + a_1 x_0^{g-1} x_1 + \cdots + a_N x_n^g = 0.$$

它的左面还可以乘以一任意不为零的因子 λ, 系数也不能全为零, 这个方程系数的总数大家已知为[①]

$$\binom{g+n}{n} = \binom{g+n}{g} = N + 1.$$

这样, 把系数 $a_0, \cdots, a_N$ 当作空间 S_N 中的一点的坐标, 也就等于作出了上述映像. 如所处理的是平面上 g 次曲线, 则有

$$N = \binom{g+2}{2} - 1 = \frac{1}{2} g(g+3).$$

因此, 可将 S_2 上的 g 次曲线一对一地映像到维数为 $\frac{1}{2} g(g+3)$ 的空间内的点上.

在这个变换下, S_N 的一个线性子空间 S_r 对应于一系超曲面, 我们把它叫做维数为 r 的线性系. 特殊的情形有: 一维线性系, 也叫做束, 其元素由下述方程给出:

$$a_k = \lambda_1 b_k + \lambda_2 c_k,$$

以及二维线性系, 也叫做网, 其元素由方程

$$a_k = \lambda_0 b_k + \lambda_1 c_k + \lambda_2 d_k$$

给出.

---

① 可以很容易地通过对 $n+g$ 的完全归纳法来证明该式, 证明时注意将 g 次的 $f_g(x_0, \cdots, x_n)$ 先变成 $f_0(x_0, \cdots, x_{n-1}) + x_n f_{g-1}(x_0, \cdots, x_n)$ 的形式.

我们也可以将这些方程写成另一种形式, 设 $B = 0$ 与 $C = 0$ 为两超曲面, 由它们决定一个束, 那么束中超曲面的方程显然可写为

$$\lambda_1 B + \lambda_2 C = 0.$$

同样, 公式

$$\lambda_0 B_0 + \lambda_1 B_1 + \cdots + \lambda_r B_r = 0, \tag{1.10.1}$$

如其中形式 $B_0, \cdots, B_r$ 为线性无关, 则决定一 r 维线性束.

将 S_N 中的点映像为超曲面以及将线性空间映像为线性系的这种可能性使得我们能够将有关 S_N 中线性空间的定理直接转移到超曲面的线性系上去. 在这种意义下, 可以有定理: **超曲面的坐标 $a_0, \cdots, a_N$ 间的 $N - r$ 个线性无关的线性方程决定一 r 维的线性系.**

例如, 通过 $N - r$ 个给定点的所有超曲面, 假设这些点对这些超曲面加上的线性条件是无关的话, 就形成一 r 维的线性系. 为了在每一具体情况下确定所加的条件是不是无关的, 我们把所给的点排成一确定序列: $P_1, \cdots, P_{N-r}$, 然后来确定是否有一 g 次超曲面, 它通过 $P_1, \cdots, P_{k-1}$, 但不通过 P_k, 如果对所有满足 $1 < k \leqslant N - r$ 的 k 都是这样, 那么这些点对超曲面所加上的线性条件就是线性无关的, 只要适当选择点的顺序我们通常可将通过 $P_1, \cdots, P_{k-1}$ 的超曲面选为可分解的.

按照这个方法我们能够毫不费力地证明, 如平面上最多不超过五个的一组点, 其中没有四个在一条直线上, 总能对平面上的圆锥曲线加上独立的条件. 因为通过 $k - 1(\leqslant 4)$ 个点我们总可以作一对直线, 它们不通过给定的第 k 个点, 因为我们已经假设了, 这第 k 个点与其余三个不在一条直线上, 由此得出:

三个给定点总是定出一圆锥曲线网, 不在一直线上的四个点总是定出一圆锥曲线束, 五个给定点, 其中没有四个在一条直线上, 决定一个唯一的圆锥曲线.

练　习　1.10

1. 试根据相同的方法来证明, 平面上的八个点, 其中没有五个在一条直线上, 没有八个在一圆锥曲线上, 总是确定一三次曲线束 (作为通过 $k - 1$ 个给定点的辅助曲线我们选这样的三次曲线, 它可分解为一圆锥曲线与一直线, 或可分解为三条直线).

2. 设 a, b, c, d 为平面上不共线的四个点, 又由三点 x, y, z 的坐标所组成的行列式总是以 (x, y, z) 表示, 那么通过 a, b, c, d 的圆锥曲线束由下述方程给出:

$$\lambda_1(abx)(cdx) + \lambda_2(acx)(bdx) = 0.$$

3. 利用练习 1.10 题 2 中的记号, 通过五个给定点的圆锥曲线由下述方程给出:

$$(abx)(cdx)(ace)(bde) - (acx)(bdx)(abe)(cde) = 0.$$

4. 空间 S_3 中的七个点, 其中没有四个在一直线上, 没有六个在一圆锥曲线上, 没有七个在一平面上, 则必确定一二次曲面网.

(作为通过 $k-1$ 个点的辅助曲面, 我们仍用可分解的曲面, 如果不可能的话, 就用锥.)

通过平面上 $\frac{1}{2}g(g+3)$ 个点 "在一般情况下", 即当这些点给出 g 次曲线的独立条件时, 只有一条 g 次曲线. 例外的情形是当点 P_k 在所有通过 $P_1, \cdots, P_{k-1}$ 的 g 次曲线上时的情形, 而显然只有当 P_k 对 $P_1, \cdots, P_{k-1}$ 取特定位置时才有可能.

当决定线性系 (1.10.1) 的超曲面 $B_0, \cdots, B_r$ 有一公共点或数个公共点, 或甚至一整个公共流形时, 则显然这些点或流形属于系中的所有超曲面. 这些点就称为该系的**基础点**, 这个流形就称为该系的**基础流形**. 特别地, 可能有这种情形, 所有形式 $B_0, \cdots, B_m$ 有一公共因子 A, 在这种情形下系 (1.10.1) 中的所有超曲面均包含超曲面 $A = 0$ 作为其固定的组成部分. 例如, 当平面上的圆锥曲线有一给定三角形作为极三角形时, 形成一无基础点的网, 而通过三个给定点的圆锥曲线形成一有三个基础点的网, 或 (当此三点在一直线上时) 形成一有一固定组成部分的网.

设将一二次曲面的方程写成

$$\sum_j \sum_k a^{jk} x_j x_k = 0,$$

则一二次曲面束的方程为

$$a^{jk} = \lambda_1 b^{jk} + \lambda_2 c^{jk}. \tag{1.10.2}$$

如 D 为矩阵 (a^{jk}) 的行列式, 则二重点的条件为

$$D = 0. \tag{1.10.3}$$

由于式 (1.10.2), D 为 λ_1 与 λ_2 的 $(n+1)$ 次形式, 因此方程 (1.10.3) 要么对 λ_1, λ_2 说为恒等式, 要么有 $n+1$ 个 (不一定是不同的) 根. 因此, 在束 (1.10.2) 中至少有一个, 最多有 $n+1$ 个锥面, 或者整个束中的超曲面全是锥面.

由此推得, 一圆锥曲线束至少包含一已分解的圆锥曲线, 如果将一直线偶对另一圆锥曲线所可能具有的位置都列举出来, 那么我们就可以获得圆锥曲线束 (及其基础点) 的一个完全分类. 由于一直线偶与另一圆锥曲线有四个 (不一定是不同的) 交点或有一公共部分, 因此一圆锥曲线束或者有一固定的部分, 或者有四个 (不一定是不同的) 基础点, 如果这四个基础点的确是不同的, 则根据上述这一圆锥曲线束由此四点来决定: 它由通过此四点的所有圆锥曲线组成, 此时束中三个已分解圆锥曲线就是一完全四边形的三对对边.

关于二次曲面束的理论的其他问题可参阅 Segre 的经典著作[①].

[①] Segre C. Studio sulle quadriche in uno spazio lineare ad un numero qualunque di dimensione. Torino Mem. 2^a Serie 36.

以后我们将看到, 平面上的 n 次曲线束有 n^2 个 (不一定是不同的) 基础点或有一固定的组成部分. 同样, 空间 S_3 中的 n 次曲面网或者是有 n^3 个基础点, 或者是有一固定组成部分.

例如, 一三次平面曲线束一般来说有 9 个基础点, 而根据练习 1.10 题 1 中所给出的适当假设, 其中每八个已经能将该束确定下来. 同样, 空间中的一二次曲面网一般有八个基础点, 在适当的假设下, 其中七个就能将该网及该八个点, 确定下来.

练　习　1.10

5. 圆锥曲线束有下列几种类型:

I. 有四个不同基础点和三条分裂开的准线的圆锥曲线, 其二重点形成一对束中所有曲线来说的公共极三角形.

II. 有三个不同基础点且在此三点有公共切线的圆锥曲线束, 两条分裂开的准线.

III. 有两个不同基础点且在此两点有固定切线的圆锥曲线束, 两条分裂准线, 其中之一为二重线.

IV. 有两个不同基础点且在此两点之一处有给定切线和给定曲率的圆锥曲线束, 一条分裂曲线.

V. 具有一个四重基础点和一条分裂的曲线 (即一二重直线) 的圆锥曲线束.

VI. 由有一固定组成部分的分裂圆锥曲线所组成的曲线束.

VII. 由具有二重点的分裂圆锥曲线所组成的曲线束.

§1.11　三次空间曲线

1.11.1　有理标准曲线

如将 §1.10 中所述变换应用到 S_1 中的超曲面上, 因而也应用到一直线上的 n 点组上, 则我们就得到从这一点组到空间 S_n 中的点上的映像, 为了直观起见, 我们来讨论 $n=3$ 的情形, 虽然下述大多数的结论对任意的 n 均成立.

设所要研究的三点组由下述方程给出:

$$f(x) = a_0 x_1^3 - 3a_1 x_1^2 x_2 + 3a_2 x_1 x_2^2 - a_3 x_2^3 = 0, \tag{1.11.1}$$

设它们映为 S_3 中的点 (a_0, a_1, a_2, a_3), 由三个相重的点所组成的三点组值得特别的注意; 对于它来说有

$$f(x) = (x_1 t_2 - x_2 t_1)^3 = x_1^3 t_2^3 - 3x_1^2 x_2 t_1 t_2^2 + 3x_1 x_2^2 t_1^2 t_2 - x_2^3 t_1^3,$$

因此其像点的坐标为

$$\begin{cases} y_0 = t_2^3, \\ y_1 = t_1 t_2^2, \\ y_2 = t_1^2 t_2, \\ y_3 = t_1^3. \end{cases} \tag{1.11.2}$$

t-直线 S_1 通过式 (1.11.2) 将被映像为空间 S_3(或空间 S_n) 中的一条曲线, 我们一般 (对任意 n) 称它为有理标准曲线, 在 $n = 3$ 的特殊情形下称为三次空间曲线[①], 这种曲线经射影变换后仍称为三次空间曲线.

这里 "三次" 一词意味着, 任一平面 u 与该曲线相交于三点 (这三点不一定是不同的), 因为将平面 u 的方程代入式 (1.11.2) 中, 则我们就得到一三次方程:

$$u_0 t_2^3 + u_1 t_1 t_2^2 + u_2 t_1^2 t_2 + u_3 t_1^3 = 0, \tag{1.11.3}$$

它决定 t 轴上的三个点.

设 q, r, s 为这三个点, 则由适当地选择任意因子可得下述 t_1, t_2 的恒等式:

$$u_0 t_2^3 + u_1 t_1 t_2^2 + u_2 t_1^2 t_2 + u_3 t_1^3 = (q_1 t_2 - q_2 t_1)(r_1 t_2 - r_2 t_1)(s_1 t_2 - s_2 t_1).$$

因此通过比较等式两边的系数即得

$$\begin{cases} u_0 = q_1 r_1 s_1, \\ u_1 = q_1 r_1 s_2 + q_1 r_2 s_1 + q_2 r_1 s_1, \\ u_2 = q_1 r_2 s_2 + q_2 r_1 s_2 + q_2 r_2 s_1, \\ u_3 = q_2 r_2 s_2. \end{cases} \tag{1.11.4}$$

由于式 (1.11.4), 对 t 轴上的每一三点组 q, r, s 有一确定的平面 u 与之对应, 它与曲线相交于参数值 q, r, s 的三点 Q, R, S. 因此不仅是 S_3 的点, 而且 S_3 中的平面, 也同时是一一地映像为参数直线 S_1 上的三数组.

特别是当 Q 与 R 重合时, 则 u 也称为在 Q 点的切平面, 因为对固定的 $Q = R$, u 线性依赖于参数 s, 所以切平面组成一束, 它的载体通过 Q 并称为 Q 点的切线, 当 Q, R, S 三点全重合时, 则 u 称为在 Q 点的密切平面.

定理 1.11.1　任一曲线, 如它的有理参数表示由下述三次函数给出:

$$y_k = a_k t_1^3 + b_k t_1^2 t_2 + c_k t_1 t_2^2 + d_k t_2^3, \tag{1.11.5}$$

则射影等价于一三次空间曲线或为一三次空间曲线在空间 S_2 或 S_1 上的投影.

[①] 在 $n = 2$ 的情形下标准曲线为圆锥曲线.

证明   显然, 下述射影变换

$$y'_k = a_k y_0 + b_k y_1 + c_k y_2 + d_k y_3$$

将曲线 (1.11.2) 变为曲线 (1.11.5). 如这个变换是退化的, 根据 §1.6, 它与到一子空间 S_{r-1} 上的投影相等.   □

如自三次曲线上的一点出发将它投射到一平面 S_2 上, 那么我们会看到, 我们将获得一圆锥曲线. 如由曲线外的一点作投射, 则我们将得到一平面曲线, 显然它与每一条直线相交于三点, 因而为一平面三次曲线 (参见 §3.2) , 最后如投射到一直线上, 则得到该直线本身, 不过可能被几次覆盖, 其他种类我们就不考虑了.

1.11.2   与曲线相联系的零配系

因为对 S_3 中的每一点一对一地对应着 S_1 中的一三点组, 对每一个这样的三点组又对应着一平面, 因此就有一个从 S_3 的点到平面 u 的一个一对一的映像. 只要将同一形式 $f(x)$ 一方面写成 (1.11.1) 的形式, 另一方面又写成 (1.11.3) 的形式 (以 x_1, x_2 代替 t_1, t_2) 并比较两式的系数, 就可获得这个映像的方程, 如以 z_0, z_1, z_2, z_3 来代替 a_0, a_1, a_2, a_3 则此方程为

$$\begin{cases} u_0 = & -z_3, \\ u_1 = & 3z_2, \\ u_2 = & -3z_1, \\ u_3 = z_0. \end{cases} \tag{1.11.6}$$

由于这个线性变换的矩阵为反对称, 故它描述一零配系[①].

如令 z 特别取以参数形式 (1.11.2) 表示的曲线上的一点 y, 则由此可见平面 u 为此点的密切平面. 因此, 该零配系使曲线上的每一点与它的密切平面相对应. 由此得到非切平面上零点的简单做法: 在该平面与曲线相交的三点上作密切平面, 这三个密切平面的交点即为该平面的零点, 因为每一个点都可看成是它的零平面上的零点. 所以有: 对每一点均有三次空间曲线的三个 (不一定是互不相同的) 密切平面通过该点, 而由此三切点所连成的平面即为该点的零平面.

1.11.3   曲线的弦

在以下我们把曲线的切线也默认为连接曲线上两点的弦, 我们来证明:

通过曲线外一点恰好只有一条弦.

证   通过所给点 A 作所有可能的平面 u 那么我们有

$$a_0 u_0 + a_1 u_1 + a_2 u_2 + a_3 u_3 = 0,$$

[①] 如果像在本节开始时那样设空间的维数为任意数 n, 则对偶数 n 我们得一配极系, 对奇数 n 得一零配系.

因此当 Q, R, S 为平面与曲线的交点时, 则根据式 (1.11.4) 有

$$
\begin{aligned}
&a_0q_1r_1s_1 + a_1(q_1r_1s_2 + q_1r_2s_1 + q_2r_1s_1) \\
&+a_2(q_1r_2s_2 + q_2r_1s_2 + q_2r_2s_1) + a_3q_2r_2s_2 = 0.
\end{aligned}
\tag{1.11.7}
$$

给定了 Q 与 R, 则方程 (1.11.7) 一般说来能唯一地确定比值 $s_1 : s_2$, 因而也就唯一地确定了平面 u. 然而如 AQR 已为一弦, 则曲线上任一点 S 可看作过 AQR 的平面和曲线的第三个交点.

因此, 式 (1.11.7) 对 s_1 与 s_2 来说为恒等式, 这给出式 (1.11.8):

$$
\begin{cases}
a_0q_1r_1 + a_1(q_1r_2 + q_2r_1) + a_2q_2r_2 = 0, \\
a_1q_1r_1 + a_2(q_1r_2 + q_2r_1) + a_3q_2r_2 = 0.
\end{cases}
\tag{1.11.8}
$$

由此二方程我们可唯一地决定下述比值:

$$
q_1r_1 : (q_1r_2 + q_2r_1) : q_2r_2,
$$

因而也能决定根为 $q_1 : q_2$ 及 $r_1 : r_2$ 的二次方程中的系数的比值. 由此就可推得我们的结论.

另一方面, 在每一平面上显然有三条 (不一定是不同的) 弦. 因此我们可以说, 一三次空间曲线的弦作成 "线场阶次为 3, 线丛阶次为 1 的线汇".

1.11.4 三次空间曲线的射影生成

设 QR 与 $Q'R'$ 为曲线两根弦. 由 QR 出发作曲线上所有点 S 的投射, 这样得到的平面束由式 (1.11.4) 表示, 我们已看到 s_1 与 s_2 为束的射影参数. 这一结论对另一弦 $Q'R'$ 也成立. 因此, 如将任二弦与曲线上的所有点用平面联结起来, 则我们将得到二相互射影相关的平面束.

我们知道, 两个射影平面束产生一通过其载体直线的二次曲面. 因此, 通过三次曲线的任意的两弦可作一二次曲面包含该曲线. 首先我们设此两弦为斜交的, 则曲面包含不同的两条直线, 并且由于此两弦为斜交, 故属于同一系. 通过某一弦的任一平面除了在该弦的端点与曲线相交外, 还只能与曲线再相交一次, 因此另一族的每一直线与曲线仅有一交点. 又通过这样一条割线的任一平面除了在此割线与曲线的交点处与曲线相交外, 还与曲线相交两次, 因此第一系中的每一直线又是一条弦.

我们设此两弦通过曲线上的同一点, 则包括它们的二次曲面为一锥面. 因此从三次空间曲线的每一个点投射该曲线即得一二次锥面.

现在我们来考虑三条弦, 其中第三条不属于头两条确定的规则系. 此时则有这样三束相互射影相关联的平面束, 其中任三个相应的平面必在曲线上的一点相交, 因此一三次空间曲线可由三束互相射影相关联的平面束相交得出.

反之, 三束射影平面束一般而言产生一三次空间曲线, 例外的情形是: ① 三束中相应的平面总是相交于一直线; ② 相应三平面组的交点在一固定的平面内.

证明　设此三束射影平面的方程为

$$\begin{cases} \lambda_1 l_1 + \lambda_2 l_2 = 0, \\ \lambda_1 m_1 + \lambda_2 m_2 = 0, \\ \lambda_1 n_1 + \lambda_2 n_2 = 0. \end{cases} \tag{1.11.9}$$

如我们由此三方程算出相应三平面的交点, 那么这交点可由三阶行列式, 因而也即由 λ_1 与 λ_2 的三次形式表示:

$$y_0 : y_1 : y_2 : y_3 = \varphi_0(\lambda) : \varphi_1(\lambda) : \varphi_2(\lambda) : \varphi_3(\lambda). \tag{1.11.10}$$

如上述四个形式 $\varphi_0, \varphi_1, \varphi_2, \varphi_3$ 为线性无关, 则由 1.11.1 节的定理 1.11.1 可知由式 (1.11.10) 所表示的曲线为一三次空间曲线. 如有一线性关系:

$$c_0\varphi_0 + c_1\varphi_1 + c_2\varphi_2 + c_3\varphi_3 = 0,$$

则就意味着, 所有的点 y 在一固定的平面内, 此平面与上述三射影平面束相交于三射影直线束, 它们在该平面内产生一圆锥曲线或一直线. 如上述三阶子行列式恒等于零, 则每三个相应的平面均通过一直线, 这些直线一般来说形成一二次曲面.

我们暂设方程 (1.11.9) 确实确定一三次空间曲线, 则此曲线的方程可由令下述矩阵中的二阶子行列式为零获得

$$\begin{pmatrix} l_1 & m_1 & n_1 \\ l_2 & m_1 & n_2 \end{pmatrix}.$$

因此这个三次空间曲线为三个二次曲面的完全交, 这三个二次曲面中每两个, 如

$$l_1 m_2 - l_2 m_1 = 0, \quad l_1 n_2 - l_2 n_1 = 0$$

除了该空间曲线外, 尚有公共的直线为: $l_1 = l_2 = 0$.

练　习　1.11

1. 两具有不同顶点的不可分解的二次锥面, 如有一公共母线, 但并不沿此母线相切, 则剩余相交必为一三次空间曲线.

2. 包括一给定的三次空间曲线的二次曲面组成一网.

3. 一三次空间曲线由它的六个点唯一地决定.

4. 对给定的六个点, 其中没有四个在一平面上, 必有一三次曲线通过.

(提示: 在题 3 与题 4 中可利用如下的两个锥面: 顶点为此六个给定点之一, 且通过其余的五个点.)

第 2 章　代 数 函 数

代数几何学, 顾名思义, 是同时应用几何的概念和方法以及代数的概念和方法的学科. 在第一章中我们已经概述了射线几何的基本概念, 所以在本章中我们要把必需的代数概念和定理讲述一下. 所述定理的证明读者可参见本丛书中我所写的《近世代数》一书[①].

§2.1　代数函数的概念和最简单的性质

设 $\mathbf{K}$ 为一任意域, 或即复数域. $\mathbf{K}$ 中的元素称为常数. 又设 $u_1, \cdots, u_n$ 为未定元或一般地设它们为 $\mathbf{K}$ 的扩张域中的任意量, 它们之间没有常系数的代数关系的联系. $u_1, \cdots, u_n$ 的有理函数组成的域记为 $\mathbf{K}(u)$ 或 $\mathbf{P}$.

所谓 $u_1, \cdots, u_n$ 的代数函数是指 $\mathbf{K}(u)$ 的扩张域中的这样一个元素 ω, 它满足一个以 $\mathbf{K}(u)$ 中的元为系数的代数方程: $f(\omega) = 0$[自然, 这里 $f(\omega)$ 不恒等于零]. 在所有具有性质 $f(\omega) = 0$ 的多项式 $f(z)$ 中有一个最低阶次的多项式 $\varphi(z)$, 在代数中我们证明了这个多项式有以下的性质 (参见《近世代数》第 I 卷, 第四章):

(1) 除差一个 $\mathbf{K}(u)$ 中的因子外, $\varphi(z)$ 是唯一确定的.

(2) $\varphi(z)$ 是不可约的.

(3) $\mathbf{P}(z)$ 中任一具有性质 $f(\omega) = 0$ 的多项式 $f(z)$ 均可由 $\varphi(z)$ 除尽.

(4) 对每一个非常数不可约的多项式 $\varphi(z)$, 均有一扩张域 $\mathbf{P}(\omega)$, $\varphi(z)$ 在其中有一零点 ω.

(5) 域 $\mathbf{P}(\omega)$ 由 $\varphi(z)$ 唯一确定到同构关系, 即如 ω_1 及 ω_2 为在 $\mathbf{P}$ 上不可约多项式 $\varphi(z)$ 的两个零点, 则 $P(\omega_1) \cong P(\omega_2)$, 且此同构能使 $\mathbf{P}$ 中的所有元素不动而将 ω_1 变为 ω_2.

在 $\mathbf{P}$ 上不可约多项式的两个这样的零点称为关于 $\mathbf{P}$ 共轭. 一般对两组代数量 $\omega_1, \cdots, \omega_n$ 与 $\omega_1', \cdots, \omega_n'$, 如有一同构 $\mathbf{P}(\omega_1, \cdots, \omega_n) \cong \mathbf{P}(\omega_1', \cdots, \omega_n')$, 能保持 $\mathbf{P}$ 中所有元固定将每一 ω_v 变为 ω_v', 则说这两组量互相共轭.

可除性的结论 3 在 $\mathbf{P} = \mathbf{K}(u)$ 的这种情形下还可以进一步加强. $f(z)$ 与 $\varphi(z)$ 只需有理地依赖于 $u_1, \cdots, u_n$; 然而只要通过乘以一 $u_1, \cdots, u_n$ 的有理函数就可将它们变为 $u_1, \cdots, u_n$ 的整函数, 此外再设 $\varphi(z)$ 为 $u_1, \cdots, u_n$ 的本原函数, 即不含仅

---

① van der Waerden B L. 近世代数. 卷 I, 第二版 (1937); 卷 II, 第一版 (1931): 特别参阅第 4, 5, 11 章.

依赖于 $u_1, \cdots, u_n$ 的多项式作为因子的函数. 显然, 这是可以做到的, 则 $\varphi(z)$ 将成为以 $u_1, \cdots, u_n$ 为变量的不可约多项式, 而 $f(z)$ 在多项式域 $\mathbf{K}[u_1, \cdots, u_n, z]$ 中可由 $\varphi(z)$ 除尽. 这些都可由高斯辅助定理推得 (参见《近世代数》I, §23).

如 $\omega_1, \cdots, \omega_n$ 为代数函数, 则以 $\omega_1, \cdots, \omega_n$ 与 $u_1, \cdots, u_n$ 为自变量的全体有理函数作成一个域 $\mathbf{P}(\omega_1, \cdots, \omega_n) = \mathbf{K}(u_1, \cdots, u_n, \omega_1, \cdots, \omega_n)$, 它的元素全都是 $u_1, \cdots, u_n$ 的代数函数, 即一代数函数域. 进一步还有下述传递性定理: 一代数函数域的代数扩张仍为一代数函数域. 如扩张是由附加有限多个代数函数生成, 则称之为一有限代数扩张.

系数为 $\mathbf{P}$ 中元素的任一多项式 $f(z)$ 均有一分解域, 即 $\mathbf{P}$ 的一个代数扩张域, $f(z)$ 在其中能分解为线性因子的积. 这个分解域也是唯一地确定到同构关系. 如 $f(z)$ 所分解成的线性因子全都互不相同, 则我们称 $f(z)$ 及其零点为可分的. $\mathbf{P}$ 的一个代数扩张域, 如其元素全为在 $\mathbf{P}$ 上可分的, 则我们就说该扩张为在 $\mathbf{P}$ 上可分. 在本书中我们仅讨论可分的扩张域. 如域 $\mathbf{P}$ 包含了有理数域 (特征为零的域), 则 $\mathbf{P}$ 的所有代数扩张域都是可分的.

对可分代数扩张域有下述本原元素定理: 添加有限个代数量 $\omega_1, \cdots, \omega_r$ 可以代之以添加一个量:

$$\theta = \omega_1 + \alpha_2 \omega_2 + \cdots + \alpha_r \omega_r \qquad (\alpha_2, \cdots, \alpha_r \text{在 } \mathbf{P} \text{ 中}),$$

即 $\omega_1, \cdots, \omega_r$ 可由 θ 有理表示.

如一可分代数函数 ω 与它的所有关于 $\mathbf{P}$ 共轭的量都相同的话, 则它为有理函数, 即它也属于 $\mathbf{P}$. 因为根为 ω 的不可约方程仅有一个单根, 因此只能为线性方程.

超越阶. 设 $\omega_1, \cdots, \omega_m$ 为一代数函数域 $\mathbf{K}$ 或一般而言, 为 $\mathbf{K}$ 扩张域中的元素, 如任一以 $\mathbf{K}$ 中元素为系数的多项式, 只要有 $f(\omega_1, \cdots, \omega_m) = 0$ 时就必然恒等于零, 则我们说此 $\omega_1, \cdots, \omega_m$ 为代数无关. 我们可以把代数无关的元素当作未知量来看待, 因为它们的代数性质是一样的. 如 $\omega_1, \cdots, \omega_m$ 不是代数无关的, 但也不是全在 $\mathbf{K}$ 上的代数相关, 则我们必定能找到这样一代数无关的子系 $\omega_{i1}, \cdots, \omega_{id}$, 以便所有的 ω_k 均为 $\omega_{l1}, \cdots, \omega_{id}$ 的代数函数. 这些代数无关元素的个数 d 被称为系 $\{\omega_1, \cdots, \omega_m\}$ 关于 $\mathbf{K}$ 的超越阶 (transzendenzgrad) (或维数). 如 $\omega_1, \cdots, \omega_m$ 都是在 $\mathbf{K}$ 上的代数相关, 则系统 $\{\omega_1, \cdots, \omega_m\}$ 的超越阶为零.

在代数学中证明了, 超越阶与代数无关量 $\omega_{i1}, \cdots, \omega_{id}$ 的选择无关 (参见《近世代数》I §64). 如 $\omega_1, \cdots, \omega_m$ 为 $\theta_1, \cdots, \theta_n$ 的代数函数, 而反过来 $\theta_1, \cdots, \theta_n$ 也是 $\omega_1, \cdots, \omega_m$ 的代数函数. 则 $\{\omega_1, \cdots, \omega_m\}$ 与 $\{\theta_1, \cdots, \theta_n\}$ 有相同的超越阶.

$\mathbf{P}[z_1, z_2, \cdots, z_n]$ 中的一个多项式 $f(z_1, z_2, \cdots, z_n)$, 如它在基本域 $\mathbf{P}$ 的每一扩张中都是不可约的, 则我们称它为绝对不可约. 我们有下述定理:

$\mathbf{P}$ 的一个有限代数扩张就足以将一给定的多项式 f 分解为绝对不可约的因子.

证明 设 f 的阶数小于 c, 我们在 $f(z_1, \cdots, z_n)$ 中以 $t^{c^{\nu-1}}$ 来代替 z_ν, 则得

$$F(t) = f(t, t^c, t^{c^2}, \cdots, t^{c^{n-1}}).$$

因此 $f(z_1, \cdots, z_n)$ 中的任一项 $z_1^{b_1} z_2^{b_2} \cdots z_n^{b_n}$ 对应 $F(t)$ 中的一项:

$$t^{b_1 + b_2 c + \cdots + b_n c^{n-1}}.$$

因为任一整数写成如 $b_1 + b_2 c + \cdots + b_n c^{n-1}$ 的形式, 当要求每一 $b_v < c$ 时, 只能有一种, 所以 f 中的不同项对应于 F 中的不同项. 因此, f 中项的系数也就是 $F(t)$ 中的系数. 如果在 **P** 某一扩张域中来分解 f, 那也就同时在同一域中分解了 $F(t)$. 因为由

$$f(z) = g(z)h(z)$$

有

$$f(t, t^c, t^{c^2}, \cdots) = g(t, t^c, t^{c^2}, \cdots)h(t, t^c, t^{c^2}, \cdots)$$

或

$$F(t) = G(t)H(t),$$

并且 $g(z)$ 和 $h(z)$ 的系数也就是 $G(t)$ 和 $H(t)$ 的系数. 然而 **P** 的一个有限扩张就足以将 $F(t)$ 完全分解为线性因子, 因此因子 $G(t)$ 与 $H(t)$ 的系数就在这个扩张域中, 从而 $g(z)$ 与 $h(z)$ 的系数也在这个扩张域中. □

§2.2 代数函数的值·连续性与可微性

设 ω 为由下述一有理不可约方程

$$\varphi(u, \omega) = a_0(u)\omega^g + a_1(u)\omega^{g-1} + \cdots + a_g(u) = 0. \tag{2.2.1}$$

所定义的一个 $u_1, \cdots, u_n$ 的代数函数, 在式 (2.2.1) 中我们假设 u 的多项式 $a_0, \cdots, a_g$ 没有公共因子.

所谓函数 ω 在未定元 u 的某一特定值 u' 上所取的值 ω' 是指方程 $\varphi(u', \omega') = 0$ 的每一个解. 对 u 的每一组值 u', 当 $a_0(u) \neq 0$ 时, 对应着 g 个 ω 的值 ω', 我们用 $\omega^{(1)}, \cdots, \omega^{(g)}$ 来表示, 它们由式 (2.2.2) 决定:

$$\varphi(u', z) = a_0(u') \prod_1^g (z - \omega^{(\nu)}). \tag{2.2.2}$$

以 $D(u)$ 表方程 (2.2.1) 的判别式. 如有 $D(u') = 0$, 则在根 $\omega^{(\nu)}$ 中会有某几个是相同的. $D(u)$ 并不是恒等于零的, 对那些有 $a_0(u')D(u') = 0$ 的值 u', 我们称之为

函数 ω 的临界值. 对这种 u', ω 的值 ω' 一般少于 g 个, 有时甚至一个也没有.

定理 2.2.1   如代数关系 $f(u,\omega)=0$ 成立, 则将 u 代以任一值 u', 而 ω 也代以相应的值 ω' 中的任一个, 则该关系仍然成立.

证明   根据 §2.1 的可分性, 由 $f(u,\omega)=0$ 可推得

$$f(u,\omega)=\varphi(u,\omega)g(u,\omega),$$

因此将 u', ω' 代入即得定理所要求的结果: $f(u',\omega')=0$.   □

u,ω 取的值 u', ω' 是在基本域 **K** 中的. 现在我们假设这个域为复数域. 我们来研究函数值 ω' 对变元的值 u' 的连续依赖关系. 在此我们首先将 u' 限制在一非临界点 a(点 a 即指独立变量 $u_1,\cdots,u_n$ 的一组值 $\{a_1,\cdots,a_n\}$) 一个邻域 $U(a)$ 内, 即我们设 $|u_i-a|<\delta$, 这里 δ 为一待定的正数.

因为点 a 不是临界的, 所以函数 ω 在点 a 处有 g 个不同的值 $b^{(1)},\cdots,b^{(g)}$. 我们将把这 g 个值看成为复平面上 g 个不同点. 围绕这些点我们可作一 g 个没有公共内点的、半径 ε 为足够小的圆 $K_1,\cdots,K_g$ 把它们包围起来.

在充分小的邻域 $U(a)$ 内的每一点 u', 函数 ω 也有 g 个不同的值 $\omega^{(1)},\cdots,\omega^{(g)}$.

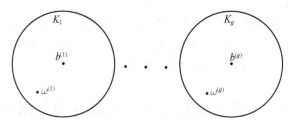

现在可如下来陈述代数函数的**连续性定理**:

由适当地选择邻域 $U(a)$(因而也即选择数 δ) 可使在每一圆 K_ν 中仅有 ω 的一个值 $\omega^{(\mu)}$, 所以我们可以这样来排列 $\omega^{(\nu)}$ 以使 $\omega^{(\nu)}$ 刚好在 K_ν 中. 在这样排定后, 则每一 $\omega^{(\nu)}$ 即为在整个邻域内 u' 的单值连续函数.

证明   在式 (2.2.2) 中令 $z=b^{(1)}$, 并取其绝对值, 则得

$$\left|\frac{\varphi(u',b^{(1)})}{a_0(u')}\right|=\prod_1^g|b^{(1)}-\omega^{(v)}|,$$

而 $\dfrac{\varphi(u',b^{(1)})}{a_0(u')}$ 为 u' 的连续函数, 它在 $u'=a$ 上的值为零. 因此在一充分小的邻域 $U(a)$ 内就有

$$\left|\frac{\varphi(u',b^{(1)})}{a_0(u')}\right|<\varepsilon^g,$$

因而也就有

$$\prod_{1}^{g} |b^{(1)} - \omega^{(\nu)}| < \varepsilon^{g①}.$$

如果左面所有的因子都大于等于 ε, 则该不等式就不能成立. 因此, 至少有一个因子小于 ε, 也即至少有一 $\omega^{(\nu)}$ 在 $b^{(1)}$ 的一个半径为 ε 的圆 K_1 内, 同样对圆 $K_2, \cdots, K_g$ 来说也如此. 但是点 $\omega^{(\prime\prime)}$ 的个数和圆 K_ν 的个数一样多, 而且这些圆又互不相交, 因此每一个圆 K_ν 中必定只刚好有一个点 $\omega^{(\mu)}$. 我们可以这样选择 $\omega^{(\nu)}$ 的编号, 以便 $\omega^{(\nu)}$ 刚好在 K_ν 中, 这样 $\omega^{(\nu)}$ 就唯一确定了. 再者, 在上述证明中我们还知道, 只要 $|u_i' - a_i| < \delta$, 则有 $|\omega^{(\nu)} - b^{(\nu)}| < \varepsilon$, 这里 ε 为足够小的数, 因此函数 $\omega^{(\nu)}$ 在 $u' = a$ 处为连续. 又由于我们可将任一非临界点来代替这里的 a 而有相同的结果, 而 $U(a)$ 中的所有点又都是非临界点, 故函数 $\omega^{(\nu)}$ 在 $U(a)$ 内处处连续, 并且还有对应值 $\omega^{(1)}, \cdots, \omega^{(g)}$ 都是不相同的.

由代数函数的连续性也能极容易地推得它的可微分性. 由于所讲的只是对变量 $u_1, \cdots, u_n$ 的偏微分, 所以我们可限于讨论只有一个变量 u 的情形. 设 u 的值为 a 时, 函数值为 b, u 的值为 $u' = a + h$ 时, 函数值为 $\omega' = b + k$. 那么有

$$\varphi(a, b) = 0, \quad \varphi(a + h, b + k) = 0. \tag{2.2.3}$$

我们必须证明, 当 $h \to 0$ 时, 极限 $\lim k/h$ 存在. 设以 φ_u, φ_z 表多项式 $\varphi(u, z)$ 对 u, z 的偏微商.

它们分别为 $\varphi(u + h, z)$ 及 $\varphi(u, z + h)$ 的展开式中 h 幂为一的那项前的系数. 现将 $\varphi(u + h, z + k)$ 只对 h 然后再对 k 来展开, 则我们有

$$\begin{cases} \varphi(u + h, z + k) = \varphi(u, z + k) + h\varphi_1(u, h, z + k), \\ \qquad\qquad = \varphi(u, z) + h\varphi_1(u, h, z + k) + k\varphi_2(u, z, k), \end{cases} \tag{2.2.4}$$

其中

$$\varphi_1(u, 0, z) = \varphi_u,$$
$$\varphi_2(u, z, 0) = \varphi_z.$$

现在式 (2.2.4) 中令 $u = a, z = b$, 则由式 (2.2.3) 可推导

$$0 = h\varphi_1(a, h, b + k) + k\varphi_2(a, b, k).$$

由于 a 不是临界值, 所以 $\varphi_z(a, b) \neq 0$, 因而对充分小的 k 也有 $\varphi_2(a, b, k) \neq 0$. 因此可将 $\varphi_2(a, b, k)$ 除以上式, 再移项即得

$$\frac{k}{h} = -\frac{\varphi_1(a, h, b + k)}{\varphi_2(a, b, k)}.$$

---

① 这里的 ε^g 原文误为 ε^n. —— 译者注

现在令 h 趋于零, 则由于函数 ω' 的连续性 k 也趋于零, 因此 $\varphi_2(a,b,k)$ 趋于 $\varphi_z(a,b)$, $\varphi_1(a,h,b+k)$ 趋于 $\varphi_u(a,b)$. 由此得

$$\frac{\mathrm{d}\omega'}{\mathrm{d}u'} = \lim \frac{k}{h} = -\frac{\varphi_u(a,b)}{\varphi_z(a,b)}.$$

这样就证明了函数在每一非临界点上的可微性. 同时还证明了在每一个这样的点上微商的值为

$$\frac{\mathrm{d}\omega'}{\mathrm{d}u'} = -\frac{\varphi_u(u',\omega')}{\varphi_z(u',\omega')}. \tag{2.2.5}$$

$\square$

在我写的《近世代数》一书的 §65 中还指出了, 我们可以不依赖于连续性而通过下式:

$$\frac{\mathrm{d}\omega}{\mathrm{d}u} = -\frac{\varphi_u(u,\omega)}{\varphi_z(u,\omega)}$$

来定义任意基本域上的可分代数函数的微商, 并由此定义可直接导出微分的规则.

由复变量的复值函数的可微性可导出它的解析性. 因此, 一代数函数 ω 的 g 个值 $\omega^{(1)},\cdots,\omega^{(g)}$ 在一非临界点的邻域内为复变量 u' 的正则解析函数. 对多变量的代数函数的值而言, 在非临界点上也有这个结果.

§2.3　单变量代数函数的级数展开

一个变量 u' 的正则解析函数总可以展成幂级数, 因而特别对 §2.2 中所述正则解析函数的元素 $\omega^{(1)},\cdots,\omega^{(g)}$ 在任一非临界点 a 处也可展成如下的级数:

$$\omega^{(v)} = c_0^{(v)} + c_1^{(v)}\tau + c_2^{(v)}\tau^2 + \cdots \quad (\tau = u' - a),$$

它在任一围绕 a 点而不含临界点的圆内收敛.

在临界点情形就比较复杂一些. 设 a 为 u' 平面上的一个这样的临界点. 我们先假定式 (2.2.1) 中的头一个系数 $a_0(u)$ 在 $u=a$ 处不等于零. 现在 u' 平面上画一组通过 a 点的圆 K_1, K_2, K_3, 使每两个圆有公共的区域, 且每一圆内不再含另外的临界点, 则在每一圆内有 g 个正则解析函数元素 $\omega^{(1)},\cdots,\omega^{(g)}$. 在两个圆的公共区域内, 一个圆内的解析元 $\omega^{(1)},\cdots,\omega^{(g)}$ 必须与另一个圆内的解析元 $\omega^{(1)},\cdots,\omega^{(g)}$ 按某种顺序次第互相重合, 现设我们自圆 K_1 中的某一解析元, 如 $\omega^{(1)}$ 出发, 来寻求 K_2 中在与 K_1 公共的区域中与 $\omega^{(1)}$ 重合的解析元, 然后又这样过渡到 K_3 中, 如此一直下去直到我们又回到 K_1 中, 此时可能我们仍得到 $\omega^{(1)}$. 但也有这种可能, 就是通过上述 "解析开拓" 的过程回到 K_1 时却得到另一个解析元, 如得到 $\omega^{(2)}$. 在后一种情况下, 如我们再进行上述解析开拓的过程, 经过有限次巡回后, 必定能再

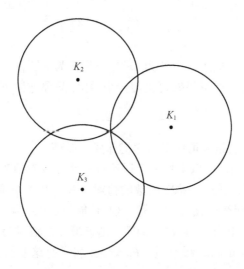

得到 $\omega^{(1)}$. 总之, 在两种情形下, 通过有限次巡回后我们必定能仍回到 $\omega^{(1)}$. 如这样巡回的次数为 k, 则我们必定有 k 个解析元 $\omega^{(1)}, \cdots, \omega^{(k)}$, 围绕 a 点解析地连接起来而形成一 "循环". 全部 g 个解析元 $\omega^{(1)}, \cdots, \omega^{(g)}$ 就按这种方式分解为一定个数的循环 $[\omega^{(1)}, \cdots, \omega^{(k)}]; [\omega^{(k+1)}, \cdots, \omega^{(k+l)}]; \cdots; [\omega^{(m+1)}, \cdots, \omega^{(g)}]$.

在我们将解析函数 ω 在 $u = a$ 点的多值性的类型作了如此详尽的描述后, 我们再来通过引入一个 "位置单值化变量" $\tau = \sqrt[k]{u' - a}$ 来将多值函数在 $u = a$ 邻域内变为单值函数. 这一点是通过下述思想来实现:

$u' = a + \tau^k$ 是 τ 的一个解析函数, 而每一个 $\omega^{(\nu)}$ 又在上述圆内是 u' 的解析函数. 通过这两个解析函数的复合就可将 $\omega^{(\nu)}$ 看成为 τ 的解析函数. 如果我们令点 τ 绕零点转一圈, 则 $u' - a$ 就会绕零点转 k 圈; 因而 u' 也就绕 a 点转 k 圈. 因绕 a 点转一圈时 $\omega^{(1)}, \cdots, \omega^{(k)}$ 循环交换, 所以在转 k 圈的过程中必定又循环回到自身, 因此 $\omega^{(1)}, \cdots, \omega^{(k)}$ 在 $\tau = 0$ 点的邻域内 (该点本身暂时除外) 为 τ 的单值解析函数. 然而, 在趋近于 $\tau = 0$ 的过程, 这些函数为有界, 这是因为一个代数方程的根可用众所周知的初等方法通过方程的系数来估计. 因此, $\tau = 0$ 这一点既不是本性奇点, 也不会是极点, 也即该点根本不是奇点. 这样我们就可如此来调整 $\omega^{(1)}, \cdots, \omega^{(k)}$ 在 $\tau = 0$ 点的值, 以使这些函数在 $\tau = 0$ 的整个邻域内为解析, 从而可展为 τ 的幂级数如下:

$$\begin{cases} \omega^{(1)} = \alpha_0^{(1)} + \alpha_1^{(1)}\tau + \alpha_2^{(1)}\tau^2 + \cdots, \\ \omega^{(2)} = \alpha_0^{(2)} + \alpha_1^{(2)}\tau + \alpha_2^{(2)}\tau^2 + \cdots, \\ \qquad\qquad \cdots\cdots \\ \omega^{(k)} = \alpha_0^{(k)} + \alpha_1^{(k)}\tau + \alpha_2^{(k)}\tau^2 + \cdots. \end{cases} \tag{2.3.1}$$

然而还有更多的结果! 如我们不令 τ 绕 0 点绕过一整圈, 而只是它的 k 分之一:

$$\tau = re^{i\theta} \quad \left(0 \leqslant \theta \leqslant \frac{2\pi}{k}\right),$$

则 u' 刚好绕过一整圈, 因而 $\omega^{(1)}$ 变为 $\omega^{(2)}$, $\omega^{(2)}$ 变为 $\omega^{(3)}, \cdots, \omega^{(k)}$ 变为 $\omega^{(1)}$. 因此, $\omega^{(1)}, \cdots, \omega^{(k)}$ 的每一个幂级数可由前一个得出, 只要作以下代换就行:

$$\tau \to \tau\zeta, \quad \zeta = e^{\frac{2\pi i}{k}}$$

由此由幂级数 (2.3.1) 的结构可以看出它们作成一循环.

在 $a_0(a) = 0$ 的情形下, 以上的整个讨论没有什么本质的改变. 例如, 我们可引入一新函数 $a_0(u)\omega$ 来代替 ω, 这个函数的值对 $u = a$ 仍为有界. 在此种情形下我们也常能得到一个幂级数的循环, 只不过这时可能要出现有限个 τ 的负幂项.

在展开式 (2.3.1) 中令 $\tau = (u' - a)^{1/k}$, 则该幂级数将成为 $u' - a$ 的分数幂的级数, 我们把它称为 Puiseux 级数, 以 P_ν 表之. 将所有这些级数代入 §2.2 的方程 (2.3.2) 中, 则得

$$\varphi(u', z) = a_0(u') \prod_1^g (z - P_\nu).$$

因为该方程在点 a 的邻域内对所有的 u' 都成立, 所以我们可在其中用定量 x 来代替 $u' - a$, 从而得如下的因子分解式:

$$\frac{\varphi(x, z)}{a_0(x)} = \prod_1^g (z - P_\nu), \tag{2.3.2}$$

其中 P_ν 为 x 的分数幂的级数, 负幂项为有限个.

此处所采用的推导幂级数展开 P_ν 的函数论方法是出自 Puiseux 之手, 它也是最简单和最自然的, 但却不能让人们认识到, 实际上在级数展开中要处理的是纯粹代数的问题, 同时它也未能给出有效的计算幂级数的方法. 因此, 我们还要对代数函数的幂级数展开给出一个纯粹代数的推导, 我们在此给出的这个简单的推导是出源于 Ostrowski, 它对任意特征为零的基本域均成立. 级数的收敛性问题在此完全不加考虑. 从代数的观点来看这是没有什么必要的, 何况前述函数论方法的研究已经证明了这一点. 现在就只是要形式地写下幂级数 $P_1, \cdots, P_g$, 将它展为 $u - a$ 的分数幂的级数并令其纯粹形式地满足方程 (2.3.2).

(2.3.2) 中的分母能够分解为线性因子, 因而它的倒数有 $(\alpha x + \beta)^{-1}$ 的形式, 只要 $\beta \neq 0$, 它就可展为 x 的几何级数:

$$(\alpha x + \beta)^{-1} = \beta^{-1}\left(1 - \frac{\alpha x}{\beta} + \frac{\alpha^2 x^2}{\beta^2} - \cdots\right).$$

所以式 (2.3.2) 的左面为一 z 的多项式 (它的系数是 x 是幂级数) 被一 x 的乘幂来除, 因而也即为具有有限项负幂的级数.

引理 2.3.1(Hensel 引理) 如 $F(x, z)$ 为一 z 的多项式:

$$F(x, z) = z^n + A_1 z^{n-1} + \cdots + A_n,$$

其系数为 x 的整幂级数:

$$A_v = a_{v0} + a_{v1}x + a_{v2}x^2 + \cdots,$$

并且 $F(0, z)$ 可分解为阶次分别为 p 与 q(且 $p + q = n$) 的两个互质因子:

$$F(0, z) = g_0(z) \cdot h_0(z); \quad (g_0(z), h_0(z)) = 1,$$

则 $F(x, z)$ 能分解为 z 的阶次为 p 与 q 的两个因子

$$F(x, z) = G(x, z) \cdot H(x, z),$$

其系数同样还是 x 的完全幂级数, 而且

$$G(0, z) = g_0(z), \quad H(0, z) = h_0(z).$$

证明 我们将 $F(x, z)$ 按 x 的升幂来排列

$$F(x, z) = F(0, z) + xf_1(z) + x^2 f_2(z) + \cdots,$$
$$f_k(z) = a_{1k} z^{n-1} + \cdots + a_{nk}.$$

对 $G(x, z)$ 与 $H(x, z)$ 也作同样的排列

$$G(x, z) = g_0(z) + xg_1(z) + x^2 g_2(z) + \cdots,$$
$$H(x, z) = h_0(z) + xh_1(z) + x^2 h_2(z) + \cdots,$$

其中多项式 $g_1(z), g_2(z), \cdots$ 的阶次最高只能为 $p - 1$ 次, 而 $h_1(z), h_2(z), \cdots$ 的最高只能为 $q - 1$ 次. 作乘积 $G(x, z) \cdot H(x, z)$ 并将其与 $F(x, z)$ 相比较, 则我们将得到一系列如下形式的方程

$$g_0(z)h_k(z) + g_1(z)h_{k-1}(z) + \cdots + g_k(z)h_0(z) = f_k(z) \quad (k = 1, 2, \cdots). \quad (2.3.3)$$

现在我们假定, 我们已自方程 (2.3.3) 中头 $k - 1$ 个方程确定了 $g_1, \cdots, g_{k-1}$ 与 $h_1, \cdots, h_{k-1}$, 则根据式 (2.3.3) 我们将用以确定 g_k 和 h_k 的方程如下:

$$g_0(z)h_k(z) + h_0(z)g_k(z) = B_k(z), \quad (2.3.4)$$

其中 $B_k(z)$ 为一阶数低于 $n - 1$ 的多项式.

然而大家知道, 这个方程总是有解的, 而且 g_k 与 h_k 的阶次最高不超过 $p - 1$ 与 $q - 1$(参见《近世代数》卷 I, §29). 因此我们可由方程 (2.3.3) 来逐个地决定所有的 g_k 和 h_k, 由此作成的幂级数 $G(x, z)$ 与 $H(x, z)$ 为 z 的多项式, 其阶次分别为 p 与 q, 且在 $x = 0$ 时分别过渡到 $g_0(z)$ 与 $h_0(z)$. $\square$

定理 2.3.1   任一系数由 x 的幂级数 (只有有限个负幂项的) 所组成多项式.

$$F(x, z) = z^n + A_1 z^{n-1} + \cdots + A_n,$$

可完全分解为线性因子

$$F(x, z) = (z - P_1)(z - P_2) \cdots (z - P_n),$$

其中 $P_1, \cdots, P_n$ 均为幂级数, 每一个都按 x 的一适当分数幂展开.

证明   我们可以假设 $A_1 = 0$. 因为不如此, 我们只要引进一个新变量 $z - \dfrac{1}{n} A_1$ 来代替 z 即可. 如 A_ν 不恒等于零, 则 A_ν 的展开由 $a_\nu x^{\rho_\nu}$, $a_\nu \neq 0$ 一项开始. 如所有的 $A_\nu = 0$, 则不用什么证明; 不然, 我们就设 σ 为所有 ρ_ν / ν, 其 $A_\nu \neq 0$, 中最小的一个数, 那么显然有

$$\rho_\nu - \nu\sigma \geqslant 0 \qquad (\nu = 1, 2, \cdots, n),$$

其中等号至少对有一 ν 能成立. 现在我们以下式引入一新变量 ζ:

$$z = \zeta x^\sigma,$$

则我们的多项式就变为

$$F(x, z) = F_1(x, \zeta) = x^{n\sigma}(\zeta^n + A_2 x^{-2\sigma} \zeta^{n-2} + \cdots + A_n x^{-n\sigma}). \tag{2.3.5}$$

如 $\sigma = p/q$, 其中 $q > 0$, 则令

$$\xi = x^{1/q}, \quad x = \xi^q,$$

则我们能将式 (2.3.5) 右面括号内的项写为

$$\Phi(\xi, \zeta) = \zeta^n + B_2(\xi)\zeta^{n-2} + \cdots + B_n(\xi),$$

其中

$$B_\nu(\xi) = A_\nu(\xi)\xi^{-\nu p}.$$

只要幂级数 $B_r(\xi)$ 不为零, 则它由下一项开始.

$$a_\nu \xi^{\rho_\nu q - \nu p} = a_\nu \xi^{q(\rho_\nu - \nu\sigma)},$$

因此为 ξ 的一个完全幂级数, 其常数项 $B_\nu(0)$ 至少对某一 ν 不为零. 因此多项式

$$\varphi(\zeta) = \Phi(0, \zeta) = \zeta^n + \cdots + a_\nu \zeta^{n-\nu} + \cdots$$

不会等于 ζ^n, 另一方面又由于 ζ^{n-1} 的系数为 0, 故 $\varphi(\zeta)$ 不可能为线性因子 $(\zeta - \alpha)$ 的 n 次幂. 因此, $\varphi(\zeta)$ 至少有两个不同的根, 从而可分解为两个互质的因子:

$$\varphi(\zeta) = g_0(\zeta) \cdot h_0(\zeta).$$

根据 Hensel 引理 $\Phi(\xi, \eta)$ 现在就可分解为两个与 $g_0(\zeta)$ 和 $h_0(\zeta)$ 有相同阶次的因子, 其系数为 ξ 的幂级数, 因而对 $F(u, z)$ 来说也能这样. □

不言自明, 我们能以与研究函数 ω 在 $u = a$ 的邻域内的性质完全相同的方式来研究 ω 在 $u = \infty$ 的邻域内的性质, 只要这时用 $u^{-1} = x$ 来代替 $u - a = x$ 即可. 此时根 $\omega^{(1)}, \cdots, \omega^{(n)}$ 就应为按 $x = u^{-1}$ 的升幂展开的幂级数了.

练 习 2.3

试确定下述多项式

$$F(u, z) = z^3 - uz + u^3$$

的根在 $u = 0$ 的邻域内的幂级数展开的起始项.

§2.4 消 去 理 论

在以后我们需用到消去理论中的若干定理, 所以在此我们把它们扼要地综述一下.

结式. 两具有不定系数的多项式

$$f(x) = a_0 x^n + a_1 x^{n-1} + \cdots + a_n,$$
$$g(x) = b_0 x^m + b_1 x^{m-1} + \cdots + b_m$$

有一结式

$$R = \begin{vmatrix} a_0 & a_1 & \cdots & a_n & & & \\ & a_0 & a_1 & \cdots & a_n & & \\ & & \cdots & \cdots & \cdots & & \\ & & & a_0 & a_1 & \cdots & a_n \\ b_0 & b_1 & \cdots & b_m & & & \\ & b_0 & b_1 & \cdots & b_m & & \\ & & \cdots & \cdots & \cdots & & \\ & & & b_0 & b_1 & \cdots & b_m \end{vmatrix}$$

具有如下性质:

(1) 对取定的 a_j 和 b_k, $R = 0$ 的充分且必要条件为: 或者 $a_0 = b_0 = 0$, 或者 $f(x)$ 与 $g(x)$ 有一公共因子 $\varphi(x)$.

(2) R 的每一项中系数 a_j 的幂次为 m, 系数 b_k 的幂次为 n, 其权 (即因子 a_j 与 b_k 的指数和) 为 $m \cdot n$.

(3) 下述形式的等式成立

$$R = Af(x) + Bg(x),$$

其中 A 与 B 为 a_j, b_k, x 的多项式, A 作为 x 的多项式阶次不超过 $m-1$, B 不超过 $n-1$.

(4) 如 $\xi_1, \cdots, \xi_n$ 为 $f(x)$ 的零点, $\eta_1, \cdots, \eta_m$ 为 $g(x)$ 的零点, 则对结式 R 还有下述关系式

$$R = a_0^m \prod_1^n g(\xi_v) = (-1)^{mn} b_0^n \prod_1^m f(\eta_\mu)$$

$$= a_0^m b_0^n \prod_1^n \prod_1^m (\xi_v - \eta_\mu).$$

对两个以 x_1 与 x_2 为变量的齐次式:

$$F(x) = a_0 x_1^n + a_1 x_1^{n-1} x_2 + \cdots + a_n x_2^n,$$
$$G(x) = b_0 x_1^m + b_1 x_1^{m-1} x_2 + \cdots + b_m x_2^m$$

其结式仍指上述行列式 R. 这个结式为零的充分且必要条件为 $F(x)$ 与 $G(x)$ 有一公共因子. 由行列式的形式容易看出, 如将齐次式中的 x_1 与 x_2 的地位对换, 则其结式将乘以 $(-1)^{mn}$.

一组多项式结式组. 设 $f_1(x), \cdots, f_r(x)$ 为阶次 $\leqslant n$ 的多项式; 其不定系数为 $a_1, \cdots, e_\omega$, 则有一组以系数 $a_1, \cdots, e_\omega$ 为变量的结式 $R_1, \cdots, R_s$, 它们具有以下的性质:

(1) 对取定一组值的 $a_1, \cdots, e_\omega$, $R_1, \cdots, R_s$ 为零的充分而必要条件为: 或者 $f_1, \cdots, f_r$ 有一公共因子, 或者所有这些多项式的首项系数均为零.

(2) 所有 $R_1, \cdots, R_s$ 在每一多项式中的系数的次数均相同, 所有的权也均相同.

(3) 下述形式的恒等式成立:

$$R_j = \sum A_{jk} f_k(x),$$

其中 A_{jk} 为 $a_1, \cdots, e_\omega$ 与 x 的多项式.

一组齐次式的结式组. 设 $f_1, \cdots, f_r$ 为 $x_0, x_1, \cdots, x_n$ 的齐次式, 不定系数为 $a_1, \cdots, a_\omega$, 则有一组形式 $R_1, \cdots, R_s$, 具有如下的性质:

(1) 对取一组特殊值的 $a_1, \cdots, e_\omega$, $R_1, \cdots, R_s$ 为零的充分且必要条件为: $f_1, \cdots, f_r$ 在一适当的扩张域中有一非平凡解, 即异于 $(0, 0, \cdots, 0)$ 的共同零点.

(2) 所有 $R_1, \cdots, R_s$ 对每一形式 $f_1, \cdots, f_r$ 的系数均为齐次.

(3) 下述恒等式成立:

$$x_\nu^\varrho R_j = \sum A_{\nu jk} f_k,$$

其中 $A_{\nu jk}$ 为 $a_1, \cdots, e_\omega, x_0, \cdots, x_n$ 的形式.

求多项式或形式 $f_1, \cdots, f_r$ 的结式组并使之为零的运算也称为自方程 $f_1 = 0, \cdots, f_r = 0$ 中消去 x 或 $x_0, \cdots, x_n$ 的运算.

如方程 $f_1, \cdots, f_r$ 为多个变元组的齐次方程, 则消去一组变量所得到的结式组对另一组变量来说为齐次的. 所以, 消去的运算可以逐步进行下去. 对于多组变元的齐次式来说, 也有一结式组, 其性质完全与 $1, 2, 3$ 相同. 上述结论的证明参见《近世代数》卷 II 第 11 章.

第 3 章　平面代数曲线

在本章中 x, y, z, u 表示未定量, 而 $\eta, \zeta, \cdots$ 表示复数. 以后引入的 ξ 与 ω 则为一个未定量 u 的函数.

§3.1　平面上的代数流形

设已给一齐次方程组

$$f_\nu(\eta_0, \eta_1, \eta_2) = 0 \quad (\nu = 1, 2, \cdots, r). \tag{3.1.1}$$

我们把平面上由所有满足方程组 (3.1.1) 的点所组成的集合称为一 **代数流形**. 由满足单个齐次方程的点所组成的集合则称为一 **代数曲线**.

我们要来证明: 平面上的任一代数流形均是由一代数曲线加上有限个孤立的点组成. 为此我们作多项式 $f_\nu(y_0, y_1, y_2)$ 的最大公因子 $g(y)$ 并令

$$f_\nu(y) = g(y)h_\nu(y),$$

从而 (3.1.1) 的解就是由曲线

$$g(\eta) = 0 \tag{3.1.2}$$

上的点和方程组

$$h_\nu(\eta) = 0 \quad (\nu = 1, 2, \cdots, r) \tag{3.1.3}$$

的解共同组成. 此时诸多项式 $h_\nu(y)$ 的最大公因子为 1. 如将它们看成为 y_2 的多项式, 其系数为 y_0 及 y_1 的有理函数, 则可知最大公因子可表为这些多项式的线性组合:

$$1 = a_1(y_2)h_1(y) + \cdots + a_r(y_2)h_r(y).$$

所有的 $a_\nu(y_2)$ 对变量 y_2 而言为完全有理 (即整函数), 对 y_0 及 y_1 言为有理函数. 将所有的 $a_\nu(y_2)$ 乘以它们的公分母 $b(y_0, y_1)$ 使之对 y_0 与 y_1 言也为完全有理, 则得

$$b(y_0, y_1) = b_1(y)h_1(y) + \cdots + b_r(y)h_r(y). \tag{3.1.4}$$

若 $b(y_0, y_1)$ 对 y_0, y_1 言非齐次, 则我们将 $b(y_0, y_1)$ 中某确定阶次的各个项取出, 它们形成一非零的齐次多项式 $c(y_0, y_1)$. 并在式 (3.1.4) 的右边将所有相同阶次的项

也取出, 则由此得

$$c(y_0, y_1) = c_1(y)h_1(y) + \cdots + c_r(y)h_r(y). \tag{3.1.5}$$

由式 (3.1.5) 推知, 方程组 (3.1.3) 的所有解同时也是

$$c(\eta_0, \eta_1) = 0$$

的解. 但这些齐次方程只能确定有限个比值 $\eta_0 : \eta_1$, 同理可求得比值 $\eta_1 : \eta_2$ 以及 $\eta_2 : \eta_0$ 的有限个值. 从而方程组 (3.1.3) 只能有有限个解 $\eta_0 : \eta_1 : \eta_2$. 这些解与曲线 (3.1.2) 的点共同组成原始方程组 (3.1.1) 的全部解.

如进一步将多项式 $g(y)$ 分解为不可约的因子:

$$g(y) = g_1(y) \cdots g_s(y),$$

则曲线 (3.1.2) 也自然分解为不可约曲线, 即由下述不可约形式定义的曲线:

$$g_1(\eta) = 0, \quad \cdots, \quad g_s(\eta) = 0.$$

由此任一代数流形 (3.1.1) 均分解为有限个不可约曲线和有限个孤立点. 自然可能只有曲线或只有孤立点; 也可能有这样的情形, 其时方程组 (3.1.1) 无解. 最后, 如方程组 (3.1.1) 中的所有 f_ν 均恒等于零, 则它所定义的流形为全平面.

一条曲线 $g(\eta) = 0$ 包含有无限多个点, 则当 η_2 确实在多项式 $g(\eta)$ 中出现时, 方程

$$g(\eta) = a_0(\eta_0, \eta_1)\eta_2^m + a_1(\eta_0, \eta_1)\eta_2^{m-1} + \cdots + a_m(\eta_0, \eta_1) = 0$$

对每一组保持 $a_0(\eta_0, \eta_1) \neq 0$ 的比值 $\eta_0 : \eta_1$ 至少能定出 η_2 的一个值 (至多为 m 个值).

当不可约曲线 $g(\eta) = 0$ 上的所有点或几乎所有的点 (即全部除去有限个外) 均为曲线 $f(\eta) = 0$ 上的点时, 形式 $f(y)$ 可被形式 $g(y)$ 除尽. 因为否则 $f(y)$ 与 $g(y)$ 为互质, 那么就会如上所推导的那样, 方程 $f(\eta) = 0$ 与 $g(\eta) = 0$ 只能有有限个共同解.

上述定理对空间 S_n 中的超曲面也能成立 (S_n 可以是仿射空间, 也可以是多重射影空间).

Study 引理[①] 设 f 与 g 为 $y_1, \cdots, y_n$ 的多项式, 如不可约方程 $g(\eta) = 0$ 的全部 (或几乎全部) 解也满足方程 $f(\eta) = 0$, 则多项式 $f(y)$ 可由 $g(y)$ 除尽.

---

① Study 引理是 Hilbert 零点定理的一个特例 (《近世代数》卷 II, 第 11 章).

证明   假如 $f(y)$ 与 $g(y)$ 为互质, 则 (假设 y_n 确在 $g(y)$ 中出现)$f(y)$ 与 $g(y)$ 的结式 $R(y_1, \cdots, y_{n-1})$ 不会恒等于零, 而且会有

$$R(y) = a(y)f(y) + b(y)g(y). \tag{3.1.6}$$

现在这样来选择 $\eta_1, \cdots, \eta_{n-1}$ 使得 $R(\eta_1, \cdots, \eta_{n-1}) \neq 0$ 而且 $g(y)$ 中 y_n 的最高次幂的系数在 $y_1 = \eta_1, \cdots, y_{n-1} = \eta_{n-1}$ 时也不为零, 则我们可由方程 $g(\eta_1, \cdots, \eta_n) = 0$ 来决定 η_n. 而且对所有 (或几乎所有) 的这种 $\eta_1, \cdots, \eta_{n-1}, \eta_n$ 也有 $f(\eta) = 0$, 方程 (3.1.6) 的右边也就为零, 但左边都不为零, 这就产生了矛盾.   □

推论 3.1.1   如方程 $f(\eta) = 0$ 及 $g(\eta) = 0$ 描述同一超曲面, 则形式 $f(y)$ 与 $g(y)$ 必定由相同的不可约因子构成, 当然每个因子的指数可能不一样.

因为根据 Study 引理 $f(y)$ 的每一个不可约因子也必定在 $g(y)$ 中出现, 反之亦然.

§3.2   曲线的阶 · Bezout 定理

设 $g_1, \cdots, g_s$ 是以 y_0, y_1, y_2 为自变量的不同的不可约形式, 则方程

$$g_1(\eta)^{q_1} g_2(\eta)^{q_2} \cdots g_s(\eta)^{q_s} = 0$$

所定义的平面曲线与下述方程所定义的相同:

$$g_1(\eta) g_2(\eta) \cdots g_s(\eta) = 0.$$

根据这一点我们可令一平面曲线的方程恒不含多重因子. 如果情况是这样, 则我们把形式 $g = g_1 \cdot g_2 \cdots \cdots g_s$ 的阶次 n 称为曲线 $g = 0$ 的阶次[①].

阶次也有其几何意义. 设我们令一直线与曲线相交, 即设我们将下述参数式:

$$\eta = \lambda_1 p + \lambda_2 q$$

代入曲线方程 $g(\eta) = 0$ 中, 则我们将显然获得一决定比值 $\lambda_1 : \lambda_2$ 的 n 次方程, 如这个方程不恒等于零 (否则就有直线上的点全部都在曲线上), 则该直线与曲线的交点至多只有 n 个. 由 Study 引理推知, 在将参数式代入后为恒等于零的情形下, 该直线方程为曲线方程的一个因子.

在 §3.3 中我们将会看到, 总有这样的直线存在, 它确与曲线有 n 个不同的交点. 因此, 曲线的阶次 n 就是它与不包含在它自身中的直线相交点的最大个数.

---

① 有时也把具有重因子的多项式 f 的阶次称为曲线 $f = 0$ 的阶次, 曲线的不可约部分此时也应多重计入.

两条平面曲线 $f(\eta) = 0$ 与 $g(\eta) = 0$ 的交点个数的问题是一个极其重要的问题. 假如形式 $f(y)$ 与 $g(y)$ 为互质, 则由 §3.1 知交点 $\eta^0, \cdots, \eta^{(k)}$ 的个数无论为何仅为有限, 而 Bezout 定理就是说, 可给与这些交点以如此的 (正整数的) 重数, 使得所有这些重数的和为形式 f 与 g 的阶次的乘积: $m \cdot n$.

为了代数地理解交点并定义其重数, 首先我们来考虑两个未定点 p 与 q 及其连线的参数表示式:

$$\eta = \lambda_0 p + \lambda_1 q. \tag{3.2.1}$$

将式 (3.2.1) 代入曲线方程中, 则我们得到 λ_0 与 λ_1 的两个次数分别为 m 与 n 的形式, 其结式 $R(p, q)$ 仅与 p 和 q 有关. $R(p, q)$ 为零的充分且必要条件是: 联线 $\overline{pq}$, 包含有两曲线的交点. 设交点为 $(\eta_0^{(\nu)}, \eta_1^{(\nu)}, \eta_2^{(\nu)})$, 则下述行列式为零:

$$(pq\eta^{(\nu)}) = \begin{vmatrix} p_0 & p_1 & p_2 \\ q_0 & q_1 & q_2 \\ \eta_0^{(\nu)} & \eta_1^{(\nu)} & \eta_2^{(\nu)} \end{vmatrix}.$$

根据 Study 引理的推论 (§3.1) 可得出, 构成 $R(p, q)$ 的不可约因子与下述乘积

$$\prod_{\nu=1}^{h} (pq\eta^{(\nu)})$$

中的不可约因子相同, 从而有

$$R(p, q) = c \prod_{\nu=1}^{h} (pq\eta^{(\nu)})^{\sigma_\nu}, \tag{3.2.2}$$

其中 c 与 p 和 q 无关且 $\neq 0$. 现在我们定义: σ_ν 为 $f = 0$ 与 $g = 0$ 的交点 $\eta^{(\nu)}$ 的重数.

Bezout 定理就是说, 全部交点的重数之和等于 $m \cdot n$:

$$\sum \sigma_\nu = m \cdot n. \tag{3.2.3}$$

为了证明它我们需要确定 $R(p, q)$ 中对 p 的阶次. 令

$$f(\eta) = f(\lambda_0 p + \lambda_1 q) = a_0 \lambda_1^m + a_1 \lambda_1^{m-1} \lambda_0 + \cdots + a_m \lambda_0^m,$$
$$g(\eta) = g(\lambda_0 p + \lambda_1 q) = b_0 \lambda_1^n + b_1 \lambda_1^{n-1} \lambda_0 + \cdots + b_n \lambda_0^n,$$

则上述每一个 a_k 和 b_k 均为 p 的 k 次齐次式. 由于根据 §2.4 结式 $R(p, q)$ 的权为 $m \cdot n$, 所以它是 p 的齐次式, 阶为 $m \cdot n$, 由此考虑到式 (3.2.2) 即得出结论 (3.2.3).

重数 σ_ν 对射影变换言为不变量. 这是因为射影变换对点 $\eta, p, q, \eta^{(1)}, \cdots, \eta^{(h)}$ 的变换作用是相同的, 故在射影变换下行列式 $(p, q, \eta^{(\nu)})$ 除去可能乘一常数因子外是不变的, 而结式原本就是以不变的方式构成的.

有一系列对重数 σ_ν 进行有效估值的方法, 它们可通过特殊化手续由式 (3.2.2) 推出. 首先我们令 $\lambda_0 = 1, \lambda_1 = \lambda, p = (1, u, 0), q = (0, v, 1)$, 从而根据式 (3.2.1) 有

$$\eta_0 = 1,$$
$$\eta_1 = u + \lambda v,$$
$$\eta_2 = \lambda,$$

因而有 $R(p, q) = N(u, v)$, $N(u, v)$ 为 $f(1, u + v\lambda, \lambda)$ 与 $g(1, u + v\lambda, \lambda)$ 对 λ 的结式, 同时根据式 (3.2.2) 有

$$N(u, v) = c \prod_{\nu=1}^{h} (u\eta_0^{(\nu)} - \eta_1^{(\nu)} + \nu\eta_2^{(\nu)})\sigma_\nu. \tag{3.2.4}$$

我们把 $N(u, v)$ 称为 Netto 预解式. 由它的因子分解式可直接算出重数 σ_ν. 如我们把特殊化进一步贯彻下去, 即令 $v = 0$, 则可得 $f(1, u, z)$ 与 $g(1, u, z)$ 对 z 的结式:

$$R(u) = c \prod_{1}^{h} (u\eta_0^{(\nu)} - \eta_1^{(\nu)})^{\sigma_\nu}. \tag{3.2.5}$$

用式 (3.2.5) 来定 σ_ν 需要假设不存在两个交点 $\eta^{(\mu)}, \eta^{(\nu)}$ 含有同一比值 $\eta_0 : \eta_1$.

式 (3.2.4) 和式 (3.2.5) 看起来很简单, 可是以它们为基础来实际计算重数还是不容易的, 首先是因为结式是一个很大的行列式, 其次是因为在它里面是把整个曲线方程 $f = 0$ 与 $g = 0$ 代入的, 而相交重数实际上只与曲线在交点的邻域内的性质有关. 为了把这些表达出来. 只有用代数函数的 Puiseux 级数展开才有可能. 我们将在 §3.5 中再回到这个问题上来.

<h3 style="text-align:center">练 习 3.2</h3>

1. 试证: 一直线与一曲线的交点的重数与下述方程的根的重数相同, 该方程是由从直线方程中解出一个坐标并将它代入曲线方程后所得到的.

2. 如方程 $f = 0$ 与 $g = 0$ 按 η_0 的幂次排列为

$$a_1\eta_0^{m-1}\eta_1 + a_2\eta_0^{m-2}\eta_2 + \cdots = 0,$$
$$b_1\eta_0^{n-1}\eta_1 + b_2\eta_0^{n-2}\eta_2 + \cdots = 0,$$

则交点 $(1, 0, 0)$ 的重数等于或大于 1, 视 $a_1b_2 - a_2b_1 \neq 0$ 还是 $= 0$ 而定. 试证之.

§3.3 直线与超曲面的交点 · 极系

一直线与一 m 阶平面曲线, 或更一般与空间 S_n 中一超曲面的交点按常规来计算就是将直线的参数表示式:

$$\eta = \lambda_1 r + \lambda_2 s$$

代入超曲面方程 $f(\eta) = 0$ 中. 由此我们得

$$f(\lambda_1 r + \lambda_2 s) = \lambda_1^m f_0 + \lambda_1^{m-1}\lambda_2 f_1 + \cdots + \lambda_2^m f_m = 0. \qquad (3.3.1)$$

此处 $f_0 = f(r)$ 为 r 的 m 阶齐次式, $f_m = f(s)$ 为 s 的 m 阶齐次式, 而 $f_k (0 \leqslant k \leqslant m)$ 对 r 来说为 $m - k$ 次齐次式, 对 s 来说为 k 次齐次式. 表达式 $f_0, f_1, \cdots, f_m$ 称为形式 f 的极系 (polaren), 作出它们的规则为下: 将式 (3.3.1) 的左边对 λ_2 作 Taylor 幂级数展开, 我们即可发现有

$$\begin{cases} f_0 = f(r), \\ f_1 = \displaystyle\sum_k s_k \partial_k f(r), \\ f_2 = \dfrac{1}{2!} \displaystyle\sum_k \sum_l s_k s_l \partial_k \partial_l f(r), \\ \cdots\cdots \end{cases}$$

其中 ∂_k 为 $f(x)$ 对 x_k 的偏导数, 在方程 $f_1 = 0, f_2 = 0, \cdots$ 中把 s 看成为固定, r 看成为变量, 则它们表一系列的超曲面, 这些曲面也称之为极系, 甚至把 $f_1 = 0$ 称为点 s 的第一极系, $f_2 = 0$ 为第二极系, 等等. 如 r 固定, s 为变量, 则 $f_1 = 0$ 为 r 点的第 $(m-1)$ 极系, $f_2 = 0$ 为第 $m-2$ 极系, 等等.

在平面曲线的情形下, 式 (3.3.1) 的根的重数与 §3.2 所定义的直线与曲线交点的重数相同.

证明 §3.2 中所定义的结式 $R(p, q)$ 此时为一 λ_0, λ_1 的线性形式与一 m 次形式的结式; 计算它就只要将线性形式的一个根代入 m 次形式即可. 线性形式的根为直线 $\overline{pq}$ 与直线 $\overline{rs}$ 的交点; 该交点用练习 1.10 题 2 的记号来表示为

$$t = (pqr)s - (pqs)r,$$

将它代入 $f(t)$ 中, 则得所求的结式

$$R(p, q) = f((pqr)s - (pqs)r).$$

因此, 它等于当 $\lambda_1 = -(pqs), \lambda_2 = (pqr)$ 时的形式 $f(\lambda_1 r + \lambda_2 s)$. 如由此将形式 $f(\lambda_1 r + \lambda_2 s)$ 分解为重数为 σ_k 的线性因子, 则 $R(p,q)$ 也分解为重数相同的线性因子, 而这就是所要证明的.   □

现在我们来谈这些重数的实际计算. 当方程 (3.3.1) 的右边能被 λ_2^k 除尽, 因而也即当有

$$f_0 = 0, \quad f_1 = 0, \quad \cdots, \quad f_{k-1} = 0 \tag{3.3.2}$$

时, 根 $\lambda_2 = 0$ 是 k 重的, 由此得, 直线 g 与超曲面 $f = 0$ 的交点 r, 在当此直线上任一第二个点 s 满足方程组 (3.3.2) 时, 为一 k 重交点. 这一方程组中的第一个只是说, 点 r 在超曲面 $f = 0$ 上, 其余的顺次为 s 的一次, 二次, $\cdots$, $k-1$ 次方程.

如方程 (3.3.2) 对 s 恒成立, 因而也即每一条通过 r 的直线与曲线在 r 点至少 k 重相交 (因而不必刚好为 k 重), 则称 r 为超曲面的 k 重点. 例如, 根据这一称呼法每一多重点也是一双重点.

通过超曲面上一 r 重点的直线, 如它与超曲面相交的重数大于 k, 则称为在超曲面在 r 处的一条切线. 设 g 为这样的一条切线, 则对 g 上的每一点 s 除了方程 (3.3.2) 能成立外, 还有

$$f_k = 0. \tag{3.3.3}$$

因此, r 处的切线形成一超锥面, 其方程由 (3.3.3) 给出. 方程为 k 阶的, 因而锥面最高为 k 阶. 在平面曲线的情形下, 此锥面最多能分解为 k 条通过 r 的直线. 因此, 在一平面的 k 重点上至多只有 k 条切线.

在 r 为超曲面的简单点的情形下, 方程 (3.3.3) 描述一平面, 其方程为

$$\sum s_k \partial_k f(r) = 0.$$

因此, 通过一超曲面的简单点 r 的全部切线都在一超平面内, 其系数由式 (3.3.4) 给出:

$$u_k = \partial_k f(r). \tag{3.3.4}$$

这个平面称为切超平面. 在超曲面为平面曲线的情形时, 在简单点上有一唯一的由 (3.3.4) 给出的切线 u.

现在我们要问, 由超曲面外的一点 s 向超曲面 $f = 0$ 作切线能有几条? 设 r 为这样一条切线与超曲面的切点, 则它们必须满足下述方程:

$$f_0 = 0, \quad f_1 = 0. \tag{3.3.5}$$

它们分别为 r 的 m 阶和 $m-1$ 阶的方程, 不仅当 r 为切线的切点时能满足它们, 而且当 r 为超曲面的多重点时也能满足它们. 为了对它们做更进一步的研究, 我们

设想所给定的点 s 在点 $(0,0,\cdots,1)$ 处. 方程 (3.3.5) 此时就成为

$$f(r) = 0, \quad \partial_n f(r) = 0. \tag{3.3.6}$$

当形式 $f(x)$ 没有多重因子时, 则我们知道 $f(x)$ 和它的对 x_n 的导数没有公共因子. 在平面曲线的情形下, 由方程 (3.3.6) 所代表的两条曲线间的交点为有限多个, 即最多为 $m(m-1)$ 个, 因此由一点 s 出发对一 m 阶的平面曲线至多只能作 $m(m-1)$ 条切线. 它们与曲线相切的切点以及曲线的二重点为曲线与点 s 的第一极系的交点. 特别可由此推得, 一平面代数曲线只能有有限多个双重点.

由点 $(0,0,\cdots,1)$ 作超曲面 $f=0$ 所作的切线的方程可由做式 (3.3.6) 中的两个方程对 r_n 的结式来获得. 我们由此得一阶次为 $m(m-1)$ 的超锥面 $R(r_0,\cdots,r_{n-1})$; 其顶点在 $s=(0,0,\cdots,1)$ 处. 此锥面的母线为切线, 或通过超曲面多重点的直线. 其余一切通过 s 点的直线均与超曲面相交于 m 个不同的点.

练 习 3.3

1. 点 r 的相对于同一点的第 l 极系而言的第 k 极系为 r 的第 $(k+l)$ 极系.

2. r 的相对于点 q 的第 l 极系而言的第 k 极系同时也是 q 点相对于 r 的第 k 极系而言的第 l 极系.

3. 如 $f(s) = \sum\sum\cdots\sum a_{ij\ldots l}s_i\cdots s_l$, 则点 r 的逐次极系由

$$f_1 = m\sum\sum\cdots\sum a_{ij\ldots l}r_i s_j\cdots s_l,$$

$$f_2 = m(m-1)\sum\cdots\sum a_{ijk\ldots l}r_i r_j s_k\cdots s_l$$

等给出, 试与二次曲面的配极理论相比较.

4. 坐标原点 $(1,0,0)$ 当且仅当在多项式 f 中没有 y_1 及 y_2 的阶次小于 k 的项时, 才是曲线 $f=0$ 的 k 重点.

§3.4 曲线的有理变换·对偶曲线

如对曲线上的每一点 η(除有限个极点外) 均有平面上的唯一确定的点 ζ 与之对应且此对应点 ζ 的坐标比值为点 η 的坐标比的有理函数:

$$\begin{cases} \dfrac{\zeta_1}{\zeta_0} = \varphi\left(\dfrac{\eta_1}{\eta_0}, \dfrac{\eta_2}{\eta_0}\right), \\[2mm] \dfrac{\zeta_2}{\zeta_0} = \psi\left(\dfrac{\eta_1}{\eta_0}, \dfrac{\eta_2}{\eta_0}\right), \end{cases} \tag{3.4.1}$$

则我们就此对应关系为此不可约曲线 $f=0$ 的一有理变换.

将函数 φ 及 ψ 表为两个整函数的比, 使它们有共同的分母, 并将分子和分母同乘以一 η_0 的适当的幂次, 则由式 (3.4.1) 有

$$\frac{\zeta_1}{\zeta_0} = \frac{g_1(\eta_0, \eta_1, \eta_2)}{g_0(\eta_0, \eta_1, \eta_2)},$$

$$\frac{\zeta_2}{\zeta_0} = \frac{g_2(\eta_0, \eta_1, \eta_2)}{g_0(\eta_0, \eta_1, \eta_2)},$$

也即是

$$\zeta_0 : \zeta_1 : \zeta_2 = g_0(\eta) : g_1(\eta) : g_2(\eta). \tag{3.4.2}$$

诸 g_i 为阶次相同的形式, 它们不能全被形式 f 除尽, 因为否则比例式 (3.4.2) 就将成为不定. 然而, 在 $f = 0$ 上却可能有有限个这样的点 η. 对它们有 $g_0(\eta) = g_1(\eta) = g_2(\eta) = 0$; 这样点的像点 ζ 是不定的.

定理 3.4.1 在不可约曲线 $f = 0$ 的一有理变换 (3.4.2) 之下, 其所有像点 ζ 均在一不可约曲线 $h = 0$ 上. 如点 ζ 不是一个定点, 则该曲线是唯一确定的.

为了证明, 我们首先引入不可约曲线 $f = 0$ 的一般点的概念. 设 u 为一未知量, ω 为一由方程 $f(1, u, \omega) = 0$ 所决定的 u 的代数函数. 那么我们称 $(\xi_0, \xi_1, \xi_2) = (1, u, \omega)$ 为曲线的一个一般点. 按第一章的意义来理解, ξ 根本不是一个点, 因为坐标 ξ 不是一个复数, 而是代数函数, 但是我仍然能将 ξ 当作一个点来看待, 它的坐标为一代数体中的元素, 因而也可用代数规则来计算.

一般点有以下的性质: 当一常系数的齐次方程 $g(\xi_0, \xi_1, \xi_2)$ 能为一般点 ξ 所满足时, 则形式 $g(x_0, x_1, x_2)$ 可由 $f(x_0, x_1, x_2)$ 除尽从而方程 $g(\eta_0, \eta_1, \eta_2)$ 对曲线上的所有点 η 均能成立. 因为根据 §2.1 由 $g(1, u, \omega) = 0$ 推得 $g(1, u, z)$ 可由 $f(1, u, g)$ 除尽:

$$g(1, u, z) = f(1, u, z)q(1, u, z)$$

使此方程为齐次, 则就可得出 $g(x_0, x_1, x_2)$ 可由 $f(x_0, x_1, x_2)$ 除尽的结论.

有理变换 (3.4.2) 使对应于一般点 ξ 的点为 ζ^*, 其坐标为

$$\zeta_0^* = 1,$$

$$\zeta_1^* = \frac{g_1(\xi)}{g_0(\xi)} = \frac{g_1(1, u, \omega)}{g_0(1, u, \omega)},$$

$$\zeta_2^* = \frac{g_2(\xi)}{g_0(\xi)} = \frac{g_2(1, u, \omega)}{g_0(1, u, \omega)}.$$

ζ_1^* 与 ζ_2^* 为 u 的代数函数, 因而不论 ζ_1^*, ζ_2^* 的超越性阶次最高只能为 1. 由此有两种可能性: 或者 ζ_1^*, ζ_2^* 二者均为常数体 K 上的代数函数, 从而, 由于 K 的代数封闭性, 也为 K 中的常数; 或者这两个量中的一个, 譬如 ζ_1^* 为超越函数, 而另一个 ζ_2^*

则为 ζ_1^* 的代数函数. 在后一情形中就有一唯一不可约方程 $h(\zeta_1^*, \zeta_2^*) = 0$, 或化为齐次方程则为

$$h(\zeta_0^*, \zeta_1^*, \zeta_2^*) = 0.$$

根据 ζ^* 的意义, 上式也即

$$h(g_0(\xi), g_1(\xi), g_2(\xi)) = 0. \tag{3.4.3}$$

方程式 (3.4.3) 对一般点 ξ 能成立, 因而对曲线 $f = 0$ 上的每一个点也能成立. 因此, 如 ζ 由式 (3.4.2) 所定出, 则下述方程恒能成立:

$$h(\zeta_0, \zeta_1, \zeta_2) = 0.$$

定理 3.4.1 由此得证. □

定理 3.4.1 如加以小的改变, 对 s_n 中超曲面的有理变换也能成立. 同样, 此时也有一个一般点 $(1, u_1, \cdots, u_{n-1}, \omega)$, 它的像点 $(1, \zeta_1^*, \cdots, \zeta_n^*)$ 的超越阶次最高为 $n - 1$. 因此, 至少有一不可约方程 $h(\zeta_1^*, \cdots, \zeta_n^*) = 0$, 因而也就至少有一超曲面 $h(\zeta_0, \cdots, \zeta_n) = 0$, 所有的像点均在其上. 在超越阶次为 $n - 1$ 时, 这样的不可约超曲面刚好只有一个, 但是超越阶次的数值从 0 到 $n - 1$ 都是可能的.

下面是曲线的有理变换的一个重要的例子: 对曲线上的每一点 η 令曲线的切线 v 与之对应并把 v_0, v_1, v_2 当作第二个平面, 即对偶平面上的一个点的坐标来看待. 这个变换的方程根据 §3.2 为

$$v_0 : v_1 : v_2 = \partial_0 f(\eta) : \partial_1 f(\eta) : \partial_2 f(\eta).$$

此变换只有在二重点总数有限时是不定的. 上述 v 的比值只有当定常直线 v 包含所有的曲线点 η 时才为常量, 因而也只有曲线为直线是此比才为常量. 在所有其余的情形下, 在对偶平面上的像点 v 根据定理 3.4.1 在一唯一不可约曲线 —— 对偶曲线 $h(v) = 0$ 上.

原始曲线的简单点上的切线相当于对偶曲线上的点. 但我们将看到, 反之, 对偶曲线上的切线相当于原始曲线的点, 即我们有如下定理.

定理 3.4.2 对偶曲线的对偶曲线为原始曲线. 如在 η 处的切线对应于对偶曲线上的点 v, 则在 v 处的切线对应于点 η.

证明 设 $\xi = (1, u, \omega)$ 为曲线 $f = 0$ 的一般点, 则有

$$f(\xi_0, \xi_1, \xi_2) = 0,$$

并由此通过微分得

$$\partial_0 f(\xi) \mathrm{d}\xi_0 + \partial_1 f(\xi) \mathrm{d}\xi_1 + \partial_2 f(\xi) \mathrm{d}\xi_2 = 0$$

或当 v^* 为一般点 ξ 处的切线时,

$$v_0^* \mathrm{d}\xi_0 + v_1^* \mathrm{d}\xi_1 + v_2^* \mathrm{d}\xi_2 = 0. \tag{3.4.4}$$

此外, 由于该切线还包含了该点本身, 故有

$$v_0^* \xi_0 + v_1^* \xi_1 + v_2^* \xi_2 = 0. \tag{3.4.5}$$

将式 (3.4.5) 对 u 微分, 并减去式 (3.4.4), 则得

$$\xi_0 \mathrm{d}v_0^* + \xi_1 \mathrm{d}v_1^* + \xi_2 \mathrm{d}v_2^* = 0. \tag{3.4.6}$$

式 (3.4.6) 对偶于式 (3.4.4), 而式 (3.4.5) 与自身相对偶, 对 v^* 有方程:

$$h(v_0, v_1, v_2) = 0.$$

现以 ξ^* 表此曲线在点 v^* 处的切线, 则类似于式 (3.4.4), (3.4.5) 有方程

$$v_0^* \xi_0^* + v_1^* \xi_1^* + v_2^* \xi_2^* = 0, \tag{3.4.7}$$

$$\xi_0^* \mathrm{d}v_0^* + \xi_1^* \mathrm{d}v_1^* + \xi_2^* \mathrm{d}v_2^* = 0. \tag{3.4.8}$$

这两个方程唯一地决定了 ξ^*, 因为否则下述矩阵的所有二阶子式就必须均为零

$$\begin{pmatrix} v_0^* & v_1^* & v_2^* \\ \mathrm{d}v_0^* & \mathrm{d}v_1^* & \mathrm{d}v_2^* \end{pmatrix},$$

而这就是说:

$$\frac{\mathrm{d}}{\mathrm{d}u} \frac{v_1^*}{v_0^*} = 0 \quad \text{以及} \quad \frac{\mathrm{d}}{\mathrm{d}u} \frac{v_2^*}{v_0^*} = 0.$$

因而比值 $v_0^* : v_1^* : v_2^*$ 就会是常数. 但我们在上面已见, 这只有对一阶曲线才成立. 因此, 由式 (3.4.7) 及式 (3.4.8) 所决定的点 ξ^* 同由式 (3.4.6) 及式 (3.4.5) 所决定的点 ξ 相合, 这一点可用下述方程来表达:

$$\xi_j^* \xi_k - \xi_k^* \xi_j = 0.$$

但是因为这个方程对曲线一般点成立, 故它对曲线的每一特定点 η 也能成立. 因此, 如 η 处的切线对应于对偶曲线上的点 v, 则这条曲线在 v 处的切线对应于点 η, 定理 3.4.2 由此得证.   □

以后我们还将给出该定理的第二个证明, 它是以 Puiseux 级数展开为基础, 并且对多重点处的切线也能成立. 但是我们上面的证明更初等些, 并且可以容易地推广到超曲面, 只要该超曲面有唯一确定的对偶超曲面, 而这一点并不总是如此. 例

如, 设 $f = 0$ 表一可展的直纹面 Regelfläche 或空间 S_3 中的一锥面, 则切平面在对偶空间的像点 v 并不是一曲面而仅为一曲线. 这是因为可展直纹面就是这样来定义的, 以使一母线上的所有点具有同一切平面, 从而在一般点上的切平面并不是依赖于两个参数, 而只是依赖于一个参数.

对偶曲线的阶次也是等于它与一直线相交点的最大数目, 或相同地为由平面上一点 r 出发向原曲线所能作的切线的最大数目. 这个数称为曲线 $f = 0$ 的类数 (Klasse), 根据 §3.3, 一 m 阶曲线的类数最大为 $m(m-1)$, 并且当它有多重点时就要小于此数, 要想准确地计算类数就必须知道, 该曲线与任一点的极系的交点有多少被多重点所吸收了. 讨论这方面的工具是曲线分支的幂级数展开, 这我们将在 §3.5 来详尽地叙述.

练 习 3.4

1. 每一二重点至少是曲线与极系的一二重交点, 从而将类数至少减小 2(比较练习 3.2 题 2).

2. 一二阶不可约曲线 (圆锥曲线) 的类数为 2, 一三阶的不可约曲线的类数仅为以下几个数之一: 6, 4 或 3.

§3.5 曲线的分支

设 $f(\eta) = 0$ 为一不可约曲线, $\xi = (1, u, w)$ 为该曲线的一般点. 则 w 为方程 $f(1, u, w) = 0$ 的某一解. 但根据 §2.3, 这个解为 $u - a$ 或 u^{-1} 的分数幂级数. 在头一种情形下有

$$u - a = \tau^k \quad \text{或} \quad u = a + \tau^k \quad (k > 0),$$
$$w = c_h \tau^h + c_{h+1} \tau^{h+1} + \cdots \quad (h > 0, h = 0 \text{ 或 } h < 0).$$

因此有

$$\begin{cases} \xi_0 = 1, \\ \xi_1 = a + \tau^k, \\ \xi_2 = c_h \tau^h + c_{h+1} \tau^{h+1} + \cdots. \end{cases} \tag{3.5.1}$$

在第二种情形下有

$$u^{-1} = \tau^k \quad \text{或} \quad u = \tau^{-k},$$
$$w = c_h \tau^k + c_{h+1} \tau^{k+1} + \cdots,$$

因而有

$$\begin{cases} \xi_0 = 1, \\ \xi_1 = \tau^{-k}, \\ \xi_2 = c_h \tau^h + c_{h+1} \tau^{h+1} + \cdots. \end{cases} \tag{3.5.2}$$

因此在两种情形下, ξ_0, ξ_1, ξ_2 为 "位置单值化变量" τ 的幂级数, 对每个 k, 这两幂级数均通过置换 $\tau \longrightarrow \zeta\tau, \zeta^k = 1$ 转化为另一幂级数, 形成一个 "循环". 每一个这样的 "循环" 称为曲线 $f = 0$ 的一分支 (zweig).

现在我们来研究曲线上的任一一般的非常点, 它的坐标为变量 σ 的幂级数:

$$\begin{cases} \varrho\xi_0 = a_p\sigma^p + a_{p+1}\sigma^{p+1} + \cdots, \\ \varrho\xi_1 = b_q\sigma^q + b_{q+1}\sigma^{q+1} + \cdots, \\ \varrho\xi_2 = c_r\sigma^r + c_{r+1}\sigma^{r+1} + \cdots. \end{cases} \tag{3.5.3}$$

由于两个幂级数之比仍为一幂级数, 我们将上述三个 $\varrho\xi_\nu$ 都除以 $\varrho\xi_0$, 从而得归一化坐标:

$$\begin{cases} \xi_0 = 1, \\ \xi_1 = d_g\sigma^g + d_{g+1}\sigma^{g+1} + \cdots, \\ \xi_2 = e_h\sigma^h + e_{h+1}\sigma^{h+1} + \cdots. \end{cases} \tag{3.5.4}$$

ξ_1 的幂级数不能只由一常数项组成, 因为如 ξ_0 与 ξ_1 都是常数, 则由方程 $f(\xi) = 0$, ξ_2 也会是常数, 因而 ξ 为一定常点, 这与假设相矛盾.

我们现在来证明, 通过引入一新变量 τ 来替代 σ 可将式 (3.5.4) 中的三个幂级数的组变为式 (3.5.1) 或式 (3.5.2) 的形式.

我们将 $g \geqslant 0$ 及 $g < 0$ 两种情况分别讨论. 在 $g \geqslant 0$ 时我们将幂级数写为

$$\xi_1 = a + d_k\sigma^k + d_{k+1}\sigma^{k+1} + \cdots \quad (d_k \neq 0).$$

现在我们根据 §2.3 的展开定理, 通过一幂级数

$$\tau = b_1\sigma + b_2\sigma^2 + \cdots \quad (b_1 \neq 0)$$

来解下述方程

$$\tau^k = d_k\sigma^k + d_{k+1}\sigma^{k+1} + \cdots \quad (d_k \neq 0).$$

由此得

$$\xi_1 = a + \tau^k.$$

不难将下述幂级数

$$\xi_2 = e_h\sigma^h + e_{h+1}\sigma^{h+1} + \cdots \tag{3.5.5}$$

转换为 τ 的幂级数, 因幂 $\tau^h, \tau^{h+1}, \cdots$ 为 σ 的幂级数. 分别从 $\sigma^h, \sigma^{h+1}, \cdots$, 开始, 通过这些级数的适当线性组合就可作成幂级数 (3.5.5). 因此我们得

$$\begin{cases} \xi_0 = 1, \\ \xi_1 = a + \tau^k, \\ \xi_2 = c_h\tau^h + c_{h+1}\tau^{h+1} + \cdots. \end{cases} \tag{3.5.6}$$

如在幂级数 ξ_1, ξ_2 中幂指数有一公共的因子 d, 则我们可将 τ^d 作为一个新变量引入, 这样幂指数就是互质的, 所得幂级数的表达式形如式 (3.5.1), 因此也应与式 (3.5.1) 的展开之一相重合. 在式 (3.5.6) 中令

$$\tau = (u-a)^{\frac{1}{k}},$$

其中 u 为一未定量, 那么将有 $\xi_0 = 1, \xi_1 = u$, 以 ξ_2 为一按 $(u-a)$ 的分数幂展开的幂级数, 满足方程 $f(1, u, \xi_2) = 0$. 根据在此幂级数的域内能成立下述因子分解式.

$$f(1, u, z) = a_0 \prod_1^m (z - \omega^{(\nu)}),$$

则 ξ_2 必与幂级数 $\omega^{(\nu)}$ 之一重合, 而这就是所要证明的.

可以完全类似地处理 $g < 0$ 的情形. 此时我们令 $g = -k$, 根据式 (3.5.4) 有

$$\xi_1 = d_{-k}\sigma^{-k} + d_{-k+1}\sigma^{-k+1} + \cdots \quad (d_{-k} \neq 0).$$

我们现在将方程

$$\tau^k(d_{-k}\sigma^{-k} + d_{-k+1}\sigma^{-k+1} + \cdots) = 1$$

的解 τ 写成为幂级数

$$\tau = b_1\sigma + b_2\sigma^2 + \cdots \quad (b_1 \neq 0),$$

从而有 $\tau^k\xi_1 = 1$, 因而

$$\xi_1 = \tau^{-k}.$$

幂级数

$$\xi_2 = e_h\sigma^h + e_{h+1}\sigma^{h+1} + \cdots$$

又可变换为 τ 的幂级数:

$$\xi_2 = c_h\tau^h + c_{h+1}\tau^{h+1} + \cdots.$$

我们由此得到一形如式 (3.5.2) 的幂级数展开式, 根据上面所采用的推断方式 (即引入 τ^d 来代替 τ) 这个幂级数应与展开式 (3.5.2) 之一相重合.

因此我们有: 每一幂级数展开式 (3.5.3) 属于曲线的一确定的分支, 并且通过引入新的变量可将它简约为该分支的级数展开式 (3.5.1) 或 (3.5.2).

由此定理可容易推得, 分支的概念在射影变换下不变, 甚至更一般些在任一有理变换下不变. 设这样的一个有理变换由式 (3.5.7) 给出:

$$\zeta_1 : \zeta_2 : \zeta_3 = g_0(\xi) : g_1(\xi) : g_2(\xi), \tag{3.5.7}$$

并将 ξ_0, ξ_1, ξ_2 用幂级数 (3.5.3) 代入, 则我们将仍得 $\zeta_1, \zeta_2, \zeta_3$ 作为 τ 的幂级数, 根据上述定理它属于像曲线的一个确定的分支, 因此在有理变换 (3.5.7) 下曲线 $f = 0$ 的每一分支与其像曲线的一个唯一确定的分支相对应.

式 (3.5.3) 中的比例因子 ϱ 是任意的. 如选 ϱ 为 σ 的乘幂, 其幂指数为 p, q, r 中的最小的一个, 则所得 ξ_0, ξ_1, ξ_2 的展开式中没有负幂的项, 而且常数项不会三个同时等于零, 以后我们将总采用这样标准化的比例常数 ϱ. 现如令 $\sigma = 0$, 因而幂级数中只剩常数项, 这样我们就得到平面上的一个确定的点, 即所述分支的起点. 例如, 在式 (3.5.1) 中对 $h \geqslant 0$ 的情形起点为 $(1, a, c_0)$, 对 $h < 0$ 的情形则为 $(0, 0, c_h)$. 在式 (3.5.2) 中对 $h > -k$ 时为点 $(0, 1, 0)$, 对 $h = -k$ 为点 $(0, 1, c_h)$ 以及对 $h < -k$ 为点 $(0, 0, c_h)$. 如点 $(0, 0, 1)$ 不在曲线上, 而这是通过选择坐标系总是可能达到的, 则在 (3.5.1) 中必定总有 $h \geqslant 0$, 在 (3.5.2) 中必有 $h \geqslant -k$.

因为方程 $f(\xi_0, \xi_1, \xi_2) = 0$ 对 σ 为恒等式, 因而对 $\sigma = 0$ 也能成立, 所以一分支的起点总是曲线上的一个点. 但是反之亦成立: 曲线上的每一点 η 至少为一分支的起点. 为了证明这一点我们仍设点 $(0, 0, 1)$ 不在曲线上. 因而在方程

$$f(1, u, z) = a_0 z^m + a_1(u) z^{m-1} + \cdots + a_m(u)$$

中 $a_0 \neq 0$. 首先假设 (i) $\eta_0 \neq 0$, 如 $\eta_0 = 1, \eta_1 = a, \eta_2 = b$, 则在 $u = a$ 处取因子分解式:

$$f(1, u, z) = a_0 \prod_1^m (z - \omega_\nu) \tag{3.5.8}$$

左边在 $u = a, z = b$ 时为零, 因此右面也有一因子为零, 从而有一个幂级级 ω_ν 在 $u = a, \tau = 0$ 时取值为 b.

其次设 (ii) $\eta_0 = 0, \eta_1 \neq 0$, 如令 $\eta_1 = 1, \eta_2 = b$, 则我们到 $u = \infty$ 地方作形如式 (3.5.8) 的因子分解, 因而也即假设 ω_ν 为 u^{-1} 的幂级数. 将等式的两边乘以 u^{-m} 就得

$$f(u^{-1}, 1, z u^{-1}) = a_0 \prod_1^m (z u^{-1} - u^{-1} \omega_\nu).$$

令 $u^{-1} = x, z u^{-1} = y$, 则推得

$$f(x, 1, y) = a_0 \prod_1^m (y - x \omega_\nu). \tag{3.5.9}$$

由于在此 $x \omega_\nu$ 为 $x = u^{-1} = \tau^k$ 的无负幂的分数幂级数, 即

$$x \omega_\nu = \tau^k (c_h \tau^h + c_{h+1} \tau^{h+1} + \cdots) = c_h \tau^{k+h} + c_{h+1} \tau^{k+h+1} + \cdots. \tag{3.5.10}$$

再将 $x = 0, y = b$ 代入式 (3.5.9), 则方程的左面为零, 因而右面的因子也必有一个为零; 由此幂级数 (3.5.10) 中有一个在 $\tau = 0$ 时所取的值为 b, 因而在这一情况下

也完全得证明. 剩下的就是要证明通过一射影变换能将假设 (ii) 情形转变为假设 (i) 情形.

一异于零的 τ 的幂级数, 所谓它的阶次 (ordnung) 就是指在其中出现 τ 的最低的幂指数. 如通过 $\tau = b_1\sigma + b_2\sigma^2 + \cdots (b_1 \neq 0)$ 引入一新变量 σ, 则幂级数的阶次不会改变. 阶次可以为正、零或负. 如在形式 $g(\xi_0,\xi_1,\xi_2)$ 中代入分支 $\mathfrak{z}$ 的 ξ_0,ξ_1,ξ_2 的幂级数, 则它也将给出一确定阶次的幂级数, 至于其阶次是正还是零, 要看曲线 $y=0$ 是包含了分支的起点 η 还是没有包含而定. 这一阶次我们将它称为形式 g 在分支上的阶数, 或称为曲线 $g=0$ 与分支 $\mathfrak{z}$ 的相交重数. 显然, 它在射影变换下不变.

现在我们来证明下述极重要的定理:

曲线 $f=0$ 与 $g=0$ 的交点 η 的重数等于形式 g 在曲线 $f=0$ 中以 η 为起点的分支上的阶数之和.

证明 我们选择这样一个坐标系, 以使 $\eta_0 \neq 0$, 点 $(0,0,1)$ 不在曲线 $f=0$ 上且曲线 $f=0$ 与 $g=0$ 的任两交点不会有相同的比值 $\eta_0 : \eta_1$. 对某一交点设有 $\eta_0=1, \eta_1=a, \eta_2=b$. 因此, 根据 §3.2 的结果作为 $f=0$ 与 $g=0$ 的交点的重数与 $u-a$ 在 $f(1,u,z)$ 与 $g(1,u,z)$ 的结式 $R(u)$ 的因子分解式中出现的重数相等. 现有公式

$$f(1,u,z) = a_0 \prod_1^m (z - \omega_\mu),$$

$$R(u) = a_0^n \prod_1^m g(1,u,\omega_\mu), \tag{3.5.11}$$

其中 a_0 为 z^m 在 $f(1,u,\omega)$ 中的系数, $\omega_1,\cdots,\omega_m$ 为 $u-a$ 的分数幂级数.

因子 $g(1,u,\omega^{(1)})$ 作为位置单值化变量 $\tau = (u-a)^{\frac{1}{k}}$ 的幂级数, 阶次为 s_1. 属于同一循环的全部幂级数 $g(1,u,\omega^{(1)}),\cdots,g(1,u,\omega^{(k)})$, 其阶次均为 s_1. 这些循环的幂级数的乘积

$$\prod_1^k g(1,u,\omega_\mu) \tag{3.5.12}$$

作为 τ 的幂级数阶次为 ks_1, 作为 $u-a = \tau^k$ 的幂级数阶次为 s_1. 点 $(1,a,b)$ 的其余分支相应地给出如 (3.5.12) 的乘积, 阶次为 $s_2,\cdots,s_r$, 然而属于另一点 $(1,a,b')$ 的分支只能导致阶次为零的因子 $g(1,u,\omega_\mu)$, 这是因为在 $f=0$ 上 $b' \neq b$ 的全部点 $(1,a,b')$ 有 $g(1,a,b') \neq 0$ 的缘故. 因此, 乘积 (3.5.11) 作为 $u-a$ 的幂级数, 总的阶次等于 $s_1 + s_2 + \cdots + s_r$. □

两个次数相同形式之商

$$\varphi(\xi) = \frac{g(\xi_0,\xi_1,\xi_2)}{h(\xi_0,\xi_1,\xi_2)}$$

为一仅依赖于比值 $u = \xi_1 : \xi_0$ 及 $\omega = \xi_2 : \xi_0$ 的函数. 我们称 $\varphi(\xi) = \varphi(u, \omega)$ 为一般曲线点 ξ 的有理函数, 或简称为曲线上的有理函数. 这种函数在曲线的每一分支 $\mathfrak{z}$ 上有一确定的阶次, 它就是分子与分母的阶次之差. 如这个阶次为正, 则我们可以谈函数 $\varphi(\xi)$ 的零点. 如它为负, 则 $\varphi(\xi)$ 有一极点. 函数 $\varphi(\xi)$ 在所有分支上的阶之和等于分子阶次之和减去分母的阶次和, 因而根据 Bezout 定理为零, 因而分母和分子的阶次相等. 由此得:

有理函数在一不可约曲线上的零点与极点的阶数之和为零.

Zeuthen 判定准则　假设 $g = 0$ 也不含点 $(0, 0, 1)$, 则像对 $f(1, u, z)$ 一样也可将 $g(1, u, z)$ 在幂级数域内分解为线性因子:

$$g(1, u, z) = c_0 \prod_1^n (z - \zeta_\nu).$$

对结式 $R(u)$ 则有

$$R(u) = a_0^n c_0^m \prod_{\mu=1}^m \prod_{\nu=1}^n (\omega_\mu - \zeta_\nu). \tag{3.5.13}$$

差 $\omega_\mu - \zeta_\nu$ 为 $u - a$ 的分数幂级数. 它们每一个均有一确定的阶次 χ, 即由一确定的乘幂 $(u - a)^\chi$ 开始. 根据 (3.5.13), $R(u)$ 的阶次等于 $(\omega_\mu - \zeta_\nu)$ 的阶次之和. 如 ω_μ 或 ζ_ν, 或两者同时属于一分支, 该分支不属于点 $(1, a, b)$, 则差 $(\omega_\mu - \zeta_\nu)$ 的阶次为零. 由此我们得下述 Zeuthen 判定准则:

曲线 $f = 0$ 与 $g = 0$ 的交点 $(1, a, b)$ 的重数等于作为 $(u - a)$ 的函数的幂极数 $\omega_\mu - \zeta_\nu$ 的阶次之和, 此处 $(1, u, \omega_\mu)$ 与 $(1, u, \zeta_\nu)$ 为曲线 $f = 0$ 与 $g = 0$ 中以点 $(1, a, b)$ 作为起点的分支的幂级数展开.

Zeuthen 判定准则表明, 重数是由 f 与 g 的单个的分支对 (zweigpaaren) 所贡献的项相加而成, 当分支为线性时, 即当它是由 $u - a$ 的整幂的幂级数组成时, 这种单项的贡献的计算是极其简单的. 这时, ω_μ 与 ξ_i 在项 $c_0 + c_1(u-a) + \cdots + c_{s-1}(u-a)^{s-1}$ 上是一致的, 因而差别只在 $(u-a)^s$ 这一项上, 因而分支对对交点 $(1, a, b)$ 的总相交重数的贡献为 s.

练　习　3.5

试计算圆周曲线 $\eta^2 + \eta_2^2 - \eta_0 \eta_1 = 0$ 与心脏线 $(\eta^2 + \eta_2^2)^2 - 2\eta_0 \eta_1(\eta_1^2 + \eta_2^2) - \eta_0^2 \eta_2^2 = 0$ 三个交点的重数.

§3.6　奇点的分类

为了精确地研究曲线 $f = 0$ 的分支, 我们取点 $O = (1, 0, 0)$ 为分支的起点. 这

样展式即为

$$\begin{cases} \xi_0 = 1, \\ \xi_1 = \tau^k, \\ \xi_2 = c_h\tau^h + c_{h+1}\tau^{h+1} + \cdots. \end{cases} \tag{3.6.1}$$

比值 $\xi_2 : \xi_1$ 为一幂级数, 它以项 τ^{h-k} 开始, 当 $h \geqslant k$, 则说比值在 $\tau = 0$ 时取一确定的值; 但当 $h < k$, 则我们说比值在 $\tau = 0$ 时 "变为无限大". 然而不管在哪种情形下, 比值 $\xi_2 : \xi_1$ 在 $\tau = 0$ 时在起点规定了一个确定的方向, 其方向常数也即上述数值. 我们称由此方向所决定的直线为此曲线分支的切线. 根据这个定义, 切线就是割线的极根位置, 这些割线的一端在起点 O. 我们将会看到, 这里所定义的切线的概念与以前 §3.3 所定义的曲线切线的概念是一致的.

取坐标系以使切线与坐标轴 $\eta_2 = 0$ 相重合, 则将有 $h > k$, 譬如 $h = k + l$. 我们称 (k, l) 为分支 $\mathfrak{z}$ 的**特征数** (charakteristischen zahlen). 它们可这样来几何地表证: 每一通过 O 点而不同于切线的直线与分支在 O 相交的相重数为 k, 而切线与它相交的相重数则为 $k + l$. 如在这样一条直线的方程 $g(\eta) = a_1\eta_1 + a_2\eta_2 = 0$ 中的 η_1 与 η_2 用幂级数 (3.6.1) 代入, 则在 $a_1 \neq 0$ 时 $g(\xi)$ 可由 τ^k 除尽, 在 $a_1 = 0$ 可由 τ^{k+l} 除尽, 而这就意味着, $\mathfrak{z}$ 与 $g = 0$ 的相重数在第一种情形下等于 k, 在第二种情形下等于 $k + l$. 我们约定称 k 为点 O 对分支 $\mathfrak{z}$ 的重数. 在 $k = 1$ 时我们就有一**线性分支**.

当在一点 O 有 r 个分支, 重数分别为 $k_1, k_2, \cdots, k_r$, 则点 O 在曲线上的重数就等于 $k_1 + \cdots + k_r$; 因为每一条通过 O 点而又不与分支相切的直线必与每一分支在 O 点相交的重数为 $k_1, k_2, \cdots, k_r$, 因而与整个曲线相交的重数为 $k_1 + k_2 \cdots + k_r$. 但如该直线为一分支的切线, 则重数将增大, 因此曲线在点 O 处的切线正好也是一曲线的单条分支在 O 点的切线.

定理 3.6.1 如曲线 $f = 0$ 在 O 点有一 p 重点, 曲线 $g = 0$ 在 O 点有 q 重点, 则此二曲线在 O 的相交重数必 $\geqslant pq$, 等号当且仅当一曲线在 O 点的切线全部都不同于另一曲线在 O 点的切线时才能成立.

证明 我们应用 Zeuthen 判定准则, 并假设没有切线通过点 $(0,0,1)$. 幂级数 ω_μ 及 ζ_ν, 分别有 p 个和 q 个. 在分支切线不相同时, $\omega_\mu - \zeta_\nu$ 对 u 而言的阶数为 1, 其余情形阶数则 > 1, 由此得上述结论. □

对偶曲线. 我们要对分支 (3.6.1) 来计算其对偶曲线的相应分支. 为了计算在一般点 ξ 处的切线 v^*, 我们利用式 (3.4.4) 与式 (3.4.5), 它们在我们此处 (3.6.1) 的情况给出:

$$\begin{cases} v_1^* d\xi_1 + v_2^* d\xi_2 = 0, \\ v_0^* + v_1^*\xi_1 + v_2^*\xi_2 = 0 \end{cases}$$

或

$$
\begin{cases}
v_1^* k\tau^{k-1} d\tau + v_2^* \{(k+l)c_{k+l}\tau^{k+l-1} + \cdots\} d\tau = 0, \\
v_0^* + v_1^*\tau^k + v_2^* \{c_{k+l}\tau^{k+l} + \cdots\} = 0
\end{cases}
$$

或最后, 当选 $v_2^* = 1$ 时,

$$
\begin{cases}
v_2^* = 1, \\
v_1^* = -\dfrac{k+l}{k}c_{k+l}\tau^l + \cdots, \\
v_0^* = \left(\dfrac{k+l}{k}c_{k+l}\tau^l + \cdots\right)\tau^k - (c_{k+l}\tau^{k+l} + \cdots) \\
\qquad = \dfrac{l}{k}c_{k+l}\tau^{k+l} + \cdots.
\end{cases}
$$

这一分支 $\mathfrak{z}^*$ 的起点为分支 $\mathfrak{z}$ 的切线的像点: $v = (0,0,1)$. 分支 $\mathfrak{z}^*$ 的切线则为坐标为 $(1,0,0)$ 的直线 $v_0^* = 0$, 这是原平面上点 $O = (1,0,0)$ 的像直线. 分支 $\mathfrak{z}^*$ 的特征为 (l,k), 刚好与分支的相反.

　　因此, 曲线的分支 $\mathfrak{z}$ 与其对偶曲线的分支 $\mathfrak{z}^*$ 之间有一一对应的关系, 在此对应下 $\mathfrak{z}$ 的起点对应于 $\mathfrak{z}^*$ 的切线, 而 $\mathfrak{z}$ 的切线则对应于 $\mathfrak{z}^*$ 的起点. $\mathfrak{z}^*$ 的特征数的顺序刚好是 $\mathfrak{z}$ 的顺序的颠倒.

　　分支的分类. 一曲线几乎所有的点都是简单点 (即多重点只有有限个). 在一简单点处只能有一线性分支以它作为起点, 因此几乎所有的分支的 $k = 1$. 由于这结论所对偶曲线也成立, 所以几乎所有的 l 也等于 1. 因此, 几乎所有的分支的特征数为 $(1,1)$, 我们称这种分支为**常态分支** (gewöhnliche zweige). 当仅有一分支通过它的起点时, 则称之为曲线的**常点** (gewöhnliche punkte).

　　当线性分支的特征为 $(1,2)$, 则切线与分支在 O 点的相交是三重的, 这样的点称为**拐点** (wendepunkt), 它的切线称为**拐转切线** (wendetangete). 如一点, 通过它的分支的特征为 $(1,l), l > 2$ 则称之为一**高阶拐点** (höherer wendepunkt), 对 $l = 3$ 的情形特别称之为**平点** (flachpunkt). 切线在平点与分支相交是四重的.

　　与拐点对偶相应的为**尖点** (spitze), 其特征为 $(2,1)$, 此时 O 点为分支的二重点, 切线相交刚好是三重的. 特征为 $(2,2)$ 时切线与分支的相交是四重的, 这是我们说它是一**喙形尖点** (schnabelspitze), 这些就是最常见的分支的奇点. 下图所示的实域的情况下曲线在 O 点邻域内的形状.

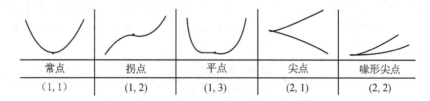

常点	拐点	平点	尖点	喙形尖点
$(1,1)$	$(1,2)$	$(1,3)$	$(2,1)$	$(2,2)$

当有多个分支同时在一点出现时, 我们将得另一类奇点. 如起点相同, 切线不相同的线性分支刚好有两条, 则我们称此起点为一**结点** (knotenpunkt); 如这样的分支有 r 条, 则我们称该起点为**具有分开切线的 r 重点** (r-fachen punkt mit getrennten tangenten). 但如二线性分支在 O 点相切, 则称之为**相切结点** (berührungsknoten).

当有多个分支有相同的切线时, 则我们将得到与上述相对偶的曲线的奇点. 与结点及具有分开切线的 r 重点相对偶的分别称为**二重公切线**与具有 r 个不同切点的 r **重公切线**. 易见相切结点与自身相对偶.

| 结点 | 具有分开切线的三重点 | 相切结点 | 二重切线 |

现在我们要来研究不同种类的奇点对一曲线的类数有什么影响. 类数是对偶曲线与一直线类数 q 相交的交点的个数, 或完全一样, 可以说是由一点 Q 出发向原曲线所作切线的数目. 在算切线的数目时应计入切线的重数, 这一重数就是该切线在对偶曲线上的对应点的重数. 由于 Q 是完全任意的, 因此我们可选 Q 在曲线以及多重点 O' 的切线之外.

我们获得自 Q 点出发的切线的方法是: 由曲线 $f = 0$ 与 Q 点的第一极系 $f_1 = 0$ 的 $m(m-1)$ 个交点中分出具有与之相当的重数的多重点 O' 并将其余的交点 O 与 Q 连起来, 这样我们还能确立, 余下交点 O 的相交重数 (在曲线 $f = 0$ 的平面上来计算) 与对应的切线的重数 (在对偶平面上来计算) 相等. 由此推得所求切线数等于 $m(m-1)$ 减去 O' 点作为 $f = 0$ 与 $f_1 = 0$ 的交点的重数之和.

假设 $Q = (0,0,1), O' = (1,0,0)$. $f(1,u,z)$ 分解为线性因子的结果为

$$f(1,u,z) = (z - \omega_1)(z - \omega_2)\cdots(z - \omega_m). \tag{3.6.2}$$

通过对 z 的微分得

$$f_1(1,u,z) = \sum_{i=1}^{m}(z - \omega_1)\cdots(z - \omega_{i-1})(z - \omega_{i+1})\cdots(z - \omega_m). \tag{3.6.3}$$

极系 $f_1 = 0$ 与属于幂级数 ω_1 的分支 $\mathfrak{z}$ 的交点重数的求法为: 将 $z = \omega_1$ 代入式 (3.6.3) 并求出阶得乘积

$$(\omega_1 - \omega_2)(\omega_1 - \omega_3)\cdots(\omega_1 - \omega_m) \tag{3.6.4}$$

作为 τ 的幂级数的阶次. 然后对 O' 点的所有分支求和就给出它作为 f 与 f_1 的交点的重数.

如 O' 为一具有分开切线的 h 重点, 则所有差 $\omega_j - \omega_k$ 的阶次均为 1, 因而乘积 (3.6.4) 的阶次为 $h - 1$, 而点 O' 的重数即为 $h(h-1)$, 特别对一通常的结点言其值为 2.

如 O' 为一尖点, 则局部单值化变量为 $\tau = u^{\frac{1}{2}}$

$$\begin{cases} \omega_1 = c_3 \tau^3 + \cdots, \\ \omega_2 = -c_3 \tau^3 + \cdots. \end{cases}$$

因此 $\omega_2 - \omega_1$ 的阶次为 3, 从而尖点作为 f 与 f_1 的交点重数为 3. 其余奇点可类似地加以讨论.

我们现在来计算简单点 O(其切线通过 Q) 为 f 与 f_1 的交点的重数. 点 O 的特征数为 $(1, l)$, 这样曲线 $f = 0$ 的分支的幂级数展开由下述公式给出:

$$\begin{cases} u = \tau^{l+1}, \\ \omega_1 = c_1 \tau + c_2 \tau^2 + \cdots \qquad (c_1 \neq 0), \\ \omega_2 = c_1 \zeta \tau + c_2 \zeta^2 \tau^2 + \cdots \qquad (\zeta^{l+1} = 1), \\ \qquad\qquad \cdots\cdots \\ \omega_{l+1} = c_1 \zeta^{l+1} \tau + \cdots. \end{cases}$$

所有差 $\omega_1 - \omega_k$ 作为 τ 函数的阶次均为 1, 因而乘积 (3.6.4) 的阶次为 l. 所以 O 作为 f 与 f_1 的交点其重数, 其重数也为 l. 切线 OQ 在对偶平面上所对应的点, 作为对偶曲线与一不与之相切的直线 q 的交点, 其重数也是 l, 如果我们假设对偶曲线的以此点作为起点的分支仅有一条的话. 因此, 这两个相重数实际上是一样的.

由此得: 如一 m 阶曲线除了 d 个结点和 s 个尖点外再没有其他的奇点, 则其类数 m' 由下述 "Plücker 公式" 给出:

$$m' = m(m-1) - 2d - 3s. \tag{3.6.5}$$

如果还有其他奇点, 则还要减一些项, 这些项作为 f 与 f_1 的重数可以按上面的方式来计算.

练 习　3.6

1. 试研究下述曲线的奇点.

　　a. 笛卡儿叶形线 $x^3 + y^3 = 3xy$.

　　b. 心形曲线 $(x^2 + y^2)(x-1)^2 = x^2$.

　　c. 四瓣玫瑰曲线 $(x^2 + y^2)^3 = 4x^2 y^2$.

2. 试证: 一相切结点作为 f 与 f_1 的交点相重数为 4(或在两分支有更高阶的相切时有更高的重数, 但无论如何必为偶数).

3. 试证: 喙形尖点作为 f 与 f_1 的交点相重数为 5, (当分支的幂级数中不含 τ^5 这一项时则有更高的重数).

4. 乘积 (3.6.4) 中形成一由 k 个幂级数组成的循环的部分在分支切线不通过 Q 点时其阶次至少为 $(k+1)(k-1)$, 因而在非线性分支的情形下阶次至少为 $3(k-1)$.

§3.7 拐点 · Hesse 曲线

如 η 为曲线 $f=0$ 的拐点 (包括高阶拐点), 则对切线 g 上的所有点 ζ 下述方程成立:

$$\begin{cases} f_0(\eta) = 0, \\ f_1(\eta, \zeta) = 0, \\ f_2(\eta, \zeta) = 0, \end{cases} \tag{3.7.1}$$

其中第三个方程以 ζ 为变量描述一圆锥曲线 K, 它是点 η 的二次配极系. 在我们的情形中切线 g 已含在 K 内作为它的一部分, 因而 K 退化为两条直线.

反之, 当 η 为曲线的简单点且其二次配极系 K 退化时, 则 η 为一拐点. 这一点可以这样来证明: η 相对于 K 的配极系为线性配极系 $f_1(\eta, \zeta) = 0$; 因而即切线 g. 现如除比之外 K 还是退化的, 则 g 将为 K 的一部分. 这样, g 的所有点 ζ 满足方程 (3.7.1), 因而直线 g 与曲线在 η 点相交至少是三重的, 故此有如下定理.

定理 3.7.1 曲线 $f=0$ 的简单点, 如它的二次配极系为退化, 则为拐点 (及高阶拐点).

还应该指出, 二重点的二次配极系也退化为两条二重点切线. 还要更进一步指出, 在拐点的情况下, K 的第二分支 h 不能通过点 η, 因为否则 η 关于 K 的极系, 因而线性极系 $f_1(\eta, \zeta) = 0$, 将恒等于零, 而这是与它作切线相矛盾的.

二次配极系

$$\sum \sum \zeta_i \zeta_k \partial_i \partial_k f(\eta) = 0$$

退化的必要且充分条件是下述 Hesse 行列式为零:

$$H(\eta) = \begin{vmatrix} \partial_0 \partial_0 f(\eta) & \partial_0 \partial_1 f(\eta) & \partial_0 \partial_2 f(\eta) \\ \partial_1 \partial_0 f(\eta) & \partial_1 \partial_1 f(\eta) & \partial_1 \partial_2 f(\eta) \\ \partial_2 \partial_0 f(\eta) & \partial_2 \partial_1 f(\eta) & \partial_2 \partial_2 f(\eta) \end{vmatrix}.$$

方程 $H=0$, 决定一 $3(m-2)$ 阶的曲线 ——Hesse 曲线, 由定理 3.7.1 可得:

定理 3.7.2 曲线 $f=0$ 与其 Hesse 曲线的交点为该曲线的拐点和多重点.

对拐点数目的计算来讲下述定理是很重要的.

定理 3.7.3 普通的 (非高阶的) 拐点作为曲线 $f=0$ 与 $H=0$ 的交点, 其重数为 1.

证明   设 $\eta_2 = 0$ 为在拐点 $(1, 0, 0)$ 处的切线, 形式 $f(x)$ 按 x_0 的升幂展开, 由于没有 $x_0^m, x_0^{m-1}x_1, x_0^{m-2}x_1^2$, 的项, 为

$$f(x) = x_0^{m-1}ax_2 + x_0^{m-2}(bx_1x_2 + cx_2^2) + x_0^{m-3}(dx_1^3 + \cdots) + \cdots.$$

现在我们来展开行列式 $H(x)$, 但仅注意其中哪些既不能被 x_2 又不能被 x_1^2 除尽的项. 我们将有

$$H(x) = \begin{vmatrix} 0 + \cdots & 0 + \cdots & (m-1)ax_0^{m-2} + \cdots \\ 0 + \cdots & 6dx_0^{m-3}x_1 + \cdots & bx_n^{m-2} + \cdots \\ (m-1)ax_0^{m-2} + \cdots & bx_0^{m-2} + \cdots & 2cx_0^{m-2} + \cdots \end{vmatrix}$$

$$= -6(m-1)^2 da^2 x_0^{3m-7}x_1 + \cdots.$$

如 $r = (1, 0, 0)$, 为 $f = 0$ 的简单点, 则 $a \neq 0$. 如 r 为一普通的拐点, 则设 $d \neq 0$. 在这两个假设下曲线 $H = 0$ 在点 $(1, 0, 0)$ 处也只有一个简单单点, 而且它的切线不同于曲线 $f = 0$ 的切线. 由此推得, 点 r 为此二曲线的简单交点.   □

根据 Bezout 定理, 曲线 $f = 0$ 与 $H = 0$ 的交点有 $3m(m-2)$ 个. 这些交点分为两组: 曲线的拐点和多重点, 由此得如下定理.

定理 3.7.4   一无二重点的 m 阶曲线有 $3m(m-2)$ 个拐点, 在计数时普通拐点算作一个, 高阶拐点按多个计算 (根据它作为曲线 $f = 0$ 与 $H = 0$ 的交点的重数而定). 在有二重或多重点时, 曲线拐点的个数就要减少.

特别是无二重点的 3 阶曲线有 9 个拐点. 这里没有高阶拐点, 因为拐点的切线与曲线的相交不能高于三重.

最后我们来推导三阶曲线的 Hesse 曲线的一个重要的性质. 曲线的 Hesse 曲线上的点 q 是如此定义的, 它的配极圆锥曲线

$$\sum q_k \partial_k f(\zeta) = 0 \tag{3.7.2}$$

具有一二重点 p, 即我们有

$$\sum_j p_j \partial_j \left(\sum_k q_k \partial_k f(z) \right) = 0$$

对 z 恒成立, 或

$$\sum \sum p_j q_k \partial_j \partial_k f(z) = 0 \tag{3.7.3}$$

对 z 恒成立.

方程 (3.7.3) 对 p 与 q 是对称的, 因而点 p 也属于 Hesse 曲线, 且其配极圆锥曲线在 q 点有一二重点, 由此得如下定理.

定理 3.7.5　一平面三次曲线的 Hesse 曲线也是所有退化配极圆锥曲线 (3.7.2) 的二重点的轨迹. 它的点组成这样的点偶 (p,q), 使得 p 的配极系总是以 q 为它的二重点. 反之对 q 亦然.

练 习 3.7

1. 试证: 按定理 3.7.4 的意义平点可算作两个拐点, 一般而言, 特征为 $(1,l)$ 的点算作 $l-1$ 个拐点.

2. 定理 3.7.1 中的点偶 (p,q) 也可以这样来表征: 它共轭于圆锥曲线 (3.7.2) 的所有圆锥曲线.

§3.8　三 阶 曲 线

3.8.1　射影生成

一个圆锥曲线束

$$\lambda_1 Q_1(\eta) + \lambda_2 Q_2(\eta) = 0$$

以及一与它射影相关的直线束

$$\lambda_1 l_1(\eta) + \lambda_2 l_2(\eta) = 0,$$

当这两束相应的元素互相相交时, 生成一三阶曲线

$$Q_1(\eta)l_2(\eta) - Q_2(\eta)l_1(\eta) = 0.$$

每一三阶曲线都可以这样得到, 这是因为如将曲线上的任一点选为坐标三面体的顶点 $(1,0,0)$, 则在曲线方程中只能出现能被 η_1 或 η_2 除尽的项: 从而曲线方程为

$$Q_1(\eta)\eta_2 - Q_2(\eta)\eta_1 = 0.$$

3.8.2　分类

我们来研究一不可约三阶曲线的可能形状有哪些. 一不可约的三阶曲线不能有两个二重点, 因为这两个二重点的连线与曲线在每一二重点上的相交都是二重的, 总和就为四重, 但曲线为三阶, 所以这是不可能的. 根据相同的理由它也不可能有三重点, 因一三重点与一单点的连线与曲线的相交也是四重的, 如一二重点有两个不同的 (线性) 分支, 则此两分支不能相切, 因为否则此两分支的公共切线与每一分支二重相交, 因而与曲线就四重相交. 最后如一二重点仅有一分支, 则它的特征数应为 $(2,1)$, 从而为一普通的共点, 否则分支的切线与曲线的相交得高于三重, 因此三阶曲线有下述三类:

I. 无二重点的三阶曲线.
II. 有结点的三阶曲线.
III. 有尖点的三阶曲线.

3.8.3   标准形式

在情形 I 下选坐标系使点 $(0,0,1)$ 为一拐点, $\eta_0 = 0$ 为拐点切线 (如曲线方程的系数为实数, 则由于拐点的个数为奇数, 有一个实拐点). 此时方程为

$$a\eta_1^3 + b\eta_0\eta_1^2 + c\eta_0\eta_1\eta_2 + d\eta_0\eta_2^2 + e\eta_0^2\eta_1 + f\eta_0^2\eta_2 + g\eta_0^3 = 0 \quad (a \neq 0),$$

d 必须不等于 0, 否则点 $(0,0,1)$ 就会是一个二重点, 通过下述代换

$$\eta_2' = \eta_2 + \frac{c}{2d}\eta_1 + \frac{f}{2d}\eta_0$$

可使 $c = f = 0$. 再通过代换

$$\eta_1' = \eta_1 + \frac{b}{3a}\eta_0$$

还可进一步使 $b = 0$. 这样方程就变为

$$a\eta_1^3 + d\eta_0\eta_2^2 + e\eta_0^2\eta_1 + g\eta_0^3 = 0$$

或用非齐次坐标写出 $(\eta_0 = 1)$

$$a\eta_1^3 + d\eta_2^2 + e\eta_1 + g = 0.$$

通过适当地选择单位点我们最后可使 $d = -1$ 和 $a = 4^{[1]}$, 这样方程成为

$$\eta_2^2 = 4\eta_1^3 - g_2\eta_1 - g_3. \tag{3.8.1}$$

这样, 拐点 $(0,0,1)$ 的第一极系就由坐标三面体的边 $\eta_0 = 0$ 及 $\eta_2 = 0$ 组成. 它们的交点 $(0,1,0)$ 的第二极系就是第三条边 $\eta_1 = 0$, 因此如果一旦选了几个拐点中的一个为顶点 $(0,0,1)$, 则其坐标三面体就不变地被确定, 而唯一能使式 (3.8.1) 的形式保持不变的坐标变换为

$$\begin{cases} \eta_0' = \lambda^3\mu\eta_0, \\ \eta_1' = \lambda\mu\eta_1, \\ \eta_2' = \mu\eta_2. \end{cases}$$

---

[1] 选因子 4 是为了能与椭圆函数论中所出现的下述著名的方程相联系:

$$\wp'(u)^2 = 4\wp(u)^3 - g_2\wp(u) - g_3.$$

在此变换下, 量

$$I = \frac{g_2^3}{g_3^2}$$

保持不变, 因此它是曲线的射影不变量, 它至多还与选哪个拐点作顶点有关.

要想曲线 (3.8.1) 无二重点则必须多项式 $4x^3 - g_2 x - g_3$ 的判别式不为零.

在情形 II 下, 我们选二重点上的两条切线为坐标三面体中 $\eta_1 = 0$ 与 $\eta_2 = 0$ 的两边, 则曲线方程为

$$a\eta_0\eta_1\eta_2 + b\eta_1^3 + c\eta_1^2\eta_2 + d\eta_1\eta_2^2 + e\eta_2^3 = 0 \quad (a \neq 0).$$

通过下述代换

$$\eta_0' = a\eta_0 + c\eta_1 + d\eta_2,$$

$$\eta_1' = -\beta\eta_1 \quad (\beta^3 = b),$$

$$\eta_2' = -\gamma\eta_2 \quad (\gamma^3 = c)$$

可立即将方程变成

$$\eta_0\eta_1\eta_2 = \eta_1^3 + \eta_2^3. \tag{3.8.2}$$

因此所有具有二重点的三阶曲线是射影等价的.

在情形 III 下我们选尖点为坐标顶点 $(1, 0, 0)$, 选尖点的切线为坐标系中方程为 $\eta_2 = 0$ 的边, 曲线方程此时取下述形式:

$$a\eta_0\eta_2^2 + b\eta_1^3 + c\eta_1^2\eta_2 + d\eta_1\eta_2^2 + e\eta_3^2 = 0 \quad (a \neq 0; b \neq 0).$$

通过代换

$$\eta_1' = \eta_1 + \frac{c}{3b}\eta_2$$

可使 $c = 0$. 这样再通过代换

$$-b\eta_0' = a\eta_0 + d\eta_1 + e\eta_2$$

得最后的形式

$$\eta_0\eta_2^2 = \eta_1^3. \tag{3.8.3}$$

由此得: 所有具有尖点的三阶曲线互相射影等价.

曲线 (3.8.2) 与 (3.8.3) 具有有理参数表示, 即

$$\begin{cases} \xi_0 = t_1^3 + t_2^3, \\ \xi_1 = t_1^2 t_2, \\ \xi_2 = t_1 t_2^2, \end{cases} \tag{3.8.4}$$

以及

$$\begin{cases} \xi_0 = t_1^3, \\ \xi_1 = t_1 t_2^2, \\ \xi_2 = t_2^3. \end{cases} \tag{3.8.5}$$

曲线 (3.8.1) 根据将要说明的理由, 而没有有理参数表示式, 只有用代数函数表达的多值参数表示以及一个由椭圆函数表达的单值参数表示:

$$\xi_0 = 1, \quad \xi_1 = \wp(u), \quad \xi_2 = \wp'(u). \tag{3.8.6}$$

注释   方程 (3.8.1) 的形式也可以用到具有二重点或尖点的三阶曲线, 对 $I = 27$ 方程 (3.8.1) 所描述的就是一具有二重点的曲线, 对 $g_2 = g_3 = 0$ 则方程描述一有共点的曲线.

3.8.4   切线

根据式 (3.6.5), 曲线 (3.8.1) 的类数为 6, 曲线 (3.8.2) 的类数为 4, 曲线 (3.8.3) 的类数为 3, 因此由曲线 (3.8.1) 外的一点 Q 可向曲线 (3.8.1) 作六条切线. 其切点在一圆锥上, 即在点 Q 的配极系上. 在这六条切线中, 如有一条是拐点切线的话, 则它实际上是两条重合的切线, 在所有其他的情形下这六条切线都是各不相同的, 这一点由观察对偶曲线就可立即看出. 曲线 (3.8.2) 及 (3.8.3) 的切线条数分别要减少两条和三条. 因此, 由曲线 (3.8.1)、(3.8.2) 或 (3.8.3) 上的一点 Q 可分别向曲线作四条、两条或一条切线 (在 Q 点的切线除外). 如 Q 点为拐点的话, 以上数目还要减一.

3.8.5   由曲线到自身的变换

曲线 (3.8.3) 具有 ∞^1 个变到自身的射影变换:

$$\begin{cases} \eta_0' = \lambda^3 \eta_0, \\ \eta_1' = \lambda \eta_1, \\ \eta_2' = \eta_2. \end{cases}$$

曲线 (3.8.2) 有六个变到自身的射影变换:

$$\begin{cases} \eta_0' = \eta_0, \\ \eta_1' = \varrho \eta_1, \\ \eta_2' = \varrho^2 \eta_2, \end{cases} \quad \begin{cases} \eta_0' = \eta_0, \\ \eta_1' = \varrho \eta_2, \\ \eta_2' = \varrho^2 \eta_1 \end{cases} \quad (\varrho^3 = 1).$$

将来我们会看到, 曲线 (3.8.1) 构成一由至少 18 个射影变换作为元素的群, 这些变换将九个拐点顺次交换, 也即有如下定理.

定理 3.8.1 对每一拐点 w 联系一将曲线变为自身的射影变换, 它将其余的拐点成对地互换.

我们可直接由式 (3.8.1) 来读出该定理: 该反映 (spiegelung) 即为由 $\eta_2' = -\eta_2$ 给出. 我们也可不用坐标变换来证明这个定理, 出发点是: 拐点 w 的极系退化为两条直线, 即一为拐点 w 切线; 另一为不通过 w 的直线 g. 现如 s 为 g 的一点, 则直线 $\overline{ws}$ 与曲线的交点可由方程

$$f_0(w)\lambda_1^3 + f_1(w,s)\lambda_1^2\lambda_2 + f_2(w,s)\lambda_1\lambda_2^2 + f_3(s)\lambda_2^3 = 0$$

求出. 其中由于 w 在曲线上, s 在 w 的第一极系上, 故有 $f_0(w)=0$, $f_2(w,s)=0$. 因此, 如 $\lambda_1:\lambda_2$ 为方程的解, $-\lambda_1:\lambda_2$ 也是解, 从而将点 $\lambda_1 w + \lambda_2 s$ 变为点 $-\lambda_1 w + \lambda_2 s$ 的射影反映也就将曲线变到自身.

在反映下不变的只有点 w 以及直线 g 上的点, 这些点肯定不是拐点 (因为它们的切线与曲线相交于 w). 因此, 不同于 w 的拐点在反映下成对地互换.

任二通过反映互换的点必在一通过 w 的直线上. 因此, w 与另一拐点的连线总还含有一第三拐点. 而且由于 w 为一任意拐点, 故有如下定理.

定理 3.8.2 两个拐点的连线必还包含一第三拐点.

从这个定理的证明就可看出, 它对有二重点的曲线也能成立. 实际上, 对曲线 (3.8.2), 我们通过作 Hesse 曲线就可立即看出, 它刚好只有三个拐点, 它们在直线 $\eta_0 = 0$ 上. 对曲线 (3.8.3) 来说定理用不上, 因为它只有一个拐点 $(0, 0, 1)$.

定理 3.8.3 任二拐点均可通过一个定理 3.8.1 中所述的反映互换.

因为它们的连线还含有一第三拐点 w(定理 3.8.2), 对此拐点可作一如定理 3.8.1 所述的反映, 它将任一直线上的任二拐点互换.

由定理 3.8.3 首先就可推出, 曲线 (3.8.1) 的射影不变量 I 与选哪一个拐点作顶点 $(0, 0, 1)$ 无关, 进一步还可推得, 将曲线变到自身的射影变换群 G 递次交换拐点. G 中保持点 w 不动的子群根据定理 3.8.1 其阶次至少为 2. 其陪集可将 w 变为所有几个拐点中的任一个, 因此群 G 的阶至少为 18.

3.8.6 拐点位形

现在我们要来研究一无二重点的三阶曲线上的几个拐点所构成的位形. 研究的方法是纯粹组合性的.

由一拐点 w 出发作四条直线, 使其每一条另外再含两个拐点, 令 w 顺次为九个拐点中的任一个, 那么我们就得 $\frac{9\times 4}{3}=12$ 条连接直线, 它与九个拐点一起共同组成一 "$9_4\,12_3$ 位形" (九个点, 通过每一点有四条直线和十二条直线, 在它们的每一条上有三个点).

如 a_1, a_2, a_3 为在一直线 g 上的三个拐点, 则通过每一 a_1, a_2, a_3 还有三条全部互不相同的直线. 所以 (连 g 在一起) 共有 $1+9=10$ 条直线通过 a_1, a_2 或 a_3. 余下还有两条直线, 它们既不通过 a_1, 也不通过 a_2 和 a_3, 设 h 为其中的一条, b_1, b_2, b_3 为位于 h 上的拐点, 则 g, h 与九条直线 a_ib_k 就已是通过 a_1, a_2, a_3, b_1, b_2 或 b_3 的全部直线了, 因此在那 12 条直线中还有一条, 它既不通过 a_1, a_2, a_3, 也不通过 b_1, b_2, b_3. 它称为 l 并通过点 c_1, c_2, c_3.

因此对每一直线 g 联系到一唯一确定的三直线组 (g, h, l), 其中的直线包含了所有的拐点, 因为 12 条直线中的每一条属于且仅属于这种三直线组之一, 所以这种三线组共有四个. 因此我们有如下定理.

定理 3.8.4   三阶曲线的九个拐点可按四种方式分解为三个点组, 以使每一组均在一直线上.

将一种这样的分解记为

$$a_1a_2a_3 | b_1b_2b_3 | c_1c_2c_3,$$

则可这样来选 b_k 及 c_k 的编号, 使第二个这种分解成为

$$a_1b_1c_1 | a_2b_2c_2 | a_3b_3c_3.$$

这样第三种及第四种分解只能是

$$a_1b_2c_3 | a_2b_3c_1 | a_3b_1c_2,$$

$$a_1b_3c_2 | a_2b_1c_3 | a_3b_2c_1.$$

选坐标系使四个点 a_1, a_3, c_1, c_3 具有以下的非齐次坐标:

$$a_1(1,1); \quad a_3(1,-1); \quad c_1(-1,1); \quad c_3(-1,-1).$$

由于九个点间的位置关系由上述 12 条直线给出, 所以其余的点只能限于有以下的坐标:

$$a_2(1,w); \quad b_1(-w,1); \quad b_3(w,-1); \quad c_2(-1,-w); \quad b_2(0,0) \quad (w^2=-3).$$

因此, 九个拐点的位置可不依赖于曲线的不变量 I 唯一地确定到相差一射影变换. 由于方程 $w^2=-3$ 在实数域中无解, 故拐点位形不能通过实点来实现.

如将上述四种三直线组理解为退化的三阶曲线, 则其中两个决定一曲线束, 其基点为此九个拐点. 原始曲线 C 以及其余的两个直线组也属于这一束, 这是因为它们都通过这一束的九个基点. 根据同样的理由, C 的 Hesse 曲线也属于这一束. 因而此束也可通过下述方程给出:

$$\lambda_1 C + \lambda_2 H = 0.$$

我们把它称为曲线 C 的合系束 (syzygetische büschel).

定理 3.8.5 如平面上九个不同的点具有定理 3.8.4 所述的位置, 并且我们通过它们的四个三直线组中的两个决定一三阶曲线束 (这样其余两个三直线组自然就属于它), 那么这曲线束中的任一曲线的九个拐点即此九个点.

证明 如 w 为此九个点中的一个, 则 w 相对于束中曲线的第一极系作成一圆锥曲线束, 当且仅当 w 相对于一通过此点的曲线 C 的第一极为退化时, 它才能是曲线 C 的拐点. 现该束有四条准线以 w 为其拐点, 这四条就是定理 3.8.4 中所述四个三直线组. 因此, 在该圆锥曲线中有四条退化的圆锥曲线, 但如一圆锥曲线束中的曲线不是全部退化的话, 则它至多只能有三条退化圆锥曲线. 因此束中的圆锥曲线全都是退化的, 即 w 为束中所有曲线的拐点. □

由定理 3.8.5 得知, 合系束中的所有曲线 $\lambda_1 C + \lambda_2 H$ 与曲线 C 有相同的拐点.

练 习 3.8

1. 试证: 有一由 216 个射影变换组成的群, 它们将拐点位形以及轭联束变到自身. 由定理 3.8.1 中的反映所生成, 将束中每一条曲线变到自身的 18 个直射 (kollineationen) 所组成群是这个群的正规子群.

2. 曲线 (3.8.4) 以及 (3.8.5) 上由一直线相交所得的三个点的参数值 s, t, u 满足方程

$$s_1 t_1 u_1 + s_2 t_2 u_2 = 0$$

或

$$s_1 t_2 u_2 + s_2 t_1 u_2 + s_2 t_2 u_1 = 0$$

或再引入非齐次参数 $s = s_1 : s_2$ 之后分别为

$$stu = -1$$

以及

$$s + t + u = 0.$$

3. 椭圆函数的著名加法定理可表述为: 一直线与由参数表示式 (3.8.6) 所满足的三次曲线相交出的三个点的参数值 u, v, w 满足关系 $u + v + w \equiv 0$(模周期).

§3.9 三阶曲线上的点组

我们要来研究一三阶曲线 K_3 上与另一曲线 K_m 所相交得出的点组[①]. 这里多重交点还按其重数作多个点计入. 我们以后总假定, 在我们所研究的点组内设有 K_3 的多重点, 因此要求与 K_3 相交的曲线 K_m 应避免与 K_3 中已有的多重点相交.

---

① 点组的原文为 punktgruppe, 直译应为 "点群", 但它与群的概念毫无关系. 它只不过是表示一组个数为有限的点其中同一点可出现数次.

定理 3.9.1   当在由一 m 阶曲线 K_m 与一三阶曲线 K_3 所相交的 $3m$ 个点中有 3 个系由一直线 G 与 K_3 相交得出, 则其余的 $3(m-1)$ 点系由一 $(m-1)$ 阶的曲线 K_{m-1} 与 K_3 相交得出.

证明   设直线 G 的方程为 $\eta_0 = 0$, 曲线 K_3 的为 $f = 0$, 曲线 K_m 的为 $F = 0$. 现在首先就来证明 K_3 与 G 的 μ 重交点 S 也是 K_m 与 G 的一个 μ 重交点. 这一点可这样来证明: K_3 在 S 处的线性分支 $\mathfrak{z}$ 展开式中就 $1, \tau, \cdots, \tau^{\mu-1}$ 这些项而言与 G 的分支展开相同. 因此如形式 F 在分支 $\mathfrak{z}$ 上的阶大于等于 μ, 则它在直线 G 相应分支上的阶次也至少为 μ. 从而点 S 至少为 K_m 与 G 的一 μ 重交点.

现在 $F(x_0, x_1, x_2)$ 与 $f(x_0, x_1, x_2)$ 中代入 $x_0 = 0$, 则在形式 $F(x_0, x_1, x_2)$ 的零点中有三个是形式 $f(x_0, x_1, x_2)$ 的零点, 连其重数算入, 从而 $F(0, x_1, x_2)$ 可由 $f(0, x_1, x_2)$ 除尽:
$$F(0, x_1, x_2) = f(0, x_1, x_2)g(x_1, x_2),$$
再在 F 与 f 内补上含因子 x_0 的项, 则得
$$F(x_0, x_1, x_2) = f(x_0, x_1, x_2)g(x_1, x_2) + x_0 h(x_0, x_1, x_2) \tag{3.9.1}$$
由式 (3.9.1) 得出, 形式 $F(x)$ 在曲线 $f = 0$ 的任一分支上的阶数等于形式 $x_0 h(x)$ 的阶数, 因此 $F = 0$ 与 $f = 0$ 的 $3m$ 个交点分为 $x_0 = 0$ 与 $f = 0$ 相交的三个交点加上 $h = 0$ 与 $f = 0$ 相交的 $3(m-1)$ 个交点.   □

我们先从定理 3.9.1 导出几个简单的结论.

定理 3.9.2   将一个圆锥曲线 K_2 与一曲线 K_3 的六个交点成对地用三条直线 g_1, g_2, g_3 连接起来, 假设这三条直线在 P_1, P_2, P_3 处与曲线 K_3 第三次相交, 则 P_1, P_2, P_3 为一直线与 K_3 的交点 (此 $6 + 3$ 个点中允许任意多个互相重合, 但圆锥曲线不能含有曲线 K_3 的二重点).

证明 K_2 与 $\overline{P_1 P_2}$ 可看成是定理 3.9.1 中曲线 K_m, g_1 可看成是那里的直线 G, 设 $\overline{P_1 P_2}$ 在 Q 点与 K_3 第三次相交, g_i 与 K_2 相交于 A_i, B_i. 那么, $A_2, A_3, B_2, B_3, P_2, Q$ 在一圆锥曲线 K_2' 上.

这六个交点中有三个在一直线上, 它们即为 A_2, B_2, P_2, 因此 (仍根据定理 3.9.1) $A_3 B_3 Q$ 为 K_3 与一直线 K_1 的交点. 但此直线是 g_3, 因此有 $Q = P_3$.   □

在 K_3 退化为一圆锥曲线与一直线以及 K_2 退化为两条直线的情形下, 定理 3.9.2 包括了 Pascal 定理 (及其极限情形) 作为它的特例 (试作一图).

我们也可直接来证明定理 3.9.2, 方法是从由曲线 K_3 与 $g_1 g_2 g_3$ 所决定的曲线束中挑出这样的一条样线, 以使它还包含有圆锥曲线 K_2 上前面那六个点之外的某一点 Q, 那么由于此样线与圆锥曲线有七个公共的点, 它必定含该圆锥曲线作为它的一部分. 它的另一部分为一含点 P_1, P_2, P_3 的直线.

如令定理 3.9.2 中的圆锥曲线退化为两条相重的直线, 则我们得如下定理.

定理 3.9.3 考虑直线 g 与一三阶曲线 K_3 的三个交点上的 K_3 的三条切线, 令另外再与曲线相交出三个点为 P_1, P_2, P_3, 它们在同一直线上.

如选 g 作为两个拐点的连线, 则我们又重新得到定理 3.8.2: 在两个拐点的连线上总有一第三拐点.

从现在起我们假设曲线 K_3 是不可约的曲线. 在曲线上选一点 P_0(自然它不应是二重点), 并对任意两个点 P, Q 定义一和如下: 将 P, Q 的连线与曲线的交点 R' 与 P_0 连接起来, 连线 $P_0 R'$ 再与曲线相交于一点 R, 我们定义 $P + Q = R$[①].

所述求和的运算显然是可换的且有唯一确定的逆运算, 点 P_0 为此一运算的零元素:

$$P + P_0 = P.$$

我们来证明这个求和也满足结合律:

$$(P + Q) + R = P + (Q + R).$$

令 $P + Q = S, S + R = T, Q + R = U$, 则所要证明的就是 $P + U = T$, 根据和的定义可有以下相交的关系:

$$PQS' \text{ 由一直线 } g_1 \text{ 相交得出},$$

$$P_0 SS' \text{ 由一直线 } h_1 \text{ 相交得出},$$

$$SRT' \text{ 由一直线 } g_2 \text{ 相交得出},$$

$$P_0 TT' \text{ 由一直线 } l \text{ 相交得出},$$

$$QRU' \text{ 由一直线 } h_2 \text{ 相交得出},$$

$$P_0 UU' \text{ 由一直线 } g_3 \text{ 相交得出}.$$

我们来证明 PUT' 也可由一直线 h_3 相交得出. 为此我们应用定理 3.9.1. 点 $PQS'S$ $RT'P_0UU'$ 为由一三阶曲线 $g_1g_2g_3$ 相交得出, 但 P_0SS' 为由 h_1 相交得出, 所以其余的点 $PQRT'UU'$ 应由一圆锥曲线相交得出. 但 QRU' 系由 h_2 相交得出, 因此 (仍根据定理 3.9.1), $PT'U$ 应由一直线 h_3 相交得出, 由此立即得 $P + U = T$, 这是因为 P_0TT' 系由一直线 l 相交得出的. 因此, 这个求和的运算满足求和的所有通常规则.

现在我们来证明下述有决定意义的定理.

---

① 如果我们从代数函数域中的除子类理论或椭圆函数的理论出发, 则可自然地导致这个初看起来有点令人感到奇异的定义, 即如我们将曲线上点的坐标表为 u 的椭圆函数, 以使 P_0 对应的参数值为 $0, P$ 对应的为 u_P, Q 对应的为 u_Q 以及 R 所对应的为 u_R, 则有 $u_p + u_Q = u_R$(模周期), 证: 设直线 PQR' 与 P_0RR' 的方程为 $l_1 = 0$ 与 $l_2 = 0$, 则比值 $l_1 : l_2$ 为曲线上变点坐标的有理函数, 从而也就是 u 的一椭圆函数, 该函数的零点为 u_P 与 u_Q, 极点为 u_R 和 0. 可是一椭圆函数的零点的和减去极点的和必为一周期, 由此得 $u_P + u_Q - u_R = 0$.

定理 3.9.4 K_3 与一 m 阶曲线 K_m 的 $3m$ 个交点 $S_1, \cdots, S_{3m}$ 满足下述方程

$$S_1 + S_2 + \cdots + S_{3m} = mP_1, \tag{3.9.2}$$

其中 P_1 为一固定点, 即在 P_0 处的切线与 K_3 的第三个交点.

我们通过对 m 的完全归纳法来证明. 对 $m = 1$ 的情形上述论断可立即由和 $S_1 + S_2 + S_3 = (S_1 + S_2) + S_3$ 的定义推得. 如 R 即为 S_3P_0 与该曲线的第三个交点, 则由于 $S_1S_2S_3$ 在直线上, 故有 $S_1 + S_2 = R, R + S_3 = P_1$. 现在我们假设论断对 $(m-1)$ 阶的曲线成立. S_1S_2 与曲线第三次相交是在 P, S_3S_4 则在 Q, PQ 则在 R. 那么, 点 $S, \cdots, S_{3m}, P, Q, R$ 将可由一 $(m+1)$ 阶的曲线与 K_3 相交得出, 此 $m + 1$ 阶曲线是由 K_m 与直线 PQR 组成. 在这些点中 S_1, S_2, P 是由一直线相交得出, 故根据定理 3.9.1, 点组 $S_3, \cdots, S_{3m}, Q, R$ 应由一 m 阶曲线交出, 但 S_3S_4Q 是由一直线相交出的, 因此 $S_5, \cdots, S_{3m}, R$ 应由一 $(m-1)$ 阶曲线 K_{m-1} 相交得出. 因而由归纳的前提假设有

$$S_5 + \cdots + S_{3m} + R = (m-1)P_1.$$

在上式的两边加以

$$S_1 + S_2 + P = P_1,$$

$$S_3 + S_4 + Q = P_1,$$

则得

$$S_1 + S_2 + \cdots + S_{3m} + P + Q + R = (m+1)P_1.$$

再从上式减去 $P + Q + R = P_1$, 则得到结论 (3.9.2).   □

由定理 3.9.4 有: 在一固定曲线 K_3 与一不通过它的二重点的曲线 K_m 所相交出的 $3m$ 个点中的任一个均可由其余 $3m - 1$ 个唯一地确定.

现在我们来证明, $S_1 + \cdots + S_{3m-1}$ 这 $3m - 1$ 个交点可选为 K_3 上的任意的点, 除了不能选为二重点以外. 换句话说, 通过 K_3 上的每 $3m - 1$ 个点至少有一不包含 K_3 的 m 阶曲线. 对 $m = 1$ 及 $m = 2$ 的情况来说上述结论是很清楚的. 因此, 我们取 $m \geqslant 3$ 的情形来考虑. 所有通过 $3m - 1$ 个给定点的 K_m 作成的线性族其维数至少为

$$\frac{m(m+3)}{2} - (3m - 1) = \frac{m(m-3)}{2} + 1.$$

但由所有包含 K_3 作为其组成部分的 K_m(即 $K_m = K_3 K_{m-1}$) 组成的线性系维数为

$$\frac{(m-3)m}{2}.$$

前者维数较大, 因此通过 $S_1, \cdots, S_{3m-1}$ 确有一不含 K_3 的 m 阶曲线 K_m, K_m 与 K_3 的第 $3m$ 个交点系由式 (3.9.2) 所确定的点 S_{3m} 因此我们有如下定理.

定理 3.9.5 K_3 上的 $3m$ 个点为由与一不含 K_3 的 m 阶曲线 K_m 所相交得出的充分且必要条件为式 (3.9.2) 成立.

由定理 3.9.5 可直接推得定理 3.9.1 及定理 3.9.2 的一个推广.

定理 3.9.6 在 K_3 与一 K_{m+n} 的 $3(m+n)$ 个交点中如有某 $3m$ 个系由与一 K_m 所相交得出的, 则其余 $3n$ 个点可由与一 K_n 所相交得出.

因为由

$$S_1 + S_2 + \cdots + S_{3m+3n} = (m+n)P_1$$

减去

$$S_1 + S_2 + \cdots + S_{3m} = mP_1$$

得

$$S_{3m+1} + \cdots + S_{3m+3n} = nP_1.$$

最后我们还要证明如下定理.

定理 3.9.7 如 K_m 与 K_m' 从 K_3 相交出相同的 $3m$ 个点的点组, 则在 K_m 与 K_m' 的曲线束中有一退化曲线 K_3K_{m-3}, 且 K_m 与 K_m' 的 m^2 个交点中其余 $m^2 - 3m = m(m-3)$ 个在 K_{m-3} 上.

证明 设 Q 为 K_3 上不在点组的 $3m$ 个点内的任一点. 在由 K_m 与 K_m' 所张成的曲线束中有一通过 Q 点的曲线. 该曲线与 K_3 有 $3m+1$ 个公共点, 因此它含有 K_3, 故可将它表示为 K_3K_{m-3}. K_m 与 K_m' 的交点为此曲线束的基点, 因此 K_m 与 K_3K_{m-3} 的交点 (即 K_m 与 K_3 的交点加 K_m 与 K_{m-3} 的交点) 也是基点. □

定理 3.9.5～ 定理 3.9.7 有非常多的应用, 我们只能取其中几个来谈一谈. 首先我们再一次回到拐点位形的问题上. 拐点总是有一个的, 我们可以假设 P_0 为拐点, 因此有 $P_1 = P_0$; 我们将此点记为 O(零点). 确定拐点 W 归结为解下列方程

$$3W = O.$$

如除了 $W = O$ 的解外还有一个解 U, 则 $2U = U + U$ 是一解, 并且有

$$O + U + 2U = O$$

而 $O, U, 2U$ 这三个拐点在一直线上. 如除 $O, U, 2U$ 外还有一拐点 V, 则就有九个不同的拐点:

$$\begin{cases} O & U & 2U, \\ V & U+V & 2U+V, \\ 2V & U+2V & 2U+2V. \end{cases} \tag{3.9.3}$$

这也是最大的数目了. 实际上, 我们前面已知, 三类曲线 III, II, I 顺次只有一个、三个和九个拐点. 这九个拐点的位形立即可由式 (3.9.3) 得知: 它们中三个点在一直线上的条件总是其和为零式 (3.9.3) 中的行和列正是这种情形, 此外只包含每行和每列中的一个点的三元组 (如同行列式的项) 也是这种情形.

现在就得到: 一实三阶曲线有一个或三个实拐点.

有一个实拐点的原因是因为虚拐点只能是共轭地成对出现, 因为我们可选一实拐点为 P_0, 这样如 U 为一第二个实拐点, 则 $2U$ 也是实拐点, 从而就有三个实拐点 $O, U, 2U$, 第四个点拐实不可能再有了, 因为这样整个拐点位形 (3.9.3) 全都是实的, 而根据 §3.8 这是不可能的.

所谓曲线 K_3 一点 P 的切线割点是指 P 处的切线与曲线的第三交点, 切线割点 Q 可由下式来定义:

$$2P + Q = P_1.$$

对一给定的切线割点 Q 在第 I 类型的曲线上有四个 P 点, 在第 II 类曲线上有两个 P 点, 在第 III 类曲线上有一个 P 点. 因此方程:

$$2X = P_1 - Q \tag{3.9.4}$$

总有解, 根据曲线的类型其解分别有四个、两个或一个.

现在我们来研究一条第一类的曲线, 也即一无二重点的 K_3, 如 X 与 Y 为 (3.9.4) 的两个解, 则其差 $X - Y$ 为下述方程:

$$2(X - Y) = P_1 - P_1$$

的解, 因此也就是其切线割点为 P_1 的那四个点中的一个. 设这四个点为 P_0, D_1, D_2, D_3. 这样方程 (3.9.4) 的所有解可由它的一个解 Y 加上 P_0, D_1, D_2 或 D_3 得到. 对应关系

$$X = Y + D_i \qquad (i = 1, 2, 3),$$

对每一 i 而言为一周期为 2 的一一对应, 即如 $X = Y + D_i$, 则也有 $Y = X + D_i$, 因此在曲线上有三个点偶 (X, Y) 的对合变换, 以使总有 $X \neq Y$, 而且 X 与 Y 总是有同一切线割点. 在每一对合变换下, 每一点 X 与点 Y 一对一地对应着, 而点 Y 也以同样的方式与 X 相对应.

由一变动曲线点 A 作出的切线有一个值得注意的性质, 就是它的交比为一常数, 这一点可由下述定理推出.

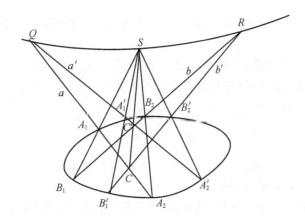

定理 3.9.8 从曲线上的一固定点 Q 出发作所有能与曲线再相交于两点 A_1, A_2 的直线 a, 然后再将 A_1 与 A_2 同曲线上另一固定点 S 相连, 并求出这两条连线与曲线的第三交点 B_1, B_2, 则连线 $b = B_1 B_2$ 全都通过曲线上的一定点 R, 如直线 a 历遍直线束 Q, 则 b 历遍直线束 R, 而且对应 $a \to b$ 为一射影变换.

证明 我们有

$$Q + A_1 + A_2 = P_1,$$
$$A_1 + S + B_1 = P_1,$$
$$A_2 + S + B_2 = P_1,$$
$$B_1 + B_2 + R = P_1.$$

由此通过相加与相减即得

$$Q + R - 2S = 0. \tag{3.9.5}$$

由此 R 的确是常数 (与直线 a 无关), 对应 $a \to b$ 虽然是一一对应, 为了证明它是一射影变换, 我们给直线 a 选一固定位置 a', 然后按所述方程作出点 A_1', A_2', B_1', B_2' 以及直线 b', 以 C 表示 a 与 b' 的交点, 以 C' 表示 a' 与 b 的交点, 并且来证明, S, C, C' 在一直线上. 为此我们应用定理 3.9.7 中 $m = 4$ 的情形, 令 K_m 由四条直线 $a, b, A_1'SB_1', A_2'SB_2'$ 组成, 同样令 K_m' 由四条直线 a', b', A_1SB_1, A_2SB_2 组成. 因此, K_m 与 K_m' 同曲线 K_3 相交出同一点组: $QA_1A_2A_1'A_2'SSB_1B_2B_1'B_2'R$. 因此根据定理 3.9.7 其余四个交点 S, S, C, C' 在一直线上. 对应 $a \to b$ 可实施如下: 令 a 与 b' 相交, 再从 S 出发将此交点投影到 a', 然后再将所得点与 R 相连. 因此这个对应是一个射影变换. □

对给定的 Q 与 R, 以方程 (3.9.5) 为基础总可找到一适当的 S.

如我们特别地选 a 为一切线, 则将有 $A_1 = A_2, B_1 = B_2$, 从而 b 也为一切线. 因此, 由 Q 点出发的四条切线与自 R 出发的四条切线成射影对应并有相同的交比. 由于 Q 与 R 为任意的曲线点, 故有如下定理.

定理 3.9.9　由曲线 K_3 上一点 Q 出发作曲线的四条切线, 它们的交比与 Q 点的选择无关.

如选 Q 为一拐点, 则此四切线中有一为拐点切线. 令 Q 为 $(0,0,1)$ 并令切线为直线 $x_0 = 0$, 则可推得定理 3.9.9 中所述的交比等于比值 $\dfrac{e_1 - e_2}{e_1 - e_3}$, 其中 e_1, e_2, e_3 为 §3.8 中标准形式 (1) 内的多项式 $4x^3 - g_2 x - g_3$ 的三个根.

练　习　3.9

1. 一无二重点的三阶曲线有三组三次相切的圆锥曲线. 在每一组中这三个切点有两个可任意选定; 之后第三个就被唯一地确定.

2. 与一无二重点的三阶曲线在一点 6 重相切的非退化的圆锥曲线共有 27 条. 其切点的求法是, 由该九个拐点的每一个出发向曲线作三条切线.

§3.10　奇点的分解

设 $f(\eta_0, \eta_1 \eta_2) = 0$ 为一阶次 $n > 1$ 的非退化平面代数曲线. 我们要把此曲线转变为另一除了具有 r 条不同切线的 r 重点外不再有别的奇点的曲线, 完成这个任务的工具是一将平面变到自身的双向有理变换 (Cremona 变换), 它可由公式给出如下:

$$\zeta_0 : \zeta_1 : \zeta_2 = \eta_1 \eta_2 : \eta_2 \eta_0 : \eta_0 \eta_1, \tag{3.10.1}$$

$$\eta_0 : \eta_1 : \eta_2 = \zeta_1 \zeta_2 : \zeta_2 \zeta_0 : \zeta_0 \zeta_1. \tag{3.10.2}$$

式 (3.10.2) 是在 $\eta_0 \eta_1 \eta_2 \neq 0$ 的情形下式 (3.10.1) 的解, 这一点是很清楚的, 因此变换 (3.10.1) 也是它自己的逆变换, 除了基本三角形的边以外它还是一个一一变换, 但 $\eta_0 = 0$ 这一边上的所有点被变换为它对面的顶角 $\zeta_1 = \zeta_2 = 0$, 其余两边的变换情况也是相似的. 至于基本三角形顶点, 根据式 (3.10.1) 变换结果是未定的.

将比值 (3.10.2) 代入所给曲线 $f(\eta_0, \eta_1, \eta_2)$ 的方程中则得变换后的方程为

$$f(\zeta_1 \zeta_2, \zeta_2 \zeta_0, \zeta_0 \zeta_1) = 0. \tag{3.10.3}$$

如原始曲线不通过基本三角形的顶点, 则对此曲线上的每一点有曲线 (3.10.2) 上唯一确定的一点与之对应, 并后者 (根据 §3.4) 是不可约的曲线, 但如 $f = 0$ 通过一顶点. 例如, 通过 $(1,0,0)$, 则 $f(y_0, y_1, y_2)$ 中的项均可由 y_1 或 y_2 除尽, 因而可自 $f(z_1 z_2, z_2 z_0, z_0 z_1)$ 分出因子 z_0. 如 $f = 0$ 在 $(1,0,0)$ 处有一 r 重点, 则自 $f(z_1 z_2, z_2 z_0, z_0 z_1)$ 中恰好可分离出因子 z_0^r. 因此我们令

$$f(z_1 z_2, z_2 z_0, z_0 z_1) = z_0^r z_1^s z_2^t g(z_0, z_1, z_2), \tag{3.10.4}$$

并称 $g(\zeta) = 0$ 为 $f = 0$ 的变换曲线.

通过代换

$$z_0 = y_1 y_2, \quad z_1 = y_2 y_0, \quad z_2 = y_0 y_1,$$

可由式 (3.10.4) 得

$$(y_0 y_1 y_2)^n f(y) = y_0^{s+t} y_1^{t+r} y_2^{r+s} g(y_1 y_2, y_2 y_0, y_0 y_1),$$

$$g(y_1 y_2, y_2 y_0, y_0 y_1) = y_0^{n-s-t} y_1^{n-t-r} y_2^{n-r-s} f(y_0, y_1, y_2). \tag{3.10.5}$$

因此, 反过来 $f = 0$ 也是 $g = 0$ 的变换曲线, 如果 $g(z_0, z_1, z_2)$ 是可分解的, 那么根据式 (3.10.5)$f(y_0, y_1, y_2)$ 也就会是可分解的, 这与假设相矛盾. 因此, $g(\zeta) = 0$ 为一不可分解的曲线.

通过对 z_2 的微分可由式 (3.10.4) 推得

$$z_1 f_0'(z_1 z_2, z_2 z_0, z_0 z_1) + z_0 f_1'(z_1 z_2, z_2 z_0, z_0 z_1)$$
$$= t z_0^r z_1^s z_2^{t-1} g(z_0, z_1, z_2) + z_0^r z_1^s z_2^t g_2'(z_0, z_1, z_2),$$

其中 f_0', f_1', f_2' 为 f 的导函数, g_0', g_1', g_2' 为 g 的导函数. 在此方程的两边同乘以 z_2 并应用下述欧拉恒等式:

$$y_0 f_0'(y) + y_1 f_1'(y) + y_2 f_2'(y) = n f(y),$$

则有

$$n f(z_1 z_2, z_2 z_0, z_0 z_1) - z_0 z_1 f_2'(z_1 z_2, z_2 z_0, z_0 z_1)$$
$$= t z_0^r z_1^s z_2^t g(z) + z_0^r z_1^s z_2^{t+1} g_2'(z_0, z_1, z_2). \tag{3.10.6}$$

对另外两个导函数 f_0', f_1' 自然也有类似的方程.

在每一有理变换下对曲线 $f = 0$ 的每一分支有曲线 $g = 0$ 的唯一确定的分支与之对应, 反之亦然. 如 $\eta_0(\tau), \eta_1(\tau), \eta_2(\tau)$ 为曲线 $f = 0$ 的一分支 $\mathfrak{z}$ 的幂级数展开, 则求曲线 $g = 0$ 的相应分支 $\mathfrak{z}'$ 的方法如下: 首先作乘积 $\eta_1(\tau)\eta_2(\tau), \eta_2(\tau)\eta_0(\tau), \eta_0(\tau)\eta_1(\tau)$, 然后由此三个幂级数分出一公共的因子 τ^λ:

$$\begin{cases} \zeta_0(\tau)\tau^\lambda = \eta_1(\tau)\eta_2(\tau), \\ \zeta_1(\tau)\tau^\lambda = \eta_2(\tau)\eta_0(\tau), \\ \zeta_2(\tau)\tau^\lambda = \eta_0(\tau)\eta_1(\tau). \end{cases}$$

因子 τ^λ 仅当分支 $\mathfrak{z}$ 的起点为坐标三边形的一个顶点时才会出现. 我们先设这个顶点为 $(1, 0, 0)$, 并设分支的切线不为坐标三边形的边, 则此分支的幂级数展开就成为

$$\begin{cases} \eta_0(\tau) = 1, \\ \eta_1(\tau) = b_k \tau^k + b_{k+1} \tau^{k+1} + \cdots \quad (b_k \neq 0), \\ \eta_2(\tau) = c_k \tau^k + c_{k+1} \tau^{k+1} + \cdots \quad (c_k \neq 0). \end{cases} \tag{3.10.7}$$

由此知 $\lambda = k$, 并且

$$\begin{cases} \zeta_0(\tau) = b_k c_k \tau^k + (b_k \ c_{k+1} + b_{k+1} c_k) \tau^{k+1} + \cdots, \\ \zeta_1(\tau) = c_k + c_{k+1}\tau + \cdots, \\ \zeta_2(\tau) = b_k + b_{k+1}\tau + \cdots. \end{cases} \tag{3.10.8}$$

因此在此种情况下分支 $\mathfrak{z}'$ 的起点在坐标三边形的对边上. 如反过来由 $\mathfrak{z}'$ 出发作乘积:

$$\begin{cases} \eta_0(\tau) = \zeta_1(\tau)\zeta_2(\tau), \\ \eta_1(\tau) = \zeta_2(\tau)\zeta_0(\tau), \\ \eta_2(\tau) = \zeta_0(\tau)\zeta_1(\tau), \end{cases}$$

则在忽略一无关紧要的因子 $\zeta_1(\tau)\zeta_2(\tau)$ 的条件下, 我们又回到原分支 $\mathfrak{z}$.

现在我来讨论"奇点的分解". 取曲线 $f = 0$ 的一确定的奇点, 即一多重点 O, 将它来进行分解, 即将它转化为多个简单的奇点. 取坐标三边形的顶点 $(1, 0, 0)$ 于 O 点, 其余的两个顶点在曲线之外且如此选择, 以使坐标三边形的边没有一条是曲线的切线, 且除 O 点外不再含曲线的多重点. 这样, 在方程 (3.10.4) 中有 $s = t = 0$, 而 r 就给出 O 点的多重性. 现在我们分三步来进行研究.

(1) 变换对 O 点分支的作用.

(2) 对在三边形的边与曲线交点处的分支的作用.

(3) 对其余曲线点及其分支的作用.

我们对奇点 O 的复杂性引进一个度量, 即点 O 作为 $f = 0$ 与一点 P 的配极系的交点重数, 此点 P 选择得使此相交重数为最小, 如 O 为一简单点, 则此度量的值为零, 在多重点的情形下它总是大于 0.

曲线与该配极系的相交重数系由 O 点各个分支所贡献的部分的总和. 现在我们要求证明, 如 O 确为一多重点, 即 $r > 1$, 则 O 点的每一单独分支 $\mathfrak{z}$ 所做的贡献在上述 Cremona 变换下总是要减小.

我们将把 $\zeta_0, \zeta_1, \zeta_2$ 理解为幂级数 (3.10.8), 把 η_0, η_1, η_2 理解为与式 (3.10.7) 成比例的幂级数.

$$\eta_0 = \zeta_1\zeta_2, \quad \eta_1 = \zeta_2\zeta_0, \quad \eta_2 = \zeta_0\zeta_1.$$

它所描述的是分支 $\mathfrak{z}$. 点 $P(\pi_0, \pi_1, \pi_2)$ 的极系的方程为

$$\pi_0 f_0'(\eta) + \pi_1 f_1'(\eta) + \pi_2 f_2'(\eta) = 0,$$

并且它与分支 $\mathfrak{z}$ 相交的重数大于等于幂级数 $f_0'(\eta), f_1'(\eta), f_2'(\eta)$ 的最小阶数, 通常 (除了点 P 为特殊位置外) 等于这个最小数. 我们可以假设坐标三边形的顶点 $(0, 0, 1)$, 不具有这样特殊的位置, 以至于幂数 $f_2'(\eta)$ 的阶数 μ 刚好等于这个最小数.

如在将式 (3.10.6) 中的 z_0, z_1, z_2 代以 $\zeta_0, \zeta_1, \zeta_2$, 则由于 $s = t = 0, f(\eta) = 0, g(\zeta) = 0$, 故有

$$-\zeta_0\zeta_1 f_2'(\eta_0, \eta_1, \eta_2) = \zeta_0^r \zeta_2 g_2'(\zeta_0, \zeta_1, \zeta_2),$$

或再约去 ζ_0 后得

$$-\zeta_1 f_2'(\eta_0, \eta_1, \eta_2) = \zeta_0^{r-1} \zeta_2 g_2'(\zeta_0, \zeta_1, \zeta_2). \tag{3.10.9}$$

方程的左边的次数刚好是 μ, 因为根据 (3.10.8)ζ_1 的阶数等于 0, 右边因子 ζ_0^{r-1} 的阶数为 $(r-1)k$, ζ_2 的阶数为 0, 因此因子 $g_2'(\zeta_0, \zeta_1, \zeta_2)$ 的阶数为

$$\mu - (r-1)k < \mu.$$

因此 $g_0'(\zeta), g_1'(\zeta), g_2'(\zeta)$ 的阶数中最小的值就要小于 μ. 这样, 分支与极系的最小重数在 Cremona 变换下确实在减小.

现在我们来讨论坐标三边形与曲线的交点. 如一个这样的点在棱边 $\eta_2 = 0$ 上, 那么由于交点为一简单点, η_2 的阶数为 1, 而 η_0 与 η_1 的阶数则为零:

$$\eta_0 = a_0 + a_1\tau + \cdots \quad (a_0 \neq 0),$$
$$\eta_1 = b_0 + b_1\tau + \cdots \quad (b_0 \neq 0),$$
$$\eta_2 = c_1\tau + \cdots \quad (c_1 \neq 0).$$

变换后的分支则为

$$\zeta_0 = \eta_1\eta_2 = b_0c_1\tau + \cdots,$$
$$\zeta_1 = \eta_2\eta_0 = a_0c_1\tau + \cdots,$$
$$\zeta_2 = \eta_0\eta_1 = a_0b_0 + \cdots.$$

因此所涉及的是在点 $(0,0,1)$ 处的线性分支, 其切线方向由比值 $b_0 : a_0$ 给定, 从而与我们出发点 $(a_0, b_0, 0)$ 在对边上的位置有关. 因为要假设由曲线 $f = 0$ 与在 O 处的棱边的交点全部都是不同的, 因此变换后在坐标三边形顶点处的线性分支有完全不同的切线, 因此经过 Cremona 变换后出现了新的奇点, 即纯粹是具有分离切线的线性分支的多重点.

另外, 还要研究既不在基本三边形的顶点, 也不在其棱边上的点. 对这些点来说 Cremona 变换是一对一的. 它将线性分支仍变为线性分支 (这可容易地检验), 并且将分支在这些点上的切线方向也进行一对一的变换. 因此简单点变为简单点. 具有 q 条分离切线的 q 重点仍变为这种点. 如讨论的是奇点, 由于式 (3.10.9) 在此也成立, 故可推得在此种情形下分支与配极系的相交多重性保持不变, 因此奇点的复杂性的度量不会变大.

现在来对每一曲线 $f = 0$ 定义一整数 $\mu(f)$, 它是所有奇点 (不仅是具有分离切线的多重点)奇异度之和, 由前述可知, 如数 $\mu(f)$ 不为零, 则通过一适当的 Cremona 变换总可将它减小. 通过有限次这样的变换则有 $\mu(f) = 0$, 因而我们有下述定理:

　　每一不可约曲线 $f = 0$ 可通过一双有理变换变为这样的一条曲线，它只有"正规"奇点，即为具有分离切线的多重点.

练　习　3.10

试证：上述定理对退化曲线也成立.

§3.11　亏格的不变性 · Plücker 公式

　　设 m 为一平面不可约曲线 K 的阶数, m' 为它的类数. 对 K 的所有非常点计算出其特征数 (k, l) 并作和

$$s = \sum (k - 1),$$
$$s' = \sum (l - 1),$$

其中 s 称为"尖点数", s' 为"拐点数". 实际上, 如它除了尖点 $(2, 1)$ 和拐点 $(1, 2)$ 外没有别的非通常的分支, 则 s 确为尖点个数, s' 确为拐点个数.

　　现令

$$m' + s - 2m = 2p - 2, \tag{3.11.1}$$

并称由式 (3.11.1) 所确定的有理数 p 为曲线的**亏格** (geschlecht), 以后我们会看到, p 为一大于等于 0 的整数, 并为双有理变换下的不变量.

　　首先我们来将亏格的定义转化为另一种形式, 为了简单起见再设点 $(0, 0, 1)$ 不在曲线上. 我们来研究曲线 K 的一般点 $(1, u, \omega)$, 其中 ω 为 u 的代数函数, 并且考虑这个函数 ω 的分歧点, 即 u 的这样一些值 $(= a \ 或 \ \infty)$, 在该处有多个幂级数展开 $\omega_1, \cdots, \omega_h$ 形成一闭链. 分歧阶数 h 即为在相应分支上函数 $u - a (或 \ u^{-1})$ 的阶数. 现在如回想一下分支的分类 (§3.6), 则可见有

$$h = k, \ 如分支切线不通过 \ (0, 0, 1),$$
$$h = k + l, \ 如分支切线通过 \ (0, 0, 1).$$

　　由此通过对所有大于 1 的 h 求和就可推得

$$\sum (h - 1) = \sum (k - 1) + \sum {}' l,$$

其中后面一项和只对其切线通过 $(0, 0, 1)$ 的分支来求, 因此 $\sum{}' l$ 为自 $(0, 0, 1)$ 出发的切线的重数之和, 也就是类数 m', 和数 $\sum (h - 1)$ 称为 u 的代数函数 ω 的分歧数 w. 最后有 $\sum (k - 1) = s$, 因此

$$w = m' + s.$$

如将它代入式 (3.11.1), 则得

$$w - 2m = 2p - 2. \tag{3.11.2}$$

用语言来叙述: **一代数函数 w 的分歧数减去其阶数的 2 倍等于 $2p-2$, 其中 p 为相应代数曲线的亏格.**

至今点 $(0,0,1)$ 一直是假设在曲线之外的, 但在此点为仅有通常分支的曲线上一 q 重点的情形下, 也不难证明这个定理. 此时函数 ω 的阶数将不等于 m, 而为 $m-q$, 同样 $\sum'l$ 也将不等于 m', 而为 $m'-2q$, 由此得

$$w - 2m = 2p - 2.$$

亏格与函数体 $K(u,\omega)$ 的微分有密切的关系. 这一点可理解如下. 自变量的微分 $\mathrm{d}u$ 为一纯粹的符号, 或者如果愿意的话, 为一不定量. 再如 η 为体中的任一函数, 则令

$$\mathrm{d}\eta = \frac{\mathrm{d}\eta}{\mathrm{d}u}\mathrm{d}u.$$

我们把微分 $\mathrm{d}u$ 在一曲线分支上的阶数理解为微商 $\mathrm{d}u/\mathrm{d}\tau$ 作为位置单值化变量 τ 的函数的阶数, $\mathrm{d}\eta$ 的阶数则相应地为下式的阶数

$$\frac{\mathrm{d}\eta}{\mathrm{d}\tau} = \frac{\mathrm{d}\eta}{\mathrm{d}u}\frac{\mathrm{d}u}{\mathrm{d}\tau}.$$

如 $u - a$ 在一分支上的阶数为 h:

$$u - a = c_h \tau^h + \cdots,$$

则 $\mathrm{d}u$ 的阶为 $h-1$, 因为通过微分有

$$\frac{\mathrm{d}\eta}{\mathrm{d}\tau} = hc_h\tau^{h-1} + \cdots.$$

只有在分歧点上 h 才异于 1; 因此对微分 $\mathrm{d}u$ 来说, 在其上它的阶数不为零的分支只有有限条. 如在一 $u = \infty$ 的分支上, 则有

$$u^{-1} = c_h\tau^h + \cdots,$$
$$u = c_h^{-1}\tau^{-h} + \cdots,$$
$$\frac{\mathrm{d}u}{\mathrm{d}\tau} = -hc_h^{-1}\tau^{-h-1} + \cdots,$$

因此在那里 $\mathrm{d}u$ 的阶数为 $-h-1$. 现有

$$-h - 1 = (h-1) - 2h.$$

微分 du 在所有分支上的阶数之和将为

$$\sum (h-1) - \sum_{\infty} 2h = w - 2m = 2p - 2,$$

其中 $\sum_{\infty}$ 表示对所有 $u = \infty$ 的分支求和. 因而也即对曲线与 $\eta_0 = 0$ 的直线的交点求和. 由于这些交点在每一分支上的重数为 h, 故 $\sum_{\infty} h$ 将等于曲线的阶数 m, 因此:

微分 du 在所有分支上的阶数之和等于 $2p - 2$.

但是这不仅对 du 成立, 而且对每一微分

$$d\eta = \frac{d\eta}{du} du$$

也成立, 这是因为 $\frac{d\eta}{du}$ 为体中的一个函数, 而这样一个函数在所有分支上的阶数之和等于零 (§3.5).

根据这点说明可立即推得**亏格的不变性定理**:

如两曲线 $f = 0$ 与 $g = 0$ 可通过一双有理变换互相转换, 则它们有相同的**亏格**.

因为如设 (u, ω) 为其中一条曲线的一般点, (v, θ) 为其中另一条曲线的一般点, 则在有理变换下, 每一函数 $\eta(u, \omega)$ 对应于一函数 $\eta'(v, \theta)$, 每一分支对应于一分支. 分支的位置单值化变量也对应于位置单值变化量, 微商仍对应于微商, 因此微分 $d\eta$ 的阶数保持不变, 从而其和 $2p - 2$ 也保持不变.

作为这个定理的第一个应用, 我们来证明, 亏格恒为一大于等于 0 的整数. 根据 §3.9, 我们可将任一曲线双有理地变为仅具有 "正规" 奇点 (即具有分离切线的 r 一重点) 的曲线 K. 如曲线的阶数为 m, 则根据 §3.6 其类数 m' 应等于

$$m' = m(m-1) - \sum r(r-1),$$

其中求和遍及所有的多重点, 由此得

$$2p - 2 = m' + s - 2m = m(m-1) - \sum r(r-1) - 2m,$$

$$2p = (m-1)(m-2) - \sum r(r-1).$$

等式的右边为一偶数, 因此 p 为整数. 我们可令

$$\sum r(r-1) = 2d,$$

并称 d 为 "二重点的个数", 这里我们把一 r 重点算作 $\binom{r}{2}$ 个二重点. 这样将有

$$p = \frac{(m-1)(m-2)}{2} - d. \tag{3.11.3}$$

一曲线, 如它在曲线 K(具有正规奇点) 的每一 r 重点上至少有一 $(r-1)$ 重点, 则我们称它为 K 的**相伴曲线** (adjungierte kurve). 要想一给定点为一曲线 $h = 0$ 的 $r-1$ 重点, 则需其系数满足 $r(r-1)/2$ 个线性方程, 这是因为该点为 $(1,0,0)$, 则 $h(x_0, x_1, x_2)$ 按 x_1, x_2 的升幂的展开式中应不含阶数为 $0, 1, \cdots, r-1$ 的项.

因此一相伴曲线要满足 $\sum \frac{r(r-1)}{2} = d$ 个 (相关或无关的) 线性条件, 它与曲线在每一多重点相交为 $r(r-1)$ 重, 因此总和就是 $2d$ 重.

有 $(m-1)$ 阶的相伴曲线存在, 如任一点的第一极系就是因为曲线与配极系的交点总数为 $m(m-1)$, 故有

$$2d \leqslant m(m-1), \tag{3.11.4}$$

甚至还有这样的 $(m-1)$ 阶相伴曲线, 它除了多重点以外, 还可含有曲线上任意给定的

$$\frac{(m-1)(m+2)}{2} - d$$

个点. 因为一 $(m-1)$ 阶的曲线有 $\frac{m(m+1)}{2}$ 个系数, 因此对它们还可加上

$$d + \frac{(m-1)(m+2)}{2} - d = \frac{m(m+1)}{2} - 1$$

个条件而不致使它们全为零, 由于交点个数为 $m(m-1)$, 故得

$$2d + \frac{(m-1)(m+2)}{2} - d \leqslant m(m-1)$$

或

$$d \leqslant \frac{(m-1)(m-2)}{2} \tag{3.11.5}$$

或由于式 (3.11.3) 有

$$p \geqslant 0.$$

正如证明所指明的, 不等式 (3.11.4) 不仅对不可约曲线能成立, 而且对任意没有多重组成部分的曲线也能成立, 不等式 (3.11.5) 则只有对不可约曲线才成立, 但它可具有任意的奇点. 二者在它们那一类都是最鲜明的.

亏格的概念也可以推广到可约曲线上去: 此时定义 (3.11.1) 仍相同. 因为一退化曲线的类数, 尖点个数以及阶数等于其组成部分的类数, 尖点个数以及阶数之和, 故对一有 r 个组成部分的退化曲线言有

$$2p - 2 = (2p_1 - 2) + \cdots + (2p_r - 2)$$

或

$$p = p_1 + \cdots + p_r - r + 1, \tag{3.11.6}$$

其中 $p_1, \cdots, p_r$ 为相应组成部分的亏格.

Plücker 公式   一 (不可约) 曲线的对偶曲线根据亏格不变性定理与原曲线有相同的亏格. 因此对偶于式 (3.11.1) 有

$$m + s - 2m' = 2p - 2. \tag{3.11.7}$$

与式 (3.11.1)、式 (3.11.3) 相关的有式 (3.6.5), 它把类数 m' 用次数以及奇点的个数的种类表示了出来. 如奇点是由 d 个结点和 s 个尖点组成的, 则根据 §3.6 就有

$$m' = m(m - 1) - 2d - 3s. \tag{3.11.8}$$

只要数 d 定义得适当, 则式 (3.11.8) 在曲线具有高阶奇点时也能成立. 例如, 我们应把具有分离切线的 r 重点算作 $\frac{r(r-1)}{2}$ 个结点, 把相切结点算作两个结点, 等等, 在每一具体的情况下有可能用 §3.6 的方法确定以 $m(m-1)$ 中要减去多大的数方能得到类数 m', 而这个数总可以写成 $2d + 3s$ 的形式; 这是因为根据练习 §3.6 题 4 该数必大于等于 $3s$, 而根据式 $(3.11.1)m' + s$ 为一偶数, 故该数与 $3s$ 相差又必为一偶数.

与式 (3.11.8) 相对偶的公式为

$$m = m'(m' - 1) - 2d' - 3s', \tag{3.11.9}$$

其中 d' 为适当定义的二重切线的数目.

我们把所求得的公式再重复一遍:

$$m' + s - 2m = m + s' - 2m' = -2p - 2, \tag{3.11.7}$$

$$m' = m(m - 1) - 2d - 3s, \tag{3.11.8}$$

$$m = m'(m' - 1) - 2d' - 3s', \tag{3.11.9}$$

其中 m 为曲线的次数, m' 为曲线的类数, s 与 s' 为尖点及拐点的个数, d 与 d' 为二重点及二重切线的数目, 最后 p 为亏格数.

由式 (3.11.1) 与式 (3.11.7) 之差可得

$$s' - s = 3(m' - m) \tag{3.11.10}$$

或者当将式 (3.11.8) 中 m' 的值代入后, 有

$$s' = 3m(m - 2) - 6d - 8s. \tag{3.11.11}$$

与之对偶地有

$$s = 3m'(m' - 2) - 6d' - 8s'. \tag{3.11.12}$$

式 (3.11.8)、式 (3.11.9)、式 (3.11.11)、式 (3.11.12) 称为Plücker 公式. 当给定了 m, s, d, 由它们就可算得 m', s', d'.

如将式 (3.11.8) 中的 m' 代入式 (3.11.1), 则通过一些运算就可获得下述计算亏格的方便公式:

$$p = \frac{(m-1)(m-2)}{2} - d - s. \tag{3.11.13}$$

作为例子我们来计算一无多重点的 m 阶曲线的拐点数和二重切线数, 首先由式 (3.11.8) 可得类数为

$$m' = m(m-1),$$

这样立即可由式 (3.11.10) 或式 (3.11.11) 推出拐点数为

$$s' = 3m(m-2).$$

最后由式 (9) 得二重切线数为:

$$\begin{cases} 2d' = m'(m'-1) - m - 3s' \\ \quad = m(m-1)(m^2 - m - 1) - m - 9m(m-2) \\ \quad = m(m-2)(m^2 - 9), \\ d' = \frac{1}{2}m(m-2)(m^2 - 9). \end{cases} \tag{3.11.14}$$

特别地, 一无多重点四阶曲线有 28 条二重切线[①].

———————————
① 这些切线有非常有趣的几何性质. 参看 Steiner (J. Reine Angew Math Bd49), Hesse(J. reine Angew. Math Bd49 与 55), Aranhold (Sber. Akad. Berlin 1864) 以及 M. Nocther (Math Ann Bd15 与 Abh Akad München Bd17). 一个较好的导引可参看 H.Weber Lehrbuch der Algebra II §112 (2. Aufl).

第 4 章　代 数 流 形

§4.1　广义点·保持关系不变的特殊化[①]

至今我们一直仅仅考虑坐标为一固定域上的常量的点. 现在我们拓广点的概念, 使允许有那种坐标为不定元或不定元的代数函数或更广一些, 为 K 的扩张域中的任意元素的点. 向量空间 E_n 中一个所谓 "广义点" 就是一组 n 个 K 的任一扩张域中的元素 $y_1, y_2, \cdots, y_n$, 相应地可以定义投影空间 S_n 中的广义点. 于是线性空间超曲面等概念也将随之拓广, 这时将允许以广义点作为线性空间的**决定点** (bestimmungspunkte), 允许以 K 的某一扩张域中任意元素作为超曲面方程的系数等.

广义点的坐标取值 $y_1, y_2, \cdots, y_n$ 的扩张域, 并不设为固定的域, 而是作为一个仍能再成长的域, 它在研究的过程中常常需要作进一步的扩充. 例如, 添加一新的不定元和这个不定元的代数函数, 在引入一系列新的不定元时, 早先已经引入的量就作为常量看待, 并且假设已经添加到基本域中. 也就是说, 当引入新的不定元 $u_1, u_2, \cdots, u_m$ 时, 作为基本域的域 K', 就是由最初的基本域 K 附加所有早先引入的量 $x_1, \cdots, x_n, \cdots$ 所构成.

引入的域, 假如有必要的话, 将永远默认它已完成了代数扩充. 例如, 讨论一系数在 K 的扩充域 K' 的超曲面与一直线的相交, 交点将由解一代数方程获得. 我们就永远假定 K' 已通过同时添加这个代数方程的根而作了扩充. 在这种意义下, 在**成长型域** K' 中, 每个代数方程可以考虑作为可解的[②].

投影空间 S_n 中的一般点是理解作为这样一个点: 其坐标比 $\dfrac{x_1}{x_0}, \cdots, \dfrac{x_n}{x_0}$ 相对于基本域 K 为代数无关. 也就是没有系数在 K 中代数方程 $f\left(\dfrac{x_1}{x_0}, \cdots, \dfrac{x_n}{x_0}\right) = 0$ 或者同样的, 系数在 K 中的齐次代数关系 $F(x_0, x_1, \cdots, x_n) = 0$ 成立, 其中方程 f 或形式 F 均不恒等于零. 例如, 可以这样得到一个一般点: 取其所有坐标 $x_0, x_1, \cdots, x_n$ 为不定元, 或令 $x_0 = 1, x_1, \cdots, x_n$ 取为不定元.

[①] 原文为 relationstreue spezialisierung, 此处为直译. 以后即简记为 "特殊化", 英语为 specialisation, 也有时译为 "特定化".

[②] 在此类讨论中, 我们避免 "超限归纳", 它在实现由域 K' 到一代数闭域的扩充中是必要的 (参见 E.Steimitz: Algebraische Theorie der Körper, Leipzig 1930). 当要对无穷个方程同时求解, 超限归纳是必要的. 在几何考虑中常常仅有有限个代数方程出现, 这就可以按出现的顺序依次求解, 而并不罹致超限归纳.

S_n 中一个一般超平面是这样的超平面 u, 其系数比 $\dfrac{u_1}{u_0}, \cdots, \dfrac{u_n}{u_0}$ 相对于基本域 K 为代数无关. 这就可以方便地把 $u_0, u_1, \cdots, u_n$ 取作不定元. 相应地, 一个 m 次一般超曲面, 就是那种方程系数全都是代数无关的不定元的超曲面.

S_n 的一个一般子空间 S_m, 就是这种 m 维子空间, 其 Plücker 坐标除去每一 S_m 都要满足的关系外, 不满足任何系数在 K 中的齐次代数关系. 例如, 一个一般的 S_m 可由 $n - m$ 个彼此独立的一般超平面相交得出, 或由 $m + 1$ 个彼此独立的一般点并合空间而得出.

特殊化　一个 (广义) 点 η 称为是另一也是广义的点 ξ 的特殊化 (保持关系不变的特殊化), 如果每一系数在 K 中的齐次代数方程 $F(\xi_0, \cdots, \xi_n) = 0$ 对 ξ 有效, 一定也对 η 有效, 也就是对每个这种形式, 由 $F(\xi) = 0$ 能推出 $F(\eta) = 0$. 例如, 空间中任一点都是该空间的一般点的特殊化. 又如, 设 $\xi_0, \xi_1, \cdots, \xi_n$ 为不定参数 t 的有理函数, 而 $\eta_0, \cdots, \eta_n$ 为这些有理函数对 t 的某一确定值所取的值.

类似地来定义一个点对 (ξ, η), 一个三元组 (ξ, η, ζ) 等的特殊化. 要 $(\xi, \eta) \to (\xi', \eta')$ 是一特殊化, 就必须任一 ξ, η 满足的, 对 ξ, η 分别为齐次的代数方程 $F(\xi, \eta) = 0$ 代 ξ 以 ξ', η 以 η' 后仍满足.

下面是关于特殊化的最重要的定理, 它将首先在第 6 章中有应用.

定理 4.1.1　(ξ, η) 为任一 (广义) 点对, 则每个特殊化 $\xi \to \xi'$, 一定可扩充为特殊化 $(\xi, \eta) \to (\xi', \eta')$.

证明　根据 Hilbert 的基定理[1]可以从 ξ, η 所满足的所有齐次代数方程 $F(\xi, \eta) = 0$ 中取出有限个来, 使其余所有的均能由此导出. 从这有限个形式中可以消去 η, 即可构造结式组 $G_1, \cdots, G_k$. 于是有 $G_1(\xi) = 0, \cdots, G_k(\xi) = 0$. 由于特殊化, 也就有 $G_1(\xi') = 0, \cdots, G_k(\xi') = 0$. 根据结式组的意义, $F_1(\xi', \eta') = 0, \cdots, F_h(\xi', \eta') = 0$ 对 η' 可解. 这就是说, 可以得出一个点 η', 使所有方程 $F(\xi, \eta) = 0$ 也对 ξ', η' 满足.

在证明中关键是: 至少对于 η 来讲, 应用了齐次方程和齐次坐标. 在仿射空间中, 定理不一定为真. 因为当取特殊化 $\xi \to \xi'$ 时, η 可能趋于无穷. 这时仅仅涉及一点 ξ 及一点 η 并不是重要的, 定理可以完全相应地对一系列多个点 $\overset{1}{\xi}, \cdots, \overset{r}{\xi}, \overset{1}{\eta}, \cdots, \overset{s}{\eta}$ 成立.　□

练 习　4.1

1. 齐次线性方程组总具有一般解, 每一个解都可经特殊化得出.

2. 如 η 有理依赖于 ξ 和另一参数 t, 且当 ξ 代以 ξ', t 代以 t' 时, 这个有理函数仍有意义, 若上述 $\xi \to \xi'$ 是特殊化, 则 $(\xi, \eta) \to (\xi', \eta')$ 也是特殊化.

---

[1] 参见 Moderne Algebra II, §80.

3. η 是一系数为 ξ 的齐次有理函数的线性方程组的一般解, ξ' 是 ξ 的特殊化, 且使线性方程组的秩不减少. η' 是此特殊化后的线性方程组的一个解, 则 $(\xi, \eta) \to (\xi', \eta')$ 是特殊化 (借助行列式表出解 η', 同样, 也表出 η, 再利用练习 4.1 题 2).

§4.2   代数流形 · 不可约分解

S_n 中一个代数流形是所有这种 (广义) 点的集合, 这些点的坐标 $\eta_0, \eta_1, \cdots, \eta_n$ 满足一组系数在常数域 K 中的个数有限或无限的代数方程

$$f_i(\eta_0, \cdots, \eta_n) = 0. \tag{4.2.1}$$

如果不存在这种点, 则称流形为空. 在今后的讨论中永远排除这种情形.

在 Hilbert 的基定理的基础上, 我们一定能够以等效的有限方程组来代替无限方程组.

相应地, 二重投影空间 $S_{m,n}$ 中一代数流形是由两个齐次变元的齐次方程组

$$f_i(\xi_0, \cdots, \xi_m, \eta_0, \cdots, \eta_n) = 0 \tag{4.2.2}$$

确定的. 在方程 (4.2.1) 或 (4.2.2) 中, 通过代入 $\xi_0 = 1, \eta_0 = 1$ 可使之非齐次化, 于是这些方程就得出仿射空间 A_n 或 A_{m+n} 的一个代数流形. 我们今后将一直写 $f(x)$, $f(\eta)$, $f(\xi, \eta)$ 等来代替 $f(x_0, \cdots, x_n), f(\eta_0, \cdots, \eta_n), f(\xi_0, \cdots, \xi_m, \eta_0 \cdots, \eta_n)$ 等.

代数流形的概念还可以进一步推广, 使得代替原来点 η 或点对 (ξ, η), 能够考虑其他可由齐次坐标给出的几何对象, 如超曲面, S_n 中线性子空间 S_m 等. 例如, 可以说 S_n 中所有平面的流形, 它的方程是由 (1.7.2) 给出的.

两代数流形 M_1 和 M_2 之交 $M_1 \cap M_2$ 显然仍为代数流形, 同样, 两个代数流形的并[①] 或和也是. 如果 $f_i(\eta) = 0$ 和 $g_j(\eta) = 0$ 是该两流形的方程, 则其并的方程就为

$$f_i(\eta) g_j(\eta) = 0.$$

S_n 中一代数流形 M 称为可分解的或可约的, 如果它是 M 的两个真子流形之和. 真子流形就是与流形 M 本身不同的子流形. 非可分解的流形称为不可约的.

引理 4.2.1   当一不可约代数流形 M 包含于两代数流形 M_1 与 M_2 的并中, 则 M 必包含于其中之一.

证明 M 的每一点属于 M_1 或属于 M_2, 也就属于交 $M \cap M_1$ 或交 $M \cap M_2$. 于是 M 是 $M \cap M_1$ 与 $M \cap M_2$ 的并. 因为 M 不可约, 必须两流形 $M \cap M_1$ 或 $M \cap M_2$ 之一与 M 自身重合, 也就是说, M 包含于 M_1 或 M_2 中.   □

---

① 并就和就是通常的集合论含义. M_1 与 M_2 公共的部分作为其和的部分只计入一次, 按重复计入得到的流形将在很后 (§5.5 和 §5.6) 再引入.

经过完全归纳, 引理就可以立即推广到多个流形 $M_1, \cdots, M_r$ 的情形.

一个特殊情形: 当两个形式的乘积 $f_1 f_2$ 在不可约流形的所有点上为零, 则 f_1 或 f_2 也具有这种性质, 即 f_1 或 f_2 也在流形 M 所有点上为零.

如给定 M 是可约的, 比方说, 分解为 M_1 与 M_2, 则首先, 在 M_1 的定义方程中一定有一个形式 f_1, 在 M_1 的一切点上为零, 但不在 M_2 的一切点上为零. 同样, 有一形式 f_2, 在 M_2 的一切点上为零, 而不在 M_1 的一切点上为零. 于是乘积 $f_1 f_2$ 在 M 的一切点上为零, 而其任一因子 f_1 或 f_2 都不具有这种性质. 于是我们有

第一不可约判别准则   *流形 M 可分解的必要充分条件是: 存在乘积 $f_1 f_2$, 在 M 的一切点上为零, 但形式 f_1, f_2 中任一个都不在 M 的一切点上为零.*

对代数流形进一步有

链定理   一列 A_n 或 S_n 中流形

$$M_1 \supset M_2 \supset \cdots, \tag{4.2.3}$$

其中每个 $M_{\nu+1}$ 是 M_ν 的真子流形, 必在有限步后中止.

证明   可以将流形 $M_1, M_2, \cdots$ 的方程排为一列, 记为

$$f_1 = 0, \quad f_2 = 0, \quad \cdots, \quad f_h = 0; \quad f_{h+1} = 0, \quad \cdots, \quad f_{h+k} = 0, \quad \cdots.$$

根据 Hilbert 的基定理, 所有这些方程, 是由其中有限个方程导出的. 也就是说, 流形 $M_1, \cdots, M_l$ 的方程集合了在它们之后的所有流形的方程, 即在流形列中, M_l 之后不可能再有真子流形给出.

现在我们能得出基本的

分解定理   每一代数流形或是不可约, 或是有限个不可约流形之和

$$M = M_1 + M_2 + \cdots + M_r. \tag{4.2.4}$$

证明   假定有一流形 M, 不是不可约流形之和[①], 则首先 M 是可分解的, 不妨设分解为 M', M''. 当 M' 和 M'' 是不可约流形的和, 则 M 亦然. 而如果 M 具有一真子流形 M' 或 M'', 不是不可约流形之和, 则该 (真子) 流形同样有一个这样的真子流形, 如此等等, 就得到一无限链. 这是不可能的. 于是 M 一定是不可约流形之和.   □

唯一性定理   流形 M 的不可简化的不可约和表示 (和可以简化, 是指和式中有一项, 含于其余项的和中, 于是可以消去它) 如果不计因子的次序, 是唯一的.

证明   如果有两个不可简化的表示: $M = M_1 + \cdots + M_r = M_1' + \cdots + M_s'$, 由引理知道, M_1 一定包含于某一流形 M_i' 中, 适当改变记号的顺序, 可以认为, M_1

---

① "和"此处理解为有限和, 而且"和"也可以仅含一个项.

含于 M_1' 中, 但同样 M_1' 要含于某一 M_μ 中, 当 $\mu \neq 1$, 就有 $M_1 \subseteq M_1' \subseteq M_\mu$, 即和 $M_1 + \cdots + M_\mu + \cdots$ 是可简化的, 于是必须 $\mu = 1$, $M_1 = M_1'$, 同样依次得到 $M_2 = M_2', \cdots, M_r = M_r'$. 第二和式中不能再有其他因子 M_{r+i}', 否则将导致该和式为可简化的. □

在 M 的不可简化的不可约表示中出现的不可约流形, 称为 M 的不可约部分.

上述证明并未给出有效的方法, 使得给出 M 的方程, 就能将 M 分解为不可约成分. 用 §4.5 所表述的消去理论, 才能得到这种方法.

§4.3　不可约流形的一般点和维数

点 ξ 称为是流形 M 的**一般点**[①] , 如果 ξ 属于 M, 并且 ξ 所满足的系数在 K 中的所有齐次代数方程, M 上的一切其他点也都满足. 换句话, 如果 ξ 属于 M, 而且 M 上所有的点, 都可由 ξ 经过特殊化产生.

第二不可约判别准则　如果流形 M 具有一般点, 则它是不可约的.

证明　假定 M 是可分解的, 就是有形式的乘积 fg, 在 M 上处处为零, 而不必每一因子如此. 则由 $f(\xi)g(\xi) = 0$, 以及 $f(\xi), g(\xi)$ 属于某一域而得出

$$f(\xi) = 0 \quad \text{或} \quad g(\xi) = 0,$$

因此或者在 M 的所有点上 $f = 0$ 或者在 M 的所有点上 $g = 0$, 与假定矛盾. □

定理 4.3.1(存在定理)　每一非空不可约流形 M (在 K 的某一适当的扩充域中) 具有一个一般点 ξ.

证明　如果假定分母不在 M 的所有点上为零, 则每两个同阶形式之商

$$\frac{f(x_0, x_1, \cdots, x_n)}{g(x_0, x_1, \cdots, x_n)}$$

定义了一个 M 上的有理函数. 两个有理函数 $\frac{f}{g}, \frac{f'}{g'}$ 称为相等, 如果 $fg' = f'g$ 在 M 上成立. M 上有理函数的加、减、乘、除仍然是 M 上的有理函数. M 上的有理函数全体构成一包含常数域 K 的域.

我们假定 x_0 不在 M 的所有点上为零, 记有理函数

$$\frac{x_1}{x_0}, \ \frac{x_2}{x_0}, \ \cdots, \ \frac{x_n}{x_0}$$

为 $\xi_1, \xi_2, \cdots, \xi_n$. 再令 $\xi_0 = 1$. 于是 $(\xi_0, \xi_1, \cdots, \xi_n)$ 就是 M 的一个一般点, 因为由

$$f(\xi_0, \xi_1, \cdots, \xi_n) = 0$$

_____
① 一般点 (allgemeiner punkt), 有时也译为 "母点".

或同样地在 M 上, $f\left(1, \frac{x_1}{x_0}, \cdots, \frac{x_n}{x_0}\right) = 0$, 再因为 f 是齐次的, 便能得出

$$f(x_0, x_1, \cdots, x_n) = 0$$

在 M 上成立, 反之亦然, 于是得到: 所有 ξ 满足的齐次方程, 对 M 上一切点都满足, 反之亦然. □

一个点称为归一的, 如果其第一个非零坐标等于 1. 每个点都能这样归一化. 经过坐标的重新编号总能使 $\xi_0 \neq 0$. 即可以假定 $\xi_0 = 1$. $\xi_1, \cdots, \xi_n$ 称为 ξ 的非齐次坐标.

定理 4.3.2(唯一性定理)　　流形 M 的两个归一的一般点 ξ, η, 一定可通过一保持 K 中的元不变的域同构 $K(\xi) \cong K(\eta)$ 互相转化. 因而 ξ 和 η 的代数性质完全一致.

证明　　由一般点的定义得到, 任一 ξ 满足的齐次方程, η 也满足, 反过来也对. 于是由 $\xi_0 = 0$ 就有 $\eta_0 = 0$, 反过来也一样, 设 ξ_i 是 ξ 的第一个非零坐标, 则 η_i 亦然, 经过对坐标的编号, 可以取到 $\xi_0 = \eta_0 = 1$. 每个 $\xi_1, \cdots, \xi_n$ 的多项式可通过附加因子 ξ_0. 而成为每一项都是齐次的方程. 我们现在将每个多项式 $f(\xi_1, \cdots, \xi_n)$ 与 $\eta_1, \cdots, \eta_n$ 的同一多项式相对应. 如果 $f(\xi_1, \cdots, \xi_n) = g(\xi_1, \cdots, \xi_n)$, 即 $f(\xi) - g(\xi) = 0$, 使此关系齐次化, 由开始所讲过的知道, 对 η 也有 $f(\eta) - g(\eta) = 0$, 即 $f(\eta) = g(\eta)$, 于是我们的对应 $f(\xi) \to f(\eta)$ 是一一的. 由同样的理由知道, 逆对应也是一一的. 并且它将和及积对应于和及积, 于是是同构. 它还将 ξ_ν 与 η_ν 相对应. 从所得到的环 $K[\xi_1, \cdots, \xi_n]$ 与 $K[\eta_1, \cdots, \eta_n]$ 的同构直接导出商域 $K(\xi_1, \cdots, \xi_n)$ 与 $K(\eta_1, \cdots, \eta_n)$ 的同构. □

定理 4.3.3(逆定理)　　每一点 ξ (其坐标属于 K 的某一扩充域中, 例如是不定参数的代数函数) 必属于一 (不可约) 代数流形, 该流形以 ξ 为一般点.

证明　　根据 Hilbert 的基定理, 从一切使 ξ 满足的系数在 K 中的形式 $f(x_0, \cdots, x_n)$ 中可取出有限基 $(f_1, \cdots, f_r)$. 方程 $f_1 = 0, \cdots, f_r = 0$ 定义一代数流形 M, 给定点 ξ 一定是 M 一般点, 因为 ξ 属于 M, 并且所有 ξ 满足的齐次方程, 是由 $f_1 = 0, \cdots, f_r = 0$ 导出, 因而也为 M 上一切点所满足. □

在存在定理及唯一性定的基础上, 我们可将一不可约流形的维数定义为其归一的一般点的坐标中的代数无关个数, 这个数也称为一般点的维数. 可分解流形的维数定义为其不可约成分的维数的最高者, 或同样, 为 M 上点的最高维数. 当 M 的所有不可约成分都是 d 维的, 则称 M 为纯 d 维的.

定理 4.3.4(维数定理)　　M, M' 不可约, 且 $M' \subset M$, 则 M' 的维数小于 M 的维数.

证明　可设 M'(从而 M) 不属于无穷远超平面 $\eta_0 = 0$. 于是可取 M 及 M' 的一般点 ξ, ξ', 归一化为 $\xi_0 = \xi_0' = 1$. 每一对对 M 的一般点 ξ 满足的关系 $f(\xi) = 0$, 可经过引入 ξ_0 而使之齐次化, 因而也对 ξ' 满足.

现在不妨设 $\xi_1', \cdots, \xi_{d'}'$ 代数无关, 则 $\xi_1, \cdots, \xi_{d'}$ 亦然; 即有 $d \geqslant d'$. 如设有 $d = d'$ 时, 则所有 ξ_i 对 $\xi_1, \cdots, \xi_d$ 代数相关. 由于 M' 是 M 的真子流形. 则一定有一形式 g, 在 M' 上为零, 但不能在 M 上为零. 于是

$$g(\xi) \neq 0, \quad g(\xi') = 0.$$

$g(\xi)$ 对 $\xi_1, \cdots, \xi_d$ 代数相关, 即 $g(\xi)$ 是代数方程

$$a_0(\xi)g(\xi)^n + a_1(\xi)g(\xi)^{n-1} + \cdots + a_n(\xi) = 0$$

的根, 其中 $a_v(\xi)$ 是 $\xi_1, \cdots, \xi_d$ 的多项式, 且 $a_n(\xi) \neq 0$. 以 ξ' 代 ξ, 则由于 $g(\xi') = 0$, 有 $a_n(\xi') = 0$, 这就与 $\xi_1', \cdots, \xi_{d'}'$ 为代数无关的假定矛盾.　□

推论 4.3.1　M 的每一 (广义) 点 ξ', 有维数 $d' \leqslant d$, 此处 d 是不可约流形 M 的维数. 如果 $d' = d$, 则 ξ' 是 M 的一般点.

证明　根据逆定理, 每个点 ξ' 是 M 的一 d' 维子流形 M' 的一般点. 由维数定理, 如果 $M' \subset M$, 则 $d' < d$, 如果 $M' = M$, 则 $d' = d$.

于是零维不可约流形上每一点都是 K 上代数点, 并且是 M 的一般点. 由唯一性定理, 这些点在 K 上等价. 于是有:

S_n 中零维不可约流形是一组对基本域 K 的共轭的点.

S_n 中唯一的一个 n 维流形就是整个 S_n. 因为当 ξ 是空间的一个归一的 n 维点时, 则 $\xi_0 = 1$, 且 $\xi_1, \cdots, \xi_n$ 在 K 上代数无关. 于是没有关系 $f(\xi_1, \cdots, \xi_n) = 0$. 因此也就没有系数在 K 中的不恒为零的齐次关系 $f(\xi_0, \xi_1, \cdots, \xi_n) = 0$ 对空间 S_n 的每一点都能成立.　□

S_n 中每一纯 $n-1$ 维流形 M 系由一个唯一的齐次方程 $h(\eta) = 0$ 给出. 并且每个以 M 上所有点为零点的形式可被 $h(x)$ 除尽.

证明　这只要对不可约流形去证明就已足够了, 因为将每一不可约部分的方程乘起来就得到并流形的方程.

设 M 不可约, ξ 为其一般点. 不妨假定 $\xi_0 = 1$; $\xi_1, \cdots, \xi_{n-1}$ 代数无关, ξ_n 与它们以不可约方程 $h(\xi_1, \cdots, \xi_{n-1}, \xi_n) = 0$ 相联系, 因为根据域论每一以 ξ_n 为零点的多项式 $f(\xi_1, \cdots, \xi_{n-1}, z)$ 必定被 $h(\xi_1, \cdots, \xi_{n-1}, z)$ 除尽. 或者同样, 由于代数无关的 $\xi_1, \cdots, \xi_{n-1}, z$ 也可代之以不定元 $x_1, \cdots, x_{n-1}, x_n$. 每一以 ξ 零点的多项式 $f(x_1, \cdots, x_n)$ 可被 $h(x_1, \cdots, x_n)$ 除尽. 当 f, h 通过引入 x_0 而齐次化时, 可除性依然保持. 由一般点的定义导出, $h(x) = h(x_0, \cdots, x_n)$ 以 M 上一切点为零点, 并且每一具有此性质的形式, 必被 $h(x)$ 除尽. 于是一切由此得证.　□

反过来也容易证明, 每一不恒为零的齐次方程 $f(\eta) = 0$ 决定一纯 $n-1$ 维代数流形. 为此我们首先将 f 分解为不可约因子 $f_1, \cdots, f_r$ 之积. 根据 §3.4 每一不可约超曲面 $f_\nu = 0$, 具有 $n-1$ 维的一般点 $(1, u_1, \cdots, u_{n-1}, \omega)$. 因此超曲面 $f = 0$ 就将分解为全都是 $n-1$ 维的不可约部分 $f_\nu = 0$. 因而我们有下述定理.

每一超曲面 $f(\eta) = 0$ 是纯 $n-1$ 维代数流形, 反过来也对.

小于 $n-1$ 维的流形不能如此简单地由方程来决定. 然而, 我们将在 §4.4 看到, 每一 d 维流形. 在一定意义下, 可以表示为 $n-d$ 个超曲面的部分.

§4.4　将流形表示为锥面及独异曲面的部分交

设 ξ 为 S_n 中 d 维不可约流形 M 的一般点, 无损一般, 可假定 $\xi_0 = 1, \xi_1, \cdots, \xi_d$ 代数无关, $\xi_{d+1}, \cdots, \xi_n$ 对它们代数相关. 而且我们还假定 $\xi_{d+1}, \cdots, \xi_n$ 是关于 $\mathbf{P} = K(\xi_1, \cdots, \xi_d)$ 的可分代数量, 当基本域 K 特征为零, 这点就恒成立.

根据本原元素定理, 域 $\mathbf{P}(\xi_{d+1}, \cdots, \xi_n)$ 也可以由添加一个元素

$$\xi'_{d+1} = \xi_{d+1} + \alpha_{d+2}\xi_{d+2} + \cdots + \alpha_n\xi_n$$

得出. 我们作一坐标变换, 使 ξ'_{d+1} 代替 ξ_{d+1} 作为新坐标引入, 并且今后去掉一撇的记号, 也即有 $\mathbf{P}(\xi_{d+1}, \cdots, \xi_n) = \mathbf{P}(\xi_{d+1})$. 在 $\mathbf{P}$ 上代数量 ξ_{d+1} 满足一不可约的方程

$$\varphi(\xi_1, \cdots, \xi_d, \xi_{d+1}) = 0,$$

当通过引入 ξ_0 而使之齐次化后, 有

$$\varphi(\xi_0, \xi_1, \cdots, \xi_d, \xi_{d+1}) = 0. \tag{4.4.1}$$

$\xi_{d+2}, \cdots, \xi_n$ 为 $\xi_1, \cdots, \xi_{d+1}$ 的有理函数

$$\xi_i = \frac{\psi_i(\xi_1, \cdots, \xi_{d+1})}{\chi_i(\xi_1, \cdots, \xi_{d+1})} \quad (i = d+2, \cdots, n). \tag{4.4.2}$$

乘以分母 χ_i, 并通过引入 ξ_0 使方程齐次化, 于是得

$$\xi_i\chi_i(\xi_0, \xi_1, \cdots \xi_{d+1}) - \psi_i(\xi_0, \xi_1, \cdots \xi_{d+1}) = 0. \tag{4.4.3}$$

此 $n-d$ 个方程 (4.4.1),(4.4.3) 对 M 的一般点成立, 从而对 M 的每个特殊点 η 也成立:

$$\begin{cases} \varphi(\eta_0, \cdots, \eta_{d+1}) = 0, \\ \eta_i\chi_i(\eta_0, \cdots, \eta_{d+1}) - \psi_i(\eta_0, \cdots, \eta_{d+1}) = 0 \quad (i = d+2, \cdots, n). \end{cases} \tag{4.4.4}$$

方程 (4.4.4) 现在定义一代数流形 D, 我们将要证明它将包含 M 作为它的一个不可约部分.

设 χ 为形式 χ_i 的最小公倍式. 我们将证明使 $\chi \neq 0$ 的所有 D 中的点都属于 M. 如果 η 是这种满足 (4.4.4) 且 $\chi(\eta) \neq 0$ 的点. 我们只要证明 η 是一般点 ξ 的特殊化, 亦即由 $f(\xi_0, \cdots, \xi_n) = 0$ 恒能导出 $f(\eta_0, \cdots, \eta_n) = 0$, 此处 f 为一 K 上形式.

在方程 $f(\xi_0, \cdots, \xi_n) = 0$ 中将 $\xi_{d+2}, \cdots, \xi_n$ 代之以 (4.4.3) 中得出的值, 我们就得到

$$f\left(\xi_0, \cdots, \xi_{d+1}, \frac{\psi_{d+2}(\xi)}{\chi_{d+2}(\xi)}, \cdots, \frac{\psi_n(\xi)}{\chi_n(\xi)}\right) = 0. \tag{4.4.5}$$

通过乘以所有分母的最小公倍 $\chi(\xi)$ 的某一幂就能使此方程化为整有理; 于是它就具有

$$g(\xi_0, \cdots, \xi_{d+1}) = 0 \quad \text{或} \quad g(1, \xi_1, \cdots, \xi_{d+1}) = 0$$

的形式. 由此得出, 多项式 $g(1, x_1, \cdots, x_{d+1})$ 能被代数函数 ξ_{d+1} 的定义多项式 $\varphi(1, x_1, \cdots, x_{d+1})$ 除尽. 当这些方程通过引入 x_0 而齐化之后, 可除性依然保持

$$g(x_0, \cdots, x_{d+1}) = \varphi(x_0, \cdots x_{d+1}) \cdot h(x_0 \cdots, x_{d+1}).$$

现在将不定元 $x_0, \cdots, x_{d+1}$ 代以 $\eta_0, \cdots, \eta_{d+1}$, 由于 (4.4.4), 上式右端为零, 从而

$$g(\eta_0, \cdots, \eta_{d+1}) = 0.$$

根据类似于形式 g 构成的过程得

$$f\left(\eta_0, \cdots, \eta_{d+1}, \frac{\psi_{d+2}(\eta)}{\chi_{d+2}(\eta)}, \cdots, \frac{\psi_n(\eta)}{\chi_n(\eta)}\right) = 0$$

或者根据 (4.4.4)

$$f(\eta_0, \cdots, \eta_{d+1}, \eta_{d+2}, \cdots, \eta_n) = 0,$$

这正是我们需要证明的.

D 中点 η 于是可分为两部分: $\chi(\eta) \neq 0$ 从而属于 M 部分以及 $\chi(\eta) = 0$, 即 D 的一个真子流形 N. 由此导出 D 可分解为两个流形 M 和 N.

(4.4.4) 中第一方程, 由于 $\eta_{d+2}, \cdots, \eta_n$ 并不出现, 表示一项点为空间 $\eta_1 = \cdots = \eta_{d+1} = 0$ 中任意点 O 的锥面. 我们选取 O 使其坐标 $\eta_{d+2} \neq 0, \cdots, \eta_n \neq 0$. (4.4.4) 中其余的任一方程, 表示一超曲面, 它与过 O 的一般直线, 除 O 之外, 只有一个交点, 这种超曲面称为独异曲面 (monoid).

在 S_3 中曲线的情形, 方程 (4.4.4) 取为下列形式:

$$\varphi(\eta_0, \eta_1, \eta_2) = 0, \tag{4.4.6}$$

$$\eta_3 \chi(\eta_0, \eta_1, \eta_2) = \psi(\eta_0, \eta_1, \eta_2). \tag{4.4.7}$$

根据前面所说, 曲线 (4.4.6) 与独异曲面 (4.4.7) 之交, 实际上是由曲线 M 与流形 N 组成的, 它们的方程是 (4.4.6), (4.4.7) 以及

$$\chi(\eta_0, \eta_1, \eta_2) = 0 \tag{4.4.8}$$

由 (4.4.7) 及 (4.4.8) 导出

$$\psi(\eta_0, \eta_1, \eta_2) = 0. \tag{4.4.9}$$

互素的方程 (4.4.8), (4.4.9) 决定了有限个比值 $\eta_0 : \eta_1 : \eta_2$, 因而也就决定了通过 $(0, 0, 0, 1)$ 的有限条直线. 分出其中不落在锥面 (4.4.6) 上的直线, 其余的就构成流形 N. 因此决定了锥面 (4.4.6) 与独异曲面 (4.4.7) 的全部交由曲线 M 及有限条过点 O 直线组成.

对于空间曲线理论来讲, 经由锥面及独异曲面来表示有重大的意义, Halphen[1]和 Noether[2] 以此作为三阶空间曲线分类的基础. 高维代数流形的独异表示最近被 Severi[3]做了更深入的研究, 并用于对代数流形的等价族系的理论.

§4.5   借助于消去理论作流形的有效不可约分解

一代数流形 M 系由一组齐次或非齐次的方程

$$f_i(\eta_1, \cdots, \eta_n) = 0 \tag{4.5.1}$$

给出. 我们于是有这样的自由, 可将 η 或者解释为仿射空间 A_n 的非齐次坐标, 或者在当 f_i 为齐次时, 可将 η 作为投影空间 S_{n-1} 的齐次坐标. 然而, 我们暂时以仿射的解释作基础, 简称每一组值 $\eta_1, \cdots, \eta_n$ 为 "点". 我们可以假定, 多项式 f_1 不恒为零.

为了找到 (4.5.1) 的所有解, 可以通过构作结式从 (4.5.1) 中依次消去 $\eta_n, \cdots$, η_1—— 这是消去理论的基本思想. 如果经过 k 步后, 结式组 $R_j(\eta_1, \cdots, \eta_{n-k})$ 恒等于零, 这就是说, $\eta_1, \cdots, \eta_{n-k}$ 可以任意选取. 于是 (4.5.1) 就有一 $(n-k)$ 维的解流形.

这个简单的基本思想现在由于三种情况的出现而复杂化. 首先, 可能 M 不仅包含最高维数为 $n-k$ 维的不可约部分, 而且含有全部更低维的不可约部分. 但是可以使结式组恒等于零的情况不至于出现, 只要在每一步消去之前, 约去多项式

① Halphen G. J. Ec. Polyt. Bd. 52 (1882) S. 1~200.
② Neother M. J. reine angew. Math. Bd. 93 (1882) S. 271~318.
③ Severi F. Mem. Accad. Ital. Bd. 8 (1937) S. 387~410.

的最大公因子; 于是余下的就是互素的多项式, 其结式组不恒为零. 其次, 必须在每一步消去之前, 先作一坐标的线性变换, 以使其某一形式中, 那将被消去的变元的最高阶幂次全具有非零常数系数. 因为只有在这个假定下, 结式理论 (参见第 2 章 §2.4) 方始成立. 第三, 人们为了使所得流形的方程具有优美和有用的形式, 按照 Liouville, 还在未知量 $\eta_1, \cdots, \eta_n$ 之外, 再引入一个

$$\zeta = u_1\eta_1 + \cdots + u_n\eta_n. \tag{4.5.2}$$

此处 $u_1, \cdots, u_n$ 为不定元, 因此人们不仅仅研究方程 (4.5.1), 而且还要研究方程组 (4.5.1) 和 (4.5.2). 当将 η 与 ζ 代之以不定元 y 与 z, 这两个方程的左端没有公因子, 因为线性多项式 $z - u_1y_1 - \cdots - u_ny_n$ 不能被任一多项式 $f(y_1, \cdots, y_n)$ 除尽. 由于这个互素性, 保证了以下第一步就能得到一不恒为零的结式组.

下面来实现 $\eta_1, \cdots, \eta_n$ 的逐个消去.

第一步, 通过一适当的线性变换

$$\eta_k' = \eta_k + v_k\eta_n \quad (k = 1, \cdots, n-1),$$
$$\eta_n' = v_n\eta_n,$$

其中 v_k 为适当选定的常数, 可使 f_1 中的项 $\eta_n'^\rho$ 具有非零的系数, 这里 ρ 为 f_1 中含 η 的次数[①] 在 (4.5.2) 中 $u_1, \cdots, u_n$ 将作如此相应的变换, 以使 $u_1\eta_1 + \cdots + u_n\eta_n$ 不变. 在进行了变换之后, 可以再将 η', u' 的撇去掉.

于是得到 (4.5.1)、(4.5.2) 关于 η_n 的结式组

$$g_j(u_1, \cdots u_n, \eta_1, \cdots, \eta_{n-1}, \zeta) = 0. \tag{4.5.3}$$

由于 (4.5.2) 对 $\zeta, u_1, \cdots, u_n$ 为齐次, g_j 亦然.

现在将 $\eta_1, \cdots, \eta_{n-1}, \zeta$ 代以不定元 $y_1, \cdots, y_{n-1}, z$, 并且求出形式 $g_j(u, y, z)$ 的最大公因子 $h(u, y, z)$, 称为 (4.5.1) 的第一子结式. 正如已经指出的那样, 必须从 g_j 取出因子 $h(u, y, z)$, 以使第二步消去不会出现恒等于零的情形. 我们令

$$g_i(u, y, z) = h(u, y, z) \cdot l_j(u, y, z), \tag{4.5.4}$$

于是 $l_j(u, y, z)$ 是互素的多项式. (4.5.1)、(4.5.2) 的每一个解 (η, ζ) 必定同时是 (4.5.3) 的解, 也即或者有

$$h(u, \eta, \zeta) = 0, \tag{4.5.5}$$

或者有

$$l_j(u, \eta, \zeta) = 0. \tag{4.5.6}$$

---

① f_1 变换后所产生的 $\eta_n'^\rho$ 项的系数就等于 $f_1(v_1, \cdots, v_n)$, 因而在适当选取 v 后 (在基域, 或在代数扩充域中) 不等于零.

我们将随后看到, (4.5.5) 的解实际上给出 M 的纯 $n-1$ 维部分, (4.5.6) 将给出较低维的部分.

由 (4.5.6) 我们还希望得到与 ζ 和 u 无关的方程组. 为了这个目的, 我们作 $l_j(u,y,z)$ 对 z 的结式组 $r_k(u,y)$, 并将 $r_k(u,y)$ 按 u 的幂排列, 其每一单项的系数为 $e_j(y_1,\cdots,y_{n-1})$. 它们不能全部恒等于零. 因为 $l_j(u,y,z)$ 是互素的, 于是 (4.5.6) 的每一解一定同时是

$$r_k(u,\eta) = 0$$

的解, 如果 $\eta_1,\cdots,\eta_n$ 与 u 无关①, 则也是

$$e_j(\eta_1,\cdots,\eta_{n-1}) = 0 \tag{4.5.7}$$

的解.

因此, 当 $\eta_1,\cdots,\eta_n$ 与 u 无关时, (4.5.1)、(4.5.2) 的任一解 (η,ξ) 也一定或者是 (4.5.5) 或者是 (4.5.6) 和 (4.5.7) 的解.

反之, (4.5.5) 或 (4.5.6) 和 (4.5.7) 的每一解 $(\eta_1,\cdots,\eta_{n-1},\zeta)$ 也是 (4.5.3) 的解, 由此必能决定 η_n, 而得到 (4.5.1)、(4.5.2) 的解. 而当这个解的 $\eta_1,\cdots,\eta_{n-1}$ 与 u 无关时, 则 η_n 也如此, 因为 η_n 要满足一其中确实有项 η_n^ρ 的代数方程 $f_1(\eta) = 0$, 因而对给定 $\eta_1,\cdots,\eta_{n-1}$, 只能是这个方程的有限个根中的一个.

第二步, 可以对方程 (4.5.6)、(4.5.7) 进行前面对 (4.5.1)、(4.5.2) 所做的同样步骤. 经过一对 $\eta_1,\cdots,\eta_{n-1}$ 的预备的线性变换 [这是可能的是由于 $e_j(\eta_1,\cdots,\eta_{n-1})$ 不恒为 0], 从 (4.5.6)、(4.5.7) 中消去 η_{n-1}, 从而得到

$$g_j'(u,\eta_1,\cdots,\eta_{n-2},\zeta) = 0. \tag{4.5.8}$$

从多项式 g_j' 中取出最大公因子, 即取出第二部分结式 $h'(u,y,z)$, 得

$$g_j'(u,y,z) = h'(u,y,z) \cdot l_j'(u,y,z). \tag{4.5.9}$$

再作 l_j' 对 z 的结式组, 通过使 $u_1,\cdots,u_n$ 的系数为零而得到方程组

$$l_j'(u_1,\cdots,u_n,\eta_1,\cdots,\eta_{n-2},\zeta) = 0, \tag{4.5.10}$$

$$e_j'(\eta_1,\cdots,\eta_{n-2}) = 0. \tag{4.5.11}$$

又得到, h' 是 $z,u_1,\cdots u_n$ 的齐次形式, c_j' 不恒为零, 当 $\eta_1,\cdots,\eta_{n-1}$ 与 u 无关时, (4.5.6)、(4.5.7) 的解或是 (4.5.10)、(4.5.11) 的解或是

$$h'(u,\eta,\zeta) = 0 \tag{4.5.12}$$

---

① 即是原来域 K 上的常数, 或是其他不定元的代数函数. 但这些不定元不是 $u_1,\cdots,u_n$.

的解, 并且反过来, 由 (4.5.10)、(4.5.11) 或 (4.5.12) 的解, 一定可得出 (4.5.6)、(4.5.7)
解, 且 η_{n-1} 也与 u 无关.

这样做下去, 一直到所有 η 消去. 且由于构造的方法, $e_j, e_j', \cdots$ 不恒等于零,
可知最后一个 $e_j^{(n-1)}$ 是非零常数, 即最后所得方程组 $e_j^{(n-1)} = 0$ 是充满矛盾的. 最
后一个子结式 $h^{(n-1)}(u, z)$ 仅只含有 u_i 和 z. 如果原来的方程 (4.5.1) 对 $\eta_1, \cdots, \eta_n$
齐次, 则 $h, h', \cdots, h^{(n-1)}$ 对 $y_1, \cdots, y_n, z$ 也齐次.

(4.5.1)、(4.5.2) 当 η 与 u 无关的每一个解, 也是 (4.5.5) 或 (4.5.6) 与 (4.5.7) 的
解, (4.5.6), (4.5.7) 的每个这样的解又是 (4.5.12) 或 (4.5.10) 与 (4.5.11) 的解等, 直到
导致矛盾的方程出现. 它必须做出第一个选择, 即该子结式等于零. 于是我们有如
下定理.

定理 4.5.1　(4.5.1), (4.5.2) 的每个解 (η, ζ), 当 η 与 u 无关时, 必同时是下列
方程
$$h(u, \eta, \zeta) = 0, \quad h'(u, \eta, \zeta) = 0, \quad \cdots, \quad h^{(n-1)}(u, \zeta) = 0 \tag{4.5.13}$$
之一的解.

反过来, (4.5.13) 中第 r 个方程的每一个解 $(\eta_1, \cdots, \eta_{n-r}, \zeta)$. 一定能补足为方
程 (4.5.1)、(4.5.2) 的某个解, 并且若 $\eta_1, \cdots, \eta_{n-r}$ 是常量或与 u 无关的新的不定元,
则其余的 $\eta_{n-r+1}, \cdots, \eta_n$ 也与 u_i 无关, 于是得到如下定理.

定理 4.5.2　对给定的 (常数或不定元) $\eta_1, \cdots, \eta_{n-r}$, (4.5.13) 的第 r 个方程的
每个解 ζ 具有下列形式:
$$\zeta = u_1\eta_1 + \cdots + u_n\eta_n. \tag{4.5.14}$$
此处 η_k 与 u_i 无关, 且构成 (4.5.1) 的一组解.

现在我们将每个子结式 $h(u, y, z)$ 或 $h'(u, y, z), \cdots$ 分解为不可约因子, 为明确
起见, 我们来讨论, 例如第二个子结式
$$h'(u, y_1, \cdots, y_{n-2}, z) = \Theta(y, u) \prod_\mu h_\mu'(u, y, z)^{\sigma_\mu}.$$

既然要是在分解中出现的因子 $\Theta(y, u)$ 与 z 无关, 则它对常量 $\eta_1, \cdots, \eta_{n-2}$ 绝
对不能为零 —— 因为这将导致 h' 对任一 ζ 为零, 而与定理 4.5.2 所指出 ζ 必须具
有形式 (4.5.14) 矛盾 —— 因而可以不必讨论这个因子.

形式地在每一因子 h_μ' 中代 $y_1, \cdots, y_{n-2}$ 以新的不定元 $\xi_1, \cdots, \xi_{n-2}$, 在 $K(u, \xi)$
的某一适当的代数扩充域上将 $h_\mu'(u, \xi, z)$ 完全分解为 $z - \zeta$ 的线性因子, 根据定理
4.5.2, 其中零点 ζ 无例外地有在令 $\eta_1 = \xi_1, \cdots, \eta_{n-2} = \xi_{n-2}$ 后 (4.5.14) 所具有的
形式, 从而
$$h_\mu'(u, \xi, z) = \gamma_\mu \prod_\nu (z - u_1\xi_1 - \cdots - u_{n-2}\xi_{n-2} - u_{n-1}\xi_{n-1}^{(\nu)} - u_n\xi_n^{(\nu)}), \tag{4.5.15}$$

这里, 不同的 $\xi^{(\nu)}$ 彼此关于 $\mathrm{P}(u, \xi)$ 共轭, 也即系值 $\xi^{(\nu)}$ 可由某一 $\xi = \xi^{(1)}$ 经过域同构得出 (于是与 ξ 等价). 这些点 ξ 是流形 M 的 $n-2$ 重的不定点, 因为 $\xi_1, \cdots, \xi_{n-2}$ 是不定元, 而 ξ_{n-1}, ξ_n 是它们的代数函数. 因子 γ_μ 仅与 $\xi_1, \cdots, \xi_{n-2}$ 有关, 我们在今后可不再讨论它.

在 $h'_\mu(u, \eta, \zeta)$ 中将 ζ 代以值 (4.5.14), 再对 u_i 的幂积展开, 并令每一单项式的系数为零, 就得出方程组:

$$h'_{\mu 1}(\eta) = 0, \quad \cdots, \quad h'_{\mu m}(\eta) = 0, \tag{4.5.16}$$

它定义了一个代数流形 M'_μ. 定理 4.5.1、定理 4.5.2 现在得出: 由 (4.5.1) 定义的流形 M 是所有流形 $M_\mu, M'_\mu, \cdots$ 的并, 后者是依次由部分结式 $h, h', \cdots$ 的不可约因子根据式 (4.5.16) 所决定的. 我们将看到, 流形 $M_\mu, M'_\mu, \cdots$ 是不可约的且前面定义的 ξ 是 M'_μ 的一个一般点, 这是在加强意义下的一般点, 即 ξ 所满足的所有 (不仅是齐次) 方程, M'_μ 的一切点也都满足.

首先, 很清楚, ξ 是 M'_μ 的一个点. 其次由于定理 4.5.2 的推导得知, M'_μ 的点 η, 或等价地, 方程 $h'_\mu(u, \eta, \zeta) = 0$ 的解 (η, ζ), 其中 $\zeta = u_1\eta_1 + \cdots + u_n\eta_n$, 同时是方程 (4.5.7) 和 (4.5.1) 的解, 且 η_{n-1} 与 η_n 通过代数方程与 $\eta_1, \cdots, \eta_{n-2}$ 相联系, 该代数方程中含确有 η_{n-1}(相应地 η_n) 的项. 于是也就有 η_{n-1}, η_n 对 $\eta_1, \cdots, \eta_{n-2}$ 代数相关. 于是 M'_μ 含有 $(n-2)$ 维点 ξ, 而不含大于 $(n-2)$ 维的点[①].

引理 4.5.1　如果流形 M^* 含有超越阶为 $(n-2)$ 的点 ξ, 而不含有更高超越阶的点. 对 M^* 应用前述消去过程, 则其第一子结式为一常量, 而第二子结式含有因子 h'_μ. 因此 M^* 包含 (4.5.16) 定义的流形 M'_μ.

证明　如果有一非常数的第一部分结式, 则 M^* 将含有一个超越阶为 $n-1$ 的点 ξ^*, 这与假设矛盾. ξ 在 M^* 上, 从而 $\zeta = u_1\xi_1 + \cdots + u_n\xi_n$ 必定是第二, 或是更后的部分结式的零点. 由于在更后的部分结式中仅有超越阶 $< n-2$ 的点, 因此 $\zeta = u_1\xi_1 + \cdots + u_n\xi_n$ 一定是第二子结式 $h'^*(u, \xi_1, \cdots, \xi_{n-2}, z)$ 的零点. 于是 $h'^*(u, \xi_1, \cdots, \xi_{n-2}, z)$ 必须包含以 ζ 为零点的整不可约因子 $h'_\mu(u, \xi_1, \cdots, \xi_{n-2}, z)$.　□

现在我们能够最后证明如下定理.

定理 4.5.3　由 (4.5.16) 定义的子流形 M'_μ 是不可约的, 且以 ξ 为一般点.

证明　ξ 显然属于 M'_μ, 我们只要再证明 ξ 所满足的系数在 K 中的每个方程 $f(\xi) = 0$, M'_μ 上一切点 η 也满足.

M'_μ 的方程连同方程 $f(\eta) = 0$ 定义了一个流形 M^*, 它含于 M'_μ, 且包含 ξ, 因而满足引理 4.5.1 的假设. 由此, M^* 包含流形 M'_μ, 即 M'_μ 的一切点都满足此给定的方程 $f(\eta) = 0$.　□

[①] 由于是在仿射空间 A_n 的基础上讨论, 我们将点的维数理解为该点的代数无关的坐标 (不是坐标比) 个数.

在定理 4.5.3 的表述与证明中, 取由第二子结式 h' 所对应的流形 M'_μ 来论证仅仅是作为例子. 这个做法显然也对其他子结式适用, 仅需将 M'_μ 的维数 $n-2$ 改为相应的数 $n-1, n-3, \cdots, 1, 0$.

上述的消去法也以 (4.5.16) 的形式提供了 $n-1, n-2, \cdots, 1, 0$ 维不可约流形 $M_\mu, M'_\mu, \cdots$ 的方程, 这些流形之并为 M; 也同时提供了这些流形的一般点 ξ. 为了得到 M 的不可简化的不可约分解, 只要在 $M'_\mu, M''_\mu, \cdots$ 这些流形中去掉那些已含在高维流形 M_λ 或 $M'_\lambda, \cdots$ 中的部分. 例如, 判别 M''_μ 含在高维流形 M'_λ 中的方法是: M''_μ 的一般点满足 M'_λ 的方程, 另一个判别法则是: 将消去法用到 M'_λ 和 M''_μ 的方程上去, 得到的第二结式不是常数而是 h''_μ 的幂.

我们的研究同时表明, 不可约流形 M_ξ 的方程可由其给定一般点 $(\xi_1, \cdots, \xi_n)$ 得出. 我们将这个结论表为如下定理.

定理 4.5.4　若 $\xi_{d+1}, \cdots, \xi_n$ 为代数无关量 $\xi_1, \cdots, \xi_d$ 的整代数函数[①], 此外, 如 $u_1, \cdots, u_n$ 为不定元, 并且 $\zeta = u_1\xi_1 + \cdots + u_n\xi_n$ 作为 $\xi_1, \cdots, \xi_d, u_1, \cdots, u_n$ 的代数函数是一多项式 $h(u, \xi, z) = h(u_1, \cdots, u_n, \xi_1, \cdots, \xi_d, z)$ 的零点, 则由 $h(u, \eta, u_1\eta_1 + \cdots + u_n\eta_n) =$ 按 u_i 的乘幂展开并令 u_i 的每一单项式的系数为零就能得出不可约流形 M_ξ 的方程. 对给定的 $\eta_1, \cdots, \eta_d$ 所属的有限个 $\eta_{d+1}, \cdots, \eta_n$ 的值可由多项式 $h(u, \eta, z)$ 的零点 $\zeta = u_1\eta_1 + \cdots + u_n\eta_n$ 得出.

这个 $h(u, \xi, z)$ 也就是前述的 h'_μ.

如果方程 (4.5.1) 是齐次的, 则表示一锥流形 (Kegelmannigfaltigkeit), 因为连同其任一与 O 不同的点 $(\eta_1, \cdots, \eta_n)$, 它含有由 O 出发的直线 $(\lambda\eta_1, \cdots, \lambda\eta_n)$ 上一切点. 流形 (4.5.1) 的不可约部分从而也是锥流形. 现在如将由 O 出发的直线作为投影空间 S_{n-1} 上一点, 则每个 d 维 ($d > 0$) 锥流形是 S_{n-1} 上 $d-1$ 维流形. 本节的公式不用改变只要作上述理解并将相应的维数减去 1 就可用于这种情况.

本节的陈述给出了关于流形不可约分解, 关于不可约流形一般点的存在性, 关于流形由于一般点唯一确定性的明显的新证明. 我们最后证明如下定理.

定理 4.5.5　任一不可约 d 维流形, 在基域 K 的任一扩充下, 仍为纯 d 维流形. 且 K 的有限代数扩充, 就足以使 M 分解为绝对不可约流形, 即在任一进一步的扩充下, 仍保持为不可约的流形.

证明　根据定理 4.5.4, 设该流形的方程为

$$h(u, \eta, u_1\eta_1 + \cdots + u_n\eta_n) = 0 \quad (\text{对 } u \text{ 恒成立}), \tag{4.5.17}$$

此处多项式 $h(u, \xi, z)$ 在 K 上不可约. 在 K 的一个扩充域上, $h(u, \xi, z)$ 分解为共轭

[①] 每个量 $\xi_{d+1}, \cdots, \xi_n$ 满足一系数在 $K[\xi_1, \cdots, \xi_d]$ 中, 最高次项的系数为 1 的方程.

因子

$$h(u, \xi, z) = \prod_{\nu} h_\nu(u, \xi, z).$$

流形 (4.5.18) 也随之分解为由方程

$$h_\nu(u, \eta, u_1\eta_1 + \cdots + u_n\eta_n) = 0 \quad (\text{对 } u \text{ 恒成立}) \tag{4.5.18}$$

所决定的流形 M_ν, 和原来 M 属于 h 一样, 每个 M_ν 属于一个多项式 $h_\nu(u, \xi_1, \cdots \xi_d, z)$. 因而每个 M_ν 也是不可约 d 维的.

根据 §2.1, 一 K 的有限扩充域就足以使多项式 $h(u, \xi, z)$ 在其上完全分解为绝对不可约因子, 对以后更进一步的域的扩充, 不会再有分解, 于是其所属的流形 M_ν 就是绝对不可约的.

$h(u, \xi, z)$ 的绝对不可约因子对 K 是共轭的. 于是 $h_\nu(u, \xi, z)$ 所属流形 M_ν 也在 K 上共轭.   □

§4.6 附录: 作为拓扑形体的代数流形

按照拓扑学的观点, 复投影空间 S_n 不是 n 维, 而是 $2n$ 维的流形. 因为它的每个固定点的邻域依赖于 n 个复的, 从而是 $2n$ 个实的参数. 正如我们将要看到的那样, d 维代数流形从拓扑的观点看来是 $2d$ 维的.

代数流形的拓扑最近 (特别是 Lefschetz) 进行了深入的研究. 在本书中我们仅能叙述其初步的基础[1]. 我们只证明 d 维代数流形是拓扑意义下的 $2d$ 维的复形, 即它可以分解为有限个 $2d$ 维曲边单形.

在我们在迈向多维情况之前, 先简单地叙述一下复投影平面上一条代数曲线的情形. 我们将指出, 这样的曲线可以分解为有限个曲边三角形 (实直线三角形的拓扑映像), 它们或者有一公共边, 或者有一公共项点, 或者没有公共部分. 为此我们假定函数论的基本事实是已知的.

假定曲线方程对 η_2 是正则的:

$$f(\eta_0, \eta_1, \eta_2) = \eta_2^n + a_1(\eta_0, \eta_1)\eta_2^{n-1} + \cdots + a_n(\eta_0, \eta_1). \tag{4.6.1}$$

于是对每一比值 $\eta_0 : \eta_1$, 仅有有限个 η_2 的值适合. 比值 $\eta_0 : \eta_1$ 可以当作高斯球面 (Gaussschen Zahlenkugel) 上的一点, 正如我们已经知道的, 在球面上有有限个临界点, 它们是方程 (4.6.1) 的判别式的零点, 现在我们将数球剖分为曲边三角形, 使得

---

① 下列著做进一步研究之用. Lefschetz S. I'Analysis Situs et al géometrie algébrigue, sowie B.L. van der .Waerden: Topolgische Begründung der abzählenden Geometrie. Math. Ann. Bd. 102(1929) S.337. 和 Zariski O. Algebraic Surface. Ergebn. Math. Bd. 3(1935) Heft 5.

临界点作为顶点, 并且点 $\eta_0 = 0$ 与点 $\eta_1 = 0$ 不在同一三角形中. 如果现在有一使 $\eta_0 \neq 0$ 的三角形 (即 $\eta_0 = 0$ 点在它的外面), 则可通过 $\eta_0 = 1$ 令坐标归一化. 在这个三角形的每一个点的邻近, 方程 (4.6.1) 的 n 个根 $\eta_2^{(\nu)}$ 是 η_1 的正则解析函数. 由于三角形是单连通的, 因而可将这 n 个函数元数 (funktionselemente)单值地延拓到整个三角形; 于是得到 n 个在整个三角形上的单值解析函数 $\eta_2^{(1)}, \cdots, \eta_2^{(n)}$, 在此三角形的边上, $\eta_2^{(1)}, \cdots, \eta_2^{(n)}$ 仍然是单值正则的. 仅仅在临界顶点上, 正则特征方才可能消失, 但函数在那里仍然连续.

现在一三角形 $\triangle$ 中任取一个这种解析函数 $\eta_2^{(\nu)}$, 则可将三角形上点 (η_0, η_1) 一一且连续地映为复曲线上的点 $(\eta_0, \eta_1, \eta_2^{(\nu)})$, 于是在复曲线上作出了一个曲边三角形 $\triangle^{(\nu)}$. 对每一三角形 $\triangle$ 有 n 个这样的三角形 $\triangle^{(\nu)}$, 并且, 由于方程 (4.6.1) 除掉形如 $\eta_2^{(\nu)}$ 的解外没有其他解, 因此这种三角形全体并成整个曲线的一个覆盖. 如果在球面上两个三角形 $\triangle$ 与 $\triangle'$ 接触, 则在公共边上, 一定有一个三角形的某一函数 $\eta_2^{(\nu)}$ 与另一三角形的某一函数 $\eta_2^{(\nu)}$ 重合, 即三角形 $\triangle^{(\nu)}$ 与 $\triangle'^{(\nu)}$ 具有一公共边. 在其他一切情况下, 该曲线上的两个三角形至多有公共顶点, 并且通过进一步的剖分可以做到最多仅有一个公共顶点. 这样就得到了所要找的复曲线的三角剖分.

由构作清楚地知道, 每一边恰好位在两个三角形上[1]. 我们现在讨论有一公共顶点 E 的所有三角形, 以及它们的通过此顶点的边. 于是我们可从每一个这种三角形通过它的一条过 E 的边到一相邻三角形上去, 而后一三角形的另一过 E 边又再与一相邻三角形相连, 一直到回到最初出发的三角形. 在这种意义下, 与点 E 接触的三角形构成一个或数个循环. 设 $\triangle_1^{(\nu)}, \triangle_2^{(\nu')}, \cdots, \triangle_h^{(\nu'')}$ 是一个这种循环, 则完全可能其所属三角形 $\triangle_1, \triangle_2, \cdots$ 早已封闭, 即循环 $\triangle_1^{(\nu)}, \triangle_2^{(\nu')}, \cdots$ 转一次, 其在球面上相应的循环 $\triangle_1, \triangle_2, \cdots$ 转了几次, 例如转了 k 次.

可以看到, 任球面上的循环 $\triangle_1, \triangle_2, \cdots$ 的 k 次回旋可以用围绕临界点转 k 次未完全达到. 通过后者我们在 §2.3 中定义了曲线的闭链或分支. 于是临界点上每一分支对应于复曲线上围绕一点 E 的一个三角形循环 (kranz).

三角形 $\triangle^{(\nu)}$ 构成一个拓扑"曲面", 当在某一顶点有多个循环, 这就是奇点. 可以将每一个这种点分解多个点, 使得每一点仅涉及一个循环, 如此得到的没有奇点的曲面, 称为曲线的 Riemann 面, 由上面所说可知, Riemann 面上的点一一对应于曲线的分支.

我们不能在这里对 Riemann 曲面的理论作进一步深入, 可以参考 Weyl 的书, 黎曼面的概念 (Die Idee der Riemannschen Fläche, Berlin, 1923).

我们转到 n 维情况, 首先证明一个代数的结果.

引理 4.6.1 如 $M(\neq S_n)$ 是复投影空间 S_n 的不可约代数流形, 并且设法经过

---

[1] 原文如此. 似乎该是: 每一边上最多有两个三角形相共.—— 译者注

线性坐标变换, 使 M 的一个方程 $F(\eta) = 0$ 对 η_n 为正则, 则 M 在子空间 S_{n-1} 上的投影 M', 其方程为 $\eta_n = 0$, 且有这样的性质: 对 M' 的每一点 $\eta'(\eta_0, \cdots, \eta_{n-1}, 0)$ 至少有 M 的一个点 $\eta(\eta_0, \cdots, \eta_{n-1}, \eta_n)$ 与之对应. M' 仍是一个代数流形, 且除去 M' 的一个真子流形 N' 外, 对任给点 η', 其在 M 上的对应点 η 的坐标 η_n 可由解一代数方程 $e(\eta', \eta_n) = 0$ 求得, 此方程对 η' 有理, 对 η_n 整有理, 并且在 $M' - N'$ 上有完全不相同的根.

证明 投影 M' 的方程由 M 的方程消去 η_n 而得到. 其不可约性从第一不可约判别准则得到 (§4.2); 因为如果乘积 $f(\eta_0, \cdots, \eta_{n-1})g(\eta_0, \cdots, \eta_{n-1})$ 对 M' 所有点为零, 则对 M 上所有点也是零, 则有一因子在 M 上为零, 从而也在 M' 上为零. (在 $d = n-1$ 时, M' 充满整个 S_{n-1})

M' 的一个一般点 ξ' 对应着 M 的有限个点 ξ, 这些点的坐标 ξ_n 是下面将求得的一个代数方程的解. 在 M 的方程 $f_\nu = 0$ 中, 代 $\eta_0, \cdots, \eta_{n-1}$ 以坐标 $\xi_0, \cdots, \xi_{n-1}$, 代 η_n 以一不定元 z, 并且做出所得出多项式 $f_\nu(\xi, z)$ 的最大公因子 $d(\xi, z)$, 即有

$$\begin{cases} f_\nu(\xi, z) = g_\nu(\xi, z)d(\xi, z), \\ d(\xi, z) = \sum h_\nu(\xi, z)f_\nu(\xi, z), \end{cases} \tag{4.6.2}$$

其中 d, g_ν 和 h_ν 对 $\xi_0, \cdots, xi_{n-1}$ 有理, 对 z 整有理. 从 (4.6.2) 得出, 多项式 $f_\nu(\xi, z)$ 的公共零点 ξ_ν 正好是 $d(\xi, z)$ 的零点.

现在来分出 $d(\xi, z)$ 的多重因子, 为此我们作出 $d(\xi, z)$ 和它的微商 $d'(\xi, z)$ 的最大公因子, 并将 $d(\xi, z)$ 用它来除. 可以假设所得出的多项式对 $\xi_0, \cdots, \xi_{n-1}$ 整有理, 并记作 $e(\xi, z)$; 其次数为 h. 于是 $e(\xi, z)$ 是 $d(\xi, z)$ 的一个因子, 但 $e(\xi, z)$ 的一个幂可被 $d(\xi, z)$ 除尽, 由 (4.6.2) 得出

$$\begin{cases} f_\nu(\xi, z) = a_\nu(\xi, z)e(\xi, z), \\ e(\xi, z)^\varrho = \sum b_\nu(\xi, z)f_\nu(\xi, z). \end{cases} \tag{4.6.3}$$

从 (4.6.3) 导出, $f_\nu(\xi, z)$ 的公共零点 ξ_ν 正好是 $e(\xi, z)$ 的零点. 只要在 $g_\nu(\xi, z)$ 和 $h_\nu(\xi, z)$ 中出现的分母不为零. 这对 ξ 的每一特殊化也对.

设 $p(\xi)$ 是这些分母的乘积再乘上 $e(\xi, z)$ 的判别式和 $e(\xi, z)$ 中 z 的最高幂的系数. 于是, 对一个特殊化 $\xi_0 \to \eta_0, \cdots, \xi_{n-1} \to \eta_{n-1}$, 只要 $p(\eta) \neq 0$, 多项式 $e(\xi, z)$ 就有 h 个不相同的根, 并且它们正好是 $f_\nu(\eta, z)$ 的所有公共根. 我们可以将 $e(\eta, z)$ 和 $p(\eta)$ 写为 $e(\eta', z)$ 和 $p(\eta')$, 因为它们都与 η_n 无关.

方程 $p(\eta') = 0$ 连同 M' 方程在一起, 定义了 M' 的一个子流形 N'. 若 η' 是 $M' - N'$ 的一个点, 则 $p(\eta') \neq 0$, 且其在 M 上的对应点 η 正好是方程 $e(\eta', \eta_n) = 0$ 的解. 于是引理证完. □

如果给有一组多个, 其最高维数为 r 的流形 M, 则可对这些流形的所有 r 维不可约部分 M_i 应用引理. 其对应的投影 M_i' 仍有维数 r, 从而 N_i' 的维数 $< r$. 两个不可约流形 M_i 和 M_k 的交 D_{ik} 连同其投影 D_{ik}' 同样有维数 $< r$. 现在除 N_i' 的点外, 再去掉属于 D_{ik}' 的点 η', 则 $e_i(\eta', \eta_n) = 0$ 的根非但彼此不同, 而且与其余的方程 $e_k(\eta', \eta_n) = 0$ 的根也不相同, 因为否则就必然有点 η 既属于 M_i 也属于 M_k, 从而属于 D_{ik}, 因此 η' 属于 D_{ik}'.

全体 D_{ik}' 和 N_i' 的并称为 V'. 于是得出:

如果从流形 M 中除去那些投影属于一维数 $< r$ 的流形 V' 的点 η', 则所有其余的点可以由解方程 $e_i(\eta', \eta_n) = 0$ 求得, 这些方程有完全不同的根, 此处 $\eta'(\eta_0, \cdots, \eta_{n-1}, 0)$ 遍历 S_{n-1} 上的一个流形 M_i'.

M 上那些投影 η' 属于 V' 的点 η 构成一维数小于 r 的子流形 Q. 可以对 Q 再次使用同样的定理, 并且继续做下去, 直到流形的维数为零. 于是最后得到: 可以将整个 M 分解为不同维数的块, 每一块在上述意义下由方程 $e(\eta', \eta_n) = 0$ 决定, 此处 η' 遍历投影的一块 M'. 投影的块系两代数流形 U', V' 的差 $U' - V'$.

我们现从复投影空间转到实欧几里得空间 A_n.

A_n 中一个单形 X_r, 是如此定义: X_0 是一个点, X_1 是一个线段, X_2 是一个三角形, X_{r+1} 是用线段联结一 X_r 与此 X_r 所在线性子空间外一定点而得到. X_r 有 $r+1$ 个顶点. 并且其中每 $s+1$ 个 $(s \leqslant r)$ 定义 X_r 的一个边 X_s, 单形的拓扑映像称为曲边单形, 同样用 X_r 来记它. 有限个 (直边或曲边) 单形 X_r 的并, 其中任意两个或者没有公共部分, 或者具有一公共边, 称为一个 (直边或曲边的) r 维多面体. 一空间部分的三角剖分, 是指将这空间部分分成曲边单形, 其中任意两个曲边单形或者没有公共部分, 或者只有一公共边.

定理 4.6.1 设在实的 A_n 中给出有限个代数流形 M 以及一个实心球 K,

$$\eta_1^2 + \eta_2^2 + \cdots + \eta_n^2 \leqslant a^2,$$

则存在实心球 K 的这样一个三角剖分, 在此三角剖分下, 只要 M 位于实心球内, 它就完全由剖分的边组成.

证明 (1) 对 $n = 1$, 实心球是一个线段, 每个流形 $M(\neq A_1)$ 由有限个点构成, 这些点分解此线段为子线段. 于是所需的三角剖分已经找出.

(2) 假定定理对 A_{n-1} 也成立, 我们将球面也算为流形 M 中的一个, 通过一个正交坐标变换将能使得, 流形 M 的每一个都具有一对 η_n 正则的方程 $F(\eta_1, \cdots, \eta_n) = 0$. 于是, 在引理的基础上, 我们作 M 在子空间 A_{n-1} 上的投影 M', 并如前将 M' 分解为块 $U' - V'$, 我们将在流形 U', V' 及实心球 $\eta_1^2 + \cdots + \eta_{n-1}^2 \leqslant a^2$ 上应用归纳法假定. 于是对这个实心球有一个三角剖分, 全体 U' 和 V'(只要它位于实心球中)

由剖分的单形组成, 每个点集 U', V' 可以由组成 U' 的单形除去 V' 的单形得到, 余下是此三角剖分的若干单形 (不同维数) 的内点.

下一步证明的思路可简述如下: 实心球中的点 η, 如果其投影 η' 属于剖分的一个单形 X_r', 则构成一柱形点集. 它将由那些穿过它的各个代数流形 M 分割成 "块", 可证明每一块可以作为曲边多面体. 将这些多面体剖分成曲边单形, 就得到实心球的所需要的在三角剖分.

(3) 为了完成这个证明思路, 我们讨论整个含于 $U' - V'$ 中的单形 X_r' 的内点 η'. 在 η' 之上有若干个流形 M 的点 η, 其坐标由解代数方程 $e(\eta', \eta_n) = 0$ 求得. 这方程对每个 X_r' 中的 η' 有同样的次数 h 和同样个数的不同 (复) 根. 这个方程的实根个数也必定是固定的, 因为在点 η' 的连续变动下, 一对实根只能变为一对共轭复根, 如果这一对实根在这个变动过程中曾一度是重合的话.

方程 $e(\eta', \eta_n) = 0$ 的实根可按大小排序:

$$\eta_n^{(1)} < \eta_n^{(2)} < \cdots < \eta_n^{(l)}. \tag{4.6.4}$$

根据代数方程根的连续性定理, $\eta_n^{(1)}, \cdots, \eta_n^{(l)}$ 是 X_r' 内 η' 的连续函数.

我们研究这些函数 $\eta_n^{(1)}, \cdots, \eta_n^{(l)}$ 在接近单形边界时的性质, 设 η' 趋于 X_r' 的边界点 ζ', 则 $\eta_n^{(1)}, \cdots, \eta_n^{(l)}$ 作为方程 $F(\eta_1, \cdots, \eta_n) = 0$ 的根总是保持有界. 如果 $\eta_n^{(k)}$ 不趋于一确定的极限值 ζ_n, 则可选出两列有不同极限值的收敛列:

$$\eta'(\nu) \to \zeta', \quad \eta_n^{(k)}(\nu) \to \zeta_n;$$

$$\tilde{\eta}'(\nu) \to \zeta', \quad \tilde{\eta}_n^{(k)}(\nu) \to \tilde{\zeta}_n \neq \zeta_n.$$

现在可用在极限点 ζ' 邻域中的线段将 $\eta'(\nu)$ 与 $\tilde{\eta}'(\nu)$ 连起来. 当 η' 在这个线段 $\mathfrak{S}(\nu)$ 上变动时, 相应的 $\eta_n^{(k)}$ 连续地由 $\eta_n^{(k)}(\nu)$ 到 $\tilde{\eta}_n^{(k)}(\nu)$ 变动. 可以在 $\mathfrak{S}(\nu)$ 上适当选取点 $\overset{*}{\eta}{}'(\nu)$, 就可作出第三个序列 $\overset{*}{\eta}_n(\nu)$, 它收敛于任一给定的 ζ_n 和 $\tilde{\zeta}_n$ 的中间值. 于是有无限个点 $\overset{*}{\zeta}$, 其投影为 ζ', 且都在流形 M 上, 这与 M 上一切点都要满足一个对 ζ_n 正则的方程 $F(\zeta_1, \cdots, \zeta) = 0$ 相矛盾.

就是说点 $\eta^{(1)}, \cdots, \eta^{(l)}$ 是 η' 的、在 X_r' 的内部和边界上的连续函数.

注释 4.6.1   如果在 X_r' 的一个边 $X_s'(s < r)$ 上函数 $\eta_n^{(1)}, \cdots, \eta_n^{(l)}$ 取边值 $\tilde{\zeta}_n^{(1)}, \cdots, \tilde{\zeta}_n^{(l)}$, 则如此定义的点 $\tilde{\zeta}^{(1)}, \cdots, \tilde{\zeta}^{(l)}$ 也属于 M. 流形 M 中位于 X_s' 的点 ζ' 之上的点 ζ 也将由 X_s' 上的连续函数 $\zeta_n^{(1)}, \cdots, \zeta_n^{(m)}$ 给出 (正如这对 X_r' 的情形一样). 于是边值 $\tilde{\zeta}_n^{(1)}, \cdots, \tilde{\zeta}_n^{(l)}$ 一定可在连续函数 $\zeta_n^{(1)}, \cdots, \zeta_n^{(m)}$ 中找到, 并且分享它们种种性质. 由此得出, 例如, 任两个函数 $\tilde{\zeta}_n^{(\mu)}, \tilde{\zeta}_n^{(\nu)}$ 或者在整个 X_s' 上重合或者在 X_s' 的整个内部不同.

(4) 由于实心球 K 的表面在流形 M 中出现, 于是球面两个位于 η' 之上的点出现在 $\eta^{(1)} \cdots\cdots \eta^{(l)}$ 之中, 而且由于前面 (3) 所排的顺序, 它们必定是第一和最后一个点, 即 $\eta^{(1)}$ 和 $\eta^{(l)}$.

现在, 我们将实心球分成"块", 每一块由满足下列条件之一的所有点组成:

a. η' 在 X_r' 中, $\eta_n = \eta_n^{(\nu)}$;

b. η' 在 X_r' 中, $\eta_n^{(\nu)} < \eta_n < \eta_n^{(\nu+1)}$.

在实心球的投影的边界上, 此处 $\eta^{(l)} = \eta^{(1)}$, 块 b) 自然就不存在.

显然, 实心球中每个点, 属于, 也仅属于一块. 此外, 每一块的闭包, 仍由类似定义的块组成, 这也是显然的. 图 1 是将平面分成块的一种情形, 在这种情形中, 唯一的流形是圆锥曲线. 图 2(左面) 是三维空间情形中 b 型块的形状. 这个块的上边界 (用影线画出) 与下曲面是 a 型块.

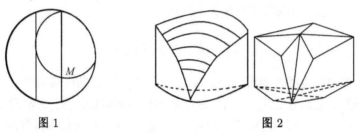

图 1   图 2

(5) 我们还要指出, 每一块连同其边界在一起, 可拓扑地映为一直边多面体, 于是它本身就是一曲边多面体.

对 a 型块, 很容易得到: 投影 $\eta \to \eta'$ 拓扑地将此块连同其边界映为曲边单形 X_r' 及其边界, 于是此块本身就是曲边单形.

我们将分两步来作 b 型块: 第一步, 块的点 η 的坐标 η_n 不动, 而将 $\eta_1, \cdots, \eta_{n-1}$ 如此变换, 使得该块位于其上的单形 X_r' 映为直边单形 X_r, 经过此映射后, 我们就得到这样一个块, 其点由

$$\eta' \text{ 在 } X_r \text{ 中}, \quad \eta_n^{(\nu)} < \eta_n < \eta_n^{(\nu+1)}$$

来确定. 此处 X_r 是一直边单形; $\eta_n^{(\nu)}, \eta_n^{(\nu+1)}$ 是闭单形上点 η' 的连续函数. 正如我们已经看到, 在 X_r 内部 $\eta_n^{(\nu)} < \eta_n^{(\nu+1)}$, 而在边界上 $\eta_n^{(\nu)} \leqslant \eta_n^{(\nu+1)}$, 并且在 X_r 的每个边界单形 X_s 上, 或者处处有 $\eta_n^{(\nu)} = \eta_n^{(\nu+1)}$, 或者在 X_s 的内部处处有 $\eta_n^{(\nu)} < \eta_n^{(\nu+1)}$.

现在将单形 X_r 作"重心重分". 一个单形的重心重分将如此递归定义: X_1 是通过某一分点 J_1 而分成两个子线段. 如果 X_r 的边界上的所有 X_{r-1} 已经作好重心重分, 则将这些重分得的单形与 X_r 的一个内点 J_r 用线段连接起来, 就得到 X_r 的重心重分中. 于是, 这个单形的顶点是 $J_0, J_1, \cdots, J_r$, 其中每个 J_k 是 X_k 的内点, X_{k-1} 是 $X_k (k = 1, 2, \cdots, r)$ 的边.

我们现在将用分块线性函数来逼近连续函数 $\eta_n^{(\nu)}$ 和 $\eta_n^{(\nu+1)}$, 我们注意到, 在一个直边单形上的坐标的线性函数, 为单形顶点上所取的值完全决定. 于是我们在单形 $(J_0, J_1, \cdots, J_r)$ 上如此定义两个线性函数 $\bar\eta_n^{(\nu)}$ 和 $\bar\eta_n^{(\nu+1)}$, 使得它们在顶点 $J_k(k=0,1,\cdots,r)$ 上与已给的值 $\eta_n^{(\nu)}(J_k), \eta_n^{(\nu+1)}(J_k)$ 一致.

如果两个不同的单形 $(J_0, J_1, \cdots, J_r)$ 有一公共边, 则在这两个单形上定义的函数 $\eta_n^{(\nu)}$ 在公共边上重合, 由此可以断言, 在一子单形上定义的函数 $\bar\eta_n^{(\nu)}$ 与在整个 X_r 定义的函数一起构成在整个 X_r, 连同边界的上连续的, 分块线性函数 $\bar\eta_n^{(\nu)}$, 这对 $\bar\eta_n^{(\nu+1)}$ 同样成立.

当一个线性函数只要在单形的一个顶点上大于另一个线性函数, 即使在其他顶点上相等, 则在该单形内部也一定更大. 于是在单形 X_r 内部有

$$\bar\eta_n^{(\nu)} < \bar\eta_n^{(\nu+1)}.$$

在 X_r 的每个边 X_s 上也相应地有: 如果在一个这种边的内点上有 $\eta_n^{(\nu)} < \eta_n^{(\nu+1)}$, 则同样有 $\bar\eta_n^{(\nu)} < \bar\eta_n^{(\nu+1)}$, 如果在 X_s 在 $\eta_n^{(\nu)} = \eta_n^{(\nu+1)}$, 则也有 $\bar\eta_n^{(\nu)} = \bar\eta_n^{(\nu+1)}$.

现在可将由

$$\eta' \in X_r, \quad \eta_n^{(\nu)} < \eta_n < \eta_n^{(\nu+1)}$$

所定义的块连同其边界拓扑地映为由线性空间界定的块

$$\eta' \in X_r, \quad \bar\eta_n^{(\nu)} < \bar\eta_n < \bar\eta_n^{(\nu+1)}$$

连同其边界, 为此只要将点 η 的坐标 $\eta_1, \cdots, \eta_{n-1}$ 保持不动, η_n 通过

$$\eta_n = \eta_n^{(\nu)} + \lambda[\eta_n^{(\nu+1)} - \eta^{(\nu)}], \quad (0 \leqslant \lambda < 1)$$
$$\bar\eta_n = \bar\eta_n^{(\nu)} + \lambda[\bar\eta_n^{(\nu+1)} - \bar\eta_n^{(\nu)}]$$

与 $\bar\eta_n$ 相互关联.

容易证明, 如此定义的映射是一一的, 并是双向连续的. 映像块可直接 (例如, 重心生分地) 分解为直边单形, 即每一块 b 拓扑地映到直边多面体上. □

注释 4.6.2 当我们对证明的最后第 (5) 步再一次审视时, 我们将看到将三角剖分的曲边单形映为直边单形的映射可以这样来安排, 使得曲边单边形点的坐标是直边单形内部点的坐标的可微函数. 自然这就必须在归纳法假设中认为映射函数是可微的. 而且在块 b 映射的第一步中, 取映射函数为可微的. 因为除去其临界点外, 代数函数 $\eta_n^{(\nu)}$ 是可微的, 所以证明的第 (2) 步所导致的映射也只会是可微的.

我们要研究的下一个问题是将复的代数流形化为实的流形. 为此, 通过下列公式

$$\begin{cases} \zeta_j \bar\zeta_j = \sigma_{jj}, \\ \zeta_j \bar\zeta_k = \sigma_{jk} + i\tau_{jk} \quad (j < k), \\ \zeta_k \bar\zeta_j = \sigma_{jk} - i\tau_{jk} \quad (j < k) \end{cases} \qquad (4.6.5)$$

引入一个将复投影空间映为实代数流形的映射. 这里 $\zeta_0 \cdots \zeta_n$ 是复的 S_n 的齐次坐标, 取 $\sigma_{jk}(0 \leqslant j \leqslant k \leqslant n)$ 和 $\tau_{jk}(0 \leqslant j < k \leqslant n)$ 为实 S_N 的齐次坐标. $\bar{\zeta}_j$ 是 ζ_j 的共轭复数, 从式 (4.6.5) 直接看出 σ_{jk} 和 τ_{jk} 是实的, 令 $\sigma_{kj} = \sigma_{jk}, \tau_{kj} = -\tau_{jk}, \tau_{jj} = 0$, 则可将 (4.6.5) 简写为

$$\zeta_j \bar{\zeta}_k = \sigma_{jk} + i\tau_{jk} \quad (j, k = 0, 1, \cdots, n). \tag{4.6.6}$$

与 §1.4 类似, σ_{jk} 和 τ_{jk} 通过条件

$$(\sigma_{jk} + i\tau_{jk})(\sigma_{hl} + i\tau_{hl}) - (\sigma_{jl} + i\tau_{jl})(\sigma_{hk} + i\tau_{hk}) = 0 \tag{4.6.7}$$

互相联系. (4.6.7) 是 S_N 中一实点 ζ 为 S_n 的像点的充分必要条件. 方程 (4.6.7) 在实 S_N 中定义了一个代数流形, 即 Segre 流形 $\mathfrak{S}$. 如同在 §1.4 中所见, S_n 到 $\mathfrak{S}$ 的映射是一一的, 它自然也是连续的, 从而是拓扑的.

Segre 流形 $\mathfrak{S}$ 与超平面

$$\sum \sigma_{jj} = \sigma_{00} + \sigma_{11} + \cdots + \sigma_{nn} = 0 \tag{4.6.8}$$

没有公共点, 因为只要不是所有的 $\zeta_j = 0, \sum \zeta_j \bar{\zeta}_j$ 就不能为零, 更有在 $\mathfrak{S}$ 上处处成立

$$|\sigma_{jk} + i\tau_{jk}| = |\zeta_j \bar{\zeta}_k| = \sqrt{\zeta_j \bar{\zeta}_j} \cdot \sqrt{\zeta_k \bar{\zeta}_k} = \sqrt{\sigma_{jj}} \cdot \sqrt{\sigma_{kk}} \leqslant \sigma_{jj} + \sigma_{kk} \leqslant \sum \sigma_{jj}.$$

将超平面 (4.6.8) 考虑作为无穷远超平面, 并且通过归一化 $\sum \sigma_{jj} = 1$ 引入非齐次坐标, 则所有坐标的总和 $\leqslant 1$, 因而流形 $\mathfrak{S}$ 位于欧几里得空间的有界区域中 (例如, 在实心球 $\sum \sigma_{jk}^2 + \sum \tau_{jk}^2 \leqslant n + 1$ 中).

S_n 中代数流形

$$f_\nu(\zeta) = 0 \tag{4.6.9}$$

对应于 $\mathfrak{S}$ 上的一个像流形, 只要将方程乘其复共轭方程

$$f_\nu(\zeta)\bar{f}_\nu(\bar{\zeta}) = 0,$$

并把 $\zeta_j \bar{\zeta}_k$ 代以 $\sigma_{jk} + i\tau_{jk}$ 就可得到.

如果现在设给有 S_n 中有限个代数流形 M, 则它对应于 $\mathfrak{S}$ 上有同样多个实的子流形. 根据定理 4.6.1, 有 $\mathfrak{S}$ 的一个三角剖分, 在此三角剖分下所有这些子流形都由剖分的单形组成, 于是证明了如下定理.

定理 4.6.2   *存在复 S_n 的一个三角剖分, 在此剖分下, S_n 中事先给出的有限个流形 M 全部由剖分的单形组成.*

至今, 我们还没有涉及此三角剖分的单形的维数, 由定理 4.6.1 的证明. 显然, 对实的 S_n 的代数流形 M 进行三角剖分仅用到维数至多为 d 的单形. 具有一个孤立点的平面三次曲线的例子指出, 在此三角剖分中可能出现维数小于 d 的单形, 而且不仅只有单形 X_d 的边的维数才小于 d.

当从复 S_n 过渡 Segre 流形 $\mathfrak{S}$ 时, 它的每一不可约流形 M 的维数加倍, 因为 M 上点的坐标的实部及虚部现在作为独立变量出现. 因此, M 的三角剖分的单形维数最高为 $2d$. 还能进一步证明如下定理.

定理 4.6.3 在复 S_n 中, d 维不可约代数流行的三角剖分仅出现 $2d$ 维单形 X_{2d} 和它的各条边.

证明 和在 §4.5 中做的一样, 我们如此选取坐标, 使得 M 的一个一般点 ξ 的坐标 $\xi_{d+1}, \cdots, \xi_n$ 是 $\xi_0, \cdots, \xi_d$ 的整代数函数. 于是根据定理 4.5.4(§4.5), 对坐标的每一组值 $\zeta_0, \cdots, \zeta_d$, 对应有 M 的若干个点 $\overset{\mu}{\zeta}$, 其坐标 $\overset{\mu}{\zeta_0}, \cdots, \overset{\mu}{\zeta_n}$ 系由对多项式

$$h(u_0, \cdots u_n, \zeta_0, \cdots \zeta_d, z) = \prod_1^k (z - \zeta_\mu), \qquad (4.6.10)$$

$$\zeta_\mu = u_0 \overset{\mu}{\zeta_0} + u_1 \overset{\mu}{\zeta_1} + \cdots + u_n \overset{\mu}{\zeta_n}$$

进行因子分解得出.

我们已经看到, 由 M 的三角剖分所得的一个曲边单形上点的坐标, 是 r 个实参数的连续可微函数. 现在我们通过将坐标 $\zeta_{d+1}, \cdots, \zeta_n$ 取为零而将 X_r 投射到一个子空间 S_d 中, 则 X_r 的投影是一个点集, 其坐标依然与 r 个实参数连续可微地相关. 如果 $r < 2d$, 则一个这种点集在复 S_d 中一定无处稠密, 对三角剖分的所有单形 $X_r(r = 0, 1, \cdots, 2d-1)$ 作投影, 则其所有投影的并是 S_d 中一个无处稠密点集 W, 于是 W 中每一点 ζ', 一定是不属于 W 点列 $\zeta'(\nu)$ 的极根.

正如上述指出的: 对于每一个投影 ζ', 一定有 M 上一组 k 个点 $\overset{1}{\zeta}, \cdots, \overset{k}{\zeta}$, 同样对每个 $\zeta'(\nu)$ 也有 M 上一组 k 个点 $\overset{1}{\zeta}(\nu), \cdots, \overset{k}{\zeta}(\nu)$, 每一个都是由因子分解 (4.6.10) 确定, 通过 $x_0 = \zeta_0(\nu) = 1$ 将坐标归一化, 则所有坐标 $\zeta_j(\nu)$ 一致有界. 于是可以从这个 k 点组的序列中选出收敛子列, 对此子列, 有

$$\overset{1}{\zeta}(\nu) \to \overset{1}{\eta}, \quad \overset{2}{\zeta}(\nu) \to \overset{2}{\eta}, \quad \cdots, \quad \overset{k}{\zeta}(\nu) \to \overset{k}{\eta} \quad (\nu \to \infty)$$

因为方程 (4.6.10) 在极限过程中保持成立, 另一方面多项式的因子分解是唯一的, 因此极限点 $\overset{1}{\eta}, \cdots, \overset{k}{\eta}$ 必定与 $\overset{1}{\zeta}, \cdots, \overset{k}{\zeta}$ 的任一次序重合, 即每个点 $\overset{1}{\zeta}, \cdots, \overset{k}{\zeta}$ 一定是 M 上这样一些点的极限, 其投影不属于点集 W.

也就是说, M 的三角剖分所得的单形 $X_r(r < 2d)$ 中的每个点一定是 M 上一些点的极限, 这些点不属于 $r < 2d$ 的单形 X_r, 因而这些点一定是单形 X_{2d} 的内点. 由此得出, 每一个单形 $X_r(r < 2d)$ 是 M 上 X_{2d} 的边.   □

可以像在本节开头对平面曲线作三角剖分那样, 使复流形 M 的三角剖分由空间 S_d 的剖分得出, 这时可以从 S_d 的每个点 ζ' 是 M 上 k 个点 ζ 的投影这一点出发. 为此要这样来剖分 S_d, 使得由多项式 (4.6.10) 的判别式的零点所组成的分支流形被用作剖分. Wirtinger 和 Brauner[1] 就是以这种方式研究了两个变量的代数函数.

① Brauner K. Abh. Math. Inst. Hamburg. Bd. 5.

第 5 章　代数对应和它们的应用

代数对应几乎是和代数几何有同样久远的历史. Chasles 关于一条直线的点之间一个对应的不动点数目的定理 (参见 §5.1) 被 Brill[1] 推广到一条代数曲线的点之间的对应. Schubert[2] 把这一定理又推广到空间 ∞^1 个点对的系的情况. 得到大量结果. 最后 Zeuthen[3] 又做了进一步深化并给出了各种应用.

首先弄清楚对应这一概念. 对应这个概念对建立代数几何学的基础的普遍意义首先是意大利的两位几何学者: Severi 和 Enrigues 认识到的. 凡是几何形体之间的相互关系可以用代数方程来描述的地方都可以用得上对应这一概念. 在此, 首先要讨论的是对应概念的一些一般的和基本的意义. 至于开头提到的关于对应的不动点数目的研究, 我们只能介绍读者去参见上述文献[4].

此后 $x, y, \cdots$ 不再仅专指作未定元. 也表示复数或代数函数. 其意义总是从上下文的关联中得以明确.

§5.1　代数对应 · Chasles 对应原理

S_m 和 S_n 是两个射影空间, 它们可能是同一个空间. 我们称点对 (x, y) 的代数流形为代数对应 (algebraische korrespondez)$\Re$(此处 x 属于 S_m, y 属于 S_n). 对应将用一组齐次方程 (对 x, y 分别是齐次的)

$$f_\lambda(x_0, \cdots, x_m, y_0, \cdots, y_n) = 0 \tag{5.1.1}$$

给出. 称点 y 是在对应下对应于点 x. 一个对应点 y 也称为在对应下点 x 的像点. 相反的 x 称 y 的原像.

对应的例子有对射 (特别是极系和零系). 它们用一个双线性方程

$$\sum a_{jk} x_j y_k = 0$$

来确定, 以及射影变换

$$y_j = \sum a_{jk} x_k \text{ 或 } y_i \left(\sum a_{jk} x_k \right) - y_j \left(\sum a_{ik} x_k \right) = 0$$

---

① Brill A V. Math. Ann. Bd. 6 (1873) S. 33~65 and Bd. 7 (1874) S. 607~622.

② Schubert H. Kalkül der abzählenden Geometrie. Leipzig 1879.

③ Zeuthen H G. Lehrbuch der abzählenden Methoden der Geometrie. Leipzig 1914.

④ 在此再补充 Lefschetz S. Trans. Amer. Math. Soc. Bd. 28 (1928) S. 1~49 以及 Severi F. 在 Rendiconti Accad, Lincei 1936 und 1937. 上所发表的若干文章

最后投影 (y 是 x 在空间 S_n 的一个子空间 S_n 上的投影. 而取 x 属于一个任意流形 M) 也是对应的例子.

对应的概念还可以这样来推广: 代替点 x 和 y 用其他几何形体, 如取点对、线性空间、超曲面. 只要这种形体可以用一组或多组齐次坐标来给出, 方程 (5.1.1) 也应该对每个单个的坐标组是齐次的. 所有下面的考虑都直接地对这些一般情况也成立. 而这对于应用是极其重要的. 但是在表述定理时, 我们仅用在 x 和 y 是点的情况. 我们不去说 "形体" x 和 "形体" y, 而简单地说点 x 和 y.

我们从方程 (5.1.1) 消去 y, 得到一齐次结式系

$$g_\mu(x_0,\cdots,x_m) = 0, \tag{5.1.2}$$

对 (5.1.2) 的每一个解 x 至少有一对点 (x,y) 属于对应. 同样, 消去 x 得到一个齐次方程组

$$h_\nu(y_0,\cdots,y_n) = 0. \tag{5.1.3}$$

方程 (5.1.2) 确定 S_m 里的一个代数流形 M 为对应 $\Re$ 的原流形 (urmannifaltigkeit). 同样, 方程 (5.1.3) 在 S_n 里确定一个代数流形 N 是对应的像流形 (bildmannifaltigkeit). 我们也说 $\Re$ 是 M 和 N 间的一个对应. 如果 (x,y) 是对应的一个点对, 那么 x 属于 M, y 属于 N. 又对每个 M 的点 x(或 N 的点 y) 至少有一个对应点 y 属于 N(或 M 上的 x).

使点 x 固定, 那么方程 (5.1.1) 确定一个 S_n 内的代数流形是 N 的某一个子流形 N_x. N_x 是点 x 的对应点 y 的全体. 相反, 对应于每一个 N 的点 y 有一个 M 上的点 x 的代数流形 M_y.

如果 M 和 N 是不可约的 (对应 $\Re$ 可以是可约的或不可约的), 并且对应每一个 M 的一般点是 N 的 β 个点. 相反, 对于 N 的每个一般点对应于 M 的 α 个点, 那么我们说它是 M 和 N 之间的一个 (α,β) 对应. 此处 M 的一个特殊点可能对应于有限或无限多 N 的点. 稍后我们还将更详尽地研究这个从一般点过渡到特殊点的过程.

如果流形 $\Re$ 是不可约的, 那么称它是不可约对应. 在这情况下 M 和 N 也是不可约的. 因为当两个形式的乘积 $F(x)G(x)$ 对 M 所有点取零, 那么关于对应 $\Re$ 的所有点对 (x,y) 乘积也取零. 因此, 将有一个因子 F 或 G 对 $\Re$ 的所有点对 (x,y) 取零, 从而也对 M 的所有点 x 取零.

作为最简单的, 但也是最重要的情况, 我们首先考虑一直线 S_1 的点 x 和 y 之间的 (α,β) 一一对应. 对应是纯一维的. 因此, 它是二重射影空间 $S_{1,1}$ 内的一个超曲面, 可以 (正如每个超曲面) 用一个单一的方程

$$f(x,y) = 0 \tag{5.1.4}$$

给定. 我们假设函数 f 没有多重因子. 方程对于点 x 的两个坐标 x_0, x_1 都是齐次的. 同样, 对 y 的坐标 y_0, y_1 也如此. 如果关于 x 次数是 α, 关于 y 是 β, 那么, 相应于一个一般点 x 显然有 β 个不同点 y. 同样, 相应于一个一般点 y 有 α 个不同点 x.

在 (5.1.4) 中令 $x = y$, 就可求得对应的不动点. 这样就得到关于 y 的 $\alpha + \beta$ 次方程. 它或者是恒等式或者正好有 $\alpha + \beta$ 个根 (每个连同重数计入). 这样一来, 对应 (5.1.4) 或者含有恒等对应作为成分或者正好有 $\alpha + \beta$ 个不动点, 它们由方程 $f(x, x) = 0$ 给出. 此处在算不动点个数时我们连同重数一并计入. 这就是 "**Chasles 对应原理**".

下面给出 Chasles 对应原理的一个简单应用.

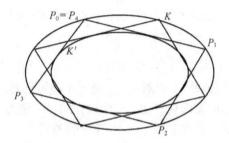

我们考虑不相切的两条圆锥曲线 K, K'. 从 K 上一点 P_0 作一 K' 的切线, 它和 K 的第二个交点是 P_1. 通过 P_1 给出 K' 的第二条切线, 它和 K 的第二个交点是 P_2. 如此继续. 人们构造出链 $P_0, P_1, P_2, \cdots, P_n$. 现在我们断言: 当链曾有一次在非平凡的意义下封闭 $P_n = P_0$, 则不管 P_0 在 K 上是怎样选择, 链都封闭. 我们说, 链 $P_0, P_1, P_2, \cdots, P_n$ 在平凡意义下封闭, 如果或者是 (当 n 是偶数) 中间项 $P_{\frac{1}{2}n}$ 是 K 和 K' 的交点, 或者是 (当 n 是奇数) 两个中间项 $P_{\frac{n-1}{2}}$ 和 $P_{\frac{n+1}{2}}$ 重合且它们的连线是两个圆锥曲线的公共切线 (看第二和第三个图). 在两个情况下链的后半部分和前半部分相等而具有相反的次序. 这样 $P_n = P_0$. 这种平凡情况 (不论 n 是偶数或奇数) 出现四次. 因为会有四个交点和四条公切线. 因此 P_0 和 P_n 之间的对应是 $(2, 2)$ 对应. 它总有四个平凡的不动点. 如果此外它还有一个不动点, 那么依 Chasles 对应原理. 它含有恒等对应作为部分. 于是, 我们从每个点 P_0 可以作出一个封闭链 $P_n = P_0$. 以相反方向通过

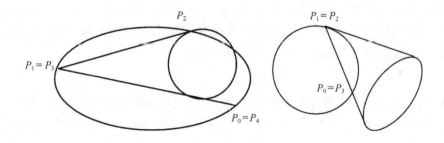

的同一个链给出具有同一起点 P_0 的第二个链. 这样一来, 不管如何选取 P_0, 两个从 P_0 给出的链都封闭.

§5.2　不可约对应·个数守恒原理

一不可约对应 (正如每一不可约流形) 是由它的一般点对 (ξ, η) 确定的. 一般点对的特征性质是: 一般点对满足的所有齐次代数关系式 $F(\xi, \eta) = 0$, 一定是对应的所有点对 (x, y) 也满足; 换而言之, 对应的所有点对是利用一般点对 (ξ, η) 的特殊化产生的. 如果我们想定义一个不可约对应, 那么从给出一个 (任意确定) 一般点出发是方便的; 从这一般点经过特殊化产生的所有点对 (x, y) 一定组成一个不可约的对应.

作为例子, 如果 M 是给定的不可约流形, ξ 是它的一般点. 现在若同阶次的形式 $\varphi_0, \varphi_1, \cdots, \varphi_n$ 在 M 上不全为零, 那么用

$$\eta_0 : \eta_1 : \cdots : \eta_n = \varphi_0(\xi) : \varphi_1(\xi) : \cdots : \varphi_n(\xi) \tag{5.2.1}$$

给出第二个点 η, 有理地依赖 ξ. 点对 (ξ, η) 是一个不可约对应的一般点对. 这不可约流形的所有点对用它的特殊化产生. 一个这样的对应称为 M 的有理映像. 根据特殊化保持关系不变这一点和关系 (5.2.1) 等价的关系

$$\eta_i \varphi_j(\xi) - \eta_j \varphi_i(\zeta) = 0$$

也必定为 $\aleph$ 的每一特殊点对所满足:

$$y_i \varphi_j(x) - y_j \varphi_i(x) = 0. \tag{5.2.2}$$

如果不是所有 $\varphi_j(x) = 0$, 则 y 的比由 (5.2.2) 唯一确定了. 但是如果对 M 的一个点 x, 所有的 $\varphi_j(x) = 0$, 则点 x 对应于怎样的 y, 式 (5.2.2) 没有给出更多的断言. 因此, 我们应该采用其他的办法. 例如, 采用极限过程. 即对点 x 在 M 上从各种可能的方面逼近它, 然后去看像点 y 出现怎样的极限位置. 由于定义对应的形式的连续性, 每个这样得到的点对 (x, y) 属于对应. 另一方面从第 4 章附录的定理 4.6.3 得出, 对应的所有点对 (x, y) 都可用这办法得出.

不可约对应 $\aleph$ 的维数 q 是一般点 (ξ, η) 坐标比的代数独立的个数. 譬如, 当 $\xi_0 \neq 0$ 且 $\eta_0 \neq 0$ 时, 我们可以取 $\xi_0 = \eta_0 = 1$. 因此 q 是量 $\xi_1, \cdots, \xi_m, \eta_1, \cdots, \eta_n$ 的代数独立的个数. 假设 a 是 ξ 关于基域 $\mathbf{K}$ 的代数独立的个数, b 是 η 关于域 $\mathbf{K}(\xi_1, \cdots, \xi_m)$ 的代数独立的个数. 那么显然

$$q = a + b. \tag{5.2.3}$$

同样, 当 c 是 η 的代数独立的个数且 d 是添加 η 后 ξ 的代数独立的个数, 则

$$q = c + d. \tag{5.2.4}$$

数 a, b, c, d 的几何的意义为流形维数. ξ 确定了 M 的一个一般点. 由于每个 ξ 满足的齐次关系 $F(\xi) = 0$, 对所有 M 的点 x 也满足, 反之亦然. 这样, a 是 M 的维数. 同样, c 是 N 的维数. 现在将进一步断言, 对 M 的一般点 ξ 对应的 N 的子流形 N_ξ, 关于域 $\mathbf{K}(\xi_1, \cdots, \xi_m)$ 不可约, 维数为 b.

N_ξ 由所有的这种 y 组成, 其中点对 (ξ, y) 属于对应, 也就是对 (ξ, η) 满足的所有齐次代数关系, 对 (ξ, y) 也满足. 当令 $\xi_0 = 1$ 这些关系对 ξ 失去了齐次性, 但对 y 仍保持. 所以它可以理解作为系数在域 $\mathbf{K}(\xi) = \mathbf{K}(\xi_1, \cdots, \xi_m)$ 上关于 η 的齐次关系. 依前所述, 点 η 满足的系数在 $\mathbf{K}(\xi)$ 上的所有齐次代数关系, 对 N_ξ 的所有点 y 也适合. 反之亦然. 但这说明 η 是 N_ξ 的一般点. 因此, N_ξ 是关于域 $\mathbf{K}(\xi)$ 不可约的且维数是 b. 在域 $\mathbf{K}(\xi)$ 的一个扩张域上, 流形 N_ξ 可能分解. 但它的所有绝对不可约成分全部具有同一维数 b(参见 §4.5 定理 4.5.5).

从 (5.2.3) 和 (5.2.4) 就可得到**个数守恒原理**:

在 M 和 N 间的一个 q 维不可约对应里, 当 a 维原流形 M 的一个一般点 ξ 对应于 N 的点的一个 b 维流形. 以及反过来, c 维像流形 N 的一个一般点 η, 对应于 M 的点的 d 维流形. 那么

$$q = a + b = c + d. \tag{5.2.5}$$

请注意, 对应的所有一般点对 (ξ, η) 是彼此等价的, 再说这对 M 和 N 的一般点同样正确. 我们是从 M 的一个一般点 ξ 出发, 而后去找关于 N 的一个一般的对应点 η, 还是相反的从 N 的一个一般点出发, 是无关紧要的. 我们肯定找到同样的数 a, b, c, d 和对应的一般点对 (ξ, η) 的同样的性质.

在大多数的应用中. 当 a, b 和 d 知道后. 我们利用式 (5.2.5) 去确定 像流形 N 的维数 c. 如果我们求得 $c = n$, 则可断言像流形 N 是整个空间 S_n.

例 5.2.1 具有一个尖点的三次平面曲线依赖于多少参数. 换句话说, 具有一个尖点的三次曲线的流形是多少维.

我们构造一个点 x 和三次曲线 y 之间的一个对应 $\mathfrak{K}$. 其中让点 x 对应于所有的以 x 为一个尖点的曲线 y. 人们可以如下去给出这个对应的一个一般点: 取一个一般点 ξ 和在平面内通过它的一般直线 u. 因此, 用 ξ 作尖点及 u 作尖点切线的三次曲线 y 的系数应该满足五个独立的线性方程组[①]. 由于在一个一般的三次曲

[①] 我们取 ξ 作坐标原点. 直线 u 作 x_1 轴并给出三次曲线的方程如下的非齐次坐标形式:

$$a_0 + a_1 x_1 + a_2 x_2 + a_3 x_1^2 + a_4 x_1 x_2 + a_5 x_2^2 + \cdots = 0,$$

那么, 尖点是 ξ 且具有尖点切线 u 的条件为

$$a_0 = a_1 = a_2 = a_3 = a_4 = 0.$$

如果我们随后将曲线方程变换至任意其他坐标系. 那么, 这些线性方程自然地也被变换了; 但它保留为五个独立的线性方程.

线的方程中出现 10 个系数. 其中之一我们可以取作 1. 方程组的一般解还依赖于 $9 - 5 = 4$ 个确实的参数. 再算上 (在给定点 ξ 的) 尖点切线 u 依赖的一个确实常数. 这样我们得到五个参数. 我们让所有这些参数是未定的. 那么得到一个一般点 (ξ, η). 从此对应的所有点对 (x, y) 利用参数的特殊化 (作为保持关系不变特殊化的最简单类型) 得到. 从而对应是不可约的. 由个数守恒原理给出

$$2 + 5 = c + 0; \quad c = 7,$$

所以要求的维数等于 7.

求得的结果也可以表达为: 具有一个尖点的三次平面曲线有 ∞^7. 用完全类似的办法, 我们可以着手确定各种维数 (如例 5.2.3 及练习 5.2 题 1).

例 5.2.2   给定一三次空间曲线 C. 要证明: 通过空间每一点有该空间曲线的一条弦或切线 (在 §1.11 中这一结果曾用计算导出过).

通过曲线的两个一般点作一弦. 从这个弦利用特殊化我们得到所有的弦和切线 (当此两点重合时. 后一情况发生), 这样弦和切线一起构成二维不可约流形. 现在我们构作一个弦 x 和它的点 y 之间的对应. 让每一条弦 x 对应于在它上面的所有点 y. 这个对应也是不可约的. 在式 (5.2.5) 中 $a = 2$ 和 $b = 1$. 为了决定 d. 我们注意到: 通过曲线外每一点至多有一条弦. 因为两个相交的弦决定一个平面. 它和曲线有四个公共点, 这是不可能的, 从而 $d = 0$. 现在从 (5.2.5) 得 $c = 3$. 也就是证明了点 y 的流形是整个空间.

例 5.2.3   一个空间 S_n 的子空间 S_m. 通过它的 Plücker 坐标映为其像空间的一个点 y. 我们要证明. 像点构成一个 $(m + 1)(n - m)$ 维的不可约流形. 换句话说, 在 S_n 内有 $\infty^{(m+1)(n-m)}$ 个子空间.

证明   在 S_n 内 $(m + 1)$ 个一般地选择的点确定一个子空间 S_m. 利用特殊化从这些点我们得到任意一个 $(m + 1)$ 个线性独立的点组. 从而也由头一个 S_m 得到任一个 S_m. 所以这就已经证明了子空间 S_m 构成一个不可约流形. 记 $(m + 1)$ 个一般点为 ξ, 用 η 记它决定的子空间. 那么点对 (ξ, η) 确定一个不可约对应, 使这点对正好是它的一般元素. 由于在 S_n 内 $(m + 1)$ 个一般点的组依赖于 $(m+1)n$ 个参数. 在一个预先给定 S_m 内 $(m + 1)$ 个一般点的组依赖于 $(m+1)m$ 个参数. 所以有

$$a = (m + 1)n; \quad b = 0; \quad d = (m + 1)m.$$

这样, 从 (5.2.5) 得出 $c = (m + 1)(n - m)$.

练　习　5.2

1. 具有二重点的 4 阶平面曲线有 ∞^{13} 条. 具有两个二重点的有 ∞^{12} 条. 具有三个二重点有 ∞^{11} 条. 正好有一个或两个二重点的 4 阶曲线的全体是不可约的. 正好有三个二重点的曲线分解为两个维数同等于 11 的不可约子流形.

最后, 让我们简述一个虽然很特殊但还经常用到一个关于对应的不可约性的判据.

引理 5.2.1　设一个对应 $\mathfrak{K}$ 的方程可以分成为一个只含 x 的方程, 这个方程确定一不可约的原流形 M, 和关于 x 和 y 的方程. 后者对 y 是线性的且总是有同样的秩, 因而 M 的每一点 x 对应于同一维数 b 的一个线性空间 N_x. 一个这样的对应是不可约的.

证明　对应的一个一般点对 (ξ, η) 可如下得出: ξ 是 M 的一般点和 η 是线性空间 N_ξ 同 b 个一般超平面 $\overset{1}{u}, \cdots, \overset{b}{u}$ 的交点. 我们现在要证明, 对应的每个对 (x, y) 是 (ξ, η) 的一个特殊化. 这相当于给出了一个任意的齐次关系 $F(\xi, \eta) = 0$; 我们要证明, $F(x, y) = 0$ 也成立.

通过点 y 我们也取 b 个超平面 $\overset{1}{v}, \cdots, \overset{b}{v}$, 使它们和 N_x 仅交出一个点 y. 从对应中关于 y 的线性方程和超平面 $\overset{1}{v}, \cdots, \overset{b}{v}$ 的方程我们可以解出 y 的坐标比值, 它们用行列式形式表达出:

$$y_0 : y_1 : \cdots : y_n = D_0(x, v) : D_1(x, v) : \cdots : D_n(x, v). \tag{5.2.6}$$

由于对特殊点 x 和特殊超平面 v, 行列式 $D_0, \cdots, D_n$ 不全等于零, 所以对 M 的一般点 ξ 和一般超平面 $\overset{1}{u}, \cdots, \overset{b}{u}$, 它们也不全为零. 因此, 当 x 和 v 用 ξ 和 u 代替时, 亦给出线性方程组的行列式解:

$$\eta_0 : \eta_1 : \cdots : \eta_n = D_0(\xi, u) : D_1(\xi, u) : \cdots : D_n(\xi, u). \tag{5.2.7}$$

由于式 (5.2.7), 从 $F(\xi, \eta) = 0$ 可得

$$F(\xi, D_\nu(\xi, u)) = 0,$$

这样, 因为 ξ 是 M 的一般点, 所以有

$$F(x, D_\nu(x, u)) = 0,$$

进一步用 v 代替未定元 u

$$F(x, D_\nu(x, v)) = 0.$$

由于式 (5.2.6)

$$F(x, y) = 0,$$

从而 (ξ, η) 是对应的一般点对而且对应是不可约的.

§5.3　流形与一般线性空间以及与一般超曲面的交

定理 5.3.1　不可约 a 维流形 $M(a > 0)$ 和一个一般超平面 $(u, x) = 0$ 的交是一个相对于域 $\mathbf{K}(u^0, \cdots, u^n)$ 的不可约 $(a-1)$ 维流形.

证明　让流形 M 的点 x 对应于过 x 的超平面 y, 我们得到一个对应 $\aleph$. 对应的方程是关于 M 的方程和方程 $(x, y) = 0$. 后者表达了 x 处在超平面 y 内. 根据 §5.2 引理, $\aleph$ 是不可约的, 并且通过 M 的一个一般点 ξ 作一个一般超平面 η, 就得到 $\aleph$ 的一般点对 (ξ, η). 个数守恒原理给出

$$a + (n - 1) = c + d, \tag{5.3.1}$$

此处 c 和 d 是按通常意义下对应的 c 与 d. 由于通过一般点 x 的一般超平面 u 不包含流形 M 的第二个任意的, 但为不变的点 x', 所以它和流形 M 的交维数至多是 $a - 1$, 也即 $d \leqslant a - 1$. 现在从 (5.3.1) 得出 $c \geqslant n$. 这样, 像流形 N 是整个对偶空间 (在 S_n 内所有超平面的全体). 进一步得知不等式 $d \leqslant a - 1$ 中仅有等式成立, 否则导致 $c > n$, 这是不可能的. 这样, 在对应下一个一般超平面 u 对应于一个相对于域 $K(u^0, \cdots, u^n)$ 的点 x 的 $(a - 1)$ 维不可约流形. □

完全同样地来证明, 如下推广:

定理 5.3.2　一个不可约 a 维流形 $M(a > 0)$ 和一个一般的 g 次超曲面的交是一个相对于超曲面的系数域不可约的 $(a - 1)$ 维流形.

连续 a 次地利用这一定理, 即得如下定理.

定理 5.3.3　一个不可约 a 维流形和 a 个次数为任意的一般超曲面的交是一组有限多个的共轭点.

特别地, 有如下定理.

定理 5.3.4　S_n 的一个一般线性子空间 S_{n-a} 和一个不可约 a 维流形 M 相交于有限多个共轭点. 这些交点的数目称为 M 的次数 (grad).

人们也可以直接地证明定理 5.3.4, 为此我们考虑这样的对应, 让 M 的每一个点对应于所有通过该点的空间 S_{n-a}. 我们这样来做出这个对应的一般点对, 通过 M 的一个一般点 ξ 作一个 $n - a$ 维的一般空间 η, 譬如我们将 ξ 与空间 S_n 的 $n - a$ 个一般点连起来. 正如 §5.2 引理的证明指出的, 对应的所有点对 (x, y) 是 (ξ, η) 的特殊化. (当对 η 引入 Plücker 坐标后, 我们马上可以直接地应用引理.) 由此得对应的不可约性. 应用个数守恒原理容易得到定理 5.3.4. □

定理 5.3.5　一个 S_n 内的 a 维流形 M 和一个一般子空间 S_m 没有公共点, 如果 $a + m < n$.

证明　一个一般线性空间 S_m 将由 $n - m = a + k$ 个一般线性方程给出. 按照前面那个定理, 其中的 a 个方程决定了有限多个共轭点. 但是这些点不满足这外加的 k 个方程, 因为这 k 个方程的系数是与上述 a 个的系数独立的新的未定元. □

从定理 5.3.5 推得关于对应的一个重要定理 5.3.6.

定理 5.3.6　在一个对应 $\aleph$ 中, 如果不可约流形 M 的一个一般点对应于像点的一个 b 维流形, 则 M 的每一个点都对应于像点的一个至少 b 维的流形.

证明 设 M 的像流形属于射影空间 S_n. 我们增添像点的 b 个一般线性方程到对应的方程中, 那么到一个新的对应, 在那儿, M 的一般点一定至少还对应有一个像点. 因而 M 的一般点属于这个新的对应的原流形. 这样, M 的所有点属于原流形, 即 M 的每个点在这新的对应下也至少对应于一个像点. 这又意味着, 在原来的对应下, M 的每一个点的像流形和一个一般线性子空间 S_{n-b} 至少会有一个公共点. 所以像空间至少有 b 维. (对于可分解的流形, 此处维数就理解为最高维数.) □

当像流形不属于一个射影空间, 而是属于一个多重射影空间 (点对, 三点组, …… 的流形), 那么, 我们只要将这多重射影空间嵌入到一个射影空间里 (§1.4), 就可得一般的情况就归结为已经考虑过的, 射影空间的情况.

我们也可以尝试, 把本节的定理 5.3.1～ 定理 5.3.4 搬到多重射影空间上去, 只是在那里会出现偶尔的例外情况. 譬如, 在多重射影空间里, 定理 5.3.1 是表述如下: 关于点对 (x, y) 的一个不可约 a 维流形和 x 空间的一个一般超平面 $(u, x) = 0$ 的交是一个相对于域 $K(u_0, \cdots, u_m)$ 不可约的 $(a-1)$ 维流形. 除非 M 的一般点的 x 坐标的比值是常数, 而这时交是空集.

在二重射影空间的情况, 当考虑的超曲面的方程不仅对 x 也对 y 具有正阶时. 定理 5.3.2 不会出现例外, 详细的推导我们留给读者.

在直线几何里也有类似于定理 5.3.1～ 定理 5.5.4 的命题. 依 §5.2(例 5.2.3) 在 S_3 里有 ∞^4 直线. 一个纯的三维直线流形我们称为一个线丛 (geradenkomplex). 一个纯二维直线流形称为一个线汇 (reradenkongruenz). 纯一维者称为规则系 (regelschar). 用如同上面定理 5.3.1 的证明所给的方法, 可以证明:

一个不可约线丛和一个一般 (由一个一般点决定的) 直线星形公共有 ∞^1 直线. 它构成一个 (相对) 不可约锥: 该点的线丛锥 (komplexkegel). 一个一般 (用一个一般平面决定的) 直线场 geradenfeld) 和线丛也有公共 ∞^1 直线. 它构成平面内的一条不可约对偶曲线: 该平面的线丛曲线 (komplexkurve). 线丛锥的阶和线丛曲线的类数两者都等于该线丛与一个一般直线束的公共线的数目. 这数目称为线丛的阶次.

对于线汇情况就较比复杂.

一个不可约线汇和一个一般直线星形公有有限条直线. 当然线汇仅由若干个 (代数共轭的) 直线场组成情况除外. 此时它和一个一般的直线星形自然没有公共直线. 与之对偶的结论是, 线汇和一个一般直线场公有有限条直线. 要排除在外的情况是: 它仅由若干个 (共轭的) 直线星形组成. 该线汇和一个一般直线星形或直线场共有的直线数称为丛阶或场阶.

证明 我们构作一个代数对应. 让一个给定的不可约线汇的每条直线对应于它的所有点. 按照 §5.2 引理, 对应是不可约的. 令 $a = 2, b = 1$. 这样 $a + b = c + d = 3$.

由于像流形 (线汇的所有直线上的点的全体) 至少是 2 维. 故仅可能有两种情况:

    (1) $c = 2$, $d = 1$;

    (2) $c = 3$, $d = 0$.

现在我们只要证明在情况 1, 线汇只由有限多 (共轭) 直线场组成. 在情况 1 下, $d = 1$, 即当我们在线汇的一般直线上选一个一般点. 那么通过该点有 ∞^1 条线汇直线 (kongruenzstrahlen). 我们设想将该线汇分解为绝对不可约的线汇; 于是我们去证明具备上述性质的一个绝对不可约线汇是一个平面场.

如果 g 是一个一般线汇. 那么线汇的那些与 g 相交的直线. 构成线汇的一个代数子流形. 但是这子流形的维数与整个线汇相同, 即等于 2; 因为通过直线的每个点有子流形的 ∞^1 直线. 现在, 由于线汇是绝对不可约的, 所以它和子流形相同. 这样我们看到了, 线汇的一个一般直线和线汇的所有直线都相交.

现在, 如果 g 和 h 是线汇的两条一般直线. 由于它们相交, 它们决定一个平面. 与 g 及 h 的选取独立的第三条一般直线 l 同 g 和 h 相交. 但不通过 g 和 h 的交点 (因为通过该交点只给出 ∞^1 条线汇的直线). 这样一来, l 处于 g 和 h 决定的平面里. 整个线汇是从 l 通过特殊化给出. 当然它整个处在一个平面里. 因此整个线汇含在一个平面场内. 再由于两者维数相等, 从而它们完全一样.

练 习 5.3

借助于定理 5.3.6 证明: 如一个对应 $\Re$ 将原流形 M 的每个点 x 对应于一个不可约像流形 M_x, 总是具有相同维数 b, 则 $\Re$ 是不可约的.

§5.4   三次曲面上的 27 条直线

作为本章方法的应用我们研究这样一个问题. 到底空间 S_3 的一个一般 n 次曲面上含有多少条直线.

设 p_{ik} 是一条直线的 Plücker 坐标, $f(x) = 0$ 是一个 n 次曲面的方程. 直线处在曲面上的充要条件是: 该直线和任一个平面的交点也处在曲面上. 这一交点的坐标是

$$x_j = \sum_k p_{jk} u^k.$$

因此所求的条件表达为

$$f\left(\sum p_{jk} u^k\right) = 0 \tag{5.4.1}$$

对 u^k 恒成立. 此处还有 Plücker 关系

$$p_{01} p_{23} + p_{02} p_{31} + p_{03} p_{12} = 0. \tag{5.4.2}$$

方程 (5.4.1) 和 (5.4.2) 决定了直线 g 和包含它的曲面 f 间的一个代数对应. 这一对应的不可约性从 §5.2 的引理 5.2.1 得出. 因为方程 (5.4.1) 关于 f 的系数是线性的和正好有相同的 $n+1$. 它表示曲面 f 包含一条予先给定的直线. 而这只要它包含该直线的 $n+1$ 个不同点就够了.

直线 g 构成一个四维流形. 曲面 f 构成一个具有维数 N 的空间 S_N, 其中 $N+1$ 是一个一般 n 次曲面方程中系数的个数. 包含一给定直线的曲面构成维数是 $N-(n+1)$ 的一个线性子空间. 那么对我们的不可约对应应用个数守恒原理, 则有

$$4 + N - (n+1) = N - n + 3 = c + d, \tag{5.4.3}$$

此处 c 是像流形的维数, 即那些含有直线的曲面 f 所构成的流形, 并且每个这种曲面包有至少 ∞^d 直线 (对照 §5.3, 定理 5.3.6).

如果 $n > 3$, 则 $c + d < N$, 从而 $c < N$, 即一个一般 n 次曲面 $(n > 3)$ 不包含直线. 还剩下的曲面 $n = 1, 2, 3$. 众所周知, 一个平面包含 ∞^2 直线, 一个二次曲面包含 ∞^1 直线, 这些都和式 (5.4.3) 吻合. 当 $n = 3$, 从 (5.4.3) 得

$$c + d = N.$$

现在如果我们能证明 $d = 0$, 那么就有 $c = N$, 也就是像流形是整个空间; 因此每个三次曲面包含至少一条直线, 一般地也仅含有有限多直线.

如果是 $d > 0$, 这意味着, 包含有直线的每个三次曲面包含了无穷多, 即 ∞^d 条直线. 这样, 当我们能给出一个已含有直线, 但仅含有有限多直线的三次曲面的例子, 那么, 应有 $d = 0$.

现在不难去给出这样的例子. 我们去考察坐标原点是一个二重点的三次曲面; 这种曲面的方程是

$$x_0 f_2(x_1, x_2, x_3) + f_3(x_1, x_2, x_3) = 0,$$

此处 f_2 和 f_3 可以假设是次数分别是 2 及 3 的没有公共因子的形式. 首先我们研究, 通过原点的一条直线怎样才处在曲面上, 把直线的参数表示

$$x_0 = \lambda_0, \quad x_1 = \lambda_1 y_1, \quad x_2 = \lambda_1 y_2, \quad x_3 = \lambda_1 y_3$$

代入曲面方程, 求得条件

$$f_2(y_1, y_2, y_3) = 0$$

和

$$f_3(y_1, y_2, y_3) = 0,$$

这两个方程表示的是具有公共锥面顶点的一个二次锥面和一个三次锥面. 我们设锥面正好有六个不同公共母线的情况, 一般地也都是这种情况. 这样一来, 过原点的直线中, 六条是处在曲面上.

下面我们研究, 在曲面上有哪种直线不过原点 O. 如果 h 是一条这样的直线, 则 h 和原点的连接平面和曲面交出一条三阶曲线, 直线 h 是它的一个部分, 其中另外的部分就应该是以 O 为二重点的圆锥曲线. 因此分解为两条通过 O 的直线, 这两条直线 g_1, g_2 应该在早先找出通过 O 的六条直线中出现[①]. 有 15 个这种直线对, 其中每个直线对这一个平面, 它交给定曲面除这直线对外还有一条直线. 因此这里 (至多) 有 15 条直线 h 在曲面上但不通过 O. 曲面合计包含了 (至多) 6+15=21 条直线.

因此证明了: 在一个一般三次曲面上有有限多的直线, 又每一个特定的三次曲面至少包含一条直线.

现在我们要去确定这些直线的数目及它们的相对位置, 不仅对一般的三次曲面, 而且也对每一没有二重点的三次曲面做这件事.

曲面的方程可以写为

$$f(x_0, x_1, x_2, x_3) = c_{000}x_0^3 + c_{001}x_0^2x_1 + \cdots + c_{333}x_3^3 = 0. \tag{5.4.4}$$

无论如何在曲面上总有一条直线 l; 我们取坐标系使该直线的方程是 $x_0 = x_1 = 0$. 现在, 我们首先要去找出与直线 l 相交的在曲面上的直线. 为了这个目的我们通过 l 作一个任意的平面 $\lambda_1 x_0 = \lambda_0 x_1$; 于是, 对该平面的点可以令

$$x_0 = \lambda_0 t, \quad x_1 = \lambda_1 t. \tag{5.4.5}$$

从而平面上的每个点将用齐次坐标 t, x_2, x_3 决定. 把 (5.4.5) 代入 (5.4.4) 内:

$$f(\lambda_0 t, \lambda_1 t, x_2, x_3) = 0. \tag{5.4.6}$$

由此去找曲面和平面的交点. 这个关于 t, x_2, x_3 的齐次方程表示一条三次曲线. 由于直线 $t = 0$(或是 $x_0 = x_1 = 0$) 处在曲面上, 三次曲线分解成直线 $t = 0$ 和一条圆锥曲线, 其方程可表为

$$a_{11}t^2 + 2a_{12}tx_2 + 2a_{13}tx_3 + a_{22}x_2^2 + 2a_{23}x_2x_3 + a_{33}x_3^2 = 0. \tag{5.4.7}$$

---

① 容易想到, g_1 和 g_2 不可能重合.

方程 (5.4.7) 是由 (5.4.6) 析出因子 t 而得. a_{ik} 是关于 λ_1, λ_2 的形式, 确切地说是

$$
\begin{cases}
a_{11} = c_{000}\lambda_0^3 + c_{001}\lambda_0^2\lambda_1 + c_{011}\lambda_0\lambda_1^2 + c_{111}\lambda_1^3, \\
2a_{12} = c_{002}\lambda_0^2 + c_{012}\lambda_0\lambda_1 + c_{112}\lambda_1^2, \\
2a_{13} = c_{003}\lambda_0^2 + c_{013}\lambda_0\lambda_1 + c_{113}\lambda_1^2, \\
a_{22} = c_{022}\lambda_0 + c_{122}\lambda_1, \\
2a_{23} = c_{023}\lambda_0 + c_{123}\lambda_1, \\
a_{33} = c_{033}\lambda_0 + c_{133}\lambda_1.
\end{cases}
\tag{5.4.8}
$$

现在为使平面上除直线 l 外还包含一条直线, 圆锥曲线 (5.4.7) 应该可分解, 为此其条件是

$$
\Delta = \begin{vmatrix} a_{11} & a_{12} & a_{13} \\ a_{21} & a_{22} & a_{23} \\ a_{31} & a_{32} & a_{33} \end{vmatrix} = 0.
\tag{5.4.9}
$$

由于式 (5.4.8), 行列式 Δ 是 λ_0 和 λ_1 的 5 次型. 如果不恒为零, (5.4.9) 是比值 $\lambda_0 : \lambda_1$ 的一个 5 次方程, 因此有五个根. 这样, 我们找到五个平面, 其中每个除直线 l 外还和曲面 $f = 0$ 有两条公共直线. 现在, 在曲面没有二重点的假定下, 我们来证明:

(1) 在每个平面里, 三条直线确实是彼此不同;

(2) 行列式 Δ 不恒为零, 且它的五个根总是彼此不同.

对 (1) 的证明 我们假设, 曲面与一平面 e 有两条相重直线 g 和一条另外直线 h 公共.

于是 g 的每一个点关于曲面的切平面都是 e, 因为 e 内通过一个这种点 P 的所有直线在 P 与曲线有二重相交. 现在我们通过 g 作任一另外平面 e'. e' 交曲面除 g 外还有某一圆锥曲线. 这圆锥曲线也应和 g 有至少一个公共点. 我们把一个这样的点仍记作 P. e' 内过 P 的每一直线在 P 和曲面有二个相重的交点, 因此 e' 是曲面在 P 的切平面. 但先前的平面 e 也具有这个性质. 由于一个没有二重点曲面每一个点只能有一个切平面, 由此导得矛盾.

对于 (2) 的证明 假设 $\lambda_0 : \lambda_1$ 是 5 次方程的二重根; 在此我们选取通过 l 的相应平面:

$$
\lambda_1 x_0 - \lambda_0 x_1
$$

作为坐标平面 $x_0 = 0$, 于是该平面是相应于参数比值 $0 : 1(\lambda_0 = 0)$, 且 Δ 为 λ_0^2 除尽. 我们将由此导出矛盾, 且将直接看到, 当 Δ 恒为零, 也要出现同样的矛盾.

按照已有的证明, 平面 $x_0 = 0$ 和曲面 $f = 0$ 共有三条不同的直线. 在此我们要区分两种情况:

a. 三条直线构成一个三角形;

b. 它们共过一个点.

在情况 a 时我们取三条直线构作的三角形作为在平面 $x_0 = 0$ 内的坐标三角形, 在情况 b 下取三条直线的交点作坐标三角形的顶点. 在两种情况下都用 D 来记与 l 不同的两条直线的交点, 在情况 a 是 $D = (0,1,0,0)$, 在情况 b 是 $D = (0,0,1,0)$. 每种情况 D 都是圆锥曲线 (5.4.7) 的一个二重点, 系数矩阵为

$$\begin{pmatrix} c_{111} & \frac{1}{2}c_{112} & \frac{1}{2}c_{113} \\ \frac{1}{2}c_{112} & c_{122} & \frac{1}{2}c_{123} \\ \frac{1}{2}c_{113} & \frac{1}{2}c_{123} & c_{133} \end{pmatrix}.$$

它由式 (5.4.8) 令 $\lambda_0 = 0$ 得出. 由于 D 是二重点. 在矩阵中应该有: 对情况 a 第一行, 第一列是零; 在情况 b 第二行, 第二列是零.

a)　$c_{111} = c_{112} = c_{113} = 0;$

b)　$c_{112} = c_{122} = c_{123} = 0.$

现在, 为了去表达 Δ 能被 λ_0^2 除尽这一条件. 我们在情况 a 下依第一行去展开 Δ. 而在情况 b 则依第二行展开之. 在情况 a 第一行和第一列的元素是可被 λ_0 除尽, a_{12} 和 a_{13} 被 λ_0^2 除尽. 因此项

$$a_{11} \cdot \begin{vmatrix} a_{22} & a_{23} \\ a_{23} & a_{33} \end{vmatrix}$$

也可被 λ_0^2 除尽. 对 $\lambda_0 = 0$, 第二个因子 $\neq 0$. 因为否则圆锥曲线 (5.4.7) 分解出的两条直线必定会重合. 按照 (1) 的断言这是不可能的. 这样, a_{11} 应被 λ_0^2 除尽, 即应有

$$c_{011} = 0.$$

同样, 在情况 b, a_{22} 应被 λ_0^2 除尽. 由此得

$$c_{022} = 0.$$

此外, 因为直线 $x_0 = x_1 = 0$ 整个处在曲面上. 对每种情况应该还有 $c_{222} = c_{223} = 0$. 因此在情况 a 曲面方程不出现项

$$x_1^2 x_0, \quad x_1^3, \quad x_1^2 x_2, \quad x_1^2 x_3,$$

而在情况 b 不出现项

$$x_2^2 x_0, \quad x_2^2 x_1, \quad x_2^3, \quad x_2^2 x_3.$$

但是在两种情况下, 这都意味着点 D 是曲面的一个二重点. 现在由于曲面预先假定是没有二重点的. 所以, 假设 Δ 可为 λ_0^2 除尽, 将导致矛盾. □

这样一来我们看到了, 通过曲面上每一条直线正好有五个平面. 其中每个平面上总包含有曲面的另外两条直线. 于是曲面上的每一条直线将和曲面上十条的其他直线相交.

假设 π 是一个平面. 它和曲面交于三条直线 l, m, n. 曲面上每条其他直线 g 和平面 π 交于一点 S. 它既处在曲面上又处在平面 π 内. 这样, 处在平面 π 和曲面的交曲线内. 所以属于三条直线 l, m, n 之一. S 不可能同时处在两条上, 譬如 l 和 m 上. 否则通过 S 给出了不在一个平面内的三条切线 l, m, g, 从而 S 是曲面的二重点. 这样, 曲面上与 l, m, n 不同的所有直线正好和直线 l, m, n 之一相交. 此外, 除 m 和 n 外还有八条直线与 l 相交. 同样, 有八条与 m 相交. 有八条与 n 相交. 我们增添 $l, m,$ 和 n 到那 24 条直线. 则得到 27 条直线. 这样:

在 S_3 内一个没有二重点的三次曲面正好包含 27 条直线.

这 27 条直线. 其中每条都和另外 10 条相交. 构成一个极有趣的形态. 关于它有大量的著作[①].

§5.5 一个流形 M 的对应形式

在 §1.7 中我们研究过利用 Plücker 坐标去确定一个空间 S_n 的线性子空间. 现在也用同样的方法, 我们将研究在 S_n 内任意一个纯 r 维流形的坐标表示.

我们最好从零维流形开始. 一个零维不可约流形是一个有限多共轭点组

$$\overset{i}{p} = (\overset{i}{p_0}, \overset{i}{p_1}, \cdots, \overset{i}{p_n}),$$

其中不妨设 $\overset{i}{p_0} = 1$. 现在, 若 $u_0, u_1, \cdots, u_n$ 是未定元, 那么

$$\theta_1 = -\overset{1}{p_1} u_1 - \overset{1}{p_2} u_2 - \cdots - \overset{1}{p_n} u_n$$

是域 $K(u_1, \cdots, u_n)$ 上的代数量, 从而是一个系数在 $K(u_1, \cdots, u_n)$ 上一个不可约多项式 $f(u_0)$ 的零点. 多项式的其他零点是与 θ_1 共轭的量

$$\theta_i = -\overset{i}{p_1} u_1 - \overset{i}{p_2} u_2 - \cdots - \overset{i}{p_n} u_n.$$

---

① 参见 Henderson A. The twenty-seven lines upon the cubic surface, Cambridge Tracts Bd. 13 (1911).

所以有因子分解

$$f(u_0) = \varrho \prod_i (u_0 - \theta_i)$$
$$= \varrho \prod_i (\overset{i}{p_0}\, u_0 + \overset{i}{p_1}\, u_1 + \cdots + \overset{i}{p_n}\, u_n),$$

于是 $f(u_0)$ 关于 $u_0, \cdots, u_n$ 是整有理的; 因此我们可以写

$$f(u_0) = F(u_0, u_1, \cdots, u_n).$$

由于 $f(u_0)$ 作为 u_0 的多项式是不可约的. 且 $F(u_0, u_1, \cdots, u_n)$ 没有仅依赖于 $u_1, \cdots, u_n$ 的因子. 所以 $F(u_0, u_1, \cdots, u_n)$ 是系数在 K 上 $u_0, \cdots, u_n$ 的不可约形式. 它称为点组的*对应形式* (zugeordnete form). 利用大家熟悉的缩写

$$(up) = (pu) = \sum_j p_j u_j$$

我们可以写

$$F(u) = \varrho \prod_i (u\, \overset{i}{p}). \tag{5.5.1}$$

一个可约的零维流形由不同的共轭点组组成. 我们把可约流形的对应形式定义为单个的共轭点组的对应形式之积:

$$F = F_1 F_2 \cdots F_h.$$

也可能单个的共轭点组具有正的重数 ϱ_k. 这时乘积

$$F(u) = F_1^{\varrho_1} F_2^{\varrho_2} \cdots F_h^{\varrho_h}$$

就规定为具有重数的点组的对应形式. 形式 $F(u)$ 仍然有 (5.5.1) 的形式并唯一地决定了这些不可约点组连同它们的重数.

现在, 设给定一个任意的 g 次形式 $F(u_0, u_1, \cdots, u_n)$, 我们要去确定该形式为一零维流形的对应形式的条件. 其必要和充分条件显然是该形式完全分解成线性因子

$$F(u_0, u_1, \cdots, u_n) = \varrho \prod_{i=1}^{g} (\overset{i}{p_0}\, u_0 + \overset{i}{p_1}\, u_1 + \cdots + \overset{i}{p_n}\, u_n). \tag{5.5.2}$$

比较 (5.5.2) 的左边和右边关于 $u_0, \cdots, u_n$ 的幂乘的对应系数. 我们就得到条件

$$a_\nu = \varrho\, \Psi_\nu(\overset{1}{p}, \cdots, \overset{g}{p}), \tag{5.5.3}$$

其中 Ψ_ν 是关于每个单个坐标序列 $\overset{i}{p}$ 齐次形式. 从 (5.5.3) 消去 ϱ 得各 $\overset{i}{p}$ 的齐次方程

$$a_\mu \Psi_\nu - a_\nu \Psi_\mu = 0. \tag{5.5.4}$$

关于这个方程组的可解性条件, 依 §2.4 利用对 $\overset{1}{p}, \cdots, \overset{g}{p}$ 的结式系的零点求得, 从而我们得到一个方程组

$$R(a_\mu) = 0, \tag{5.5.5}$$

这个方程就是系数为 a_μ 的形式 F 是对应形式的必要和充分条件.

现在如果给定的是不可约 r 维流形 M, 我们用一个一般的线性子空间 S_{n-r} 来与 M 相交, 其中 S_{n-r} 是 r 个一般超平面 $\overset{1}{u}, \cdots, \overset{r}{u}$ 的交, 每个字母 $\overset{i}{u}$ 是一系列 $n+1$ 个未定元 $\overset{i}{u_0}, \overset{i}{u_1}, \cdots, \overset{i}{u_n}$. 交点 $\overset{1}{p}, \cdots, \overset{g}{p}$ 是关于 $K(\overset{1}{u}, \cdots, \overset{r}{u})$ 彼此共轭的. 这个点组的对应形式是乘积

$$\prod_{i=1}^{g} (\overset{0}{u}\, p_i),$$

其中 $\overset{0}{u}$ 表示一组新的未定元 $\overset{0}{u_0}, \overset{0}{u_1}, \cdots, \overset{0}{u_n}$. 这个形式关于 $\overset{0}{u}$ 是整有理的并且关于 $\overset{1}{u}, \cdots, \overset{r}{u}$ 是有理的. 乘上关于 $\overset{1}{u}, \cdots, \overset{r}{u}$ 的一个多项式, 可以使它成为关于 $\overset{1}{u}, \cdots, \overset{r}{u}$ 是整有理和本原的. 因此, 我们得到一个关于所有未定元 $\overset{0}{u}, \cdots, \overset{r}{u}$ 整有理的和不可约的多项式

$$F(\overset{0}{u}, \cdots, \overset{r}{u}) = \varrho \prod_{i=1}^{g} (\overset{0}{u}\overset{i}{p}), \tag{5.5.6}$$

即为流形 M 的对应形式. 它关于 $\overset{0}{u}$ 的次数等于流形 M 的次数 g.

显然, 两个不同的不可约的流形不可能有同样的对应的形式. 因为利用对应形式 (5.5.6) 的因子分解我们可以得到流形 M 的一个一般点 $\overset{1}{p}$, 而由这个一般点所定出的是流形 M. 对应形式 F 因此是唯一地确定了 M. 从而 F 的系数将可以取作为流形的坐标.

例 5.5.1 M 是一条直线, 由点 y 和 z 确定. 我们将 u 和 v 代替 $\overset{0}{u}$ 和 $\overset{1}{u}$. 直线和超平面 $\overset{1}{u} = v$ 的交点将从

$$(v, \lambda_1 y + \lambda_2 z) = \lambda_1 (vy) + \lambda_2 (vz) = 0$$

求得. 这方程的一个解为

$$\lambda_1 = (vz), \qquad \lambda_2 = -(vy).$$

所以交点为

$$p = (vz)y - (vy)z,$$

对应的线性形式

$$F(u,v) = (pu) = (vz)(yu) - (vy)(zu)$$
$$= \sum_j \sum_k (y_j z_k - y_k z_j) u_j v_k.$$

这个形式的系数是 Plücker 坐标

$$\pi_{jk} = y_j z_k - y_k z_j.$$

我们也可以用另外方法来定义对应形式. 我们构造一个对应, 其中一方是 M 的点 y 而另一方是通过 y 的 $r+1$ 个超平面 $\overset{0}{v}, \overset{1}{v}, \cdots, \overset{r}{v}$. y 属于 M 及 $\overset{0}{v}, \overset{1}{v}, \cdots, \overset{r}{v}$ 通过 y 决定了对应的方程式. 当我们代替 y 用 M 的一个一般点 ξ, 代替 $\overset{0}{v}, \overset{1}{v}, \cdots, \overset{r}{v}$ 用包含 ξ 的 $r+1$ 个一般超平面 $\overset{0}{\omega}, \overset{1}{\omega}, \cdots, \overset{r}{\omega}$. 那么我们就得到对应的一般点对, 这个对应是不可约的.

在个数守恒原理的公式 $a+b=c+d$ 中,

$$a = r,$$
$$b = (r+1)(n-1),$$
$$c = 0,$$

因此

$$d = (r+1)n - 1.$$

所以对应的像流形是超平面 $\overset{0}{v}, \overset{1}{v}, \cdots, \overset{r}{v}$ 的 $r+1$ 重射影空间内的一个超曲面. 故存在一个单个的不可约方程

$$F_0(\overset{0}{v}, \overset{1}{v}, \cdots, \overset{r}{v}) = 0. \tag{5.5.7}$$

为使超平面 $\overset{0}{v}, \overset{1}{v}, \cdots, \overset{r}{v}$ 和 M 有一个公共点, 方程 (5.5.7) 成立是必要和充分的.

在 (5.5.7) 中我们取 $\overset{1}{v}, \cdots, \overset{r}{v}$ 为一般超平面 $\overset{1}{u}, \cdots, \overset{r}{u}$. 它们和 M 交出 g 个点 $\overset{1}{p}, \overset{2}{p}, \cdots, \overset{g}{p}$. 这样, 当且仅当有一个线性因子 $(\overset{i}{p}, \overset{0}{v}) = 0$ 才会有 $F_0(\overset{0}{v}, \overset{1}{u}, \cdots, \overset{r}{u})$ 为零, 故 $F_0(\overset{0}{u}, \overset{1}{u}, \cdots, \overset{r}{u})$ 可以被线性形式 $(\overset{i}{p}, \overset{0}{u})$ 的乘积除尽, 即被早先定义的对应形式 $F_0(\overset{0}{u}, \overset{1}{u}, \cdots, \overset{r}{u})$ 除尽. 但由于 F_0 是不可约的. 所以有

$$F_0(u) = F(u),$$

也即形式 $F_0(u)$ 恰好是流形 M 的对应形式.

由于在这个对应形式中 $\overset{0}{v}, \overset{1}{v}, \cdots, \overset{r}{v}$ 的地位是平等的, 由此推出一个重要性质: 对应形式 $F(u)$ 不仅关于 $\overset{0}{u}$ 是 g 次齐式. 而且关于 $\overset{1}{u}, \cdots, \overset{r}{u}$ 也都是 g 次齐式, 而且在置换任意两个 $\overset{j}{u}$ 下它化为自身, 至多差一因子.

现在我们转至可约的纯 r 维流形. 这种流形的对应形式定义成它的不可约部分的对应形式之积. 且每项还带有任意的可选的整正幂指数 ϱ_i:

$$F = F_1^{\varrho_1} F_2^{\varrho_2} \cdots F_s^{\varrho_s}. \tag{5.5.8}$$

如果 $g_1, \cdots, g_s$ 是不可约部分的次数, 那么总形式 F 对 $\overset{0}{u}, \overset{1}{u}, \cdots, \overset{r}{u}$[①]的每个单个的变量的次数都是等于

$$g = \sum_i \varrho_i g_i.$$

对应形式 F 唯一地决定了流形 M 连同它的不可约部分的重数 ϱ_i. 此外还有

为使任意 $r+1$[②] 个超平面 $\overset{0}{v}, \overset{1}{v}, \cdots, \overset{r}{v}$ 与 M 有一个公共点. 必要和充分条件是 $F(\overset{0}{v}, \overset{1}{v}, \cdots, \overset{r}{v}) = 0$.

我们上面已经看到, 这个定理对不可约流形是对的. 根据因子分解 (5.5.8), 它也可以直接地采用于可分解的流形上.

练 习 5.5

1. 假设 M 是一个线性子空间, 则对应形式的系数是 M 的 Plücker 坐标.

2. 如果 M 是一个超曲面 $f = 0$. 我们可以从形式 f 得到流形 M 的对应形式. 只要将 f 的变量 $x_0, \cdots, x_n$ 代之以矩阵 $\overset{j}{u}_k$ $(j = 0, \cdots, n-1; k = 0, \cdots, n)$ 的 n 级行列式. 这些行列式用通常的办法轮换其正负号.

3. 如果 $f_\mu = 0$ 是一个不可约流形 M 的方程, 在形式 $f_\mu(x)$ 外, 又我们再取 $r+1$ 个线性形式 $(\overset{0}{u}, x), (\overset{1}{u}, x), \cdots, (\overset{r}{u}, x)$, 且从所有这些形式构造结式系, 则这个结式系的最大公因子是对应形式 $F(u)$ 的一个乘幂.

4. 怎样去描述可分解流形的相应定理?

§5.6 所有流形 M 的对应形式的全体

首先我们问: 当给定一个流形的对应形式 $F(u)$, 我们怎样去找该流形的方程?

若点 y 属于 M, 那么 $r+1$ 个任意的通过 y 的超平面 $\overset{0}{v}, \cdots, \overset{r}{v}$ 肯定与 M 有一个公共点. 但如果 y 不属于 M, 那么我们肯定可以给出这样的超平面 $\overset{0}{v}, \cdots, \overset{r}{v}$. 通过 y 且和 M 没有公共点. 只要我们选取 $\overset{r}{v}$, 使它和 M 仅交出一个维数 $r-1$ 的流形. 并对 r 利用完全归纳法, 因为对 $r = 0$ 成立断言是显然. 因此, y 属于 M 的充要条件是: 通过 y 的任意 $r+1$ 个超平面都满足条件 $F(\overset{0}{v}, \overset{1}{v}, \cdots, \overset{r}{v}) = 0$.

---

① 原著是 $u_0, u_1, \cdots, u_r$.—— 译者注

② 原著是 r.—— 译者注

为了得到通过 y 的任意一个超平面, 最简单的方法是把它取为 y 对于一个任意零配系 (允许是奇异的) 的零平面

$$v_j = \sum s_{jl} y_l \qquad (s_{jl} = -s_{lj}),$$

对此我们简写

$$v = Sy.$$

如果 $\overset{0}{s}_{jl}, \overset{1}{s}_{jl}, \cdots, \overset{r}{s}_{jl}$ 全都是未完元. 其中 $\overset{i}{s}_{jl} = -\overset{i}{s}_{lj}$ 而 $S_0, S_1, \cdots, S_r$ 是相应的零配系. 那么, y 属于 M 的条件是

$$F(S_0 y, S_1 y, \cdots, S_r y) = 0 \qquad (5.6.1)$$

(对 $\overset{i}{s}_{jl}$ 恒成立). 在式 (5.6.1) 中对 $j > l$ 的 $\overset{i}{s}_{jl}$ 用 $-\overset{i}{s}_{lj}$ 代替. 并令 $\overset{i}{s}_{jl}$ 的所有乘幂的系数等于零. 我们便得到 M 的方程.

本节的基本问题是: 一个形式 $F(\overset{0}{u}, \overset{1}{u}, \cdots, \overset{r}{u})$, 其中所有的变量组 $\overset{0}{u}, \cdots, \overset{r}{u}$ 有同样的次数 g, 应该满足怎样的条件, 才是一个流形的对应形式.

下面三个条件显然是必要的.

(1) $F(u)$ 作为 $\overset{0}{u}$ 的形式. 关于 $K(\overset{1}{u}, \cdots, \overset{r}{u})$ 的某一扩张域它完全地分解为线性因子

$$F(u) = \varrho \prod_1^g (\overset{i}{p}\overset{0}{u}). \qquad (5.6.2)$$

(2) 由 (5.6.2) 确定的点 $\overset{i}{p}$ 处在所有的平面 $\overset{1}{u}, \cdots, \overset{r}{u}$ 内

$$(\overset{i}{p}\overset{k}{u}) = 0 \qquad (i = 1, \cdots, g; k = 1, \cdots, r). \qquad (5.6.3)$$

(3) 此外, $\overset{i}{p}$ 还满足 M 的方程

$$F(S_0 \overset{i}{p}, S_1 \overset{i}{p}, \cdots, S_r \overset{i}{p}) = 0. \qquad (5.6.4)$$

条件 (3) 也可以这样来表示: 如果超平面 $\overset{0}{v}, \overset{1}{v}, \cdots, \overset{r}{v}$ 全都通过一点 $\overset{i}{p}$. 那么 $F(\overset{0}{v}, \overset{1}{v}, \cdots, \overset{r}{v}) = 0$.

现在我们证明, 这三个条件也是充分的.

(关于基域 K) 有一个不可约代数流形 M_1, 以点 $\overset{1}{p}$ 作为一般点. 相应也有 $M_2, \cdots, M_g$; 当然它们不必各不相同. 用 M 记不可约流形 $M_1, M_2, \cdots, M_g$ 的并.

根据条件 (2), 点 $\overset{1}{p}, \cdots, \overset{g}{p}$ 处在用超平面 $\overset{1}{u}, \cdots, \overset{r}{u}$ 决定的线性子空间 S_{n-r} 内. 条件 (3) 断定了除 $\overset{1}{p}, \cdots, \overset{g}{p}$ 外 S_{n-r} 内没有 M_1 或是 $M_2 \cdots$ 直到 M_g 的其他一般点. 事实上, 如果 S_{n-r} 包含 M_1 的另外一个一般点 q. 那么, 由于唯一性定理 (§4.3)

存在一个同构 $K(q) \cong K(\overset{1}{p})$. 将 q 变换至 $\overset{1}{p}$. 它可扩展为同构 $K(q, \overset{1}{u}, \cdots, \overset{r}{u}) \cong k(\overset{1}{p}, \overset{1}{w}, \cdots, \overset{r}{w})$. 表示 q 处在 S_{n-r} 内的关系

$$(q \overset{k}{u}) = 0 \quad (k = 1, \cdots, r).$$

在同构下仍成立; 所以有

$$(\overset{1}{p}\overset{k}{w}) = 0 \quad (k = 1, \cdots, r).$$

现在假设 $\overset{0}{w}$ 是另一个通过 $\overset{1}{p}$ 的任意平面. 那么, $(\overset{1}{p}\overset{0}{w}) = 0$, 这样, 从条件 (3) 即得

$$F(\overset{0}{w}, \overset{1}{w}, \cdots, \overset{r}{w}) = 0.$$

由 Study 引理 (§3.1) 就有, 当用未定元 $\overset{0}{u}$ 代替 $\overset{0}{w}$ 时有, $F(\overset{0}{u}, \overset{1}{w}, \cdots, \overset{r}{w})$ 能被 $(\overset{1}{p}\overset{0}{u})$ 整除. 利用同构的逆变换即得, $F(\overset{0}{u}, \overset{1}{u}, \cdots, \overset{r}{u})$ 可被 $(q\overset{0}{u})$ 整除, 由 (5.6.2), 这就是 q 仍然与点 $\overset{i}{p}$ 之一重合.

现在, 由于一个一般的线性空间 S_{n-r} 和不可约流形 M_1 只交出有限多个一般点 (确切地说至少有一个点. 即 $\overset{1}{p}$), 所以 M_1 是恰好 r 维. $M_2, \cdots, M_g$ 同样是 r 维. M_1 的对应形式是

$$F_1 = \prod(\overset{i}{p}\overset{0}{u}),$$

中求积是对那些与 $\overset{1}{p}$ 共轭的 $\overset{i}{p}$ 来进行的.

当在乘积 (5.6.2) 中如以共轭为等价关系去分类 $\overset{i}{p}$. 那么乘积 (5.6.2) 可以写作

$$F = \varrho\{(\overset{1}{p}\overset{0}{u})\cdots(\overset{e}{p}\overset{0}{u})\}^{\varrho_1}\{(\overset{e+1}{p}\overset{0}{u})\cdots(\overset{e+f}{p}\overset{0}{u})\}^{\varrho_{e+1}}\cdots$$
$$= \varrho F_1^{\varrho_1} F_{e+1}^{\varrho_{e+1}}\cdots.$$

这个因子分解表明, F 等于一个流形 M 的对应形式. 其中 M 由具有重数 $\varrho_1, \varrho_{e+1}, \cdots$ 的部分 $M_1, M_{e+1}, \cdots$ 组成.

从而条件 (1)、(2)、(3) 是充分的.

我们现在来证明, 条件 (1)、(2)、(3) 可用形式 $F(\overset{0}{u}, \overset{1}{u}, \cdots, \overset{r}{u})$ 的系数 a_λ 间的齐次代数关系表出.

为了用齐次代数关系去表达条件 (1), 我们完全如 §5.5 开头那样去做, 即我们在

$$F(\overset{0}{u}, \overset{1}{u}, \cdots, \overset{r}{u}) = \varrho \prod_1^g (\overset{i}{p}\overset{0}{u})$$

中首先比较 $\overset{0}{u}$ 乘幂的系数

$$\varphi_\nu(\overset{1}{u}, \cdots, \overset{r}{u}) = \varrho\psi_\nu(\overset{1}{p}, \cdots, \overset{g}{p}),$$

然后消去 ϱ:

$$\varphi_\mu\psi_\nu - \varphi_\nu\psi_\mu = 0. \tag{5.6.5}$$

条件 (2) 是

$$(\overset{i}{p}\overset{k}{u}) = 0 \quad (i = 1, \cdots, g; k = 1, \cdots, r). \tag{5.6.6}$$

条件 (3) 将得到肯定, 只要在 (5.6.4) 中令未定元组 s^i_{jl} 的乘幂的系数为零, 即

$$\chi_\mu(a_\lambda, \overset{i}{p}) = 0 \quad (i = 1, \cdots, g). \tag{5.6.7}$$

通过求结式系, 我们在齐次方程 (5.6.5)、(5.6.6)、(5.6.7) 中消去 $\overset{i}{p}$ 得

$$R_\chi(a_\lambda, \overset{1}{u}, \cdots, \overset{r}{u}) = 0.$$

这些方程应对 $\overset{1}{u}, \cdots, \overset{r}{u}$ 恒成立. 这样, 我们令这些 $\overset{k}{u}$ 的乘幂的系数等于零, 则得到我们所需要的方程组

$$T_\omega(a_\lambda) = 0. \tag{5.6.8}$$

系数为 a_λ 的 g 次形式 $F(\overset{0}{u}, \overset{1}{u}, \cdots, \overset{r}{u})$ 是一个 g 次 r 维流形 M 的对应形式的必要和充分条件由 (5.6.8) 给出.

对上面证明做一个很小的补充, 我们也可以得到, 流形 M 位于另一个流形 N 内的条件.

设 N 的方程是 $g_\nu = 0$. 必使 M 在 N 上, M 的不可约部分的一般点 $\overset{1}{p}, \cdots, \overset{g}{p}$ 就应在 N 上. 这给出了条件

$$g_\nu(\overset{i}{p}) = 0 \quad (i = 1, \cdots, g). \tag{5.6.9}$$

将这些方程与 (5.6.5)、(5.6.6)、(5.6.7) 合在一起, 并再次消去 $\overset{i}{p}$, 即得到一个与 (5.6.8) 完全类似的方程组. 为了 M 在 N 上, 这些方程满足是必要和充分的. 如果 N 用它的坐标 b_μ, 或者同样的, 用它的对应形式给出. 那么, 我们可以用本节开头给的方法去组成方程 $g_\nu = 0$, 从而得出 M 处在 N 上的条件有下述双重齐次方程组的形式

$$T_\omega(a_\lambda, b_\mu) = 0. \tag{5.6.10}$$

例 5.6.1　我们要在 $r = 1, g = 1$ 最简单的情况下, 来一次实际地给出条件 (5.6.8). 我们以 u 与 v 代替 $\overset{0}{u}$ 和 $\overset{1}{u}$, 故每一个关于 u 和关于 v 都是一次的形式为

$$F = \sum\sum a_{jk}u_j v_k.$$

在这种情况下, 当用 p 代替 $\overset{1}{p}$, 条件 (1) 写成

$$p_j = \sum a_{jk} v_k. \tag{5.6.11}$$

由于今后 p_j 的消去可以简单地用 (5.6.11) 的代入来实现. 我们就不去给这个方程组作齐次化了. 条件 (2) 给出

$$\sum p_j v_j = 0,$$

或者当 (5.6.11) 代入并令 $v_j v_k$ 的系数等于零给出

$$a_{jk} + a_{kj} = 0. \tag{5.6.12}$$

如令 $\overset{0}{s}_{ij} = s_{ij}$ 及 $\overset{1}{s}_{ij} = t_{ij}$. 条件 (3) 给出

$$\sum\sum a_{ik} \left(\sum s_{ij} p_j \right) \left(\sum t_{kl} p_l \right) = 0$$

或令式 (5.6.11) 代入并为简单起见略去和号:

$$a_{ik} s_{ij} a_{jr} v_r t_{kl} a_{ls} v_s = 0$$

对 s_{ij}, t_{kl} 及 v_r 恒成立. 使乘幂等于零即得

$$(1 - P_{ij})(1 - P_{kl})(1 + P_{rs}) a_{ik} a_{jr} a_{ls} = 0, \tag{5.6.13}$$

其中 P_{ij} 表指标 i 和 j 的置换. 为使系数是 a_{jk} 的形式 F 是一条直线的对应形式或说 a_{ik} 是一条直线的 Plücker 坐标, 条件 (5.6.12) 和 (5.6.13) 是必要和充分的. 三次方程 (5.6.13) 应与早先导出的二次关系 (对照 §1.7)

$$a_{ij} a_{kl} + a_{ik} a_{lj} + a_{il} a_{jk} = 0$$

等价.

直到现在的结果, 其意义并非去给出得到的条件方程的具体形式, 因为上例已指出, 即使在最简单的情况去给出具体形式就已经够复杂了. 这些结果所给的好处在于, 我们现在可以去研究具有予先给定阶数的纯 r 维流形全体. 办法就是我们把每个流形 M 映为一点.

一个流形 M 的对应形式被它的系数 a_λ 决定了. 我们把这些系数理解为一个射影空间 $\mathcal{B}$ 内一个点 a 的坐标. 因此, 具有给定次数和维数的每个流形 M 对应于一个像点 A. 反过来 M 也由 A 唯一决定. $\mathcal{B}$ 称为次数是 g, 维数是 r 的流形 M 的像空间. 所有像点 A 的全体是 $\mathcal{B}$ 内的一个代数流形, 其方程为上面确立了的

$$T_\omega(a) = 0$$

　　流形 M 的一个代数系统 (algebraic system), 我们理解为流形 M 的这样一个集合. 它的像集合是 B 的一个代数流形. 所有的流形 M (给定次数和给定维数) 是代数系统的一个例子. 同样, 在一个给定流形 N 上的所有流形的全体或包含一个给定流形 L 的所有流形全体, 也是一个代数系统, 因为这些关系是用代数方程 (5.6.10) 表出.

　　通过流形 M 至像空间 B 的点的一一映射, 在像空间的代数流形上的有关概念和定理可以直接地搬到流形 M 的代数系统上去. 譬如, 我们可以用不可约系统去分解每一个代数系统. 我们可以谈一个代数系统的维数和一般元素; 我们有关于流形的一个不可约系统被它的一般元素唯一确定的定理. 进一步, 我们也可以研究代数流形和其他几何对象之间的代数对应以及应用个数守恒原理. 对这些概念的一个更详尽的介绍见 Chow 与 van der Waerden 的工作[1], 其应用见作者的其他工作[2].

――――――
　　[1] Chow W -L, van der Waerden B L. Zur Algebraischen Geomstrie IX. Math. Ann. Bd. 113 (1937).
　　[2] van der Waerden B L. Zur Algebraischen Geometrie XI and XIV. Math. Ann. Bd. 114 und 115.

第 6 章　重数的概念

§6.1　重数的概念和个数守恒原理

我们要研究这样的问题: 当一个几何问题的数据特殊化后它的解会怎样呢?

设问题的数据用 (齐次的或非齐次的) 坐标 x_μ 给出. 所求的几何形体是用一组或多组齐次坐标系 y_ν 给出的. 目前为确定起见, 我们设不仅是 y, 并且 x 也是一组齐次坐标, 并相应地说是 "点" x 和 "点" y. 这个假定不是本质的; 本质的是我们要求: 几何问题是用方程组

$$f_\mu(x, y) = 0 \tag{6.1.1}$$

来决定, 这组方程 (至少对 $y-$ 坐标) 是齐次的. 这样的问题我们称之为正规问题 (normal probleme).

方程 (6.1.1) 决定了点 x 和 y 间的一个代数对应. 这样, 我们也可以把代数对应定义作为正规问题, 这个定义和前面的定义等价.

点 x 可以在一个不可约流形 M 中变动. 对这流形的一个一般点 ξ 设问题至少有一个解 η, $f_\mu(\xi, \eta) = 0$. 于是对 M 的每一个点 x, 这问题至少有一个解 y; 因为由 (6.1.1) 消去 y 所得的结式系为 M 的一个一般点所满足, 所以它为 M 的所有点满足. 其次我们假设, 问题关于 M 的一个特殊点 x 仅有有限多个解. 因此, 根据定理 5.3.6(§5.3) 问题对 M 的一般点 ξ 也只有有限多解答. 设这有限多个不同解是 $\eta^{(1)}, \cdots, \eta^{(h)}$.

按照关于特殊化的一个一般的定理 (§4.1), 特殊化 $\xi \to x$ 可以扩充成整个系统的一个特殊化

$$\xi \to x, \quad \eta^{(1)} \to y^{(1)}, \quad \cdots, \quad \eta^{(h)} \to y^{(h)}. \tag{6.1.2}$$

我们把它表述为: "在特殊化 $\xi \to x$ 下 $\eta^{(1)}, \cdots, \eta^{(h)}$ 转为 $y^{(1)}, \cdots, y^{(h)}$." 所有的 $y^{(k)}$ 是方程 (6.1.1) 的解; 因为关系 $f(\xi, \eta^{(k)}) = 0$ 在每个特殊化下仍应成立. 但首先, 我们是否可以用这种办法得到方程组 (6.1.1) 的所有解, 则不一定.

点 $y^{(1)}, \cdots, y^{(h)}$ 用不着是完全不同的; 可能在特殊化 $\xi \to x, \eta^{(k)} \to y^{(h)}$ 下正好某些解 "合拢" 了. 问题 (6.1.1) 的一个确定解 y 在解 $y^{(1)}, \cdots, y^{(h)}$ 中出现的次数称为这个解 y 在特殊化 (6.1.2) 下的重数 (multiplizität 或 vielfachheit). 问题 (6.1.1) 的所有解的重数之和显然等于 h, 也就是它总是等于问题对 M 的一个一般点 ξ 的

解答数. 这样, 我们得到个数守恒原理: 一个正规问题的解的个数在特殊化 $\xi \rightarrow x$ 下保持不变, 假设在特殊化后, 每个解计算的次数等于它的重数.

为使这个原理有多种用途, 应当满足两个条件: 首先重数应该是由特殊化 $\xi \rightarrow x$ 唯一决定的 (跟解 $\eta^{(k)}$ 如何特殊化是无关的), 其次, 在特殊化 (6.1.2) 中我们应确信能得到问题的所有解. 换句话说, 没有解的重数为零. 这些是不会自动满足的: 我们完全可以给出正规问题的例子, 使其重数不是唯一地确定或者其中出现重数为零的解. 而下面的定理给出了充分条件, 在这些条件下那些讨厌的情况是不可能发生的.

定理 6.1.1(关于重数的主要定理)　(1) 当点 ξ 的 (归一化) 坐标是其中的某些代数独立量的有理函数, 而这些有理函数在特殊化 $\xi \rightarrow x$ 下仍保持有意义, 则特殊化解 $y^{(1)}, \cdots, y^{(h)}$, 如果不计较它的次序, 由特殊化 $\xi \rightarrow x$ 唯一确定.

(2) 除 1 的假定外如果由 (6.1.1) 决定的对应是不可约的, 则问题 (6.1.1) 的每个解 y 在解答 $y^{(1)}, \cdots, y^{(h)}$ 中至少出现一次.

对 (1) 的证明　将一般点 ξ 所对应的解 $\eta^{(1)}, \cdots, \eta^{(h)}$ 分解为代数共轭的点组. 只需考虑其中的一个点组 $\eta^{(1)}, \cdots, \eta^{(k)}$, 并证明这一组的特殊化由 $\xi \rightarrow x$ 唯一确定即可. 对于点 $\eta^{(1)}$ 至少有一个坐标不为零, 譬如是 $\eta_0^{(1)}$; 于是对所有的共轭点这个坐标也不等于零, 且可以令它等于 1; $\eta_0^{(\nu)} = 1$. 于是坐标 $\eta_j^{(\nu)}$ 是关于域 $K(\xi)$ 的代数量. 令坐标 $\xi_1, \cdots, \xi_m$ 是未定元, 其余的是关于它们的有理函数.

现在假设 $u_0, u_1, \cdots, u_n$ 是另外的未定元. 量 $-u_1\eta_1^{(1)} - \cdots - u_n\eta_n^{(1)}$ 关于域 $K(\xi, u)$ 是代数的, 因此是一个系数在域 $K(\xi_1, \cdots, \xi_m, u_1, \cdots, u_n)$ 上的不可约多项式 $G(u_0)$ 的零点. 在一个适当的扩域 (erweiterungskörper)里, 这个多项式完全分解为线性因子, 这些线性因子都和 $u_0 + u_1\eta_1^{(1)} + \cdots + u_n\eta_n^{(1)}$ 共轭, 因此具有形状 $u_0 + u_1\eta_1^{(\nu)} + \cdots + u_n\eta_n^{(\nu)}$:

$$G(u_0) = h(\xi)\prod_\nu (u_0 + u_1\eta_1^{(\nu)} + \cdots + u_n\eta_n^{(\nu)}) = h(\xi)\prod_\nu (u\eta^{(\nu)}). \tag{6.1.3}$$

我们设想这样去确定任意因子 $h(\xi)$, 使多项式 $G(u_0)$ 关于 $\xi_1, \cdots, \xi_m$ 不仅是有理的而且还是多项式, 并且不含有仅依赖于 ξ 的因子. 此后我们用 $G(\xi, u)$ 来记这多项式. $G(\xi, u)$ 是关于 $\xi_1, \cdots, \xi_m, u_0, \cdots, u_n$ 不可约的多项式, 并按 §5.5 它称为点组 $\eta^{(1)}, \cdots, \eta^{(k)}$ 的对应形式. 这个对应形式提供了一种办法, 得以去唯一地确定点组的特殊化.

我们按 u 的乘幂展开 (6.1.3) 的两边, 并比较这些乘幂的系数, 则得到一组关系

$$a_\lambda(\xi) = h(\xi)b_\lambda(\eta), \tag{6.1.4}$$

由此得到齐次关系

$$a_\lambda(\xi)b_\mu(\eta) - a_\mu(\xi)b_\lambda(\eta) = 0. \tag{6.1.5}$$

这些齐次关系在特殊化 $\xi \to x, \eta^{(\nu)} \to y^{(\nu)}$ 下仍应保持. 从而推出

$$a_\lambda(x)b_\mu(y) - a_\mu(x)b_\lambda(y) = 0. \tag{6.1.6}$$

但这些关系表明了 $a_\lambda(x)$ 与 $b_\lambda(y)$ 成比例. $b_\lambda(y)$ 是形式 $\prod_\nu (uy^{(\nu)})$ 的系数, 因此它们不全为零. 所以由 (6.1.6) 推得

$$a_\lambda(x) = \varrho b_\lambda(y). \tag{6.1.7}$$

但是由于 $a_\lambda(x)$ 是形式 $G(x,u)$ 的系数, 式 (6.1.7) 就意味着

$$G(x,u) = \varrho \prod_\nu (uy^{(\nu)}). \tag{6.1.8}$$

当我们还可以证明形式 $G(x,u)$ 不恒等于零时, 则在 (6.1.8) 中有 $\varrho \neq 0$. 根据因子分解的唯一性定理, 右边的线性因子是唯一确定的, 因此点 $y^{(1)}, \cdots, y^{(h)}$ 也是唯一确定的, 至多它们的次序不同.

为了证明形式 $G(x,u)$ 不恒等于零, 我们用未定元 (unbestimmte)$Y_0, \cdots, Y_n$ 代替未知量 (unbekannten)$y_0, \cdots, y_n$ 并作形式 $f_\mu(\xi, Y)$ 和线性形式 (u, Y) 关于 Y 的结式系. 这个结式系的形式 $R_\lambda(\xi, u)$ 当且仅当平面 u 通过点 $\eta^{(\nu)}$ 中之一时才会为零. 这样, 形式 $R_\lambda(\xi, u)$ 被线性形式 $(\eta^{(\nu)}u)$ 同时也被它们的乘积所除尽, 所以被形式 (6.1.3) 除尽. 在 $R_\lambda(\xi, u)$ 中令 $\xi_0 = 1$ 并令 $\xi_{m+1}, \cdots, \xi_n$ 用 $\xi_1, \cdots, \xi_m$ 的有理函数代入, 此处我们利用了假设 1. 我们乘上这样的一个公分母 $N_\lambda(\xi_1, \cdots, \xi_m)$ 以后, 乘积 $N_\lambda(\xi)R_\lambda(\xi, u)$ 将是对 $\xi_1, \cdots, \xi_n$ 整有理的, 由于 $N_\lambda R_\lambda(\xi, u)$ 是被 $G(\xi, u)$ 除尽和由于 $G(\xi, u)$ 不具有只依赖于 ξ 的因子, 上述的可除性, 在作为 ξ 和 u 的多项式的领域内也是对的:

$$N_\lambda(\xi)R_\lambda(\xi, u) = A_\lambda(\xi, u)G(\xi, u).$$

当用 x 代替 ξ 时, 等式照样成立. 现在, 如果是 $G(x, u) = 0$, 则由于 $N_\lambda(x) \neq 0$ 似乎将导致 $R_\lambda(x, u) = 0$. 但情况并非如此, 因为 $R_\lambda(x, u)$ 是形式 $f_\mu(x, Y)$ 和一个线性形式 (u, Y) 的结式系, 它等于零只当这样的 u 的特殊值, 此处平面 u 通过有限多个满足方程式 (6.1.1) 的点 y 中的一个. 所以, 事实是 $G(x, u) \neq 0$. □

对 (2) 的证明　当对应 (6.1.1) 是不可约的, 那么每个点对 (x, y) 是一般点对 (ξ, η) 的一个特殊化. 此处 ξ 是 M 的任意一个一般点, η 是其对应点 $\eta^{(\nu)}$ 中的任一个, 譬如 $\eta = \eta^{(1)}$. 按照 §4.1 特殊化 $(\xi, \eta) \to (x, y)$ 允许扩展为特殊化 $(\xi, \eta^{(1)}, \eta^{(2)}, \cdots, \eta^{(h)}) \to (x, y, y', \cdots, y'')$. 按照已经证明的唯一性定理 (本证明的第一部分)$y, y', \cdots, y''$ 应该在某一个次序里与 $y^{(1)}, \cdots, y^{(h)}$ 一致. 所以证明了点 y 在 $y^{(1)}, \cdots, y^{(h)}$ 中出现. □

从上面证明的定理得出, 在所做的假设下, 问题 (6.1.1) 的单个的解 y 的重数是唯一确定而且是正的.

假设 1 在 M 是整个的射影或多重射影空间时成立, 此时 $\xi_1, \cdots, \xi_m$ 简单地就是点 ξ 的非齐次坐标. 又当 M 是 S_n 内所有子空间 S_d 的全体, 它也被满足. 因为根据 §1.7, 一个这样的 S_d 的所有 Plücker 坐标是它们中间 $d(n-d-1)$ 个坐标的有理函数.

所给的假定允许适当的减弱, 但不能整个省略. 假定 1 可以用点 x 为 M 的简单点这个较弱的假定代替它[①]. 同样, 正如证明中指出的, 可以用点对 (x, y) 是某一个点对 $(\xi, \eta^{(\nu)})$ 的特殊化这个较弱的假定来代替假定 2. 但是, 如人们什么假定都不作时, 那么, 正如下面的例子指出的, 断言 1 和 2 两者将可能是错的.

例 6.1.1　利用令矩阵

$$\begin{pmatrix} x_0 & x_1 & x_2 \\ y_0^2 y_1 & y_0 y^2 & y_0^3 + y_1^3 \end{pmatrix}$$

的所有二阶子行列式为零所得的方程组确定下述平面三次曲线

$$x_0 x_1 x_2 = x_0^3 + x_1^3$$

和直线 y 之间的不可约 $(1,1)$ 对应. 曲线的一个一般点 ξ 对应于唯一的一个点 η:

$$\eta_0 : \eta_1 = \xi_0 : \xi_1.$$

但是曲线的二重点 $(0, 0, 1)$ 对应于两个不同的 y 点 $(0, 1)$ 和 $(1, 0)$, 两者都是一般点对 (ξ, η) 的特殊化. 所以特殊化不是唯一确定的, 解 $(0, 1)$ 或 $(1, 0)$ 中之一的重数可以随意地令之等于零或等于一.

例 6.1.2　给定一个二元的双二次形式

$$a_0 t_0^4 + a_1 t_0^3 t_1 + a_2 t_0^2 t_1^2 + a_3 t_0 t_1^3 + a_4 t_1^4 \tag{6.1.9}$$

(或几何上: 在一直线上的一四点组). 我们要来求所有那些射影变换

$$t_i' = \sum e_{ik} t_k.$$

它们将形式 (或四点组) 变为自身. 这个问题可以直接用关于未知系数 $e_{00}, e_{01}, e_{10}, e_{11}$ 的齐次方程来改写. 因为我们只需要去求出变换后的形式的系数, 并 (利用二阶行列式等于零) 证明它们应当与原来的系数 a_0, a_1, a_2, a_3, a_4 成比例. 众所周知, 对一般的形式 (6.1.9) 问题有四个解: 有四个射影变换, 使直线上的一个一般的四点组变换到自身 (它构成 Klein 四元群). 但是如果四点组特殊地是一调和点列 (具有

① 其证明参阅 van der Waerden B L. Zur algebraischen Geometrie VI. Math. Ann. Bd. 110 (1935) S.144, §3.

交比等于 -1), 则有八个这样的变换. 有一个对合变换使此调和点列中的两个是固定的而另外两个彼此交换, 我们还可以拿这个变换和四元群的变换相乘. 在拟调和四点组 (具有交比 $\frac{1}{2} \pm \frac{1}{2}\sqrt{-3}$ 的情况), 甚至于有 12 个将四点组变到自身的变换, 它们在交错群作用下相互置换. 这 4 个或 8 个新增添问题的解答现在显然具有重数零. 因为它们不能从一般情况的四个解用特殊化来获得. 对应的不可约性的假定此处恰好不满足.

给出这两个反例以后, 现在我们去给两个另外的例子, 此处它满足了对于个数守恒原理的应用所必需的所有假定.

例 6.1.3 在 S_n 内的一个不可约 d 维流形 M 必同一个子空间 S_{n-d} 相交. 根据 §5.3 一个一般的 S_{n-d} 和流形 M 交出有限多个点. 现在, 如一个特殊的 S_{n-d} 和流形 M 也只交于有限多个点 x, 它们的每一个点就有一个确定的重数 (交点重数). 根据个数守恒原理, 所有交点的重数之和等于 M 和一般 S_{n-d} 的交点个数, 即等于流形的次数.

x 与 S_{n-d} 间的对应的不可约性我们已经在 §5.3 就认识到了, 在此如果给出一个一般点对 (ξ, S_{n-d}^*), 则所有的对 (x, S_{n-d}), 其中 x 属于 M 且 S_{n-d} 含有 x, 就可由一般点对的特殊化获得. 这里所利用的 "反问题方法" 在很多其他的正规问题的场合也有用. 这里我们不是从一个一般的 S_{n-d} 出发, 而是由 M 的一个一般点 ξ 出发然后通过这个点 ξ 去给出最一般空间 S_{n-d}^*. 我们也不是从正规问题的数据出发, 而是从解出发去求合适的且尽可能一般的数据.

现在, 因为主要定理的所有假定都有了, 所以得到: M 和任何一个 S_{n-d} 的交点重数是唯一确定的, 而且是正的.

交点重数的概念可以直接运用到可分解纯 d 维流形上.

例 6.1.4 问题是确定一个 3 次曲面上的直线. 在 §5.4 我们已经看过, 这个问题归结为求直线的 Plücker 坐标所满足的齐次方程. 同样, 我们知道由这些方程定义的对应是不可约的. 一个三次曲面由 20 个彼此无关的系数决定. 一个一般的三次曲面, 正如我们在 §5.4 看到的, 含有 27 根不同的直线. 因而在每个三次曲面上有 27 根 (不一定是不同的) 直线, 它们都从一般曲面上的 27 条直线的特殊化获得. 相交的直线在特殊化后仍然相交; 在此意义下这些直线的形态得到了保持. 当在一个特殊的曲面上仅有有限多直线 (即当曲面不是锥面), 那么从重数的主要定理得到, 在特殊化下, 每根直线都具有一个确定的正的重数, 而且这些重数的和等于 27.

最后, 对具有重大原则性的例 6.1.3, 我们给出下面的定义: M 的一个点 y 称为流形 M 的 k 重点, 如果包含 y 的一个一般的线性空间 S_{n-d} 和流形 M 在 y 是 k 重相交. 如果 $k = 1$, 则 y 称为 M 的简单点.

§6.2　重数为一的判据

在 §6.1 中证明的关于重数的主要定理为我们提供了一个判据, 根据它, 在多数重要的情况下, 我们可以去判定, 一个正规问题的解是否具有正的重数. 但是, 对于个数守恒原理的应用, 特别在"计数几何"中, 去掌握一些方法使得能够对重数的上限给出适当的估计也是同等重要的. 这些方法中最重要的一个定理是断言了, 在一定的条件下, 一个解的重数小于等于 1. 借助于这个判据以及关于重数的主要定理, 于是我们可以断言, 这个正规问题的解的重数正好等于 1. 因此, 根据个数守恒原理, 我们得出: 在一般情况下的问题的不同解的个数正好等于在所研究的特殊情形下解的数目. 后一个数目的确定往往比前一个容易得多.

对重数小于等于 1 的判据是基于一个超曲面的极超平面或切超平面的概念. 设 y 是超曲面 $H = 0$ 的一个点, 又用 ∂_k 表示关于 y_k 的偏微商, 则 H 在点 y 的**极超平面** (polarhyperebene)或**切超平面** (tangentialhyperebene)是由

$$z_0 \partial_0 H(y) + z_1 \partial_1 H(y) + \cdots + z_n \partial_n H(y) = 0 \tag{6.2.1}$$

所给定的. 根据 Euler 定理, y 本身处在这超平面内:

$$m \cdot H(y) = y_0 \partial_0 H(y) + y_1 \partial_1 H(y) + \cdots + y_n \partial_n H(y) = 0. \tag{6.2.2}$$

利用另 $y_0 = z_0 = 1$ 我们引入非齐次坐标, 并且从 (6.2.1) 减去 (6.2.2), 则我们得到极超平面方程如下形式

$$(z_1 - y_1)\partial_1 H(y) + \cdots + (z_n - y_n)\partial_n H(y) = 0. \tag{6.2.3}$$

在切超平面 (6.2.1) 内, 通过 y 的直线都是超平面 H 在点 y 的切线. 与第三章不同的是, 当 y 是 H 的一个二重点, 这时方程 (6.2.1) 对 y 恒满足, 我们还是保留这种说法: 在这种情况下, 通过 y 的所有直线将都为 H 在点 y 的切线.

下面是我们希望的判据给出的结论.

定理 6.2.1　当一个正规问题是用方程组

$$H_\nu(\xi, \eta) = 0$$

给出, 又设在特殊化 $\xi \to x$ 中, 两个不同的解 η', η'' 转化为同一个解 y, 则下列特殊化超曲面

$$H_\nu(x, z) = 0 \tag{6.2.4}$$

在点 $z = y$ 有一公共切线.

证明 证明将以 η' 和 η'' 的联线在特殊化中转化为一切线为基础.

不妨假设 $y_0 \neq 0$, 于是也有 $\eta' \neq 0, \eta'' \neq 0$. 从而可以假设 $y_0 = \eta'_0 = \eta''_0 = 1$. 我们令

$$\eta''_k - \eta'_k = \tau_k,$$

则 $\tau_0 = 0$, 故 τ 是联线 η', η'' 的无穷远点. 特殊化 $(\xi, \eta', \eta'') \to (x, y', y'')$ 可以扩充为 $(\xi, \eta', \eta'', \tau) \to (x, y', y'', t)$. 我们有方程式

$$H_\nu(\xi, \eta') = 0,$$

$$H_\nu(\xi, \eta'') = H_\nu(\xi, \eta' + \tau) = 0.$$

将后一个方程按 $\tau_1, \cdots, \tau_n$ 的幂展开, 则有

$$\sum_1^n \tau_k \partial_k H_\nu(\xi, \eta') + 高次项 = 0. \tag{6.2.5}$$

在高次项中, 我们总可以留下一个因子 τ_k 并对其他的因子 τ_k 重新用 $\eta''_k - \eta'_k$ 代入. 从此 (6.2.5) 将关于 $\tau_1, \cdots, \tau_n$ 是齐次的. 通过引入 η'_0 及 η''_0 也可使 (6.2.5) 对 η' 及 η'' 为齐次的, 于是我们得到一个方程, 在特殊化 $(\xi, \eta', \eta'', \tau) \to (x, y, y, t)$ 后仍旧成立. 但是, 在特殊化后差 $\eta''_k - \eta'_k$(或齐次的 $\eta''_k\eta'_0 - \eta'_k\eta''_0$) 等于零, 因为 η' 和 η'' 两者转为 y. 这样, 整个的方程 (6.2.5) 留下的只是第一项:

$$\sum_1^n t_k \partial_k H_\nu(x, y) = 0.$$

这样, 这些特定超曲面的切超平面有一个公共的 (无穷远) 点 t. 此外, 由于所有的超曲面都公有 (有限) 点 y, 所以它们也有正如命题指出的一根公切线. □

从上面证明的定理立即推出重数 1 的判据:

如果一个正规问题满足关于重数主要定理的条件, 又设 (6.2.4) 中所列的特殊超曲面在 y 没有公切线, 则解 y 正好重数是一.

这样, 在特殊化中, 一般问题的两个不同解, 就不可能合拢为一.

在这个判据中, 其好处在于, 应用它的时候, 我们只要去考虑特殊问题 (特殊问题在大部分情况下要比一般问题简单); 至于一般问题 (用 ξ 代替 x), 我们只需要知道, 应用重数概念的各项假定是满足就够了.

§6.3 切 空 间

在 §1.9 中对平面曲线及在 §6.2 中对超曲面我们曾经解说过切空间的概念, 现在我们将对 S_n 内任意的纯 r 维流形来解说这个概念.

设 y 是 M 的一个点. 我们考虑所有包含 M 的超曲面在点 y 的切超平面的全体. 它们的交是一个包含 y 的线性空间 S_q. 当这个空间与流形 M 有相同的维数 r, 我们称它为 M 在点 y 的切空间 (tangentialraum).

现在我们首先证明, 一个不可约流形 M 在每一个一般点 ξ 具有一个切空间. 我们归一化点 ξ, 令 $\xi_0 = 1$ 和假设 $\xi_1, \cdots, \xi_r$ 是代数独立量, 剩下的 $\xi_{r+1}, \cdots, \xi_n$ 为它们的代数函数. 这些代数函数是可微的, ξ_k 关于 ξ_j 的导数记为 $\xi_{k,j}$. 现在我们考虑线性空间 S_r, 其方程 (用非齐次坐标 $z_1, \cdots, z_n$ 表示) 为

$$
\begin{cases}
z_{r+1} - \xi_{r+1} = \displaystyle\sum_1^r \xi_{r+1,j}(z_j - \xi_j), \\
\cdots\cdots \\
z_n - \xi_n = \displaystyle\sum_1^r \xi_{n,j}(z_j - \xi_j).
\end{cases}
\tag{6.3.1}
$$

我们要证明, 这个空间 S_r 正是切空间, 即它是下列切超平面:

$$
(z_1 - \xi_1)\partial_1 f(\xi) + \cdots + (z_n - \xi_n)\partial_n f(\xi) = 0
\tag{6.3.2}
$$

的交, 其中 $f = 0$ 为所有包含 M 的超曲面的方程. 我们首先去证明, S_r 是包含在这一交中, 其次再证明, 这一交空间包含在 S_r 内.

想要证明空间 S_r 包含在所有超平面 (6.3.2) 中, 这只要把 (6.3.1) 代入 (6.3.2) 中就可以得到. 代入后, (6.3.2) 的左边是

$$
\sum_{j=1}^r (z_j - \xi_j)\partial_j f(\xi) + \sum_{k=r+1}^n \sum_{j=1}^r \xi_{k,j}(z_j - \xi_j)\partial_k f(\xi)
$$
$$
= \sum_{j=1}^r (z_j - \xi_j)\{\partial_j f(\xi) + \sum_{k=r+1}^n \partial_k f(\xi)\xi_{k,j}\}.
$$

将方程 $f(\xi) = 0$ 对 ξ_j 求导, 我们会发现, 最后括弧的值等于零.

当我们能给出 (6.3.2) 的 $n - r$ 个超平面使它们的交恰好是 S_r, 则我们就证明了, (6.3.2) 中所列超平面的交是含在 S_r 内. 为此, 我们考虑将 ξ_{r+i} 与 $\xi_1, \cdots, \xi_r$ 联系起来的不可约方程:

$$
f_i(\xi_1, \cdots, \xi_r, \xi_{r+i}) = 0.
\tag{6.3.3}
$$

利用引入 ξ_0. 可以使这方程齐次化. 由于 M 的一般点满足它, M 的所有点也满足它, 所以 $f_i = 0$ 是包含 M 的超曲面. 它的极超平面 (6.3.2) 是

$$
\sum_{j=1}^r (z_j - \xi_j)\partial_j f_i + (z_{r+i} - \xi_{r+i})\partial_{r+i} f_i = 0.
\tag{6.3.4}
$$

用 $\partial_{r+i}f_i$ 除之, 则根据 $\xi_{r+i,j}$ 的定义我们得到

$$-\sum_{j=1}^{r}(z_j - \xi_j)\xi_{r+i,j} + (z_{r+i} - \xi_{r+i}) = 0.$$

但是这正好是方程组 (6.3.1). 所以极超平面 (6.3.4) 的交就是空间 S_r. 由此, 证明完毕.

因此在 M 的一个一般点处存在一个切空间 S_r. 这意味着, 线性方程组

$$z_0\partial_0 f(\xi) + z_1\partial_1 f(\xi) + \cdots + z_n\partial_n f(\xi) = 0$$

具有秩 $n-r$. 当 ξ 特殊化后, 这个秩将不可能变大 (由于 $=0$ 的子行列式, 特殊化后不可能 $\neq 0$). 假如秩变小, 则极超平面的交将是一空间 S_q. 其中 $q > r$. 但是如秩在特殊化 $\xi \to y$ 后保持不变, 则流形 M 在点 y 有一个切空间 S_r, 它描述了在一般点 ξ 的切空间的一个特殊化.

在 §6.2 的判据的应用中, 利用切空间将是有益的. 譬如, 借助于判据我们来证明定理.

定理 6.3.1　当 M 在点 y 具有切空间 S_r, 则 y 是 M 的简单点.

证明　过点 y 作一一般线性空间 S_{n-r}, 则它和 S_r 仅公有点 y. S_{n-r} 是 r 个超平面的交, 而这些超平面在点 y 的切空间又是超平面自身, 因此这些切空间的交也是 S_{n-r}. 包含 M 的超曲面的切超平面的交是切空间 S_r. 现在我们考虑 S_{n-r} 和 M 的交点的确定. 这是一个正规问题, 那么它的方程是 S_{n-r} 的方程和 M 的方程的联合. 根据所有这些方程在点 y 的极超平面的交就是 S_r 和 S_{n-r} 的交, 故仅有点 y. 由此解 y 重数是一, 即 y 是 M 和 S_{n-r} 的一个简单交点. 从此推出断言. □

定理 6.3.1 的逆也对.

定理 6.3.2　*如 y 是 M 的简单点, 则 M 在 y 具有切空间.*

证明　首先, 这定理对超曲面成立, 即当 y 是超曲面 $H = 0$ 的一个简单点, 则方程 $H(y + \lambda z) = 0$ 对适当的 z 具有一单根 $\lambda = 0$, 从而导数

$$\frac{\mathrm{d}}{\mathrm{d}\lambda}H(y + \lambda z) = \sum_0^n z_k\partial_k H(y + \lambda z)$$

在 $\lambda = 0$ 时不等于 0, 也就是说在 y 的极超平面的方程

$$\sum z_k\partial_k H(y) = 0$$

并非对 z 恒满足.

现在设 M 是一个纯 r 维流形, 又 y 是 M 的简单点. 通过 y 我们作一一般空间 S_{n-r}, 它与 M 在 y 单重相交. 它和 M 的其他交点是 $y_2, \cdots, y_g$. 在 S_{n-r} 内通

过 y 作一不包含 $y_2, \cdots, y_g$ 的 S_{n-r-1}. 最后在 S_{n-r-1} 内取一 S_{n-r-2}, 它不通过 y. 现在我们联结 M 的所有的点同 S_{n-r-2} 的所有的点, 从而我们得到一个投影的锥 K, 根据个数守恒原理, 它的维数是 $n-1$[1].

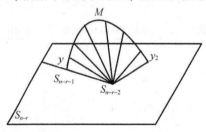

这样, K 是一个超曲面. K 的次数等于 M 的次数, 因为一般直线 S_1 和 K 的交点个数与 S_1 和 S_{n-r-2} 的包容空间同 M 的交点个数一样多. 特别地, 我们这样来选取这一根直线, 使它通过 y, 处在 S_{n-r} 内但不处在 S_{n-r-1} 内, 则我们发现 y 是 K 的一个简单点. K 在 y 的切空间是一个通过 S_{n-r-1} 的超平面, 它同 S_{n-r} 的交恰好是 S_{n-r-1}.

我们让 S_{n-r-1} 围绕 y 旋转, 而保持不脱离 S_{n-r}, 则所有这些空间 S_{n-r-1} 的交仅有点 y. 所以全体锥面 K 的切超平面和 S_{n-r} 仅有一个公共点 y. 从而是证明了, 这些切超平面的交是一个维数不超过 r 的线性空间.   □

§6.4   流形和一个特殊超曲面的交 ——Bezout 定理

如果 C 是一条不可约曲线, H 是一个一般的, 而 H' 是一个特殊的 g 次超曲面, 此处我们假设, H' 不包含曲线 C, 因而与它也只有有限多个交点. 令 $\eta^{(1)}, \cdots, \eta^{(h)}$ 为 C 和 H 的交点. 在特殊化 $H \to H'$ 下, $\eta^{(1)}, \cdots, \eta^{(h)}$ 在保持关系不变的条件下变成 $y^{(1)}, \cdots, y^{(h)}$, 且 C 和 H' 的每个交点 y 在特殊化下具有唯一确定的重数, 我们称它为 C 和 H' 在交点 y 的交点重数 (schnittpunktsmultiplizität).

交点重数一定是正数.

证明   根据 §6.1 给的判据, 只要能够证明超曲面 H' 和它同 C 的交点 y 之间的对应是不可约的就足够了. 但这是显然的 (我们已经在 §5.3 中指出过). 因为如果我们通过 C 的一个一般点 ξ 作一一般的超曲面 H, 那么得到的就是这个对应的一般点对.   □

我们可以同样证明下面的推广, 在一个 d 维流形 M 和 d 个超曲面的交当中, 只出现正重数的交点. 其中我们假设这些超曲面和 M 仅有有限个交点, 且这些曲

[1] 更准确地讲: 对 M 的每一个点 x 我们令 x 和 S_{n-r-2} 的包容空间中的所有点 z 与之对应. 从此决定了一个对应, 这对应分解成同 M 一样多的不可约部分. 像流形, 因而点 z 的全体, 其维数根据个数守恒原理等于
$$r + (n-r-1) = n-1.$$
此外, 在适当的坐标选择下, 锥面 K 不是别的, 正是在 §5.3(将流形表示为锥面和独异超曲面的部分交) 中所利用的.

面是从一些一般超曲面特殊化生成的. 我们也称上述的重数为 交点重数.

从这些事实得出如下定理.

定理 6.4.1(维数定理) 一个不可约 d 维流形 M 和一个不包含 M 的超曲面 H' 的交只含有 $(d-1)$ 维的部分.

证明 假设交 D 包含一个维数 $< d-1$ 的部分 D_1. 设 y 是 D_1 的一个点, 它不属于 D 的其他任何不可约成分 $D_2, \cdots, D_r$ (譬如 y 是 D_1 的一般点). 通过点 y 作 $d-1$ 个一般超平面 $U_1', \cdots, U_{d-1}'$, 而且, 这些超平面仅交 D 于有限多个点. 在这些交点中, 点 y 具有重数零. 因为当 H 是一个一般超曲面和 $U_1, \cdots, U_{d-1}$ 是一般超平面, 那么特殊化 $H \to H'$, $U_i \to U_i'$ 可以用两步去实现: 首先我们特殊化 $H \to H'$, 然后再特殊化 $(U_1, \cdots, U_{d-1}) \to (U_1', \cdots, U_{d-1}')$. 在第一次特殊化的时候, $M, H, U_1, \cdots, U_{d-1}$ 的交点 $\eta^{(1)}, \cdots, \eta^{(h)}$ 转化为 $M, H', U_1, \cdots, U_{d-1}$ 的, 也就是 $D, U_1, \cdots, U_{d-1}$ 的交点 $\zeta^{(1)}, \cdots, \zeta^{(h)}$. 这些点不处在 D_1 上, 因为根据维数的理由 D_1 和一般超平面 $U_1', \cdots, U_{d-1}'$ 没有公共点. 因此 $\xi^{(1)}, \cdots, \xi^{(h)}$ 全部处在并集 $D_2 + \cdots + D_r$ 上. 但是, 当 $U_1, \cdots, U_{d-1}$ 特殊化到 $U_1', \cdots, U_{d-1}'$ 时它们变至点 $y^{(1)}, \cdots, y^{(h)}$, 上述性质保持正确, 故这些 $y^{(i)}$ 也处在 $D_2 + \cdots + D_r$ 上, 所以 y 不在他们中间出现. 而另一方面是, 正如我们已经看过的, 每个交点 y 具有正重数. 这一矛盾证明了, 我们的假设是错误的. □

上面证明的维数定理是一个一般定理的特殊情况, 这一般的定理断言的是关于维数 r 和 s 的两个流形的交, 其中 $r+s>n$, 但这个一般定理证明要难得多[①].

现在, 我们转回到曲线的情况, 去考虑它和超曲面的交, 并证明相当于这种情况的"Bezout 定理".

定理 6.4.2 一根不可约曲线 C 和一个一般超曲面 H 的交点个数等于 C 和 H 的次数的乘积 $g\gamma$.

证明 我们考虑这样的不可约对应, 其中对应于 C 的每个点 y 是所有通过 y 的超平面 u. 不管是我们通过 C 的一般点 η 作一个一般的超平面 u, 或是我们从一个一般的超平面 u 出发, 而取 η 为 u 和 C 的任一个交点, 最终我们得到的都是这对应的一般点对 (η, u). 从一般点对 (η, u) 的第一种做法我们看到, 超平面 u 不包含曲线 C 在 η 的切线, 而只同它有公共点 η. 在一般点对的第二种生成办法中得到的也有同样的性质, 因为一般点对的代数性质总是相同的. 从而得出: 在曲线 C 和一个一般超平面的交点处, 曲线的切线与该超平面也只公有该交点.

现在, 我们利用特殊化, 从一般超平面 H 过渡到这样的超曲面 H', 它分解成 γ 个彼此无关的超平面 $L_1, \cdots, L_\gamma$. C 和 H' 的交点 η 的数目显然等于 $g\gamma$. 这些交点 η 的重数一方面是正数, 但另一方面根据 §6.2 中的不超过一, 否则曲线在点 η 的切

---

① 见 van der Waerden B L.Zur algebraischen Geometrie. X11. Math. Ann. Bd. 115. S. 330.

空间 (参见 §6.3) 与 H' 在点 η 的极超平面应该有一公共直线. 如果 η 是 L_1 的一个点, 则 H' 在 η 的极超平面也就是 L_1, 但 L_1 和曲线的切线公有点 η. 所以交点 η 的重数全等于一. 根据个数守恒原理, H 和 C 的交点数也等于 $g\gamma$.   □

定理 6.4.3   一个 γ 次不可约流形 M 和一个一般 g 次超曲面的交具有次数 $g\gamma$.

证明   设 M 的维数是 d, 则它和 H 的交维数是 $d-1$. 我们让 M 与 $d-1$ 个一般超平面相交, 则根据 §5.2 得到的是 γ 次不可约曲线. 按 Bezout 定理该曲线与 H 交出 $g\gamma$ 个点. 所以 M 和 H 的交集与一个一般线性空间 S_{n-d+1} 交出 $g\gamma$ 个点.   □

重复地应用即得:

一个 γ 次的不可约 d 维流形和 $k \leqslant d$ 个具有次数 $e_1, \cdots, e_k$ 的一般超曲面的交, 其次数是 $\gamma e_1 e_2 \cdots e_k$. 在 $k=d$ 的情况下, 则它由 $\gamma e_1 \cdots e_d$ 个点组成.

我们从一般超曲面 $H_1, \cdots, H_k$ 转到特殊的超曲面 $H'_1, \cdots, H'_k$, 则交 $M \cdot H'_1, \cdots, H'_k$ 可能分解成若干不可约成分 $I_1, \cdots, I_r$. 其中没有维数小于 $d-k$ 者. 我们假设它们正好维数都是 $d-k$.

现在, 我们要去定义一个这样的不可约 $d-k$ 维成分 I_ν 的重数或交点重数. 为此, 我们再取 $d-k$ 个一般超平面 $L_1, \cdots, L_{(d-k)}$, 它们与 I_ν 交出 g_ν 个共轭点. 如这些交点的某一个, 作为 $M, H'_1, \cdots, H'_k, L_1, \cdots, L_{d-k}$ 的交点具有重数 μ_ν, 则全部共轭的交点具有同样的重数 μ_ν. 我们称它为 I_ν 的交点重数.

数 g_ν 是 I_ν 和 $L_1, \cdots, L_{d-k}$ 的交点数, 也即 I_ν 的次数. $I_\nu, L_1, \cdots, L_{d-k}$ 的全部共轭交点的重数和是 $g_\nu \mu_\nu$, 所以 $M, H'_1, \cdots, H'_k, L_1, \cdots, L_{d-k}$ 的所有交点的重数之和等于 $\sum g_\nu \mu_\nu$. 另一方面这个和等于 $\gamma e_1 e_2 \cdots e_k$. 从而得到:

$M, H'_1, \cdots, H'_R$ 的交的不可约成分的次数, 乘以它的重数求和, 是等于 M 和 $H'_1, \cdots, H'_R$ 的次数的乘积:

$$\sum g_\nu \mu_\nu = \gamma e_1 e_2 \cdots e_k.$$

人们可以沿着两个方向去推广这个定理. 其一, 可以把它用到多重射影空间上, 正如在 Zur algebraischen Geometrie I, Math. Ann. Bd. 108, S.121 中所做的那样. 其二, 在考虑交的时候, 我们也可以取射影空间 S_n 的任意维数的流形 (见 Zur algebraischen Geometrie XIV. Math. Ann. Bd. 115, S.619).

练 习 6.4

当我们首先让 M 和 H'_1 相交, 然后取其交的单个的部分去和 H'_2 相交, 这样得到的交的不可约部分的重数和把这个部分作为是 $MH'_1 H_2$ 的交的部分所得的重数是相等的. [证明的方法如同在维数定理中所作的: 特殊化 $(H_1 H_2) \to (H'_1 H'_2)$ 也将可以分两个步去实现]

本节与早先 §3.2 的联系将用下面的定理给出.

定理 6.4.4 在两条平面曲线的情况, 按照 §3.2 定义的交点重数与现在的新定义一致.

证明 首先假设两根曲线之一是一条相应次数的一般曲线 H. 按本节证明的 "Bezout 定理", 其交点数等于次数的乘积. 但是依据 §3.2 所定义交点重数的和也等于次数的乘积, 所以这些重数都应该等于 1. 因此, 在 §3.2 中定义的结式 $R(p,q)$ 具有下面的因子分解, 其中指数是一:

$$R(p,q) = c \prod_\nu (p, q, s^{(\nu)}). \tag{6.4.1}$$

我们现在利用特殊化, 从一般的曲线 H 转到特殊的 H', 则因子分解 (6.4.1) 仍成立 [对照 §6.1 中由 (6.1.3)~(6.1.8) 的相应考虑]. 从而证明了用特殊化所定义的重数和从 $R(p,q)$ 的因子分解所给出的重数是一致的. □

结束本节, 我们还要证明定理 6.4.5.

定理 6.4.5 设 f 和 g 是次数相等的形式, 其中第二个形式 (而非第一个) 将在不可约流形 M 上取值零, 则 M 和超曲面 $f=0$ 的交与 M 和 $f+g=0$ 的交恰好一致, 此处是把重数考虑在内的.

证明 我们仍设 M 的维数是 d. 对 M 的点, 如果 $f=0$, 则也有 $f+g=0$, 反之亦然, 因为 g 在 M 上取值零. 为了决定 M 和 $f=0$ 的交之不可约部分的重数, 我们首先取 $d-1$ 个一般超平面 $L_1, \cdots, L_{d-1}$, 然后再利用特殊化, 从一个一般超曲面 $F=0$ 去给出超曲面 $f=0$; 这时交点的特殊化提供了所要求的重数. 现在, 我们用两个步骤去处理这个特殊化: 首先我们让 F 转移到 $f+\lambda g$, 其中 λ 是未定的, 然后作特殊化 $\lambda \to 0$ 或当我们希望 $f+g$ 代替 f 时, 就作特殊化 $\lambda \to 1$. 作为一个点集, M 和 $f+\lambda g=0$ 的交仍然是 M 和 $f=0$ 的交. M 和 $L_1, \cdots, L_{d-1}$, $f+\lambda g=0$ 的交点 (与 λ 无关) 对未定的 λ 具有一定的重数, 它可以确定为一个适当的因子分解中指数, 所以不是 λ 的函数, 而是整数. 在特殊化 $\lambda \to 0$ 与 $\lambda \to 1$ 中这些重数不可能改变, 因为它与 λ 无关, 从此得出断言. □

第7章 线 性 系

§7.1 代数流形上的线性系

设 M 是 S_n 中 d 维不可约[①]代数流形. 设一超曲面的线性系

$$\lambda_0 F_0 + \lambda_1 F_1 + \cdots + \lambda_r F_r = U \quad (r \geqslant 0) \tag{7.1.1}$$

中任一超曲面都不含有整个流形 M, 则超曲面 (7.1.1) 在 M 上交出若干 $d-1$ 维流形 N_λ. 根据 §6.4, N_λ 的不可约部分要配以适当的重数 (相交重数). 变动 $\lambda_0, \cdots, \lambda_r$, 则所有的 N_λ 就构成一流形的集合, 此集合就称为 r 维的线性系 (lineare schar).

上述定义现在还能进行适当的扩充, 其中可以在流形 N_λ 上添加一些 M 中带有任意重数 (正或负) 的, 相同维数的固定 (即与 λ 无关) 流形, 或者可以去掉一些 N_λ 中已有的固定部分.

为了表达其精确意义, 我们定义：一组同维数不可约流形的和, 其中每个流形配以正或负的重数, 称为虚拟流形 (virtuelle mannigfaltigkeit). 如果重数都是正的, 就称为有效流形 (effektive mannigfaltigkeit). 每个有效流形的集合具有一个 (可能是空的) 同维数的 最大公共子流形, 它是由此集合的全部流形的所有公共不可约部分组成. 其中每个流形配以它在集合的每个流形中出现时所具有的最低重数.

设由超曲面 (7.1.1) 在 M 上交出相交流形 N_λ 的最大公共子流形为 A. 令 $N_\lambda = A + C_\lambda$, 于是 C_λ 构成一个 没有固定部分的线性系. 假定还有任意一个 M 上的 $d-1$ 维虚拟流形 B, 则和 $B + C_\lambda$ 就构成带有固定部分 B 的最一般的 线性系. 根据这个定义, 就可以使得带有负重数的部分仅含在固定部分 B 中, 而不含在变动部分 C_λ 中.

例 7.1.1 设 M 为有二重点的平面三次曲线, 超曲面 (7.1.1) 是过此二重点的直线, 流形 N_λ 由重数为 2 的重点和另外一点 C_λ 组成, 去掉有重数 2 的重点之后就得到没有固定组成部分的线性系, 其元素就是曲线上单个点. 二重点作为此线性系的元素出现两次 (相应于二重点的两条切线).

在一条没有二重点的平面三次曲线上, 由单个点不可能组成线性系, 因为如果超曲面 (7.1.1) 的次数是 m, 并且与曲线有 $3m - 1$ 个交点, 则根据 §3.9, 第 $3m$ 个交点唯一确定. 因此在这种情况下, 线性系的变动部分 C_λ 至少有两点.

---

① 如果把概念作另外解释, 则不可约性条件可以去掉. 参见 Severi F. Un nuovo campo di ricerche. Mem. Reale Accad. d'Italia Bd.3 (1932).

例 7.1.2 设 M 是 S_3 中二次曲面, 超曲面 (7.1.1) 是过 M 上一直线 A 的平面, 流形 N_λ 由直线 A 及另一变动直线 C_λ 组成. 如果 M 是锥面, 则 C_λ 遍历锥面的母线; 如果 M 不是锥面, 则 C_λ 遍历二次曲面 M 上两系直线中的一系, 于是这两组直线系的每一系都是线性系.

前面我们假定系 (7.1.1) 中超曲面都不包含 M, 现在放弃这个假定, 设系 (7.1.1) 中可能有 t 个线性无关的形式它们均含有 M, 我们可以假定些这是 $F_{l-t+1} \cdots F_l$. 于是 (7.1.1) 中每个超曲面与 M 的交集正好和超曲面

$$\lambda_0 F_0 + \lambda_1 F_1 + \cdots + \lambda_{r-t} F_{r-t} = 0 \tag{7.1.2}$$

与 M 的交集一样, 因为 (7.1.1) 中左端和式的其余部分在 M 上为零 (参见 §6.4 中最后定理). 但超曲面 (7.1.2) 在 M 上交出一个 $r-t$ 维线性系, 于是得出如下定理.

定理 7.1.1 一个 r 维线性形式系 (7.1.1), 其中有 t 个线性无关形式含有 M, 在 M 上交出一 $r-t$ 维线性系.

一个线性系的维数 r, 可由此系的内在特征来表征, 从而与线性系是由哪些超曲面交出无关.

设 P_1 是 M 上的这样一个点, 它不是超曲面系 (7.1.1) 的基点. 想从系中找出含有 P_1 点的流形 C_λ, 则要将点 P_1 代入方程 (7.1.1). 于是得到含参数 $\lambda_0, \lambda_1, \cdots, \lambda_r$ 的一个线性方程, 也就是一个 $r-1$ 维的线性子系. 现在再选出第二点 P_2, 它不是该子系的基点, 如此下去, 一直到选出 P_r, 最终得到一 0 维子系, 也就是得到原来系中的一个确定元素 C_λ, 它包含所有点 $P_1, \cdots, P_r$. 于是得出如下定理和推论.

定理 7.1.2 线性系的维数 r 等于可用来确定系中一元素的任意一组点的个数.

推论 7.1.1 曲线上点组的线性系的维数至多等于此系的点组中可变点的个数.

以下以 Λ 表示一列不定元 $\Lambda_0, \cdots, \Lambda_r$, 其对应的元素 C_Λ(或 $B+C_\Lambda$, 如果此线性系具有固定部分 B) 称为线性系的一般元.

定理 7.1.3 线性系由其一般元 $B+C_\Lambda$ 确定, 而与形式系 (7.1.1) 无关.

证明 通过将 M 与一般线空间 S_{n-d+1} 相交, 可使 M 的维数下降到 1, $B+C_\Lambda$ 的维数下降到 0, 以及系中某一特殊元 $B+C_\lambda$ 的维数同样下降到 0. 但如果 $B+C_\lambda$ 与一个一般线性 S_{n-d+1} 的交知道了, 则 $B+C_\lambda$ 本身也就知道了. □

于是我们可以把定理 7.1.3 归结为如下述定理.

定理 7.1.4 设在曲线 M 上给定一线性系: 其一般元 $B+C_\Lambda$, 同样其每一个特殊元 $B+C_\lambda$ 是 M 上点组 (零维流形), 则 $B+C_\lambda$ 的点由 $B+C_\Lambda$ 的点通过特殊化 $\Lambda \to \lambda$ 产生.

证明   我们令

$$F_\Lambda = \Lambda_0 F_0 + \Lambda_1 F_1 + \cdots + \Lambda_r F_r,$$

$$F_\lambda = \lambda_0 F_0 + \lambda_1 F_1 + \cdots + \lambda_r F_r,$$

并且记 F 为其次数与 F_λ, F_Λ 相同的一般形式. $N_\Lambda(M$ 与 F_Λ 的交) 上点的重数是由特殊化 $F \to F_\Lambda$ 确定. 同样, N_λ 上点的重数是特殊化 $F_\Lambda \to F_\lambda$ 来确定. 后面一个特殊化可以分两步实现: $F \to F_\Lambda$ 和 $F_\Lambda \to F_\lambda$, 于是 N_Λ 在特殊化 $\Lambda \to \lambda$ 下正好是 N_λ. 如果去掉固定点 A 或添加新的固定点 B, 则这个性质仍能保持. 因为这些固定点在特殊化下保持为简单点. 于是在特殊化 $\Lambda \to \lambda$ 下, $B + C_\Lambda$ 变为 $B + C_\lambda$.   □

一般元为 C_Λ 的线性系记为 $|C_\Lambda|$.

练 习   7.1

1. 曲线上点组的线性系是按 §5.6 意义的不可约零维流形系 (利用定理 7.1.4 及 §6.1 的方法).

2. M_d 上 $d-1$ 维流形的线性系是 §5.6 意义下的不可约系 (可利用练习 7.1 题 1).

每一个有效线性系 $|B + C_\Lambda|$ 联系一个在参数值 λ 和 $B + C_\lambda$ 的点 η 之间的代数对应. 最容易的是考察 (7.1.1) 和 M 的完全交 N_λ 的线性系; 其对应就由 M 的方程

$$g_\nu(\eta) = 0 \tag{7.1.3}$$

和超曲面 F_λ 的方程

$$\lambda_0 F_0(\eta) + \lambda_1 F_1(\eta) + \cdots + \lambda_r F_r(\eta) = 0 \tag{7.1.4}$$

确定.

我们现在先暂不讨论超曲面系 (7.1.1) 的所有基点, 而探讨从一个一般点对 (λ^*, ξ) 去求得对应的其余点对. 为了这个目的, 设 ξ 是 M 的一般点, 而 λ^* 是线性方程

$$\lambda_0^* F_0(\xi) + \lambda_1^* F_1(\xi) + \cdots + \lambda_r^* F_r(\xi) = 0 \tag{7.1.5}$$

的一般解.

现在断言: 通过 (7.1.3)(7.1.4) 所确定的对应的所有点对, 只要不使一切 $F_\nu(\eta) = 0$, 一定是一般点对 (λ^*, ξ) 的特殊化.

证明   设 $F_0(\eta) \neq 0$. 如果有一个关系 $H(\lambda^*, \xi) = 0$, 则我们以

$$\lambda_0^* = \frac{\lambda_1^* F_1(\xi) + \cdots + \lambda_r^* F_r(\xi)}{-F_0(\xi)} \tag{7.1.6}$$

代入; 于是此关系对 $\lambda_1^*, \cdots, \lambda_r^*$ 恒满足. 现在我们将 M 的一般点换成特殊点 η. 再将 $\lambda_1^*, \cdots, \lambda_r^*$ 代以 $\lambda_1, \cdots, \lambda_r$. 由于 (7.1.4) 故有

$$\frac{\lambda_1 F_1(\eta) + \cdots + \lambda_r F_r(\eta)}{-F_0(\eta)} = \lambda_0,$$

因而事后我们再将替换 (7.1.6) 往回变. 这就得到 $H(\lambda, \eta) = 0$, 于是 (λ, η) 是 (λ^*, ξ) 的一个特殊化. □

一般点对 (λ^*, ξ) 定义了一个不可约对应 $\Re$. 在此对应下, 一般点 Λ 对应于 η 的 $d-1$ 维相对不可约流形, 根据上面所证它至少要含有 $N_\Lambda = A + C_\Lambda$ 中所有那些不是系 (7.1.1) 的基点的点. N_Λ 的每一个纯粹由基点组成的不可约部分是固定的. 从而是 A 的部分. N_Λ 的其余不可约部分根据上面的断言要含在一个 $d-1$ 维不可约流形中, 于是和这个流形恒同. 因此, C_Λ 仅由一个不可约部分组成. 如再有 Ξ 是 C_Λ 的一般点, 则 (Λ, Ξ) 是对应 $\Re$ 的一般点对, 因此其所有代数性质必定和 (λ^*, ξ) 一致. 这就证明如下定理.

定理 7.1.5 一个没有固定部分的线性系的一般元素 C_Λ 关于域 $K(\Lambda)$ 为不可约的. 设 Ξ 为 C_Λ 的一般点, 则点对 (Λ, Ξ) 的所有代数性质与点对 (λ^*, ξ) 一致. 于是, 或者先选 M 的一般点 ξ 并由此产生线性系 $|C_\Lambda|$ 的一般元 C_λ^*, 或者从线性系的一般元素 C_Λ 出发并在其上选出一般点 Ξ. 这二者是完全等价的.

我们现在从线性系的一般元素 C_Λ 转向某一特殊元素 C_λ, 并且证明如下定理.

定理 7.1.6 通过一般元素 (λ^*, ξ) 或 (Λ, Ξ) 所定义的不可约对应 $\Re$ 将每个 λ 值正好对应于 C_λ 的点. 也就是说, 当且仅当 η 是 C_λ 的点, 点对 (λ, η) 是 (Λ, Ξ) 的特殊化.

证明 (1) 设 η 为 C_λ 上一个点, 因而是 C_λ 的一个不可约部分 C_λ^1 上的一点. 设 η^* 是 C_λ^1 的一般点. 于是 η 是 η^* 的特殊化. 因此只要证明 (λ, η^*) 是 (Λ, Ξ) 的特殊化就已足够.

η^* 可以作为 C_λ^1 与一个一般线性空间 S_{n-d+1} 的交点而就得出, 同样 Ξ 也可作为 C_Λ 和 S_{n-d+1} 的交点. 经过与 S_{n-d+1} 相交, M 的维数变为 1. 于是 M 变成曲线, 在其上超曲面 (7.1.1) 交出一个点组的线性系. 根据定理 7.1.4, 这个系的每个特殊点组是由此系的一般点组经特殊化而得出. 因此 (λ, η^*) 是 (Λ, Ξ) 的特殊化, 从而 (λ, η) 也是 (Λ, Ξ) 的特殊化.

(2) 设 (λ, η) 是 (Λ, Ξ) 的一个特殊化. 此处 Ξ 仍然理解为 C_Λ 和一般线性空间 S_{n-d+1} 的一个交点. 我们现在通过 η 也作一个与 N_λ 仅有有限个交点的线性空间 S'_{n-d+1}. 例如, 我们将 η 与空间 S_n 的 $n-d+1$ 个一般点连接起来. 于是不难见到, 我们有特殊化:

$$(\Lambda, \Xi, S_{n-d+1}) \to (\lambda, \eta, S'_{n-d+1}).$$

设 $\varXi^{(1)}, \cdots, \varXi^{(g)}$ 是 C_Λ 与 S_{n-d+1} 的所有交点, 则由上述特殊化可以补足为对所有交点的特殊化:

$$(\Lambda, S_{n-d+1}, \varXi^{(1)}, \cdots, \varXi^{(g)}) \to (\lambda, S'_{n-d+1}, \eta^{(1)}, \cdots, \eta^{(g)}).$$

这时, $\varXi^{(1)}, \cdots, \varXi^{(g)}$ 是一个正规问题的解, 这个问题的数据是 Λ 和 S_{n-d+1}, 而且经过特殊化 $(\Lambda, S_n - d + 1) \to (\lambda, S'_{n-d+1})$ 之后, 这个问题仅有有限个解, 因为 N_λ 与 S'_{n-d+1} 仅有有限个交点. 根据 §6.1 的主要定理, 其特殊化是唯一确定的.

现在我们可以把它分成两步: 首先将 Λ 变到 λ 然后再将 S_{n-d+1} 变到 S'_{n-d+1}, 在第一步中, 根据定理 7.1.4(应用到 M 和 $S_n - d + 1$ 的相交曲线上), C_Λ 和 S_{n-d+1} 的交点转变为 C_λ 和 S_{n-d+1} 的交点; 在第二步中 C_λ 的点必须仍然保持是 C_λ 的点, 因为 λ 不再改变. 因此, $\eta^{(1)}, \cdots, \eta^{(g)}$ 全部是 C_λ 的点; 特别的, η 是 C_λ 的点. □

§7.2   线性系和有理映射

线性系在代数几何中具有突出的重要性首先就在于它联系着有理映射.

我们首先研究一个没有固定部分的一维线性系 $|C_\Lambda|$, 可设它由形式系 (formenschar)

$$\lambda_0 F_0 + \lambda_1 F_1 = 0 \tag{7.2.1}$$

定义. 当 η 是 C_λ 的点且不属于基流形 $F_0 = F_1 = 0$ 时, 从 (7.2.1) 得出

$$-\frac{\lambda_1}{\lambda_0} = \frac{F_0(\eta)}{F_1(\eta)}. \tag{7.2.2}$$

因此得到一个属于线性系的 M 上的有理函数

$$\varphi(\eta) = \frac{F_0(\eta)}{F_1(\eta)}. \tag{7.2.3}$$

自然这仅当分子分母不都为零时才有定义. 特别地, M 的每个一般点就是这种情况. 这个有理函数联系着一个 M 到直线上的映射, 如果分母为零, 分子不为零, 则像点就是直线上的无穷远点.

令此函数 $\varphi(\eta)$ 取定值 (也可以是 ∞)

$$\lambda = \frac{-\lambda_1}{\lambda_0}$$

得到 M 上点 η 的轨迹, 正是流形 C_λ; 因此这个轨迹由方程 (7.2.1) 给出, 这里仍不考虑使 $F_0(\eta) = F_1(\eta) = 0$ 的点.

例如, 设 M 是曲线, 则 $\varphi(\eta)$ 就是这条曲线上的有理函数. 除掉有限个点外, 有理函数在每个点上取确定的值 (通过引入分支的概念, 令这个函数在每一个分支上取一确定值就可以排除这些例外点). 对固定的 λ, 函数有有限个 λ-位 (λ-stelle), 即函数在这些位上取值 λ, 它们就是点组 C_λ 的点. 当 λ 变动, 此点组跑遍线性系 $|C_\Lambda|$.

现在我们转到一般情况, 这时线性系 C_Λ 是由形式系

$$\lambda_0 F_0 + \lambda_1 F_1 + \cdots + \lambda_r F_r = 0 \tag{7.2.4}$$

定义, 首先我们还是不讨论 M 上使所有 F_ν 为零的点; 于是特别的不去研究由 (7.2.4) 定义的线性系的固定部分.

现在如果对 M 上一点 η, 我们来确定元素 C_λ 含有 η 的条件, 则可以得出一个对于 $\lambda_0, \lambda_1, \cdots, \lambda_r$ 的线性方程

$$\lambda_0 F_0(\eta) + \lambda_1 F_1(\eta) + \cdots + \lambda_r F_r(\eta) = 0. \tag{7.2.5}$$

这个线性方程的系数可被理解为空间 S_r 的一个点 η':

$$\eta'_j = F_j(\eta) \quad (j = 0, 1, \cdots, r). \tag{7.2.6}$$

特别是当 η 是 M 的一般点时, 式 (7.2.6) 有意义, 并且因为通过 M 的一般点的映射可以完全确定一个有理映射, 于是 (7.2.6) 定义了一个 M 到 S_r 中的有理映射.

为了从计算上确定这个映射, 必须知道形式 $F_0, \cdots, F_r$. 但是对从几何上来确定这个映射来说, 能知道每个 λ 的流形 C_λ 就足够了. 因为这时对每个一般点 η 可以用 C_λ 包含 η 来确定 λ 的线性条件. 根据 §7.1 定理 7.1.3, 为了确定 C_λ, 知道线性系的一般元素 (allgemeinen elemente der linearen schar)C_Λ 已经足够, 于是得出:

如果两个线性系的一般元素去掉固定部分后互相重合, 则这两个线性系定义了同一映射.

这个定理的逆也成立: 如果两个线性系定义了同样的 M 到 S_λ 的映射, 则除固定部分外, 互相重合.

证明 设两个线性系是通过

$$\lambda_0 F_0 + \cdots + \lambda_r F_r = 0, \tag{7.2.7}$$

$$\lambda_0 G_0 + \cdots + \lambda_r G_r = 0 \tag{7.2.8}$$

给出, M 的一般点 ξ 所对应的像点

$$\xi'_j = F_j(\xi), \quad \xi'_j = G_j(\xi)$$

应该重合, 即应有

$$F_0(\xi) : F_1(\xi) : \cdots : F_r(\xi) = G_0(\xi) : G_1(\xi) : \cdots : G_r(\xi),$$

或者, 同样有

$$F_0(\xi)G_j(\xi) - G_0(\xi)F_j(\xi) = 0 \quad (j = 1, \cdots, r).$$

这个方程对 M 的一般点成立, 从而对 M 上每一个点都成立:

$$F_0G_j - G_0F_j = 0 \quad 在 \ M \ 上. \tag{7.2.9}$$

现在分别以 G_0, F_0 乘方程 (7.2.7), (7.2.8), 则线性系仅改变固定部分, 这样就得出:

$$\lambda_0 G_0 F_0 + \lambda_1 G_0 F_1 + \cdots + \lambda_r G_0 F_r = 0, \tag{7.2.10}$$

$$\lambda_0 F_0 G_0 + \lambda_1 F_0 G_1 + \cdots + \lambda_r F_0 G_r = 0. \tag{7.2.11}$$

由于 (7.2.9)、(7.2.10) 与 (7.2.11) 与 M 有同样的交, 即两线性系除固定部分外互相重合. □

除掉线性组合 $\lambda_0 F_0 + \cdots + \lambda_r F_r$ 不能在整个 M 上为零这一条件外, (7.2.4) 中相同次数的形式 $F_0, \cdots, F_r$ 的选取完全是任意的. 上述条件对映射 (7.2.6) 来说, 就是在 η_j' 之间不存在具有常系数的线性方程, 或者说, 像流形不含在 S_r 的一个真线性子空间中. 我们可以把到目前为止所证明的综合成定理:

每一个 M 到 S_r 中的有理映射, 如果其像流形 M' 不含在 S_r 的一个真线性子空间中, 唯一对应于 M 上一个线性系, 反之亦然.

映射 (7.2.6) 不必一定是双有理的, 它甚至可以将 M 映射成一个维数较低的像流形. 如 $r = 0$, 则就是平庸映射: 它把 M 映为一个点 S_0.

如果两个流形 M_1 和 M_2 互相双有理对应, 则 M_1 的每一个有理映射对应于 M_2 的一个有理映射, 反过来也对. 因为现在有理映射联系着线性系, 于是得出:

M_1 上每一个没有固定部分的线性系一一对应着 M_2 上的一个同样的线性系.

这个一一对应不能延伸到固定部分上. 例如, 设 M_1 是有二重点的三次曲线, M_2 是一条直线, 则通过从二重点出发的投影可将 M_1 有理地映射到 M_2 上, 此时二重点自身对应于 M_2 上两个不同点. 因此, 二重点可作为一个线性系的固定点出现, 所以不能知道, 在 M_2 上哪个点对应于它. 为了使变换为一一对应, 必须将 M_1 上的多重点首先分解到各个分支上并且随之不谈 M_1 的点而谈 M_1 的分支. 相应的也可以将 d 维流形的 $d-1$ 维奇异子流形分解为若干"叶 (blätter)", 我们以后再去讨论线性系的概念的这种修正, 暂时仍把流形 M 看作以前所认为的那样, 从而双有理变换仅对没有固定部分的线性系方能定义.

练 习 7.2

1. 设将 M_1 有理映射到 M_2 上, 则 M_2 上每一个没有固定部分的线性系唯一对应 M_1 上一个同样性质的线性系.

2. 设在练习 7.2 题 1 中的 M_2 上线性系是由形式系 $\sum \lambda_k F_k$ 交出, M_1 到 M_2 上的有埋对应是由 $\xi'_j = \varphi_j(\xi)$ 定义, 则通过将形式 $\sum \lambda_k F_k$ 中的变量换成形式 φ_j, 就得到 M_1 上对应的线性系.

3. 什么线性系联系着 M 的由子空间 S_{k-1} 出发到 S_{n-k} 上的投影?

4. 平面的什么样的映射联系着有三个基点的二次曲线网?(试选这三个基点为坐标三角形的顶点.)

线性系 (7.2.4) 的一个元素 C_λ 在映射 (7.2.6) 下对应于 M' 和坐标为 $\lambda_0, \cdots, \lambda_r$ 的超平面的交; 因为从 (7.2.5) 和 (7.2.6) 便得到

$$\lambda_0 \eta'_0 + \lambda_1 \eta'_1 + \cdots + \lambda_r \eta'_r = 0. \tag{7.2.12}$$

我们现在要来研究当补上能使 $F_0(\eta) = F_1(\eta) = \cdots = F_r(\eta) = 0$ 的点 η 时 C_λ 上的点与超平面 λ 的点之间的对应在很大程度上仍有效. 一个这种点 η 在该对应下可能对应着几个像点 η', 现在将断言:

如果 η 位于 C_λ 上, 则其对应点中至少有一点 η' 在超平面 (7.2.12) 上, 反过来, 如果一个 η' 在超平面 (7.2.12) 中, 则 η 必位于 C_λ 上.

证明 为此我们研究以点对 (η, η') 为映射的一方, 过点 η' 的超平面 λ 为另一方的不可约对应. 这个对应即 (η, η') 是映射的点对以及 λ 过 η', 由方程 (7.2.12) 来表达. 对应的一个一般点对, 或更恰当的, 一个一般三点组 (ξ, ξ', λ^*) 是这样得到的, 其中 (ξ, ξ') 是有理映射的一般点对, λ^* 是过 ξ^* 的一般超平面. λ^* 正是在 §7.1 中所定义的. 设 (η, η') 是一个映射点对, λ 是过 η' 的超平面, 则 (η, η', λ) 是 (ξ, ξ', λ^*) 的特殊化, 从而 (η, λ) 是 (ξ, λ^*) 的特殊化. 由 §7.1 定理 7.1.6 得出 η 是 C_λ 的点, 反过来, 设 η 是 C_λ 的点, 则 (η, λ) 是 (ξ, λ^*) 的特殊化, 因而可以扩充为 (ξ, ξ', λ^*) 的一个特殊化 (η, η', λ), 即存在点 η', 它是 η 的像点且位于超平面 λ 中, 于是定理完全得证. $\square$

从上面所证明的定理可以得到一个值得注意的推论, 如果 M 的一点 η, 在有理对应下它所对应的点至少是 η' 点的一维流形, 称为映射的**基本点** (fundamentalpunkte). 于是若 η 是基本点, 则像空间中的每一个超平面至少含有一 η 的对应点 η', 因此 η 位于所有流形 C_λ 上. 反之, 如果 η 在所有的 C_λ 上, 则像空间中的每一超平面至少含一对应的点 η', 于是这些点 η' 就形成像空间的一个至少是一维的流形. 因此:

有理映射的基本点正是 M 上这种点, 它是此映射所联系的线性系的所有流形的公共点.

如果 M 是曲线, 则它不具有基本点, 因为点组 C_λ 没有公共部分, 在曲面的情形就可能存在有限个基本点. 例如, 在 §3.10 中所研究的二次 Cremona 变换就有三个基本点.

对有理对应 (正如对所有不可约的对应) 个数守恒原理, 在这种情况下表现为

$$d = d' + e,$$

此处 d 和 d' 是 M 和 M' 的维数, e 是 M 上的一个子流形的维数, 这个子流形是映射为 M' 的一般点 ξ' 的. 这个子流形可这样得出: 取 M 的一个一般点 ξ 并求出线性系 $|C_\Lambda|$ 中过 ξ 的所有流形. 设这些流形的交是 E, 则 E 是由两部分 E_0 和 E_ξ 组成. 其中 E_0 与 ξ 无关, 它的点是映射的基本点; E_ξ 是含有 ξ 且在域 $K(\xi')$ 上不可约, 它的点具有公共的像点 ξ'. E_0 可能是空的, 也可能整个或部分含于 E_ξ 中, E_ξ 显然非空, 因为它含有 ξ.

证明 如果 η 属于 E, 则所有过 ξ 的 C_λ 也过 η, 这些 C_λ 对应着过 ξ' 的超平面. 于是所有过 ξ' 的超平面至少要含有 η 的一个像点 η', 这只可能是下面的两种情况: 或者 η 的像点至少形成一条曲线 (即当 η 为基本点); 或者 η 的有限个像点中有一个与 ξ' 重合. 这个结论可以逐字逐句反过来, 因而 E 恰好是由映射的基本点和以 ξ' 作为像点的点组成. 基本点构成一固定的代数流形 E_0; 而根据 §5.2 以 ξ' 作像点的点构成对域 $K(\xi')$ 的不可约流形 E_ξ.

E_ξ 的维数在上面用数 e 来记. 如果 $e = 0$, 则 $d = d'$, 且 E_ξ 由有限个点构成. 设其个数为 β, 于是我们就有一个 M 到 M' 上的 $(\beta, 1)$ 映射. 若 $\beta = 1$, 则是 $(1,1)$ 映射, 于是是双有理的.

当 E_ξ 仅由一个点构成, 因而当含有给定一般点 ξ 的线性系的元素 C_λ 除 ξ 外仅有系的基点彼此公共, 则称系 $|C_\Lambda|$ 为简单的 (einfach), 在另外的情形, 即当这些过 ξ 的 C_λ 还有其他 (非基点) 彼此公共, 这些点构成一个流形 E_ξ, 则称这个线性系 $|C_\Lambda|$ 为复合的. 而且都是由以 E_ξ 作为一般元的不可约流形系统 $|E_\xi|$ 复合而成的. □

于是得到: 线性系所联系的有理映射是双有理的, 当且仅当这个系是简单的.

此外还要提及, 在 $e = 0$ 的情形, 如果流形 E_ξ 是点组, 不可约系统 $|E_\xi|$ 被称作是一个对合 (involution).

练 习 7.2

5. 对合也可定义为 M 上一个由一些零维流形 (无序点组) 这样组成的代数系统, 使得 M 上一个一般点恰好属于这个系统中一个元素.

§7.3 线性系在 M 的简单点处的行为

本节完全以下述定理为基础.

定理 7.3.1 在 M 的一个有理映射下, M 的一个 k 重点, 如果不是基本点, 则至多有 k 个像点.

证明 因为基本点所组成的流形维数小于 d, 且 k 重点 P 不是基本点, 因此可过此 k 重点 P 作一个一般线性空间 S_{n-d}, 它与基本点所组成的流形不相交, 于是 S_{n-d} 与 M 的交不含有基本点.

设一个一般的 S_{n-d}^* 和 M 的交点是 $Q_1,\cdots,Q_g$, 它们是 M 的一般点. 于是在映射下, 有唯一确定的像点 $Q_1',\cdots,Q_g'$. 在特殊化 $S_{n-d}^* \to S_{n-d}$ 下, 点 $Q_1,\cdots,Q_g$, $Q_1',\cdots,Q_g'$ 保持关系不变地转变为点 $P_1,\cdots,P_g$, $P_1',\cdots,P_g'$. 因为 (Q_ν,Q_ν') 是映射的点对, 则 $(P_\nu,P_\nu')(\nu=1,\cdots,g)$ 亦然. $P_1,\cdots,P_g$ 是 S_{n-d} 和 M 的交点, 每一个要按照其重数计算. 因为 P 是 k 重点, 因此我们可以假定 $P_1=P_2=\cdots=P_k=P$, 且其他 $P_{k+1},\cdots,P_g \neq P$. 如果我们还能证明 P 的所有像点都已在 $P_1',\cdots,P_k'$ 中出现, 则由此就能推断 P 至多只有 k 个像点.

点对 (P_ν,P_ν') 是按 §6.1 意义的一个正规问题地解: 此正规问题的方程表明点对 (P_ν,P_ν') 属于该映射而且 P_ν 属于 S_{n-d}. 对一般 S_{n-d}^*, 而不是 S_{n-d}, 则此问题正好有解 $(Q_\nu,Q_\nu'),(\nu=1,\cdots,g)$, 并且此问题在特殊化 $S_{n-d}^* \to S_{n-d}$ 仅有有限个解; 因为 S_{n-d} 和 M 的交点 P_ν 仅有有限个像点. 于是根据 §6.1 的主要定理可以知道, 特殊解 (P_ν,P_ν') 除次序之外是唯一确定的. 另外, S_{n-d} 和点对 (P,P') 之间的对应是不可约的. 因为可以得到这个对应的一般元素, 具体办法就是从映射的一般点对 (R,R') 出发并过 R 作那个最一般的空间 S_{n-d}. 仍然根据关于重数的主要定理, 满足此正规问题的方程的每一对 (P,P') 至少在序列 (P_ν,P_ν') 中出现一次. 特别是当 P 是开头所记的 k 重点, P' 是其像点之一时, 上述断言也成立. 于是 P' 等于某一个 P_ν'.

我们还要证明: ν 是数 $1,2,\cdots,k$ 之一而不是 $k+1,\cdots,g$ 之一. 如若不然, 则有 P', 它还是 M 与 S_{n-d} 除 P 外的另一些交点 $P_{k+1},\cdots,P_g$ 中某一个的像点. 但这是不可能的, 因为 M 上每个以 P' 为像点的点构成一小于 d 维的子流形, 它不能与过 P 的一般空间 S_{n-d} 再有其他交点. □

定理 7.3.1 的一个特殊情形是: M 上一个简单点, 如果不是映射的基本点, 则恰好只有一个像点. 在此特殊情形的讨论基础上, 有如下定理.

定理 7.3.2 M 上 r 维有效线性系中那些含 M 上一给定简单点 P 的流形构成一 $r-1$ 维的线性子系, 如果 P 不属于系中所有流形的话.

证明 我们可以去掉此线性系的固定成分, 所以这个线性系联系着一个 M 到

S_r 中的有理映射. 只要 P 不是基本点, 则由定理 7.3.1, P 只对应着一个像点 P'. 根据 §7.2, 线性系的元素对应着 S_r 的超平面; 特别地, 含 P 的元素对应着过 P' 的超平面. 但是 "过 P" 意味着对系参数 $\lambda_0, \cdots, \lambda_r$ 的一个线性条件. 于是证明了断言.　　　　　　　　　　　　　　　　　　　　　　　　　　　　　　□

注释　正如下面例子表明的那样, P 是简单点的假定很重要. 若 P 是 k 重点, 则可以同样证明; 系中过 P 的元素至多构成 k 个 $r-1$ 维线性子系.

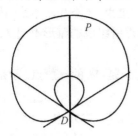

例 7.3.1　设 M 是四阶平面曲线, 具有一个节点 D. 过 D 的直线除了相交于计算两次的点 D 外还交出一个点对的线性系, 固定一个与 D 不同的点 P, 则得到系中唯一的一个含 P 的点对, 但如果固定 D 本身, 则得到两个不同点的对, 它们对应着 D 点的两条切线.

将定理 7.3.2 应用 k 次, 就得到:

如果任意取定一些 M 的简单点 $P_1, \cdots, P_k$, 则 M 上一个有效线性系中所有含这些点的元素构成 r' 维的线性子系, 其中

$$r - k \leqslant r' \leqslant r$$

(在 $k > r$ 的情形, 此子系也就为空).

由此还可以导出如下定理.

定理 7.3.3　如果在 M 上任意取定不可约 $d-1$ 维流形 $F_1, \cdots, F_k$, 它们不是完全由 M 的多重点构成, 则 M 上一个 r 维线性系中那些以任意给定的重数 $s_1, \cdots, s_k$ 含有 $F_1, \cdots, F_k$ 的元素 (即含有 $s_1 F_1 + \cdots + s_k F_k$ 的元素) 构成线性子系 (也可能是空的).

证明　对 $r + s_1 + \cdots + s_k$ 用完全归纳法. $s_1 = \cdots = s_k = 0$ 是一般情况. 设 $s_1 > 0$. 如果系中任一元素都含有 F_1 作为固定成分, 则我们去掉这一固定成分, 仍然得到 r 维的线性系. 我们再在其中求这样一个元素, 它含有分别带重数 $s_1 - 1, s_2, \cdots, s_k$ 的 $F_1, \cdots, F_k$. 根据归纳法的假定, 这些元素构成一线性子系. 我们可以再把固定成分 F_1 添加上去.

如果 F_1 不是线性系的固定成分, 则我们在 F_1 上选取一点 P, 它既不是系的基点又不是 M 的多重点, 则系中所有含 P 的元素构成一个 $r-1$ 维子系. 根据归纳法假定, 这个子系中所有含 $s_1 F_1 + \cdots + s_k F_k$ 的元素仍然构成一个线性子系. 于是在这种情况下我们也证明了断言.　　　　　　　　　　　　　　　　　　□

定理 7.3.3 对由虚拟流形组成的线性系也成立, 因为能够通过加上固定部分使它成为有效的线性系, 这时将给定的重数由 $s_1, s_2, \cdots, s_k$ 作相应的提高. 特别得出如下定理.

定理 7.3.4 在一个虚拟流形的线性系中的有效流形 —— 如果存在 —— 构成一线性子系, 假定没有具有负重数的固定部分是完全由重点组成的话.

在同样的假定下, 还可以推出:

一个 r 维线性系中, 如果有 $r+1$ 个线性无关的元素是有效的, 则这个系的元素都是有效的.

从所有这些定理可以看到, 线性系在代数流形的简单点处较之多重点处表现出许多合理和简单的行为. 如果通过双有理变换将代数流形化为没有多重点的代数流形能够成功, 这对线性系的研究有很大的好处. 在以下几节中, 我们要至少对曲线的情形来完成这一工作.

§7.4 将曲线变成没有重点的曲线 · 位和除子

曲线上, 点组的线性系的次数理解为构成每个点组的点的个数, 如果线性系的次数是 m, 维数是 r, 根据 §7.1 定理 7.1.2 的推论, 成立不等式

$$r \leqslant m. \tag{7.4.1}$$

对于复合系 (在 §7.2 的意义下) 甚至还成立更强的不等式. 令此复合系的一个一般点为固定, 则由复合系的定义, 同时有 k 个点保持固定, 此处 $k \geqslant 2$; 然后再取第 2 个, $\cdots$, 第 r 个一般点固定 (参见 §7.1 定理 7.1.2), 则每次都保持 k 个点固定. 由此得到不等式

$$rk \leqslant m,$$

由于 $k \geqslant 2$, 就有

$$2r \leqslant m.$$

虽然我们以下用不着, 但是我们在这里还是注明一下: 式 (7.4.1) 等号仅当曲线能在双有理变换映射为一直线时方能成立. 如果正是 $r = m$, 则可以将线性系的维数降去 $m-1$, 办法就是应用 §7.1 定理 7.1.2 的证明中所应用的方法, 固定 $m-1$ 个一般点, 则得到恰好有一个变动点的一维线性系. 这个线性系把此曲线双有理地映到一条直线上.

每一代数曲线可以通过双有理变换, 亦即通过射影, 化为平面曲线 (参见 §4.4). 如果我们提出将任一代数曲线双有理地化到无多重点的代数曲线这一问题, 则我们这时可以只限于平面曲线的情形.

设 Γ 是一 n 次平面曲线, 则一 $n-2$ 次曲线在 Γ 上交出一维数为

$$r = \frac{(n-2)(n+1)}{2}$$

和次数为

$$m = (n-2)n$$

的线性系. 因为存在 $\begin{pmatrix} n \\ 2 \end{pmatrix} = r+1$ 条线性无关的 $n-2$ 次曲线, 并且按照 Bezout 定理, 每一条与 Γ 交出 $(n-2)n$ 个点. 因而对这个线性系还成立

$$2r > m. \tag{7.4.2}$$

由此就推出, 此线性系不能是复合的. 因而它将 Γ 双有理地映射到空间 S_r 中的像曲线 Γ_1. 这个系的点组将由像曲线与空间 S_r 的超平面交出.

如果现在曲线 Γ_1 具有一个多重点 P, 则我们讨论所有含 P 点的超平面所交出的 $r-1$ 维子系. 从这个子系的点组中我们可以去掉固定点 P, 只要它在所有点组中出现. 因为 P 是 Γ_1 的多重点, 所以它在每一个含它的点组中至少出现两次. 于是这个子系在去掉固定点 P 后次数至少减 2. 不等式 (7.4.2) 当转到此子系时依然保持, 因为左端减 2, 而右端至少减 2.

现在我们反复这样作, 使 r 一直减少到 1, 只要这样做是可能, 即只要每次与线性系联系的像曲线仍含有多重点, 这个过程必须有一次终了, 因为 m 不断减少但不能达到 $m=0$; 因为如果 $m=0$, 则由 (7.4.2) 仍然由 $r>0$, 这与一般成立的不等式 (7.4.1) 矛盾. 如果现在这个过程已经终了, 则我们就有一个线性子系, 它把 Γ 双有理地映射到一射影空间中没有重点的像曲线.

于是证明了:

每条代数曲线可以通过双有理变换转化为没有多重点的曲线.

每一条这种没有多重点, 且 Γ 双有理地映到其上的曲线 Γ' 称为曲线 Γ 的一个非奇模型 (singularitätenfreies modell). 两个这种模型 Γ', Γ'' 自然彼此双有理对应, 而且这个对应是无例外地一一对应的; Γ' 的每一点对应于 Γ'' 上唯一一点, 反之亦然 (根据 §7.3 定理 7.3.1). 而 Γ 到 Γ' 的映射仅在反方向上是无例外地唯一的. Γ' 的每个点对应着 Γ 的唯一一点, 但 Γ 的一个多重点可能对应着 Γ' 的几个点.

曲线 Γ 的位 (stelle der kurve) 理解为 Γ 上的一点 P 连同 P 在一固定非奇模型 Γ' 上的一个像点 P'. 此处以什么模型 (Γ' 或 Γ'') 作为基础是无关紧要的, 因为 Γ' 和 Γ'' 的点一一对应着, 如果上述的 P 是一个简单点, 则给定 P 自身就确定了位; 因为 Γ 的简单点 P 在 Γ' 上仅有一个像点 P'. Γ 的一个 k 重点可能对应着几个 (并且根据 §7.3 定理 7.3.1, 至多 k 个) 位.

位的概念 (与点的概念对比) 是 **双有理不变**的; 设 Γ 和 Γ_1 互相有理映射, 则 Γ 的每一个位一一对应着 Γ_1 的一个位. 因为对 Γ 和 Γ_1 可以使用同一非奇模型 Γ'. Γ 的每个位对应着 Γ' 的一个点, 而 Γ' 的每个点又对应着 Γ_1 的一个位.

在代数曲线上的线性系理论中, 今后我们将不再以 Γ 的点而是以位作为基础,

由此, 这个理论就有对双有理变换不变的特征[1]. 一个线性系的元素今后也不是. 到目前为止, 还是这样: 当作一组带有重数的点, 而是作为一组带有重数的位. 这种带有 (正或负的) 重数的位的组也称为除子 (divisoren). 如果所有的重数 $\geqslant 0$, 则也称作有效 (或整) 除子 (effektiven divisor)[2].

为了得出一个线性系中出现的除子的位的重数, 我们这样来做: 从此前意义下的一般点组 C_Λ(同样也去掉所有固定点) 出发, C_Λ 的点全都是 Γ 的一般点, 从而不是多重点. 它们唯一地对应着确定的位. 根据 §7.1, 从一般点组 C_Λ 通过特殊化可以产生系的每一个点组 C_λ. 现在不仅对 Γ 的点, 同时也对它们所对应的 Γ' 的点取特殊化, 于是就得到 Γ 上点连同其在 Γ' 上的像点的唯一确定的组, 也就是得到了以上所讨论点组上 C_λ 所对应的唯一确定的除子. 现在对这样得到的除子加上任意一个固定的除子, 这样就得到 Γ 上的一般线性除子系 (lineare divisorenschar).

这里定义位的概念和 §3.5 中在完全不同的方法上引入的平面曲线的分支的概念在外延上正好是同样的.

这样就有如下定理.

定理 7.4.1 平面代数曲线 Γ 的分支与 Γ 的位一一对应.

证明 设 Γ' 是 Γ 的一个非奇模型, $\mathfrak{z}$ 是 Γ 的一个分支, 这个分支是通过 Γ 的一个一般点 ξ 的级数展开

$$\begin{cases} \xi_0 = a_0 + a_1\tau + a_2\tau^2 + \cdots, \\ \xi_1 = b_0 + b_1\tau + b_2\tau^2 + \cdots, \\ \xi_2 = c_0 + c_1\tau + c_2\tau^2 + \cdots \end{cases}$$

来定义的. 这个一般点 ξ 对应着 Γ' 的点 ξ', ξ' 的坐标是 ξ_0, ξ_1, ξ_2 的齐次整有理函数, 于是仍为 τ 的幂级数, 在取出 τ 的公共幂作为因子后, 就导出:

$$\xi'_\nu = \tau^h(a'_{\nu_0} + a'_{\nu_1}\tau + a'_{\nu_2}\tau^2 + \cdots) \quad (\nu = 0, 1, \cdots, n).$$

去掉因子 τ^h 后, ξ'_ν 的坐标仍满足曲线 Γ' 的方程. 当以 $\tau = 0$ 代入, 这仍然正确, 于是点 ξ' 特殊化为有坐标 $a'_{\nu_0}(\nu = 0, 1, \cdots, n)$ 的点 P'. 同样, 对 $\tau = 0, \xi$ 也得出一确定的点 P, 即支 $\mathfrak{z}$ 的起始点. 在 Γ 到 Γ' 上的双有理变换中, P' 是 P 的一个像

---

[1] 如果仅仅考虑在非奇模型 Γ' 上的线性系, 则也可以得到同样的不变的等价的理论; 可是对很多目的来说, 能就任意曲线来讨论是有益的, 于是必须代替点而讨论上述的位.

[2] 除子一词是从代数函数的 Dedekind-Weber 的算术理论中取来的, 这个理论和几何理论在结果上是完全一致的, 这里称为点组或除子的和或差在那里称作积或商. 这就是为什么用除子这个名词的原因. 请参阅 Bliss 的书《代数函数》或 M.Deurimy 的不久就要在本丛书中出版的关于代数函数的著作. Dedekind 和 Weber 的原创性工作可在 J. reineangew. Math(纯粹与应用数学杂志) Bd.92(1882) S.181~290 中找到.

点. 因为对 (ξ, ξ') 成立的映射的方程, 代入 $\tau = 0$ 也保持成立. 点对 (P, P') 于是定义了 Γ 的一个位, 即 Γ 的每一分支 $\mathfrak{z}$ 唯一对应着一个确定的位.

我们还要证明, 在这个对应的方式下, 包含了 Γ 的全部位, 而且每一个恰好被对应一次. 设 (P, P') 是 Γ 的一个确定的位. 我们现在希望通过射影把 Γ' 变换到一条平面曲线 Γ_1, 并且使得简单点 P' 在射影下仍变为 Γ_1 的一个简单点 P_1. 为了这个目的, 我们过 P' 作子空间 S_{n-1}, 它与 Γ' 在 P' 简单相交, 在 S_{n-1} 中作 S_{n-2}, 它除掉 P' 外不再包含其他 S_{n-1} 与 Γ' 的交点. 最后我们在 S_{n-2} 中选一不过 P' 的 S_{n-3}, 并且从 S_{n-3} 把曲线 Γ' 投射到一个平面 S_2 上, 这样就得出一条曲线 Γ_1. 现在可以很简单地看出, 这个射影联系着 Γ' 到 Γ_1 上的双有理变换. 在此变换下 P' 变为 Γ_1 的一个简单点 P_1. 简单点 P_1 携带着 Γ_1 上的单一个分支 $\mathfrak{z}_1$. 既然 Γ 的每一个分支 $\mathfrak{z}$ 对应着 Γ' 的一个点, 于是 Γ_1 的支分 $\mathfrak{z}_1$ 也对应着 Γ' 的一点. 这一点只能是 P', 因为 P' 是 Γ' 上在投影下变到 P_1 的唯一点.

现在平面曲线 Γ_1 和 Γ 通过 Γ' 作中介也双有理地相互映射; 则 Γ_1 的每个分支 $\mathfrak{z}_1$ 恰好对应着 Γ 的一个分支 $\mathfrak{z}$ (见 §3.5). 也就是 Γ' 的点 P' 对应着 Γ 的唯一分支 $\mathfrak{z}$, 这就是我们要证明的. □

这个用几何定义的位的概念很适合扮演一直是由 (在级数展开的基础上的) 分支的概念所扮演的角色, 其优点是明显的. 用一组表示有理映射的闭合公式来代替无穷级数. 位自身也完全是对 n 维空间中的曲线来定义的. 最后, Puiseux 级数所必须对基本域的特征加的限制条件 (关于这一点, 我们至今尚未深入讨论过), 在这里完全可以取消.

以前 (§3.5) 所作的 "支和曲线的相交重数" 现在可借助于位的概念给出新的定义, 而且可推广到 n 维空间, 设 Γ 是 S_n 中曲线, H 是交 Γ 于 P 点的超曲面. 点 P 可以对应着多个位; 我们取出一个, 它是通过 P 在非奇模型 Γ' 上的一个像点 P' 来定义的. 我们把 H 嵌入由所有与 H 同次的超曲面所成的线性系中, 设此线性系的一般元素是 H^*. 这个线性系在 Γ 上交出线性系 $|C_A|$, 它在 Γ' 上的像还是一个线性系 $|C_A'|$. 在特殊化 $H^* \to H$ 下, C_A 中一定个数的点移入点 P, 这个数 (根据定义) 是 H 和 Γ 在 P 点的相交重数. 同时, 它也把 C_A' 的一定个数的点移入点 P', 此个数称作 H 和 Γ 在位 (P, P') 处的相交重数. 显然, H 和 Γ 在点 P 的总的相交重数等于 H 和 Γ 在属于 P 的那些 Γ 上不同位的相交重数之和.

位和除子的概念不能直接推广到 d 维流形 M 上, 首先是因为, 对 $d > 2$, 是否每个流形都具有非奇模型还成问题[①]. 其次, 两个不同的非奇模型也无法互相一一映射, 以致位和除子概念的意义与使用什么模型有关.

我们今后在 $d > 1$ 时, 位和除子的概念只在非奇流形 M 的情形中使用, 并且这时一个位和一个除子分别理解作 M 的一个点和 M 的一个虚 $d-1$ 维子流形, 对 $d = 1$, 如果 M 是非奇代数曲线, 这就与以前定义的概念一致, 只要选取 M 自身作

---

① $d = 2$ 情况的一个证明见 Walker R J. Ann. of Math. Bd.36(1935) S.336~365.

为非奇模型.

§7.5 除子的等价 · 除子类 · 完全系

定理 7.5.1 如果两个 M 上的线性系有一公共元素 D_0, 则它们都含于一更大的线性系 (包容系 (umfassenden schar)) 中.

证明 设两线系之一由

$$\lambda_0 F_0 + \lambda_1 F_1 + \cdots + \lambda_r F_r = 0 \qquad (7.5.1)$$

给出, 而另一系是由

$$\mu_0 G_0 + \mu_1 G_1 + \cdots + \mu_s G_s = 0 \qquad (7.5.2)$$

给出. 在 (7.5.1) 及 (7.5.2) 与 M 的完全交 L_λ 与 N_μ 上再另加上固定的虚拟流形 A 及 B 就得到两线性系的元素

$$D_\lambda = A + L_\lambda,$$

$$E_\mu = B + N_\mu.$$

可以设 F_0 和 G_0 确定两线性系的公共流形 D_0. 于是我们作形式系

$$\lambda_0 F_0 G_0 + G_0(\lambda_1 F_1 + \cdots + \lambda_r F_r) + F_0(\lambda_{r+1}G_1 + \cdots + \lambda_{r+s}G_s), \qquad (7.5.3)$$

它与 M 的交再加上固定流形 $A + B - D_0$, 则形式系 (7.5.3) 所含有的子系

$$G_0(\lambda_0\, F_0 + \lambda_1 F_1 + \cdots + \lambda_r F_r)$$

再加上 $A + B - D_0$. 正好交出线性系 $|D_\Lambda| = |A + L_\Lambda|$, 同样其子系

$$F_0(\lambda_0 G_0 + \lambda_{r+1}G_1 + \cdots + \lambda_{r+s}G_s)$$

加上 $A + B - D_0$ 得出线性系 $|E_\Lambda| = |B + N_\Lambda|$. □

即使流形 M 有任意个奇点, 定理仍然成立, 而其真正意义还是首先在于应用到非奇流形上. 当流形出现多重点, 而线性系 $|D_\Lambda|$ 和 $|E_\Lambda|$ 是由纯有效流形组成, 包容系可能含有带负重数的固定成分[1].

---

[1] 例如, 设 M 为一 4 阶锥面, 它的一条二重直线 D 具有分离的切平面, 它们除 D 外, 还与曲线交于直线 A 和 B. 通过 A 的平面, 除了 A 外还交出一三直线组的线性系, 通过 B 的平面也如此. 这两个线性系共有一三线组 $3D$(将直线 D 算三次). 式 (7.5.3) 是通过 A, B, D 的二次锥面的系; 它们与 M 的交再加上 $-A - B - 3D$ 确定一由四条有正重数的直线和一条重数为 -1 的直线 D 所组成的虚拟曲线的线性系.

但如 M 没有多重点, 则根据 §7.3 定理 7.3.4, 含在包容系中的有效流形构成一线性子系, 它也包含给出的两个线性系. 也就导出如下推论.

推论 7.5.1　设在一非奇流形上两有效线性系有一公共元素 D_0, 则此两线性系都含在某一有效线性系中.

非奇 d 维流形 M 上的两个除子 C 和 D 称为等价, 如果存在一个线性系, 含 C 和 D 为元素. 记作

$$C \sim D.$$

同样称代数曲线上的两个除子为等价 (äquivalent), 如果有一个线性除子系, 包含这两个除子. 经过转移到此曲线的非奇模型之后, 这一等价概念也就变成前面所讲的. 注意到我们在 §7.2 中开头给出的关于 1 维线性系的说明, 就可以说: 在一代数曲线上的两个除子是等价的, 如果它们的差是由一曲线上的有理函数的零点和极点构成, 其中零点具有正重数, 极点具有负重数.

等价概念显然是对称和自反的, 根据定理 7.5.1, 它也是传递的: 从 $C \sim D$ 和 $D \sim E$ 导出 $C \sim E$. 于是可以把与一除子等价的所有除子并成一个除子类 (divisorenklasse).

从 $C \sim D$ 导出 $C + E \sim D + E$. 于是可以作两个除子类的和只要在每个等价类中分别取出一个除子相加, $C + E$ 所决定的类与除子 C 和 E 的选取无关. 在这种加法下, 除子类构成 Abel 群.

现在我们讨论含在一个类中的有效或整除子. 容易证明, 含有一预先给定的除子 D 的有效除子的线性系的维数是有界的[1]. 以后我们仅在曲线情形下应用这个定理, 但在这种情形下, 它可以立刻从 §7.4 的不等式 (7.4.1) 得出. 现在讨论含有事先给定的除子 D 的线性系中有最大维数者, 于是根据定理 7.5.1, 这个系含有所有与 D 等价的有效除子; 否则由定理 7.5.1 还可以构作一个包容系. 一个这种极大线性系称作完全系 (vollschar). 于是完全系是由一给定除子类中所有有效除子组成. 其维数称为这个类的维数[2]. 可能有除子类不含有有效除子, 这时我们令这个类的维数等于 -1.

由有效除子 D 确定的完全系也用 $|D|$ 来记.

除子 E 对完全系 $|D|$ 的剩余完全系 (rest) 理解为所有与 $D - E$ 等价的整除子组成的完全系, 如果有这种除子的话. 设 F 就是这种除子, 则

$$D \sim E + F.$$

---

[1] 这个定理可以由下列事实得出: M 上所有给定次数的 d 维流形在 §5.6 的意义下构成有限维的代数系统. 它也可以通过对 d 的完全归纳来证明, 这时可用一般平面来交割 M.

[2] 在算术理论中, 一个系的维数是理解作系中线性无关元素的个数, 也就是 $r + 1$. 因此当转到算术理论时, 此处所有维数都增加 1.

因此, E 对 $|D|$ 的剩余完全系也可以定义为所有整除子 F 的集合, $F + E$ 是完全系的一个除子.

从第一定义得到, 等价的除子对完全系 $|D|$ 有同样的剩余完全系.

练 习 7.5

1. 完成前页脚注①所提示的归纳证明.

2. 非奇三阶曲线上的两个点组 $P_1, \cdots, P_g$ 和 $Q_1, \cdots, Q_h$ 等价, 当且仅当 $g = h$, 以及点 P 在 §3.9 意义下的和等于点 Q 的和.

3. 在直线上, 从而也在直线的双有理像上, 相同次数的除子是等价的. 因此完全系的维数等于此完全系中一除子的次数, 假定这个次数 $\geqslant 0$.

§7.6 Bertini 定理

Bertini 第一定理是关于代数曲线上点组的线性系的, 它断言:

定理 7.6.1(Bertini 第一定理) 没有固定点的线性系的一般点组 $|C_\Lambda|$ 完全由简单点组成.

证明 点组 $C_\Lambda + A$ 由超曲面

$$\Lambda_0 F_0 + \Lambda_1 F_1 + \cdots + \Lambda_r F_r = 0 \tag{7.6.1}$$

交出, 其中 $\Lambda_0, \cdots, \Lambda_r$ 是不定元. C_Λ 的点是这些不定元的代数函数. 设 ξ 是 C_Λ 上一点, 则 ξ 是 M 的一般点并且有

$$\Lambda_0 F_0(\xi) + \Lambda_1 F_1(\xi) + \cdots + \Lambda_r F_r(\xi) = 0. \tag{7.6.2}$$

如果一个代数函数等于常数零, 则其导数也是零; 因而可将式 (7.6.2) 对 Λ_j 微商:

$$F_j(\xi) + \sum_k \{\Lambda_0 \partial_k F_0(\xi) \Lambda \partial_k F_1(\xi) + \cdots + \Lambda_r \partial_k F_r(\xi)\} \frac{\partial \xi_k}{\partial \Lambda_j} = 0. \tag{7.6.3}$$

现在设 ξ 是曲线 M 和超曲面 (7.6.1) 的一个多重交点. 则根据 §6.3, 点 ξ 处的曲线切线必须位于超曲面 (7.6.1) 的极超平面上. 但点

$$\frac{\partial \xi_0}{\partial \Lambda_j}, \quad \frac{\partial \xi_1}{\partial \Lambda_j}, \quad \cdots, \quad \frac{\partial \xi_n}{\partial \Lambda_j}$$

一定位于曲线的切线上①. 于是有

$$\sum_k \{\Lambda_0 \partial_k F_0(\xi) + \Lambda_1 \partial_k F_1(\xi) + \cdots + \Lambda_r \partial_k F_r(\xi)\} \frac{\partial \xi_k}{\partial \Lambda_j} = 0. \tag{7.6.4}$$

① 因为当超曲面 $f = 0$ 包含该曲线, 则由 $f(\xi) = 0$, 通过微分即有
$$\frac{\partial f}{\partial \xi_0} \frac{\partial \xi_0}{\partial \Lambda_j} + \frac{\partial f}{\partial \xi_1} \frac{\partial \xi_1}{\partial \Lambda_j} + \cdots + \frac{\partial f}{\partial \xi_n} \frac{\partial \xi_n}{\partial \Lambda_j} = 0.$$

从式 (7.6.3) 和式 (7.6.4) 得出

$$F_j(\xi) = 0 \quad (j = 0, 1, \cdots, r),$$

因此 (ξ) 是系 (7.6.1) 的基点, 这与假定 ξ 是完全由变动点组成的 C_Λ 中的一个点相矛盾.　　　　　　　　　　　　　　　　　　　　　　　　　　　□

从定理 7.6.1 几乎可以直接得出如下定理.

定理 7.6.2　　没有固定部分且由 $d-1$ 维有效流形构成的线性系的一般元素 C_Λ 中不含有要多重计入的组成部分.

因为通过与一般线性空间 S_{n-d+1} 相交就能归结为定理 7.6.1.

Bertini 第二定理说明的还要多一些, 即一般元素 C_Λ 中除去系的基点及承载流形 M 的多重点外完全没有重点存在. 我在这里仅仅证明定理的下述稍微特殊一点的文本.

定理 7.6.3(Bertini 第二定理)　　线性系的一般超曲面

$$\Lambda_0 F_0 + \Lambda_1 F_1 + \cdots + \Lambda_r F_r = 0 \tag{7.6.5}$$

在 M 上交出流形 C_Λ, 它除去系 (7.6.5) 的基点和 M 的多重点外不再具有重点.

证明　　我们首先把任意线性系的情形归到一个束

$$\Lambda F_0 + F = 0 \quad (F = \Lambda_1 F_1 + \cdots + \Lambda_r F_r) \tag{7.6.6}$$

的情形, 这时我们把 (7.6.5) 中的量 $\Lambda_1, \cdots, \Lambda_r$ 添加到基本域中, 于是把它们当成常量. 如果对束 (7.6.6) 断言已经证明, 则 C_Λ 的每个多重点 P, 假如不是 M 的多重点, 必须是束 (7.6.6) 的基点, 即满足方程 $F_0(P) = 0$. 同样可以得出 $F_1(P) = 0, \cdots, F_r(P) = 0$, 于是 P 就是系 (7.6.5) 的基点.

因此讨论束的情形已经足够. 记束的一般元素为 F_Λ, 它与 M 的交是 C_Λ, 设 P 是 C_Λ 的一个多重点, 且不是束的基点. 以对 (Λ, P) 作一般点对定义一个不可约的对应. 束的参数直线 (parametergeraden) 的一般点 Λ 在此对应中对应于点 P' 组成的 b 维流形, P' 是 P 的特殊化, 因而也是 C_Λ 的多重点. 这时用一般 S_{n-b} 来交这个流形, 可以把维数 b 减为 0, 而 P' 作为 C_Λ 的多重点的这一性质并不丢失, 在个数原守恒理

$$a + b = c + d$$

中现在以 $a = 1, b = 0$ 代入, 如果 $c = 0, d = 1$, 则像流形的一个点 P' 对应于参数直线的所有 ∞^1 个点 λ, 与假定矛盾. 这就只可能 $c = 1, d = 0$. 对应的像流形是曲线 Γ.

束中超曲面在 Γ 上交出点组的线性系, 确切地说一般超曲面 F_Λ 与 Γ 的交点中就有点 P. 由定理 7.6.1, P 是 F_Λ 和 Γ 的简单交点. 定理 7.6.1 的证明另外还指出, 在 P 处 F_Λ 的切空间 S_{n-1} 不包含 Γ 的切线.

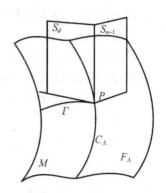

如果现在 P 是 M 的简单点, 则 M 在 P 处具有切空间 S_d(参见 §6.3). Γ 在 P 处的切线含在 S_d 中. 因为 S_{n-1} 不含有此切线, 所以 S_{n-1} 也不含有 S_d. 于是 S_{n-1} 与 S_d 的交是 S_{d-1}. 这也就导出 F_Λ 和 M 的交流形 C_Λ 在 P 处具有切空间 S_{d-1}, 即 P 是 C_Λ 的简单点, 这就与假定矛盾. 于是 P 不能是 M 的简单点. □

现在可以证明下列两个关于代数曲面 M 上的曲线的线性系的定理, 它可以不费力地推广到 M_d 上 M_{d-1} 的线性系上[1]. 证明源出于 Enriques.

一个线性曲线系的次数理解作系中两个一般曲线除基点外的交点个数.

M 的一个曲线束 (kurvenbüschel) 是 M 上曲线的一个这样的不可约 1 维系统, 在 M 上每个一般点正好有系统中一条曲线通过. 不可约曲线系统的概念是按 §5.6 来解释. 如果特别涉及一维线性系, 则称为线性束[2].

定理 7.6.4 没有固定部分的零次线性系 $|C_\Lambda|$ 是由束所合并成, 这个束的一般曲线是绝对不可约的.

证明 r 维线性系 $|C_\Lambda|$ 中过 M 的一般点 P 的所有曲线构成 $r-1$ 维的线性子系. 现在令一般点 P 对应于此子系一元素对 C, C', 则通过这一般三元组 P, C, C' 定义了点与曲线对之间的不可约代数对应, 在个数守恒原理

$$a + b = c + d$$

中代入 $a = 2$ 和 $b = 2(r-1)$. 如果现在 $d = 0$, 则 $c = 2r$ 即曲线对 (C, C') 是系的一般元素对. 这就是说, 有 $|C_\Lambda|$ 的两条一般曲线都过曲面的一般点 P, 因此与假定次数为零矛盾. 于是 $d \geqslant 1$, 即如果两曲线 C, C' 过 M 的一个一般点, 则它们不仅公有一个点, 而是至少有 ∞^1 个公共点 (多于 ∞^1 自然是不可能的, 于是 $d = 1$).

如果将 C 和 C' 分别选为过 P 的一般曲线和确定曲线, 这些仍然保持正确. C 和 C' 的公共部分构成曲线 K, 这是由固定曲线 C' 的不可约部分合并成, 即可以与 C 的 (不定) 参数完全无关. 于是我们看到, 系 $|C_\Lambda|$ 中所有过 P 的曲线有一固定的, 仅与 P 有关的公共曲线 K.

---

[1] 见 van der Waerden B L. Zur algebraischen Geometrie X, Math. Ann. Bd. 113 (1937) S. 711.

[2] 存在非线性束, 如一没有二重直线的三次锥面的所有母线的系统, 但在很多曲面上, 如对平面来讲, 所有束都是线性的.

现在设 P' 是 K 的另一点 (但不是系 $|C_\Lambda|$ 的基点), 则 $|C_\Lambda|$ 中过 P' 的曲线仍然构成一个 $r-1$ 维线性系, 它含有前面那 $r-1$ 维子系, 因此与它恒等. 系 $|C_\Lambda|$ 中过 K 的一任意点的曲线仍然共有曲线 K.

曲线 K 可以分解为绝对不可约部分 $K_1, K_2, \cdots$. 当 P 变动时组成部分 K_ν 中每一个都不能保持固定, 否则将导致 $|C_\Lambda|$ 中所有曲线都共有这个固定成分. 以 K_ν 为一般元素的不可约系 $|K_\nu|$ 维数至少是 1. 我们还要证明, $|K_\nu|$ 是束.

我们作一系统 $|K_\nu|$ 的元素和 M 的点之间的不可约对应. 此对应的一般元素为 (K_ν, P_ν), 可以这样得到, 选 P_ν 为曲线 K_ν 上的一般点. 在个数守恒原理

$$a + b = c + d$$

中有

$$a \geqslant 1, \quad b = 1,$$

因此

$$a + b \geqslant 2,$$

以及有

$$c \leqslant 2, \quad d = 0,$$

因此

$$c + d \leqslant 2,$$

于是

$$a + b = c + d = 2, \quad a = 1, \quad c = 2.$$

因此系统 $|K_\nu|$ 是 1 维的, 此对应的像流形是整个曲面 M. 通过 M 的一般点 P 至少有 $|K_1|$ 中一条曲线 K_1', 至少有 $|K_2|$ 中的一条曲线 K_2' 等. 总共有 h 条不同曲线 K_ν', 所有这些曲线都是所在系统 $|K_\nu|$ 的一般元素.

所有系 $|C_\Lambda|$ 中过 P 的曲线 C, 根据证明的第三段所说的, 必须含有所有这 h 条曲线 K_ν'. 这就是说, 每一条过点 P 的曲线 C 至少有 h 个不同的成分.

我们在 §7.1 中也已看到, 不论是过 M 的一般点 P 作最一般曲线 C, 还是首先选 $|C_\Lambda|$ 的一般曲线 C, 再在 C 的一个固定部分上取一般点 P, 出现的都是同样的情况. 我们首先作第一种, 则 P 至少是 C 的 h 重点. 我们再做后一种, 则 P 显然是 C 的简单点, 于是 $h = 1$. 这就是说, 仅仅有单独的一个系统 $|K_\nu|$, 并且其中过一般点 P 仅有一条曲线. 于是 $|K_\nu|$ 就是束. 另外, 在一般曲线 C_Λ 任一不可约成分选一个一般点 P, 这一点位于一含在 C_Λ 中的曲线 K_ν' 上; 于是 C_Λ 的每个不可约组成部分是系统 $|K_\nu|$ 的一条曲线 K_ν', 即所谓 $|C_\Lambda|$ 是由束 $|K_\nu|$ 合并成.　　　　□

定理 7.6.5 一般曲线 C_Λ 绝对不可约的、没有固定成分的线性系 $|C_\Lambda|$ 次数是零 (并且由定理 7.6.4 得出, 它由一束并成).

证明 设 C_1, C_2 是系 $|C_\Lambda|$ 的两条一般曲线. 如果 C_1, C_2 除系的基点外还有一交点 P', 则此点 P' 不是曲面的二重点, 也不是 C_1 的二重点. 因为 C_1 仅含有有限个这种二重点, 而且与 C_1 无关的一般选取的曲线 C_2 不通过这有限个点, 只要它们不是基点.

C_1 和 C_2 在系 $|C_\Lambda|$ 中定义了一个束 $|C_\lambda|$, 因为 C_1 和 C_2 都过 P', 所以束中所有曲线都过 P'. 像每个线性束一样, $|C_\lambda|$ 有次数零并且根据定理 7.6.4, 它是由束 $|K|$ 合并成, $|K|$ 的一般曲线. K 是绝对不可约的. 一般曲线 C_λ 过 P', 于是 C_λ 至少有一个不可约成分 K 过 P'. 当系统 $|K|$ 的一般曲线过固定点 P', 则系统 $|K|$ 中所有曲线都过 P'. 特别有 C_λ 的所有不可约成分过 P'. 由假定, 至少存在有两个这种成分, 于是 P' 是 C_λ 的多重点. 在特殊化 $\lambda \to 0$ 下, 一个点作为多重点的性质仍然保持. 这样 P' 就是 C_Λ 的多重点, 与开头所说的矛盾, 即点 P' 完全不存在. □

定理 7.6.4 和定理 7.6.5 并在一起就能对下列问题给出一个彻底的回答: 怎样的线性系具有其一般元素为可约的性质? 这种系或者是具有固定的成分, 或者是由 (线性或非线性的) 束所合并成.

下述是定理 7.6.5 的一个直接推论.

推论 7.6.1 绝对不可约曲面与一般超平面的交是一绝对不可约曲线. 因为超平面在曲面上交出线性系, 其次数为正 (即等于曲面的次数); 于是其一般曲线不能是可约的.

我们在第八章 §8.2~§8.4 还要回到代数曲线的线性系上来. 关于代数曲面上线性曲线系的详尽理论我们可以参见 Zariski 的报告: Algebraic Surfaces, Ergebn. Math. Bd. 3. Heft5, 同样可以参见该书引用的文献.

第 8 章　Noether 基本定理及其应用

§8.1　Noether 基本定理

设 $f(x)$ 和 $g(x)$ 是不定元 x_0, x_1, x_2 的互素的形式, 为使另一个形式 $F(x)$ 能表为下列恒等式:

$$F = Af + Bg, \tag{8.1.1}$$

其中 A 和 B 仍为形式, 其成立的必要条件是曲线 $f = 0$ 与 $g = 0$ 的所有交点也位于曲线 $F = 0$ 上. 我们将要证明, 当 $f = 0$ 与 $g = 0$ 的所有交点的重数为 1 时, 这个条件也是充分的. 对多重交点, 还要加上进一步的条件.

著名的 "Noether" 基本定理首先是 Max Noether 发表在《数学年鉴》(*Math. Ann.*) 第六卷上, 他给出了恒等式 (8.1.1) 成立的必要和充分条件.

在更广的意义下, 我们把所有那些给出 (8.1.1) 成立的充分和必要条件, 或者仅仅给出充分条件的定理也都称为 "Noether" 定理.

根据 Dubreil, 所有这些定理可以从下述引理导出.

引理 8.1.1(van der Woude 引理)　设形式 f 有 x_2^n 这一项, R 是 f 和 g 对 x_2 的结式, 且有 (参见 §3.1)

$$R = Uf + Vg, \tag{8.1.2}$$

则当且仅当 VF 除以 f 所得的余式 T 能被 R 除尽时式 (8.1.1) 才成立.

证明　VF 被 f 除得出

$$VF = Qf + T. \tag{8.1.3}$$

从式 (8.1.2) 和式 (8.1.3) 导出

$$\begin{aligned} RF &= UFf + VFg \\ &= UFf + (Qf + T)g \\ &= (UF + Qg)f + Tg \end{aligned}$$

或

$$RF = Sf + Tg. \tag{8.1.4}$$

如果现在 T 可被 R 整除, 则 Sf 也被 R 除尽, 再因为 f 没有仅与 x_0, x_1 有关的因子, 所以这时 S 也可被 R 除尽. 从 (8.1.4) 中消去 R 就得到 (8.1.1).

反过来, 如果 (8.1.1) 成立, 则在 (8.1.1) 中总可以把 A 和 B 替换为 $A_1 = A+Wg$, $B_1 = B-Wf$. 特别选取 W, 使 B_1 对 x_2 的次数小于 n(B 对 f 的带余除法), 则表示式

$$F = A_1 f + B_1 g$$

是唯一的[①], 将这个唯一的表达式乘以 R, 并与式 (8.1.4) 比较, 其中 T_1 含 x_2 的次数同样也小于 n, 由于唯一性的缘故, 就得出表示式

$$S = RA_1, \quad T = RB_1,$$

因而实际上 T 可被 R 除尽.   □

现在设 $\overset{1}{s}, \overset{2}{s}, \cdots, \overset{h}{s}$ 是 $f = 0$ 和 $g = 0$ 的交点, $\sigma_1, \cdots, \sigma_h$ 是它们的相应重数. 于是根据 §3.2 有

$$R = \prod_{\nu} (\overset{\nu}{s}_0\, x_1 - \overset{\nu}{s}_1\, x_0)^{\sigma_\nu}. \tag{8.1.5}$$

我们可以这样来选取坐标, 使得对任意两个交点的比值 $s_0:s_1$ 不同, 这样 (8.1.5) 中因子 $\overset{\nu}{s}_0\, x_1 - \overset{\nu}{s}_1\, x_0$ 就互不相同. T 被 R 除尽当且仅当 T 能被每个因子

$$(\overset{\nu}{s}_0\, x_1 - \overset{\nu}{s}_1\, x_0)^{\sigma_\nu}$$

除尽. 于是我们已经有了第一个 "Noether 定理".

定理 8.1.1 当且仅当对曲线 $f = 0$ 与 $g = 0$ 的每一个 σ 重交点 s, 在前述引理中所定义的余式 T 能被

$$(s_0 x_1 - s_1 x_0)^\sigma$$

除尽时式 (8.1.1) 才成立.

从证明中还可以得出如下推论.

推论 8.1.1 A 和 B 的系数可以由给定形式 f, g, F 的系数有理地算得.

根据定理 8.1.1, 每个交点 s 都对应有一个确定条件, 它是用 T 可被 $(s_0 x_1 - s_1 x_0)^\sigma$ 除尽来表示, 而这些条件的全体 (对所有的交点) 就是对于 (8.1.1) 的必要和充分条件. 我们称这些条件为对所讨论的交点 s 的 Noether 条件. Noether 条件显然是形式 F 的线性条件: 如果 F_1 和 F_2 满足, 则 $F = F_1 + F_2$ 也满足.

从定理 8.1.1 可以立刻给出一个应用, 我们讨论 $\sigma = 1$ 的情形.

设譬如 $Q = (1,0,0)$ 是曲线 $f = 0$ 与 $g = 0$ 的简单交点. 我们一劳永逸地选取坐标, 使得直线 $x_1 = 0$ 不与曲线 $f = 0$ 相切并且相交于有限个点. 从 (8.1.2) 导出, V 在 $f = 0$ 与 $x_1 = 0$ 的 $n-1$ 个与 Q 不同的交点上必定为零. 因为 R 含有因子

[①] 因为从 $F = A_1 f + B_1 g = A_2 f + B_2 g$ 将导出 $(A_1 - A_2)f = (B_2 - B_1)g$, 即 $B_2 - B_1$ 被 f 除尽, 这是不可能的, 如果 B_1 和 B_2 的次数小于 n.

x_1, 并且 g 在这一点上不为零. 从 (8.1.4) 得出, T 也在这一点上为零. 若在点 Q 处, F 和 f 为零, 于是由 (8.1.3), T 也为零. 现在在 T 中代入 $x_0 = 1$ 和 $x_1 = 0$, 则得到一个 x_2 的次数小于等于 $n-1$ 的多项式, 它有 n 个互不相同的零点, 于是必须恒等于零, 即 T 被 x_1 除尽. 因此我们有下列结论:

在 $f = 0$ 和 $g = 0$ 的简单交点处, 只要 $F = 0$ 通过这个点, Noether 条件就能满足.

作为下一个例子, 我们来讨论这种情形, 即点 $Q = (1,0,0)$ 是曲线 $f = 0$ 的简单点. 于是此曲线在点 Q 处有一个唯一的分支 $\mathfrak{z}$. 恒等式 (8.1.1) 成立的必要条件是 F 在分支 $\mathfrak{z}$ 上的阶①至少要和 g 的阶一样. 我们现在将表明, 这个条件对 Noether 条件来说也是充分的.

设 T 正好被 x_1^λ 除尽,

$$T = x_1^\lambda T_1.$$

如果 $\lambda \geqslant \sigma$, 则 Noether 条件 (T 被 x_1^σ 除尽) 满足. 因此, 设 $\lambda < \sigma$. 从 (8.1.4) 导出, 分在支 $\mathfrak{z}$ 上, 形式 RF 和 Tg 同样的阶. 如果 T_1 在点 Q 处 $\neq 0$, 则 T 有阶数 λ, R 有阶数 σ, 即 R 有大于 T 的阶数. 此外, 根据假设 F 至少阶数与 g 的相同, 于是 RF 有大于 Tg 的阶, 而这是不可能的. 于是 T_1 必须在 Q 点处为零. 可以完全相同地对 $x_1 = 0$ 与 $f = 0$ 的其他 $n-1$ 个交点处的分支做出相同的结论. 因为 g 在这些点上的阶数为零. 于是多项式 T_1 在 $x_0 = 1$ 和 $x_1 = 0$ 有 n 个不同的零点; 于是和以前的证明一样, 得出 T_1 被 x_1 除尽, 即 T 被 $x_1^{\lambda+1}$ 除尽. 这与假定 T 正好被 x_1^λ 除尽的假定矛盾. 这就证明了 Kapferer 的一个定理.

定理 8.1.2　如果曲线 $f=0$ 与 $g=0$ 的所有交点都是 $f=0$ 的简单点, 并且它们的重数至少和 $f=0$ 与 $F=0$ 的交点具有同样的相交重数, 则有恒等式 (8.1.1).

在曲线 $f = 0$ 和 $g = 0$ 的多重点处的 Noether 条件可以不表示为单纯的重数条件. 以后我们将以一个与坐标无关的形式来给出准确的充要条件 (定理 8.1.4). 但在任何情况下都有用重数来表示的使式 (8.1.1) 成立的充分条件. 在这方面, 我们首先论及曲线 $f = 0$ 在 Q 处是有 r 条不同切线的 r 重点的情形. 设相应的分支为 $\mathfrak{z}_1, \cdots, \mathfrak{z}_r$; 曲线 $g = 0$ 与这些分支的相交重数分别是 $\sigma_1, \sigma_2, \cdots, \sigma_r$, 于是在 Q 点处总的相交重数是 $\sigma = \sigma_1 + \cdots + \sigma_r$.

我们现在证明如下定理.

定理 8.1.3　如果曲线 $F = 0$ 与曲线 $f = 0$ 上在点 Q 处的 r 个互不相切的分支 $\mathfrak{z}_j$ $(j = 1, 2, \cdots, r)$ 至少有相交重数 $\sigma_j + r - 1$, 则对 Q 的 Noether 条件就能满足.

---

① F 在分支 $\mathfrak{z}$ 上的阶数是 $F = 0$ 与分支 $\mathfrak{z}$ 的相交重数 (参见 §3.5 和 §7.4) 或者, 同样, 是 $F = 0$ 与 $f = 0$ 在 Q 处的相交重数.

证明 和定理 8.1.2 的证明一样, 设

$$T = x_1^\lambda T_1,$$

并且 $\lambda < \sigma$. 在每一个分支 $_{3_j}$ 上, RF 仍然和 Tg 有同样的阶, 这就是说, 如果 δ_j 是 T_1 在 $_{3_j}$ 的阶, 就有

$$\sigma + (\sigma_j + r - 1) \leqslant \lambda + \delta_j + \upsilon_j.$$

因为 $\lambda \leqslant \sigma - 1$, 所以

$$r \leqslant \delta_j. \tag{8.1.6}$$

现在我们来证明 Q 是曲线 $T_1 = 0$ 的至少为 r 重的重点. 假设不然, 设它至多是 $r - 1$ 重重点. 因此在 Q 处至多有 $r - 1$ 条切线. 因为 $_{3_1}, \cdots, _{3_r}$ 的切线互不相同, 从而有一个分支 $_{3_j}$, 它不与曲线 $T_1 = 0$ 的分支相切. $T_1 = 0$ 和这些分支 $_{3_j}$ 的相交重数根据 §3.5 的规则至多为 $r - 1$. 这就和不等式 (8.1.6) 矛盾. 所以 Q 至少是 $T_1 = 0$ 的 r 重点.

另外, 曲线 $T_1 = 0$ 和以前一样含有 $f = 0$ 与 $x_1 = 0$ 的其余 $n - r$ 个交点. 总之, 多项式 T_1 在 $x_0 = 1, x_1 = 0$ 上 n 次为零. 由此和以前一样能够导出 T_1 能被 x_1 除尽, 及 T 能被 $x_1^{\lambda+1}$ 除尽, 而与 T 正好被 x_1^λ 除尽的假定相矛盾. □

注释 8.1.1 证明的后一部分也可以这样做, 不用假定直线 $x_1 = 0$ 和曲线还交于 $n - r$ 个不同点, 而仅仅假定 $x_1 = 0$ 不是 Q 点处的切线, 也不再过 $f = 0$ 与 $g = 0$ 的其他交点, 并且其无穷远点 $(0,0,1)$ 不在 $f = 0$ 上. 于是可以断言: 在 (8.1.4) 中 R 和 T 被 x_1^λ 除尽, 因而 S 也必定被 x_1^λ 除尽. 消去 x_1^λ 就会得到

$$R_1 F = S_1 f + T_1 g,$$

代入 $x_1 = 0, S_1, T_1, f, g$ 变为 S_1^0, T_1^0, f^0, g^0, 而 R_1 可被 x_1 除尽, 就有

$$-S_1^0 f^0 = T_1^0 g^0.$$

f^0 含有因子 x_2^r, 它也是 T_1^0 的因子: 因为 $f = 0$ 和 $T_1 = 0$ 二者在 Q 处都有 r 重点. f^0 的其余的因子与 g^0 互素, 因为直线 $x_1 = 0$ 除 Q 外不再过其他 $f = 0$ 和 $g = 0$ 的交点. 所以 f^0 的这些因子必定属于 T_1^0. 于是 T_1^0 被 f^0 除尽. 但 T_1^0 对 x_2 的次数小于 n, 而 f^0 的次数是 n, 所以 $T_1^0 = 0$, 即 T_1 被 x_1 除尽, 其余证明和前面一样.

我们在综览了各种最重要的特殊情形之后, 可以转到一般的的情形. Noether 基本定理给出的关于恒等式 (8.1.1) 成立的充分必要条件至今一直是避免标出变元 x_2 的形式. 我们令 $x_0 = 1$, 即转为非齐的坐标. 为了定理的证明可以简化, 我们引入多项式 $f(x_1, x_2)$ 在点 Q 处的阶的概念: f 在 Q 的阶是 r, 如果 $f = 0$, 在 Q 处有一个

r 重点, 仍然假定 $Q = (1, 0, 0)$, 将 f 展成 x_1 和 x_2 的升幂形式, 则表示式是从 $(x_1$ 和 x_2 在一起)r 次因子开始. 根据 Dubreil 给出的表述, 现在 Noether 定理如下:

定理 8.1.4　设 f 和 g 是 x_1, x_2 的互素的多项式. f 和 V 在点 s 处的阶设为是 r 和 l. $f = 0$ 与 $g = 0$ 在 s 的相交重数设为 σ. 如果存在这样的多项式 A' 和 B', 使差

$$\Delta = F - A'f - B'g$$

在 s 至少有阶

$$\sigma + r - 1 - l,$$

则对 F 在点 s 处满足 Noether 条件.

证明　如果 Δ 和 $A'f + B'g$ 都满足点 s 处的 Noether 条件, 则其和 F 也满足. 根据定理 8.1.1, $A'f + B'g$ 一定满足 Noether 条件. 因此只要证明, 当 Δ 在 s 处的阶至少是 $\sigma + r - 1 - l$ 时, Δ 也满足就够了.

为了能够应用早先的记法, 我们记 Δ 为 F. 我们再假定 $s = (1, 0, 0)$, 且使直线 $x_1 = 0$ 不在 s 处与曲线相切. 仍然设

$$T = x_1^\lambda T_1, \quad \lambda < \sigma.$$

于是从 (8.1.3) 得出

$$VF = Qf + x_1^\lambda T_1. \tag{8.1.7}$$

我们在 (8.1.7) 中两边按 x_1, x_2 的升幂展开, 则左边不会有次数 (x_1 和 x_2 合在一起的) 小于 $\sigma + r - 1$ 的项, 因为 V 在点 s 处阶是 l, F 在 s 处的阶至少是 $\sigma + r - 1 - l$. 因为式 (8.1.7) 最后一项能被 x_1^λ 除尽, 所以 Qf 的次数小于 $\sigma + r - 1$ 的项也必须可被 x_1^λ 除尽, 设 Q 和 f 按升幂展开是

$$Q = Q_0 + Q_1 + Q_2 + \cdots,$$
$$f = f_r + f_{r+1} + f_{r+2} + \cdots,$$

从而有

$$Qf = Q_0 f_r + (Q_1 f_r + Q_0 f_{r-1}) + (Q_2 f_r + Q_1 f_{r+1} + Q_0 f_{r+2}) + \cdots$$
$$+ (Q_{\sigma-2} f_r + Q_{\sigma-3} f_{r+1} + \cdots) + \cdots.$$

在左边, 所有次数小于 $r + \sigma - 1$ 的项都能被 x_1^λ 除尽. 右边也一定是这样. 由于 f_r 与 x_1 互素, 于是可以看到 $Q_0, Q_1, \cdots, Q_{\sigma-2}$ 必定能被 x_1^λ 除尽. 这样我们可以写为

$$Q = x_1^\lambda C + D, \tag{8.1.8}$$

其中 D 在 s 处阶数大于等于 $\sigma - 1$.

把式 (8.1.8) 代入式 (8.1.7), 得到

$$VF - Df = x_1^\lambda (T_1 - Cf).$$

左端在 s 处阶大于等于 $r + \sigma - 1$. 因而右边括号内的项 $T_1 - Cf$ 在 s 处的阶 $\geqslant r + \sigma - 1 - \lambda \geqslant r$. 因为 Cf 在 s 的阶也大于等于 r, 所以 T_1 在 s 的阶大于等于 r.

从这里起, 证明可以和定理 8.1.3 证明的后一部分完全一样进行. □

Noether 基本定理的重要性是基于以下事实. 假定在曲线 $F = 0$ 和 $f = 0$ 的 mn 个交点中 (此处的 m 和 n 分别为 F 和 f 的次数) 可以找到 $m'n$ 个位于次数为 $m' < m$ 的曲线 $g = 0$ 上. 如果再假定在这些点上满足 Noether 条件, 则可以断言, 其余 $(m - m')n$ 个交点位于 $m - m'$ 次曲线 $B = 0$ 上. 也就是说, 从恒等式 (8.1.1) 可直接得出, $F = 0$ 与 $f = 0$ 的 $m \cdot n$ 个交点也是 $Bg = 0$ 与 $f = 0$ 的交点, 因而是由 $f = 0$ 和 $g = 0$ 的 $m'n$ 个交点和 f 与 B 的 $(m - m')n$ 个交点组成. 这一类定理我们已经在 §3.9 中看到, 它们是多么的重要: 那里的定理 1, 2, 6, 7 可以从现在的 Noether 定理 8.1.2 直接导出.

练　习　8.1

1. 如果两个圆锥曲线和另外两个圆锥曲线交于 16 个不同的点, 并且若此 16 个点中的 8 个位于某另一圆锥次曲线上, 则其余 8 个也是这样.

2. 可以从定理 8.1.3 或定理 8.1.4 中导出被称作 "Noether 定理的简单情形": 如果曲线 $f = 0$ 和 $g = 0$ 的一个交点是 f 的 r 重点和 g 的 t 重点, 在该点处 f 的 r 条切线与 g 的 t 条切线不同, 并且如 F 在这个点上的阶至少是 $r + s - 1$, 则 Noether 条件在这个点上满足.

3. 试证明按照原来 Noether 叙述的 Noether 基本定理: 如果在曲线 $f = 0$ 与 $g = 0$ 的每个非无穷远交点 s(有非齐次坐标 s_1, s_2) 上, 有恒等式

$$F = Pf + Qg,$$

其中 f, g, F 是 x_1, x_2 的多项式, P, Q 是 $x_1 - s_1, x_2 - s_2$ 的幂级数, 则也存在多项式 A 和 B 使恒等式 (8.1.1) 成立 [可以在 $(r + \sigma - 1 - l)$ 次项处中断幂级数并将所得到的方程齐次化].

§8.2　伴随曲线 · 剩余定理

本节的讨论可以基于 §3.5 定义的分支概念, 也同样可以基于 §7.4 中独立于它来定义的位的概念. 我们选择第一种, 因为不管怎样我们也可用第 3 章中的概念. 与此相关地我们把一平面曲线 Γ 的一个位理解为一个分支连同其起点. 曲线 Γ 上的除子是带有整倍数的位的一个有限集合. 两个位的和是定义为它们中出现的各项连同其倍数的形式和. 任一与 Γ 没有公共组成部分的曲线 $g = 0$ 在 Γ 上交出一个

确定的除子. 一个线性形式系 $\lambda_0 g_0 + \lambda_1 g_1 + \cdots + \lambda_r g_r$ 在 Γ 上交出一个线性除子系, 对它还可以加上一个固定的除子 (参见 §7.1). 同一线性系中的两个除子称为等价的. 一个完全系是一个含有全部与某给定除子等价的除子的线性系. 本节的目的是在一条给定曲线上构作完全系. 为了进行这个构作, 就需要现在将要说明的伴随曲线.

设 Γ 是平面不可约曲线, 方程是 $f = 0$, 设 s 是 Γ 的多重点, $\mathfrak{z}$ 是一个在 s 处的确定的分支. 平面上的点 y 的配极曲线, 其方程为

$$y_0 \partial_0 f + y_1 \partial_1 f + y_2 \partial_2 f = 0.$$

它们全都过 s, 因而它在 Γ 上交出一线性除子系, 其中位 $(\mathfrak{z}, s)$ 带有一定重数 ν 作为固定的组成部分出现. 对特殊的 y, 配极曲线与分支 $\mathfrak{z}$ 的相交重数自然会升高; ν 恰好定义为这些相交重数可能取到的最小值.

点 s 在分支 $\mathfrak{z}$ 上也有一个确定的重数 $\varkappa$(参见 §3.6): $\varkappa$ 是 $\mathfrak{z}$ 与过 s 的直线相交的最小重数.

我们将在下面看出, 差

$$\delta = \nu - (\varkappa - 1)$$

一定为正. 一条与 Γ 相伴的曲线 (adjungierten kurve) $g = 0$, 我们是这样来理解, 它与 Γ 的每一个多重点处的每一支 $\mathfrak{z}$ 的相交重数都大于等于 δ. 形式 g 因而也称为伴随形式 (adjungierte form).

对曲线的简单点, 有 $\nu = 0, \varkappa = 1$, 从而 $\delta = 0$. 因此对它并不存在伴随性条件. 对具有 r 条不同切线的 r 重点, 根据 §3.6

$$\nu = r - 1, \quad \varkappa = 1,$$

即 $\delta = r - 1$. 于是伴随曲线在 r 重点的所有分支上相交重数至少为 $r - 1$. 在通常尖点的情形, $\nu = 3, \varkappa = 2$, 即 $\delta = 2$. 于是伴随曲线与尖点分支相交必至少有重数 2, 即它至少必定是简单地过这个尖点.

练　习　8.2

1. 在有不同切线的 r 重点处每一伴随曲线必至少有 $r - 1$ 重点.

2. 试考虑对喙形尖点 (schnabelspitze) 和切线节点 (berührungsknoten)的伴随条件应为什么?

为了计算伴随条件, 知道下面的事实是很方便的: 并不必要对所有点 y 作配极曲线 (如同定义所说), 只要对任一曲线外一点的配极曲线来计算差 δ. 设 ν' 就是这样一个固定点 y 的配极曲线与分支 $\mathfrak{z}$ 的相交重数, $\varkappa'$ 是连线 ys 与分支 $\mathfrak{z}$ 的相交重

数. 我们将证明, 差

$$\delta' = \nu' - (\varkappa' - 1)$$

与 y 的选取无关, 并且等于 δ.

我们比较两个不同的点 y', y''. 可以假定它们不在一条过 s 的直线上; 因为如果这样的话, 我们可以再引入不在这条直线上的第三个点来与它们比较. 于是我们可以假定 s, y', y'' 是坐标三角形的顶点:

$$s = (1, 0, 0),$$
$$y' = (0, 1, 0),$$
$$y'' = (0, 0, 1).$$

y' 的配极曲线是 $\partial_1 f = 0$, y'' 的是 $\partial_2 f = 0$. 它们与 s 处的分支 $\mathfrak{z}$ 的交点设为 ν' 和 ν''. 直线 $sy'(x_2 = 0)$ 和 $sy''(x_1 = 0)$ 与曲线的交点重数为 $\varkappa'$ 和 $\varkappa''$. 于是我们要证明

$$\nu' - (\varkappa' - 1) = \nu'' - (\varkappa'' - 1). \tag{8.2.1}$$

设 $\xi = (1, \xi_1, \xi_2)$ 是曲线的一般点, 则我们知道有

$$\frac{\mathrm{d}\xi_2}{\mathrm{d}\xi_1} = -\frac{\partial_1 f(\xi)}{\partial_2 f(\xi)}. \tag{8.2.2}$$

用分支 $\mathfrak{z}$ 的局部单值化参数来表示, 则 ξ_2 有阶数 $\varkappa$, 于是 $\mathrm{d}\xi_2$ 的阶是 $\varkappa - 1$, 同样 $\mathrm{d}\xi_1$ 的阶是 $\varkappa'' - 1$. 此外, $\partial_1 f(\xi)$ 和 $\partial_2 f(\xi)$ 的阶为 ν' 和 ν'', 这样就从 (8.2.2) 导出

$$(\varkappa' - 1) - (\varkappa'' - 1) = \nu' - \nu''$$

或

$$\nu'' - (\varkappa'' - 1) = \nu' - (\varkappa' - 1).$$

从而证明了 δ' 与 y 的选取无关. 可以取 y 使 $\varkappa$ 最小, 则由于

$$\delta = \nu' - (\varkappa - 1).$$

ν 也是最小, 于是 δ' 就成为 δ, 即与点 y 的选取无关,

$$\delta = \nu' - (\varkappa - 1).$$

$\nu' \geqslant \varkappa - 1$(等号仅在简单点的情形成立) 这一点可立即从 §3.6 的展开中导出 (参见练习 3.6 题 4). 从而也得到

$$\delta \geqslant 0,$$

等号仅在简单点的情形成立.

$n-3$ 次 (n 是曲线的次数) 伴随形式有特别的意义, 因为它联系着 Γ 所属代数函数域的第一类微分. 设 g 就是这样一个 $n-3$ 次形式, 则可以对 Γ 的一般点作表示式

$$d\Omega = \frac{g(\xi)(\xi_0 d\xi_1 - \xi_1 d\xi_0)}{\partial_2 f(\xi)}.$$

因为这个表达式也可以写为

$$d\Omega = \frac{g(\xi) \cdot \xi_0^2}{\partial_2 f(\xi)} d\frac{\xi_1}{\xi_0},$$

其中右端第 1 个分数的分子分母有同样的次数, 因而次数仅与 ξ 的比值有关, 即 $d\Omega$ 是在 §3.11 意义下域 $K(\xi_1 : \xi_0, \xi_2 : \xi_0)$ 的微分.

在 Γ 的一个分支 $\mathfrak{z}$ 上, $g(\xi)$ 至少有阶数 δ. 再因为 $\partial_2 f(\xi)$ 的阶是 ν', $\xi_0 d\xi_1 - \xi_1 d\xi_0$ 的阶是 $\varkappa' - 1$ 阶, 于是 $d\Omega$ 在分支 $\mathfrak{z}$ 上的阶至少是

$$\delta - \nu' + (\varkappa' - 1) = 0.$$

这就是说, 微分 $d\Omega$ 没有极点 (它是 "处处有限"), 这种微分称为第 1 类微分 (differentiale erster gattung). 从上面的计算可以确切地有: 如果 g 在 $\mathfrak{z}$ 上有阶 $\delta + \varepsilon$, 则 $d\Omega$ 有阶 ε.

Γ 的那种多重点, 它们的每个分支 $\mathfrak{z}$ 都具有上面确定的重数 δ 的, 由属于这种多重点的位所构成的除子称为曲线 Γ 的二重点除子, 于是每一多重点都对二重点除子有所贡献. 有不同切线的 r 重点贡献 r 个位 (相应于 r 重点的 r 个位), 每个具有重数 $r-1$. 一个普通尖点贡献带有重数 2 的位等. 二重点除子 (doppelpunktdivisor) 今后将用 D 来记.

关于伴随曲线的最重要定理, Brill-Noether 剩余定理, 是从下述二重点除子定理导出的:

如果曲线 $g=0$ 在 Γ 上交出除子 G, 并且一伴随曲线 $F=0$ 至少交出除子 $D+G$, 则有恒等式

$$F = Af + Bg, \tag{8.2.3}$$

其中 B 是伴随形式.

另外一种表述: 如果 $F=0$ 与 Γ 每一个分支 $\mathfrak{z}$ 的相交重数至少 $\delta + \sigma$, 其中 δ 定义如前, σ 是 $g=0$ 与 Γ 的相交重数, 则成立 (8.2.3), 并且曲线 $B=0$ 是 Γ 的伴随曲线.

断言的最后一部分, 即关于 B 的伴随性, 是 (8.2.3) 的推论. 因为根据 (8.2.3), $F=0$ 与每个分支 $\mathfrak{z}$ 的相交重数和 $Bg=0$ 的一样, 并且因为 $g=0$ 仅有相交重数 σ, 于是 $F=0$ 至少有相交重数 $\sigma+\delta$, $B=0$ 的相交重数必为 δ.

对于特殊情形, 即如果 Γ 的所有重点都有不同的切线, 则二重点除子定理显然含于 §8.1 定理 8.1.3 中; 因为如果在 $f=0$ 和 $g=0$ 的每个交点处满足 Noether 条件, 则式 (8.2.3) 成立. 我们将在 §8.3 解决比较困难的一般情形.

现在我们讨论Brill-Noether 剩余定理, 它的最简明的叙述如定理 8.2.1.

定理 8.2.1　　任一 m 次伴随曲线在 Γ 上除交出一二重点除子 D 外, 交出一个完全系.

根据完全系的定义, 我们还可以这样来表述:

如果伴随曲线 φ 在 Γ 上交出除子 $D+E$, 并且设 E' 是任一与 E 等价的整除子, 则存在第二条伴随曲线, 它在 Γ 上交出除子 $D+E'$.

证明　　等价除子 E 和 E' 是被一线性形式系中的二个形式 g 和 g' 交出, 除此之外还可能交出某一个固定除子 C. 于是形式

$$F = \varphi g'$$

交出除子 $D+E+C+E'$, 但形式 g 交出除子 $C+E$. 根据二重点除子定理, 存在

$$F = Af + Bg.$$

因为 F 和 Bg 在 Γ 上交出同样的除子 $D+E+C+E'$, 于是 B 必定交出除子 $D+E'$, 这就证明了断言.

剩余定理是构作任意完全系的工具. 设 G 是任一整除子, 则通过 $G+D$ 作一伴随曲线. 此曲线可能在 Γ 上总共交出除子 $G+D+F$. 然后, 通过 $D+F$ 作所有可能的、同一次数 m 的伴随曲线, 则得到的纯点组 $G'+D+F$, 其中 G' 与 G 等价. 反之, 若 G' 与 G 等价, 则 $G+F$ 与 $G'+F$ 等价, 从而 $G'+F$ 属于由 m 阶伴随曲线交出的完全系, 即存在一条 m 次伴随曲线, 它交出除子 $G'+D+F$. 所求的完全系 $|G|$ 是由 m 次伴随曲线所交出, 此外它们还交出固定除子 $D+F$. 也可以这样说: 完全系 $|G|$ 是 F 关于某一适当高的次数 m 的伴随曲线所交出完全系的剩余.

要想判定两个除子 C, C' 是否等阶, 只要将差 $C-C'$ 表为两个整除子的差:

$$C - C' = G - G'.$$

再看, G' 是否属于完全系 $|G|$.

练　习　8.2

3. 在直线上有 n 维 n 次的完全系.

4. 在三次非奇曲线上, 有 n 次完全系, 对 $n>0$, 其维数为 $n-1$.

5. 在一条有一个节点或一个尖点的四阶曲线上, 单个点或点对确定一个 0 维完全系, 点对在过二重点的直线上的情况除外一个 3 点组确定一个 1 维完全系, 一个四点组确定了二维完全系.

§8.3　二重点除子定理

在 §8.2 中, 我们已经证明了二重点除子定理的特殊情形, 即基曲线 $f = 0$ 除掉带分离切线的多重点外不再有别的奇点. 现在来解决一般情形.

引理 8.3.1(辅助定理)　如果两个幂级数

$$A(t) = a_\mu t^\mu + a_{\mu+1} t^{\mu+1} + \cdots \qquad (a_\mu \neq 0),$$
$$B(t) = b_\nu t^\nu + b_{\nu+1} t^{\nu+1} + \cdots \qquad (b_\nu \neq 0)$$

中前者的阶至少和后者的一样, 即若

$$\mu \geqslant \nu,$$

则前者可被后者除尽:

$$A(t) = B(t)Q(t). \tag{8.3.1}$$

证明　我们令

$$Q(t) = c_{\mu-\nu} t^{\mu-\nu} + c_{\mu-\nu+1} t^{\mu-\nu-1} + \cdots,$$

将它代入 (8.3.1), 并比较两端对 $t^\mu, t^{\mu+1}, \cdots$ 的系数. 就有条件方程

$$b_\nu c_{\mu-\nu} = a_\mu,$$
$$b_\nu c_{\mu-\nu+1} + b_{\nu+1} c_{\mu-\nu} = a_{\mu+1},$$
$$\cdots\cdots$$

因为 $b_\nu \neq 0$, 从中可以依次确定 $c_{\mu-\nu}, c_{\mu-\nu+1}, \cdots$.　□

下面用 $f(t,z), g(t,z)$ 等标记以 t 的 (非负整幂的) 幂级数为系数的 z 的多项式. 对 $f(t,z)$ 我们假定它没有重根, 并且对 z 正规 (即 z 的最高幂项的系数为 1). 设在幂级数的区域中把 $f(t,z)$ 完全分解为线性因子:

$$f(t,z) = (z - \omega_1)(z - \omega_2) \cdots (z - \omega_n). \tag{8.3.2}$$

在这些假定下, 有如下定理.

定理 8.3.1　如果 $F(t,z)$ 和 $g(t,z)$ 有这种性质, 即幂级数 $F(t, w_j)(j = 1, \cdots, n)$ 的阶至少等于乘积:

$$(\omega_j - \omega_1) \cdots (\omega_j - \omega_{j-1})(\omega_j - \omega_{j+1}) \cdots (\omega_j - \omega_n) g(t, \omega_j) \tag{8.3.3}$$

的阶, 则有恒等式

$$F(t,z) = L(t,z) f(t,z) + M(t,z) g(t,z). \tag{8.3.4}$$

证明 根据辅助定理, $F(t, \omega_j)$ 可被乘积 (8.3.3) 除尽, 特别对 $j = 1$, 有

$$F(t, \omega_1) = (\omega_1 - \omega_2) \cdots (\omega_1 - \omega_n) g(t, \omega_1) R(t),$$

其中 $R(t)$ 是 t 的幂级数. 差

$$F(t, z) - (z - \omega_2) \cdots (z - \omega_n) g(t, z) R(t)$$

当 $z = \omega_1$ 时为零, 因而可被 $z - \omega_1$ 除尽:

$$F(t, z) = R(t)(z - \omega_2) \cdots (z - \omega_n) g(t, z) + S(t, z)(z - \omega_1). \tag{8.3.5}$$

在 $n = 1$ 的情况下, 这个方程简单地写为

$$F(t, z) = R(t) g(t, z) + S(t, z) f(t, z),$$

于是对 $n = 1$, 断言 (8.3.4) 就已得证. 下面假定它对 $n - 1$ 次多项式为真.

在式 (8.3.5) 中代入 $z = \omega_j (j = 2, \cdots, n)$, 则右端第一项化为零, 并且可以看到, $S(t, \omega_j)(\omega_j - \omega_1)$ 和 $F(t, \omega_j)$ 有同样的阶, 于是至少有与

$$(\omega_j - \omega_1)(\omega_j - \omega_2) \cdots (\omega_j - \omega_{j-1})(\omega_j - \omega_{j+1}) \cdots (\omega_j - \omega_n) g(t, \omega_j)$$

一样的阶, 所以 $S(t, \omega_j)$ 对 $j = 2, \cdots, n$ 至少有与

$$(\omega_j - \omega_2) \cdots (\omega_j - \omega_{j-1})(\omega_j - \omega_{j+1}) \cdots (\omega_j - \omega_n) g(t, \omega_j)$$

一样的阶, 对 $f_1 = (z - \omega_2) \cdots (z - \omega_n)$ 应用归纳假定就有

$$S(t, z) = C(t, z)(z - \omega_2) \cdots (z - \omega_n) + D(t, z) g(t, z). \tag{8.3.6}$$

将式 (8.3.6) 代入式 (8.3.5), 就得到断言 (8.3.4).

$f(t, z)$ 对 z 的导数是

$$\partial_2 f(t, z) = \sum_{j=1}^{n} (z - \omega_1) \cdots (z - \omega_{j-1})(z - \omega_{j+1}) \cdots (z - \omega_n),$$

定理 8.3.1 的假设也可以这样表述:

$F(t, \omega_j)$ 对 $j = 1, \cdots, r$ 至少是有和 $\partial_2 f(t, \omega_j) g(t, \omega_j)$ 一样的阶.

现在设 $f(u, z)$ 是 u 和 z 的多项式, 对 z 正规且没有多重因子. 根据 §2.3, 分解 $f(u, z)$ 为线性因子

$$f(u, z) = (z - \omega_1) \cdots (z - \omega_n),$$

其中 $\omega_1, \cdots, \omega_n$ 是 u 的分数幂的幂级数. 设这 $\varkappa_j$ 个幂级数 ω_j 合成一个分支 $\mathfrak{z}_j$; 于是 ω 是由

$$u = \tau_j^{\varkappa_j}$$

定义的局部单值化变量 τ_j 的幂级数. 设 h 是 $\varkappa_j$ 的最小公倍数, 则我们可令

$$u = t^h,$$

并且将全部 $\omega_1, \cdots, \omega_n$ 表为 t 的幂级数.

设 $F(u, z)$ 和 $g(u, z)$ 是 u, z 的另两个多项式. $g(u, \omega_j), \partial_2 f(u, \omega_j)$ 和 $F(u, \omega_j)$ 作为 τ_j 的幂级数其阶分别为 σ_j, ν_j 和 ρ_j. 按照二重点除子定理 (§8.2) 的假设, 有

$$\rho_j \geqslant \delta_j + \sigma_j = \nu_j - (\varkappa_j - 1) + \sigma_j$$

或

$$\rho_j + (\varkappa_j - 1) \geqslant \nu_j + \sigma_j.$$

于是, $F(u, \omega_j) \cdot \tau_j^{\varkappa_j - 1}$ 有比 $\partial_2 f(u, \omega_j) g(u, \omega_j)$ 为大的阶. 如果将其中 $\tau_j^{\varkappa_j - 1}$ 换为 t^{h-1}, 就正好是如此, 因为有

$$\tau_j^{\varkappa_j - 1} = t^{\frac{h}{\varkappa_j}(\varkappa_j - 1)} = t^{h - \frac{h}{\varkappa_j}},$$

$$h - \frac{h}{\varkappa_j} \leqslant h - 1.$$

$F(t^h, \omega_j) t^{h-1}$ 作为 t 的幂级数至少有和 $\partial_2 f(t^h, \omega_j) g(t^h, \omega_j)$ 一样的阶, 根据定理 8.3.1 就可以导出

$$F(t^h, z) t^{h-1} = L(t, z) f(t^h, z) + M(t, z) g(t^h, z). \tag{8.3.7}$$

将式 (8.3.7) 两端按 t 的幂排列, 则左端仅有指数为同余 $-1 (\mathrm{mod}\, h)$ 的幂. 于是 从 $L(t, z)$ 和 $M(t, z)$ 中可以消去所有项 t^λ, 其中 $\lambda \neq -1(\mathrm{mod}\, h)$, 而不损害 (8.3.7) 的有效性. 这样就可以在式 (8.3.7) 两端消去 t^{h-1}, 并将 t^h 用 u 代入. 得出

$$F(u, z) = P(u, z) f(u, z) + Q(u, z) g(u, z), \tag{8.3.8}$$

其中 P 和 Q 是 z 的多项式和 u 的幂级数.　　　　　　　　　　　　　　　□

在二重点定理的原本叙述中, 我们谈的不是多项式 $f(u, z)$, 而是形式 $f(x_0, x_1, x_2)$. 为了研究在确定点 $O = (1, 0, 0)$ 处的 Noether 条件我们可以令 $x_0 = 1$. 相应地再将 $f(1, u, z)$ 写为 $f(u, z)$, 并将与现在所证明了的综合起来就有:

在二重点除子定理的假定下, 存在恒等式

$$F(1, u, z) = P(u, z) f(1, u, z) + Q(u, z) g(1, u, z), \tag{8.3.9}$$

其中 P, Q 是 z 的多项式, 而系数是 u 的幂级数.

在 u 的充分高的幂次处中断幂级数, 则从 §8.1 定理 8.1.4 立刻得出, Noether 条件在 O 点处被满足. 不用定理 8.1.4, 而直接援用本节的定理 8.3.1, 我们也能得到关于二重点除子定理尽可能简短的证明.

正如 §8.1 所表明的, 在 (8.3.9) 型恒等式中, 可以假定 $Q(u, z)$ 对 z 的次数永远小于 n. 那么表示将是唯一的. 将此唯一的表示式两端乘以 f 和 g 对 z 的结式 R, 再与 §8.1(8.1.4) 比较, 则由表示式的唯一性可以得出

$$S = RP, \quad T = RQ,$$

其中 R 仅为 u 的多项式, 含有因子 u^σ (σ 是 $f = 0$ 和 $g = 0$ 在 O 处的相交重数), Q 是 u 的幂级数, 其系数是 z 的多项式, 将方程 $T = RQ$ 两端排成 u 的升幂, 就可以看到, T 可被 u^σ 除尽. 这正是在点 O 处的 Noether 条件.

因为这对 $f = 0$ 和 $g = 0$ 的任意一个交点同样成立, 于是根据 §8.1 定理 8.3.1, 在形式的范围内可以成立恒等式

$$F = Af + Bg.$$

这就证明了二重点除子定理.

练 习 8.3

此处给出的证明可以这样来表述, 即为使其中不再出现幂级数, 办法就是将所有在幂级数中出现的 t 及 u 的充分高的幂级切断.

§8.4 Riemann-Roch 定理

Riemann-Roch 定理所解答的问题是: 完全系的维数有多大, 或者同样的, 在代数曲线 Γ 上给定次数的除子类的维数多大?

因为完全系的概念是双有理不变的, 我们可以将 Γ 换为 Γ 的任一双有理像. 于是我们能够假定 Γ 是仅有正规奇点 (即仅有带不同切线的多重点) 的平面曲线. 设此曲线的次数为 m, "二重点个数" 为 d, 亏格数为 p, 即

$$p = \frac{(m-1)(m-2)}{2} - d$$

和

$$d = \sum \frac{r(r-1)}{2}.$$

后式是对曲线的所有 k 重的重点求和.

微分类 (differentialklasse)或典范类 (kanonische klasse)是起特别作用的一种除子类. 在 §3.11 的意义下的微分

$$f(u,\omega)\mathrm{d}u$$

当其零点以正的重数和极点以负的重数计入时, 构成一个除子. 因为一切微分都是由微分 $\mathrm{d}u$ 和有理函数 $f(u,\omega)$ 相乘所组成, 所有其所属除子等阶. 它们就构成一类, 称为 微分类.

微分类的次数, 即一个微分的零点个数减去其极点个数, 根据 §3.11, 等于

$$2p - 2.$$

我们现在问关于微分系 (differentialschan) 的维数, 即由微分类的有效除子组成的完全系的维数. 这些有效除子属于没有极点的微分 (第一类微分). 根据 §8.2, 这些微分与 $m-3$ 次伴随曲线有很多紧密的联系, 后者也称为标准曲线 (kanonische kurven). 一条这种标准曲线在 Γ 上除了交出二重点除子 D 外还交出除子 C, 则 C 是微分类的有效除子, 并且, 因为标准曲线除 D 外总是交出完全系, 所以用这种方法可以得出微分类的所有有效除子.

如果我们在以后说, 伴随曲线 φ 交出除子 C, 我们的意思是指 φ 除了交出二重点除子 D 外还交出除子 C. 同样, 如果 φ 至少交出除子 $D + C'$, 因而也就是当 C' 是先前所研究的除子 C 的一部分时, 就说 φ 经过除子 C'.

在 $p = 0$ 的情形, $2p - 2$ 是负的, 于是在微分类中不能给出有效除子. 在这种情形下, 根据 §7.5 所作的约定我们记微分类的维数为 -1.

设 $p \geqslant 1$, 则 $m \geqslant 3$, 平面上 $m - 3$ 次曲线线性无关的个数是

$$\frac{(m-1)(m-2)}{2}.$$

如果这样一条曲线是伴随的, 则其系数在每个 r 重重点处要满足

$$\frac{r(r-1)}{2}$$

个条件方程. 因为线性无关的 $m - 3$ 次伴随曲线的个数至少等于

$$\frac{(m-1)(m-2)}{2} - \sum \frac{r(r-1)}{2} = \frac{(m-1)(m-2)}{2} - d = p.$$

因而对 $p \geqslant 1$, 一定存在标准曲线[①], 并且由其交出的完全系的维数至少是 $p - 1$.

---

① 仅在 $m = 3$ 时讲 $m - 3 = 0$ 次伴随"曲线"可能没有实质的意义, 但是对一条没有二重点的三次曲线则很可能存在 0 次伴随形式, 即常数, 由其交出的完全系 (维数 0) 仅由实质的零除子组成, 顺便提一下这与 $p = 1$ 的情形就常常是这样.

我们用同样的方法来计算 $m-1$ 次伴随曲线所交出的完全系的维数, 我们就发现其值至少是

$$\frac{m(m+1)}{2} - d - 1 = p + 2m - 2,$$

这个完全系的次数等于

$$m(m-1) - 2d = 2p + 2m - 2,$$

这在 $p = 0$ 时也对.

推论 8.4.1 如果除子 C 由 $p+1$ 个点组成, 则完全系 $|C|$ 的维数至少是 1.

证明 过 $p+1$ 个点可以作一条 $m-1$ 次伴随曲线; 因为前面已算出其维数大于等于 $p+1$. 如果排除 $m = 1$ 时平庸情形, 这条曲线对 C 外还交出 C', 它由

$$(2p + 2m - 2) - (p+1) = p + 2m - 3$$

个点组成. C' 对于 $m-1$ 阶伴随曲线的剩余现在是一个完全系, 它含有除子 C, 并且至少有维数

$$(p + 2m - 2) - (p + 2m - 3) = 1.$$ □

推论由此得证

特别是在 $p = 0$ 时, 可以得出, 每个单独点属于一个维数为 1 的完全系. 这个完全系把曲线 Γ 双有理地映为直线. 于是每条亏格为 0 的曲线双有理等价于直线. 这种曲线称为有理 (rationale) 或者单行曲线 (unikursale kurven).

为了证明 Riemann-Roch 定理, Brill 和 Noether 提出下述约化定理 (reduktionssatz):

定理 8.4.1 设 C 是有效除子, P 是 Γ 的简单点, 如果存在标准曲线 φ, 过 C 但不过 $C + P$, 则 P 是完全系 $|C + P|$ 的固定点.

证明 过 P 作直线 g, 交 Γ 于 m 个不同的点 $P_1, P_2, \cdots, P_m$. g 和 φ 合成一个 $m-2$ 次伴随曲线, 过 $C + P$ 并且在 Γ 上再交出剩余完全系 E, $P_2, \cdots, P_m$ 属于 E. 但 P 不属于它. 为了得出完全系 $|C + P|$, 根据 §8.2 我们作所有可能的 $m-2$ 阶伴随曲线. 所有这些曲线均与直线 g 有公共点 $P_2, \cdots, P_m$; 于是它包含直线 g, 从而也含有点 P. 于是 P 是完全系的固定点. □

一个有效除子 C 的特殊性指数 (spezialitätsindex) i 理解为过 C 的线性无关的标准伴随曲线的个数. 如果不存在这种曲线, 则令 $i = 0$. 如果 $i > 0$, 则称 C 为特殊除子 (spezieller divisor), 完全系 $|C|$ 为特殊系 (spezialschar).

一特殊系 $|C|$ 总可以作为另一特殊除子 C' 关于标准系 $|W|$ 的剩余完全系而得出. 即过 C 作一标准曲线, 则此曲线交出除子 $C + C' = W$, 并且根据 §8.2 完全系 $|C|$ 是 C' 关于标准完全系 $|W|$ 的剩余完全系.

一个次数大于 $2p-2$ 的除子一定不是特殊的, 因为 W 有次数 $2p-2$. 另一方面, 次数小于 p 的除子一定是特殊的: 因为过 $p-1$ 个点一定可以作完全系 $|W|$ 的一个除子, 因为此完全系的维数至少等于 $p-1$.

Riemann-Roch 定理(按照 Brill-Noether 的表述) 是说:

定理 8.4.2　设 n 和 i 是一个有效除子 C 的次数和特殊性指数, r 是完全系 $|C|$ 的维数, 则有

$$r = n - p + i. \tag{8.4.1}$$

证明　(1) 当 $i = 0$. 如 $r > 0$, 则我们取一点 P, 并保持它固定 (它不是一开始就是完全系的所有除子的固定点), 并作 P 对 $|C|$ 的剩余 $|C_1|$. C_1 的特殊性指数还是等于零, 因为如果有过 C_1 的伴随曲线, 则根据约化定理, P 是 $|C_1 + P| = |C|$ 的固定点, 但现在并不是这种情形. 当从 C 转到 C_1, 维数 r 和次数 n 都减 1, 而 p 和 $i(= 0)$ 本身不变, 因而只要 (8.4.1) 对 C_1 成立, 则式 (8.4.1) 对 C 成立. 用这种方式继续做下去, 即再固定一个点, 直到完全系的维数成为 0. 我们现在来证明, 在这种情形下 (即 $i = r = 0$) 式 (8.4.1) 成立, 即证明这是 $n = p$. 显然, n 不可能小于 p. 因为这样根据前面所作的注, 有 $i > 0$. 如果有 $n > p$, 则可以从 C 中取出 $p+1$ 个点, 并且这个除子可以嵌入一个维数大于 0 的线性系 (见推论 8.4.1). 现在将 C 中其余点作为固定点再添加上去, 就能得到一个线性系, 它含有 C, 且又维数大于 0, 这与 $r = 0$ 的假设矛盾, 于是只剩下 $n = p$ 的可能性. 式 (8.4.1) 对这种情况就得到证明.

(2) 当 $i > 0$. 对 i 完全归纳: 设对特殊性指数是 $i-1$ 时式 (8.4.1) 正确. 我们过 C 作一条标准曲线, 因为 $i > 0$, 这是可能的, 再在 Γ 上取一个不在此标准曲线上的简单点 P, 由约化定理, P 是完全系 $|C + P|$ 的固定点. 这个完全系和原来的完全系 $|C|$ 有同样的维数 r. 另外, 其次数是 $n+1$, 特殊性指数是 $i-1$, 因为除 C 外还要过 P 这一条件是对标准曲线的系数的一个线性条件方程. 因而根据归纳假定有

$$r = (n+1) - p + (i-1) = n - p + i.$$

这就结束了证明. 它也可以这样简单地完成, 即在第一种情形作 $|C - P|$, 在第二种情形作 $|C + P|$, 且对两者都用约化定理, 这样 r 和 i 就减小, 直到它们二者都变为零.　　　　　　　　　　　　　　　　　　　　　　　　　　　　　　　□

推论 8.4.2　$r \geqslant n - p$ 恒成立, 其中等号在非特殊化除子时成立.

推论 8.4.3　标准系的维数正好等于 $p - 1$. 因为它的次数 $n = 2p - 2$, 特殊性指数 $i = 1$.

Riemann-Roch 定理也可以另类表达, 记 $\{C\}$ 为完全系 $|C|$ 的维数, 则显然有

$$\{W - C\} = i - 1,$$

因而式 (8.4.1) 就可以表为

$$\{C\} = n - p + 1 + \{W - C\}. \tag{8.4.2}$$

再引入 $|W - C|$ 的阶

$$n' = (2p - 2) - n,$$

则 (8.4.2) 就可以写成对称形式

$$\{C\} - \frac{n}{2} = \{W - C\} - \frac{n'}{2}. \tag{8.4.3}$$

我们对 C 是有效除子或至少等阶于这种除子情况来证明式 (8.4.3). 但是因可以交换 C 和 $W - C$ 的地位, 则式 (8.4.3) 从而也有式 (8.4.2), 在 $W - C$ 等价于一个有效除子时也成立, 但是这时容易证明, 当 C 或 $W - C$, 等价于一个整除子时, 也即当 $\{C\} = \{W - C\} = -1$ 时, 式 (8.4.2) 成立.

设 C 是两个整除子的差: $C = A - B$, B 的次数是 b, 于是 A 的次数就是 $n + b$. 如果 $n \geqslant p$, 则根据推论 8.4.2, 完全系 $|A|$ 的维数

$$\geqslant (n + b) - p \geqslant b,$$

从而可以找到一个与 A 等价的有效除子 A', 使 B 为组成部分, 并且 $C = A - B \sim A' - B$ 等价于一个有效除子, 这与假定矛盾. 于是 $n \leqslant p - 1$. 同样也有

$$n' = (2p - 2) - n \leqslant p - 1,$$

因而

$$n \geqslant p - 1.$$

这样导出 $n = p - 1$; 于是 (8.4.2) 的两端之值为 -1.

因此对每个 n 次除子 C 成立式 (8.4.2). 这个命题就是一般 Riemann-Roch 定理.

练 习 8.4

1. 设 $C = A - B$ 是两个整除子的差, 则特殊性指数

$$i = \{W - C\} + 1$$

等于那些线性无关微分的个数, 这些微分在 A 的点上有零点, 且其阶数至少是这些点的重数, 而在 B 的点仅有极点, 且其阶数至多等于其重数.

2. 在练习 8.4 题 1 的基础上试证: 正好存在 p 个没有极点的线性无关微分. 不存在正好有 1 个 1 阶极点的微分, 有 2 个 1 阶极点或 1 个 2 阶极点的线性无关微分的个数是 $p + 1$, 即等

于没有极点的微分个数加 1. 假定再增加 1 个极点或把某个极点的阶升高 1, 则线性无关的微分的个数也增加 1.

3. 亏格为 1 的曲线 ("椭圆线") 一定双有理等价于无二重点的平面 3 阶曲线 (有理映射是通过 3 阶 2 维完全系所引入).

4. 亏格 2 的曲线等价于有一个二重点的 4 阶曲线.

5. 一条亏格 3 的曲线或者双有理等价于无二重点的 4 阶曲线或者双有理等价于具有一个 3 重点的 5 阶曲线, 这要看其标准系是简单的还是复合的而定.

§8.5 空间的 Noether 定理

设 f 和 g 是未定元 x_0, x_1, x_2, x_3 的两个互素形式, 我们问, 在什么条件下就会有第三个形式 F, 可表示为

$$F = Af + Bg. \tag{8.5.1}$$

回答是由下述定理给出的:

定理 8.5.1 如果一个一般平面与曲面 $f = 0, g = 0$ 和 $F = 0$ 交出这样三条曲线, 使得第三条曲线在前面两条曲线的交点上满足 Noether 条件 (参见 §8.1), 则有 (8.5.1).

证明 设一般平面由通过 3 个一般点 p, q, r 所确定, 它的参数表示为

$$y_k = \lambda_1 p_k + \lambda_2 q_k + \lambda_3 r_k. \tag{8.5.2}$$

交曲线的方程通过将 (8.5.2) 代入方程 $f = 0, g = 0, F = 0$ 而得到. 因为满足 Noether 条件, 所以根据平面的 Noether 定理, 有

$$\begin{aligned} F(\lambda_1 p + \lambda_2 q + \lambda_3 r) &= A(\lambda) f(\lambda_1 p + \lambda_2 q + \lambda_3 r) \\ &\quad + B(\lambda) g(\lambda_1 p + \lambda_2 q + \lambda_3 r), \end{aligned} \tag{8.5.3}$$

它对 $\lambda_1, \lambda_2, \lambda_3$ 恒等成立. 根据定理 8.1.1(§8.1) 的系, 形式 $A(\lambda), B(\lambda)$ 的系数是 p, q, r 的有理函数.

可以这样取点 p, q, r 的特殊化, 以使这些有理函数有意义: 我们特别取 p, q 为定点, r 是确定直线 $r = s + \mu t$ 上的一般点.

代入 (8.5.3), 我们就得

$$\begin{aligned} F(\lambda_1 p + \lambda_2 q + \lambda_3 s + \lambda_3 \mu t) &= A(\lambda) f(\lambda_1 p + \lambda_2 q + \lambda_3 s + \lambda_3 \mu t) \\ &\quad + B(\lambda) g(\lambda_1 p + \lambda_2 q + \lambda_3 s + \lambda_3 \mu t). \end{aligned} \tag{8.5.4}$$

我们把左端简记为 $F_1(\lambda, \mu)$. 相应地用记号 f_1, g_1 来记等式右端的 f 和 g. 形式 $A(\lambda)$ 和 $B(\lambda)$ 与 μ 有理相关, 我们在式 (8.5.4) 两端乘以 μ 的多项式, 使右端对 μ

为整有理:

$$h(\mu)F_1(\lambda,\mu) = A_1(\lambda,\mu)f_1(\lambda,\mu) + B_1(\lambda,\mu)g_1(\lambda,\mu). \qquad (8.5.5)$$

我们把 $h(\mu)$ 分解为线性因子

$$h(\mu) = (\mu - \alpha_1)(\mu - \alpha_2)\cdots(\mu - \alpha_s).$$

我们来探讨, 如何使 (8.5.5) 逐步变形, 使这些线性因子可以依次消去, 在 (8.5.5) 中令 $\mu = \alpha_1$, 则左端化为零, (8.5.5) 变为

$$A_1(\lambda,\alpha_1)f_1(\lambda,\alpha_1) + B_1(\lambda,\alpha_1)g_1(\lambda,\alpha_1) = 0. \qquad (8.5.6)$$

假如曲面 $f = 0$ 和 $g = 0$ 的交曲线含有若干平面曲线 Γ_e 为组成部分, 我们能选取 p 和 q, 使它们不和某一 Γ_e 在同一平面上, 这就意味着, $\lambda_1, \lambda_2, \lambda_3$ 的形式

$$f_1(\lambda,\alpha) = f(\lambda_1 p + \lambda_2 q + \lambda_3 s + \lambda_3 \alpha t),$$

$$g_1(\lambda,\alpha) = g(\lambda_1 p + \lambda_2 q + \lambda_3 s + \lambda_3 \alpha t)$$

对 α 的每个值是互素的, 从 (8.5.6) 导出, $A_1(\lambda,\alpha_1)$ 可被 $g_1(\lambda,\alpha_1)$ 除尽, $B_1(\lambda,\alpha_1)$ 可被 $f_1(\lambda,\alpha_1)$ 除尽:

$$A_1(\lambda,\alpha_1) = C_1(\lambda)g_1(\lambda,\alpha_1),$$

$$B_1(\lambda,\alpha_1) = -C_1(\lambda)f_1(\lambda,\alpha_1).$$

差

$$A_1(\lambda,\mu) - C_1(\lambda)g_1(\lambda,\mu),$$

$$B_1(\lambda,\mu) + C_1(\lambda)f_1(\lambda,\mu)$$

二者对 $\mu = \alpha_1$ 都为零, 于是都可被 $\mu - \alpha_1$ 整除:

$$A_1(\lambda,\mu) = C_1(\lambda)g_1(\lambda,\mu) + (\mu - \alpha_1)A_2(\lambda,\mu),$$

$$B_1(\lambda,\mu) = -C_1(\lambda)f_1(\lambda,\mu) + (\mu - \alpha_1)B_2(\lambda,\mu).$$

将它们代入 (8.5.5), 消去 $C_1(\lambda)$ 项, 就有

$$h(\mu)F_1(\lambda,\mu) = (\mu - \alpha_1)A_2(\lambda,\mu)f_1(\lambda,\mu) + (\mu - \alpha_1)B_2(\lambda,\mu)g_1(\lambda,\mu).$$

我们可以从两边消去 $(\mu - \alpha_1)$, 并重复这一方法, 直至所有因子 $(\mu - \alpha_1)\cdots(\mu - \alpha_s)$ 全部消去. 于是有

$$F_1(\lambda,\mu) = A(\lambda,\mu)f_1(\lambda,\mu) + B(\lambda,\mu)g_1(\lambda,\mu).$$

我们在左端和右端代入

$$\mu = \frac{\lambda_4}{\lambda_3},$$

其中 λ_4 是一个新的未定元, 两端再乘以 λ_3 的这样一个幂, 使它们都成为整有理, 再用上述做法消去 λ_3 的因子. 于是我们得到

$$\begin{aligned} F_1(\lambda_1 p + \lambda_2 q + \lambda_3 s + \lambda_4 t) = {} & A'(\lambda) f(\lambda_1 p + \lambda_2 q + \lambda_3 s + \lambda_4 t) \\ & + B'(\lambda) g(\lambda_1 p + \lambda_2 q + \lambda_3 s + \lambda_4 t). \end{aligned} \tag{8.5.7}$$

最后解关于 $\lambda_1, \lambda_2, \lambda_3, \lambda_4$ 的方程

$$\lambda_1 p_k + \lambda_2 q_k + \lambda_3 s_k + \lambda_4 t_k = x_k,$$

如果 p, q, r, s 是线性无关的点, 这是一定可能的, 再将这样得出的 λ 值代入. (8.5.7) 就变为要求的恒等式 (8.5.1). □

从证明中推出, 要求 Noether 条件在一个一般平面上得到满足, 也可以换成要求它在一个确定的束的一般平面上得到满足, 只要假定这个束中没有平面会含有曲面 $f = 0$ 和 $g = 0$ 的交曲线的一个组成部分.

空间的 Noether 定理的条件特别可被满足, 如果曲面 $f = 0$ 和 $g = 0$ 的交曲线的每个组成部分重数为 1, 并且 $F = 0$, 含有整个交曲线; 或者, 如果一个一般平面与 $f = 0$ 和 $g = 0$ 的交曲线的交点是 $f = 0$ 的简单点, 并且这条交曲线的每个不可约分布在 $F = 0$ 和 $f = 0$ 的交曲线中以至少同样的重数出现 (参见 §8.1 定理 8.1.2).

用如同这里把平面 Noether 定理推广到空间的完全同样的方法, 也可以从空间 S_n 转到空间 S_{n+1}. 通过对 n 的完全归纳法可以得出对空间 S_n 的 Noether 定理.

定理 8.5.2 如果 S_n 中, 一般平面 S_2 在超曲面 $f = 0, g = 0$ 和 $F = 0$(其中 f, g 是互素的形式) 上交出这样的三条曲线, 即第 3 条曲线在前两条曲线的交点处满足 Noether 条件, 则有恒等式

$$F = Af + Bg.$$

作为应用, 我们证明下述定理:

定理 8.5.3 在 S_n 中一无二重点的二次曲面 Q 上的 $n - 2$ 维代数流形 M 在 $n > 3$ 时一定是 Q 和另一超曲面的交.

证明 我们从 Q 中不在 M 上的一点 O 作 M 射影. 射影锥 K 是空间 S_n 的超曲面. Q 和 K 的交是由 Q 上这种点 A 所组成, A 和 O 的连线与流形 M 相遇. 设一个这种点 A 不在 Q 位于 O 处的切超平面上, 则 OA 不在 Q 上; 从而与 Q 仅

交于 O 和 A; 因为现在 O 不属于 M, A 必须属于 M. Q 和 K 的完全交于是由 M 的所有点以及还可能有 Q 在 O 处的切超平面 S_{n-1} 上某些点组成.

现在 S_{n-1} 在 Q 上交出二次锥面 K_{n-2}, 它与 S_{n-1} 中任一 S_{n-2} 的交根据 §1.9 是 S_{n-2} 中一个无二重奇点的二次曲面 Q_{n-3}. 它在 $n>3$ 时一定是不可约的; 于是锥 K_{n-2} 也是不可约的 (且维数为 $n-2$).

Q 和 K 的交的所有不可约的组成部分根据 §6.4 有维数 $n-2$. 首先 M 的不可约组成部分属于这些组成部分. 如果还有其他组成部分, 则正如我们看到的那样, 一定含在不可约锥 K_{n-2} 中, 又因为 K_{n-2} 是 $n-2$ 维不可约流形, 从而是恒等于 K_{n-2}. 因此, Q 和 K 的交是由 M 和带有某个重数 μ 的锥 K_{n-2} 组成, 这里 μ 也可以是零.

如果 $\mu=0$, 则证明已经完成, 因此, 设 $\mu>0$. μ 次计数的平面 S_{n-1} 可设有方程 $L^\mu=0$. 再设 K 和 Q 的方程可以是 $K=0$ 和 $Q=0$. 于是 L^μ 和 Q 的交含在 K 中. 如令 L^μ, Q 和 K 与一般平面相交, 则 Noether 条件满足, 因为 Q 没有多重点, 并且 K 在 K_{n-2} 中与 Q 相交重数具有和 L^μ 一样的重数 μ, 于是有恒等式

$$K = AQ + BL^\mu.$$

$K=0$ 与 $Q=0$ 的交和 $Q=0$ 与 $BL^\mu=0$ 的交一样. 它分解为 μ 次计数的锥 K_{n-2} 和流形 M. 于是 M 是超曲面 $Q=0$ 和 $B=0$ 的完全交. 这就证明了定理. □

在 $n=5$ 的特殊情形, 如果根据 §1.7, 将二次曲面 Q 映到空间 S_3 的直线上, 我们就得到下面的 Felix Klein 的定理:

S_3 中每个线丛可由 Plücker 坐标的两个方程给出, 其中第一个是恒等式

$$\pi_{01}\pi_{23} + \pi_{02}\pi_{31} + \pi_{03}\pi_{12} = 0.$$

§8.6 4 阶以内的空间曲线

我们将在本节列举并研究 S_3 中 1, 2, 3 和 4 阶这几种最低阶的不可约空间曲线.

1 阶空间曲线是直线.

这时过曲线的两点作两个平面, 则这两个平面与曲线有多于 1 个的交点, 从而含有此曲线.

不可约 2 阶空间曲线是圆锥曲线.

这时过曲线上 3 个点作一平面, 则此平面必含有此曲线. 平面不可约二阶曲线也就是圆锥曲线.

3 阶不可约空间曲线或是平面曲线或是在 §1.11 意义下的 3 次空间曲线.

这时过此曲线的 7 个点总可以作两个 2 次曲面. 它们都必含此曲线, 因为它们与曲线的交多于 6 个点. 如果有一个曲面分解为两个平面, 则曲线位在其中一个平面上, 从而是平面曲线. 如果两个曲面都是不可约的, 则它们没有公共组成部分, 从而它们的交是含有给定 3 阶曲线的一 4 阶曲线, 因此说分解为此 3 阶曲线及一条直线. 如两个二次曲面的交中含有一条直线, 则根据 §1.11, 则其交是由这条直线和另一条 3 次空间曲线, 或分解为圆锥曲线及直线组成.

不可约 4 阶空间曲线或者是平面曲线或者位于至少一个二次超曲面上.

这时过曲线的 9 个点总可以作一二次曲面. 它必定含有该曲线, 因为它与此曲线的交点多于 8 个. 如果此二次曲面分解为两个平面, 则曲线位于其中一个平面上; 否则, 它就位于一不可约二次曲面上.

我们不去讨论 4 阶平面曲线; 而将注意力转向真正的空间曲线. 如果过这种曲线有两个不同的 (不可约) 二次曲面, 则此空间曲线显然就是这两个二次曲面的完全交, 那么我们称它为第一类 4 阶空间曲线 (raumkurve 4. ordnung erster art), 记作 C_I^4. 如果过此曲线仅有一个二次曲面, 则称它为第二类 4 阶空间曲线 (Raumkurve 4. ordnung zweiter art)C_{II}^4.

于此有下列定理.

定理 8.6.1　如果 4 阶空间曲线位于二次锥面 K 上, 则它是第一类的, 即它是锥面及另一二次曲面的完全交.

证明　过此曲线上 13 个点至少有 ∞^6 个三次曲面, 因为由 §1.10, 三次曲面可以映为线性空间 S_{19} 中的点, 在 S_{19} 中, 13 个线性方程至少确定一个 6 维子空间. 在这 ∞^6 个三次曲面中有 ∞^3 个为可分解曲面, 它们以锥面 K 为组成部分. 于是一定存在一个含有此曲线的三次曲面, 后者不以 K 为组成部分, 这个三次曲面 F 与锥面 K 相交于一条 6 阶曲线, 它由给定曲线 C^4 和圆锥曲线或由 C^4 与两条直线组成. 但圆锥曲线或 K 上的直线对一定是 K 与平面的交[①], 譬如说, 是 K 和平面 E 的交.

现在我们在 F, K 和 E 上应用空间 Noether 定理. F 含有 K 和 E 的完全交, 如果后者是两个互相重合的直线, 则 F 和 K 的交含有此直线也是两重的; Noether 条件因而总能得到满足. 设 $F = 0, K = 0, E = 0$ 是 F, K, E 的方程, 则有

$$F = AK + BE,$$

曲线 C^4 位于曲面 $F = 0$ 和 $K = 0$ 上, 但不位于平面 $E = 0$ 上, 于是它也位于二次曲面 $B = 0$ 上.　□

① 这个结论仅对锥面, 而不对其他二次曲面成立. 因为在一个二次直纹面上的直线对可以由两条斜直线构成.

从定理 8.6.1 得到, 第二类 4 阶空间曲线不会位于锥面上, 而是位于一无二重点的二次曲面 Q 上. 再作过 C^4 而不含 Q 的三次曲面 F, 则 F 和 Q 的完全交是由曲线 C^4 和两条同一系的(也可能是重合的) 直线组成. 因为如果其剩余交 (restschnitt)是一不可约圆锥曲线或是由两条不同系的直线组成, 则在前一证明所采用的结论的基础上借助于 Noether 定理得出, C 还位于另一二次曲面上, 即是第一类的.

在二次曲面 Q 上的两个直纹系以 I 和 II 来记, F 与 Q 的相交, 除 C^4 外, 还有两条斜交或相重合的直线. 我们用 g 和 g' 来表示它们. 我们可以假设 g 和 g' 属于系 I. 系 I 的一般直线与曲面 F 交得 3 点, 于是它也与曲线 C^4 交于 3 点 (三点是互不相同的, 例如, 可根据 §7.6 的 Bertini 第一定理). 系 II 的一般直线同样交 F 于 3 点, 其中 2 点显然在 g 和 g' 上, 因此对 C^4 仅余下一点, 于是曲线 C^4 与系 I 的每条一般直线交于 3 点, 而与系 II 的每条直线交于 1 点.

通过这个性质, 可以本质地将它与 Q 上给定的第一类曲线 C_I^4 区别开来, 这第一类曲线是由 Q 与另一二次曲面相交而得到的, 因为此曲线显然与 Q 的所有母线交出两点. 于是得到, 与 Q 共有系 I 的两条母线的三次曲面 F 和 Q 的剩余交线绝不是第一类曲线 C_I^4; 因为它与系 I 的每条母线交于 3 点而与系 II 的交于 1 点.

我们总起来有:

存在两类 4 阶空间曲线. 曲线 C_I^4 是定义为两个二次曲面的完全交. 曲线 C_{II}^4 是二次直纹面 Q 与三次曲面 F 的剩余交, 它含有 Q 的直纹系中的两条母线. 反之, 每个这种剩余交, 只要它不可约, 就是 C_{II}^4. C_{II}^4 与 Q 的一个直线系的每条母线交于三点, 与另一系中直线交于一点. 反之, C_I^4 与其所属的二次曲面上每条母线却交于两点.

曲线 C_{II}^4 是有理的, 我们过系 I 的一条母线作所有可能的平面, 则这些平面与曲面 Q 还交于系 II 的母线, 与曲线 C_{II}^4 交出一点 (不涉及曲线与系 I 的母线交于 3 个定点, 我们就是从此出发). 于是在 C_{II}^4 上存在 1 阶的点组构成的线性系. 根据 §7.2, 它把 C_{II}^4 双有理映为直线.

为了更进一步研究二次直纹面 Q 上的 4 阶曲线, 我们取 Q 的方程形式为

$$y_0 y_1 - y_2 y_3 = 0,$$

并且通过

$$\begin{cases} y_0 = \lambda_1 \mu_1, \\ y_1 = \lambda_2 \mu_2, \\ y_2 = \lambda_1 \mu_2, \\ y_3 = \lambda_2 \mu_1 \end{cases} \tag{8.6.1}$$

引入两个齐次参数对 λ, μ. 参数直线 λ 为常数和 μ 为常数是系 I 和 II 的母线, Q 与另一二次曲面 $g = 0$ 的交可由将 (8.6.1) 代入方程 $g = 0$ 而得出, 即为对 λ, 同样

也对 μ 为 2 次的方程

$$a_0\lambda_1^2\mu_1^2 + a_1\lambda_1^2\mu_1\mu_2 + \cdots + a_8\lambda_2^2\mu_2^2 = 0. \tag{8.6.2}$$

如果左端是不可分解的, 则它就表示一条曲线 C_I^4. 用同样地方法, Q 与三次曲面 $F = 0$ 相交的方程是对 λ 和对 μ 都是 3 次的方程. 现在三次曲面 F 含有两条直线 $\lambda = $ 常数, 故所得出的次数为 $3, 3$ 的方程必定有两个 λ 的线性因子; 析出这两个因子后, 余下次数为 $1, 3$ 的方程

$$a_0\lambda_1\mu_1^3 + a_1\lambda_1\mu_1^2\mu_2 + \cdots + a_7\lambda_2\mu_2^3 = 0. \tag{8.6.3}$$

于是方程 (8.6.3) 表示的是曲线 C_{II}^4.

在映射 (8.6.1) 的基础上, Q 是作为一个二重射影空间的像出现的 (参见 §1.4). Q 的平面交刻画了把 λ 直线的点映为 μ 直线的点的射影变换. Q 上的 3 次空间曲线将由 λ, μ 的次数为 $2, 1$ 或 $1, 2$ 的方程表示, 这一关于二次曲面上曲线的几何的简短说明就讲到此.

如同一切有理曲线一样, 曲线 C_{II}^4 的亏格为 0, 为了求出曲线 C_I^4 的亏格, 我们可从 Q 上一般选出的点 O 出发将它投射到平面上. 得出一条平面 4 阶不可约曲线. Q 上过 O 的两条直线上有 C_I^4 的两个点, 经投射后变为平面上的一个点; 因而这个投影就有两个节点. 投影还有其他二重点的充要条件是原来曲线还有这种二重点. 现在根据 §3.11 的公式来计算射影曲线的亏格, 则其值为 1 或 0, 就原来曲线有无一个二重点而定; 当多于 1 个二重点时, 曲线一定时可分解的, 根据亏格的双有理映射不变性, 由此得出:

空间曲线 C_I^4 的亏格是 1, 如果曲线没有重点; 亏格是 0, 如果有一个重点.

练   习   8.6

1. 使二次直纹面 Q 与三个平面相交, 并且在一个系的每条母线上作上述三个平面交点的第 4 个调和点 P, 则 P 遍历一条曲线 C_{II}^4 (可以用 λ, μ 写出曲线方程).

2. 空间 4 阶曲线或者是有双重点的 C_I^4, 或者是 C_{II}^4, 在这两种情形下, 曲线的一般点的坐标都与两个齐次参量 λ, μ 的 4 个 4 次形式成比例.

3. 曲线 C_I^4 或 C_{II}^4 从曲线上一个简单点出发射得出一平面 3 阶曲线, 有无双重点按其亏格来定.

4. 通过曲线方程的计算证明: C_I^4 从 Q 的一般点出发的射影而产生的两个二重点实际上是通常节点 (选和上面一样的曲面方程并以 O 作为坐标系顶点).

5. Q 上曲线, 其方程是由参数 λ, μ 的 n 和 m 次方程给出, 则其亏格等于

$$p = (n-1)(m-1) - d - s,$$

其中 d 是二重点数, s 是按 §3.11 意义的尖点数.

第9章　平面曲线奇点的分析

本章中研究的主题对代数曲面的理论有基本的意义. 概括地说, 此处处理了"无穷邻近点"这个概念的精确定义, 我们下面叫它邻近点. Noether 在他奇点消除的工作 (参见 §3.10) 后紧接着第一个提出了这个概念, Enriques[1]对它做了进一步发展.

为了本书的篇幅不至于过分膨大, 遗憾的是, 比之前的几章, 我们只能更加简略地去研究这一主题; 特别地是, 我只能放弃用例子来解释引入的概念. 因此迫切地要求读者去完成所给的练习. 在刚才引用的 Enriques 的工作中, 我们可以找到关于这方面的一个详细的、讲义式的卓越简述, 其中有详尽的例子. 另外, 我还推荐 Zariski[2]的一个值得注意的工作, 在他的著作中, 无限邻近点的理论是紧密地与赋值论以及理想理论结合着.

§9.1　两个曲线分支的相交重数

本章中我们用非齐次坐标 x, y; 坐标原点 $(0, 0)$ 将用 O 标记.

一条代数曲线在点 O 的分支, 如果其切线不是 y 轴, 则由共轭幂级数的一个闭链所决定, 这个闭链是从一个幂级数

$$y = ax + a_1 x^{\frac{\nu+\nu'}{\nu}} + a_2 x^{\frac{\nu+\nu'+\nu''}{\nu}} + \cdots + a_s x^{\frac{\nu+\nu'+\cdots+\nu^{(s)}}{\nu}} + \cdots \tag{9.1.1}$$

利用替换

$$x^{\frac{1}{\nu}} \to \zeta x^{\frac{1}{\nu}}, \quad \text{其中 } \zeta^\nu = 1$$

而形成. 同样的办法我们给出第二个分支, 它由幂级数

$$\overline{y} = bx + b_1 x^{\frac{\mu+\mu'}{\mu}} + b_2 x^{\frac{\mu+\mu'+\mu''}{\mu}} + \cdots + b_s x^{\frac{\mu+\mu'+\cdots+\mu^{(s)}}{\mu}} + \cdots \tag{9.1.2}$$

给定[3]. 当开头的几个系数 $a, a_1, \cdots, a_s$ 与共轭于 (9.1.2) 的幂级数 $\overline{y}_1, \overline{y}_2, \cdots, \overline{y}_\mu$ 之

---

① Enriques F, Chisini O. Teoria geometrica delle equazioni e delle funzione algebriche, Vol.II, Libro Quarto. Bologna, ed. Zanichelli.

② Zariski O. Polynomial ideals defined by infinitely near base points. Amer. J. Math. Bd. 60(1938) S. 151~204.

③ 在这两个幂级数中, 我们将只标出都不等于零的项, 而只有第一项 ax 或 bx 允许是零.

一的开头的几个系数一致, 即当有

$$
\begin{aligned}
a &= b, \\
a_1 &= b_1 \zeta^{\mu'}, \\
&\cdots\cdots \\
a_s &= b_s \zeta^{\mu'+\cdots+\mu^{(s)}}
\end{aligned}
$$

时, 我们把它们简记作

$$
(a, a_1, \cdots, a_s) = (b, b_1, \cdots, b_s).
$$

由式 (9.1.1) 和式 (9.1.2) 给的两个分支的相交重数定义为: 将

$$
(y - \overline{y}_1)(y - \overline{y}_2) \cdots (y - \overline{y}_\mu)
$$

看作第一列的局部单值化变元 $\tau = x^{\frac{1}{\nu}}$ 的幂级数时, 该级数的阶, 而且在此这两个分支的地位是可以互换的. 下面的定理给出了这个重数的精确的值.

定理 9.1.1　设由 (9.1.1) 和 (9.1.2) 给定的两个分支, 在它们级数展开中的头 $s+1$ 个项都一样. 那么, 有

$$
\begin{cases}
\dfrac{\nu'}{\nu} = \dfrac{\mu'}{\mu} = \dfrac{\varrho'}{\varrho}, & (\varrho', \varrho) = 1, \\
\dfrac{\nu''}{\nu} = \dfrac{\mu''}{\mu} = \dfrac{\varrho''}{\varrho\varrho_1}, & (\varrho'', \varrho_1) = 1, \\
\cdots\cdots \\
\dfrac{\nu^{(s)}}{\nu} = \dfrac{\mu^{(s)}}{\mu} = \dfrac{\varrho^{(s)}}{\varrho\varrho_1\cdots\cdots\varrho_{s-1}}, & (\varrho^{(s)}, \varrho_{s-1}) = 1, \\
(a, a_1, \cdots, a_s) = (b, b_1, \cdots, b_s).
\end{cases}
\tag{9.1.3}
$$

如果现在有

$$
\frac{\nu^{(s+1)}}{\nu} \neq \frac{\mu^{(s+1)}}{\mu},
$$

则两个分支的相交重数等于 λ, λ' 中较小者, 此处

$$
\lambda = \mu\nu + \mu\nu' + \frac{\mu\nu''}{\varrho} + \frac{\mu\nu'''}{\varrho\varrho_1} + \cdots + \frac{\mu\nu^{(s+1)}}{\varrho\varrho_1\cdots\varrho_{s-1}},
$$

$$
\lambda' = \nu\mu + \nu\mu' + \frac{\nu\mu''}{\varrho} + \frac{\nu\mu'''}{\varrho\varrho_1} + \cdots + \frac{\nu\mu^{(s+1)}}{\varrho\varrho_1\cdots\varrho_{s-1}}.
$$

反之, 如有

$$
\frac{\nu^{(s+1)}}{\nu} = \frac{\mu^{(s+1)}}{\mu} = \frac{\varrho^{(s+1)}}{\varrho\varrho_1\cdots\varrho_s},
$$

但

$$(a, a_1, \cdots, a_{s+1}) = (b, b_1, \cdots, b_{s+1})$$

不成立, 则 $\lambda = \lambda'$ 且 λ 就是相交重数.

引理 9.1.1 从式 (9.1.3) 我们有

$$(\nu, \nu') = \frac{\nu}{\varrho}, \qquad\qquad (\mu, \mu') = \frac{\mu}{\varrho},$$
$$(\nu, \nu', \nu'') = \frac{\nu}{\varrho \varrho_1}, \qquad\qquad (\mu, \mu', \mu'') = \frac{\mu}{\varrho \varrho_1},$$
$$\cdots\cdots, \qquad\qquad\qquad \cdots\cdots,$$
$$(\nu, \nu', \cdots, \nu^{(s)}) = \frac{\nu}{\varrho \varrho_1 \cdots \varrho_{s-1}}, \qquad (\mu, \mu', \cdots, \mu^{(s)}) = \frac{\mu}{\varrho \varrho_1 \cdots \varrho_{s-1}}.$$

证明 不妨假设 $\overline{y}_1$ 是与 $\overline{y}$ 共轭的幂级数之一, 而且开头的几个系数正好就是 $a, a_1, \cdots, a_s$:

$$\overline{y}_1 = ax + a_1 x^{\frac{\mu+\mu'}{\mu}} + a_2 x^{\frac{\mu+\mu'+\mu''}{\mu}} + \cdots + a_s x^{\frac{\mu+\mu'+\cdots+\mu^{(s)}}{\mu}} + \cdots$$

在差 $y - \overline{y}_1$ 中不会出现有 $a, a_1, \cdots, a_s$ 的项. 我们还假设

$$\mu\nu^{(s+1)} < \nu\mu^{(s+1)}, \quad \text{因而有 } \lambda < \lambda',$$

则差 $y - \overline{y}_1$ 中的第一个非零项是

$$a_{s+1} x^{\frac{\nu+\nu'+\cdots+\nu^{(s+1)}}{\nu}} = a_{s+1} \tau^{\nu+\nu'+\cdots+\nu^{(s+1)}},$$

它对 τ 是 $\nu + \nu' + \cdots + \nu^{(s+1)}$ 次的. 现在利用置换

$$x^{\frac{1}{\mu}} \to \zeta x^{\frac{1}{\mu}}, \quad \zeta^\mu = 1$$

我们从 $\overline{y}_1$ 变到一个共轭的幂级数 $\overline{y}_i$, 则它保留 $\overline{y}_1$ 的一些起始项不变, 但在某一位置起系数改变了, 假设是

$$\zeta^{\frac{\mu}{\varrho}} = 1, \quad \zeta^{\frac{\mu}{\varrho \varrho_1}} = 1, \quad \cdots, \quad \zeta^{\frac{\mu}{\varrho \varrho_1 \cdots \varrho_{t-1}}} = 1.$$

但是 $\zeta^{\frac{\mu}{\varrho \varrho_1 \cdots \varrho_t}} \neq 1$. 于是 $\overline{y}_i - y$ 的起始项是

$$x^{\frac{\mu+\mu'+\cdots+\mu^{(t+1)}}{\mu}} = x^{\frac{\nu+\nu'+\cdots+\nu^{(t+1)}}{\nu}} = \tau^{\nu+\nu'+\cdots+\nu^{(t+1)}}$$

次数是 $\nu + \nu' + \cdots + \nu^{(t+1)}$.

现在我们作乘积 $(y - \overline{y}_1)(y - \overline{y}_2)\cdots(y - \overline{y}_\mu)$ 其次数是式 $\nu + \nu' + \cdots + \nu^{(s+1)}$ 与式 $\nu + \nu' + \cdots + \nu^{(t+1)}$ 之和, 而且这一和中 $\nu^{(t+1)}$ 出现的次数和方程式

$$\zeta^{\frac{\mu}{\varrho \varrho_1 \cdots \varrho_{t-1}}} = 1$$

的根的个数一样, 也即出现 $\dfrac{\mu}{\varrho\varrho_1\cdots\varrho_{t-1}}$ 次, 因此相交重数等于

$$\lambda = \mu\nu + \mu\nu' + \frac{\mu}{\varrho}\nu'' + \cdots + \frac{\mu}{\varrho\varrho_1\cdots\varrho_{(t-1)}}\nu^{(t+1)} + \cdots + \frac{\mu}{\varrho\varrho_1\cdots\varrho_{(s-1)}}\nu^{(s+1)}$$

完全类似的可以得出 $\lambda > \lambda'$ 和 $\lambda = \lambda'$ 的情况下的结论.   □

现在我们要进一步去分析对相交重数所得到的表达式, 目前为了确定起见我们设 $s = 2$. 于是可以考虑在级数 (9.1.1) 和 (9.1.2) 的第三项切断级数. 我们依照欧几里得算法去决定最大公因子 (ν, ν') 和 (μ, μ'):

$$\begin{cases} \nu' = h\nu + \nu_1, \\ \nu = h_1\nu_1 + \nu_2, \\ \cdots\cdots \\ \nu_{\sigma-1} = h_\sigma\nu_\sigma, \end{cases} \qquad \begin{cases} \mu' = h\mu + \mu_1, \\ \mu = h_1\mu_1 + \mu_2, \\ \cdots\cdots \\ \mu_{\sigma-1} = h_\sigma\mu_\sigma. \end{cases} \tag{9.1.4}$$

由于 $\dfrac{\nu'}{\nu} = \dfrac{\mu'}{\mu}$, 两个展开式完全是平行的. 如此继续, 即我们再来决定最大公因子 (ν_σ, ν'') 和 (μ_σ, μ''). 两个展开式可能有一段还是平行的, 但是在 $\dfrac{\nu''}{\nu} \neq \dfrac{\mu''}{\mu}$ 的情况下, 必定在某处出现分离:

$$\begin{cases} \nu'' = k\nu_\sigma + \nu_{\sigma+1}, & \mu'' = k\mu_\sigma + \mu_{\sigma+1}, \\ \nu_\sigma = k_1\nu_{\sigma+1} + \nu_{\sigma+2}, & \mu_\sigma = k_1\mu_{\sigma+1} + \mu_{\sigma+2}, \\ \cdots\cdots & \cdots\cdots \\ \nu_{\sigma+j-1} = k_j\nu_{\sigma+j} + \nu_{\sigma+j+1}, & \mu_{\sigma+j-1} = k_j\mu_{\sigma+j} + \mu_{\sigma+j+1}, \\ \nu_{\sigma+j} = k_{j+1}\nu_{\sigma+j+1} + \nu_{\sigma+j+2}, & \mu_{\sigma+j} = k_{j+1}\mu_{\sigma+j+1} + \mu_{\sigma+j+2}, \\ \cdots\cdots & \cdots\cdots \end{cases} \tag{9.1.5}$$

其中 $k_{j+1} \neq l_{j+1}$. 也可能有 $k_{j+1} = l_{j+1}$, 但这时左边的除法能除尽, 得到商 k_{j+1}, 而右边则否 (或者反过来). 在另一种情况 $\dfrac{\nu''}{\nu} = \dfrac{\mu''}{\mu}$ 时, 展开式是完全平行直至结束得

$$\nu_{\sigma+\sigma'-1} = k_{\sigma'}\nu_{\sigma+\sigma'}, \quad \mu_{\sigma+\sigma'-1} = k_{\sigma'}\mu_{\sigma+\sigma'}.$$

仍然是为了确定起见, 我们考虑第一种情况并假设 $l_{j+1} < k_{j+1}$. 这意味着

a. 当 j 是偶数, $\dfrac{\mu''}{\mu} > \dfrac{\nu''}{\nu}$, 于是 $\nu\mu'' > \mu\nu''$;

b. 当 j 是奇数, $\dfrac{\mu''}{\mu} < \dfrac{\nu''}{\nu}$, 于是 $\nu\mu'' < \mu\nu''$.

由于 $(\nu, \nu') = \nu_\sigma$, 根据前述引理则得 $\mu = \varrho\mu_\sigma$; 同样, 如 $\nu = q\nu_\sigma$, 根据定理 9.1.1, 在情况 a 中相交重数为

$$\lambda = \mu\nu + \mu\nu' + \frac{\mu\nu''}{\varrho} = \mu\nu + \mu\nu' + \mu_\sigma\nu'',$$

在情况 b 中相交重数是

$$\lambda' = \nu\mu + \nu\mu' + \frac{\nu\mu''}{\varrho} = \nu\mu + \nu\mu' + \nu_\sigma\mu''.$$

保持其中第一项 $\mu\nu$ 不变. 根据 (9.1.4) 去展开第二项:

$$\mu\nu' = \mu(h\nu + \nu_1) = h\mu\nu + \mu\nu_1,$$
$$\mu\nu_1 = (h_1\nu_1 + \mu_2)\nu_1 = h_1\mu_1\nu_1 + \mu_2\nu_1,$$
$$\mu_2\nu_1 = \mu_2(h_2\nu_2 + \nu_3) = h_2\mu_2\nu_2 + \mu_2\nu_3,$$
$$\cdots\cdots$$
$$\mu_\sigma\nu_{\sigma-1} = \mu_{\sigma-1}\nu_\sigma = h_\sigma\mu_\sigma\nu_\sigma.$$

这给出

$$\nu\mu' = \mu\nu' = h\mu\nu + h_1\mu_1\nu_1 + h_2\mu_2\nu_2 + \cdots + h_\sigma\mu_\sigma\nu_\sigma.$$

同样, 根据 (9.1.5) 分别在情形 a 和 b 下去展开第三项 $\mu_\sigma\nu''$ 和 $\nu_\sigma\mu''$. 这个推导让给读者去完成. 现在让这些不同项相加, 则在 a 和 b 两种情况下求得相交重数 Λ:

$$\begin{aligned}\Lambda = &\nu\mu + h\nu\mu + h_1\nu_1\mu_1 + h_2\nu_2\mu_2 + \cdots + h_\sigma\nu_\sigma\mu_\sigma \\ &+ k\nu_\sigma\mu_\sigma + k_1\nu_{\sigma+1}\mu_{\sigma+1} + \cdots + k_j\nu_{\sigma+j}\mu_{\sigma+j} \\ &+ l_{j+1}\nu_{\sigma+j+1}\mu_{\sigma+j+1} + \nu_{\sigma+j+1}\mu_{\sigma+j+2}.\end{aligned} \quad (9.1.6)$$

当 $\mu_{\sigma+j+1}$ 除得尽 $\mu_{\sigma+j}$, 则 (9.1.6) 中最后一项是零. 如果 $k_{j+1} < l_{j+1}$, 或者 $k_{j+1} = l_{j+1}$, 并且 $\nu_{\sigma+j+1}$ 除得尽 $\nu_{\sigma+j}$, 则我们去互换 k 和 l 以及 μ 和 ν 的作用. 在 $\mu\nu'' = \nu\mu''$ 的情况下, 代替 (9.1.4) 中最后两项以

$$k_{\sigma'}\nu_{\delta+\sigma'}\mu_{\sigma+\sigma'}$$

为末项.

练 习 9.1

1. 试证: 从某一数 m 起有

$$\nu_{\sigma+\sigma'+\cdots+\sigma^{(m)}} = (\nu_1, \nu_1', \cdots, \nu^{(m+1)}) = 1,$$
$$\varrho\varrho_1\cdots\varrho_m = \nu.$$

2. 试证: 一个阶数为 2 的分支:

$$y = a_1 x + a_2 x^2 + \cdots + a_s x^s + a_{s+1}x^{s+\frac{1}{2}} + a_{s+2}x^{s+1} + \cdots$$

和一个线性分支

$$\overline{y} = b_1 x + b_2 x^2 + \cdots$$

如果它们的展开式直到

$$1, x, \cdots, x^{s-1} \quad 或 \quad x^s$$

各项是同样的, 则这两个分支的相交重数是

$$2, 4, \cdots, 2s \quad 或 \quad 2s + 1,$$

更高的相交重数是不可能的.

§9.2　邻　近　点

根据式 (9.1.6), 两个分支在点 O 的交点个数完全可以这样来计算, 好像我们用两条具有多个交点 $O, O_1, \cdots, O_h, O_{h+1}, \cdots, O_{h+h_1+\cdots+h_\sigma+k+k_1+\cdots+k_j+l_{j+1}+1}$ 的曲线来代替这两个分支, 这里, 曲线在这些点依据式 (9.1.6) 具有如下重数:

在 $O, O_1, \cdots, O_h$ 重数是 ν 和 μ,

在 $O_{h+1}, \cdots, O_{h+h_1}$ 重数是 ν_1 和 μ_1,

如此等等.

为了计及这一事实, 我们引进下面的说法: 假设首先给出一个幂级数的头一段, 譬如是

$$y = ax + a_1 x^{\frac{\nu+\nu'}{\nu}}. \tag{9.2.1}$$

第二再给出一系列自然数 $p, p_1, \cdots, p_j, p_{j+1}$(也可以是单个自然数 p). 在 O 点属于这一已知段的邻近点 (Nachbarpunkt) 就定义为这样的曲线分支的全体, 它们的幂级数展开 (9.1.1) 的起始项是 (9.2.1), 而下一项的指数 $\frac{\nu+\nu'+\nu''}{\nu}$ 具有如下性质, 使得除式 (9.1.5) 中相继的商 $k, k_1, \cdots, k_{i+1}$ 满足下列条件:

$$k = p - 1,$$
$$k_1 = p_1, \quad \cdots, \quad k_j = p_j,$$
$$k_{j+1} > p_{j+1} \quad 或 \quad k_{j+1} = p_{j+1}, k_{j+2} > 0,$$

或在单个数的情况下它满足

$$k \geqslant p - 1.$$

对于用幂级数展开 (9.1.1) 来给定的一个确定的分支, 按这个定义它有哪些属于 O 的邻近点呢? 首先有属于起始段 ax 的邻近点, 确切地说是:

O_1　　具有数序 1,

O_2　　具有数序 2,

　　　……

O_{h+1}　具有数序 $h+1$,

$$O_{h+2} \qquad \text{具有数序 } h+1, 1,$$
$$\cdots\cdots$$
$$O_{h+h_1+1} \qquad \text{具有数序 } h+1, h_1,$$
$$O_{h+h_1+2} \qquad \text{具有数序 } h+1, h_1, 1,$$
$$\cdots\cdots$$
$$O_{h+h_1+\cdots+h_\sigma} \qquad \text{具有数序 } h+1, h_1, \cdots, h_\sigma \quad 1.$$

接下来有属于起始段为

$$ax + a_1 x \frac{\nu + \nu'}{\nu}$$

的邻近点, 当我们令 $h + h_1 + \cdots + h_\sigma = H$, 则具体是

$$O_{H+1} \qquad \text{具有数序 } 1,$$
$$O_{H+2} \qquad \text{具有数序 } 2,$$
$$\cdots\cdots$$
$$O_{H+k+1} \qquad \text{具有数序 } k+1,$$
$$O_{H+k+2} \qquad \text{具有数序 } k+1, 1,$$
$$\cdots\cdots$$
$$O_{H+k+k_1+1} \qquad \text{具有数序 } k+1, k_1,$$
$$\cdots\cdots$$
$$O_{H+k+k_1+\cdots+k_{\sigma'}+1} \qquad \text{对于数列 } k+1, k_1, \cdots, k_{\sigma'}$$

再接下来有属于起始段为

$$ax + a_1 x^{\frac{\nu+\nu'}{\nu}} + a_2 x^{\frac{\nu+\nu'+\nu''}{\nu}}$$

的邻近点等.

进一步我们定义, 由 (9.1.1) 所确定的分支在邻近点 $O_1, \cdots, O_H, O_{H+1}, \cdots$ 将有如下的重数:

在 $O_1, \cdots, O_h$ 重数为 ν,

在 $O_{h+1}, \cdots, O_{h+h_1}$ 重数为 ν_1,

在 $O_{h+h_1+\cdots+h_{\sigma-1}+1}, \cdots, O_H$ 重数为 ν_σ,

在 $O_{H+1}, \cdots, O_{H+k}$ 同样是 ν_σ,

在 $O_{H+k+1}, \cdots, O_{H+k+k_1}$ 重数为 $\nu_{\sigma+1}$,

$\cdots\cdots$

现在, 由式 (9.1.6) 给出如下定理.

定理 9.2.1 在 O 的两个分支相交重数等于它们二者在 O 的重数与它们在及在 O 的公共邻近点处的重数乘积之和.

第一个邻近点 O_1 由这样的分支组成, 其幂级数以 ax 为起始项, 即由在 O 具有确定切线的分支组成. 它依赖于一个连续变动的参数 a.

像 $O_1, \cdots, O_{h+1}$ 这样的邻近点, 其数序 $(p, p_1, \cdots)$ 仅由一自然数 p 组成, 称为自由邻近点 (freie nachbarpunkte). 因为它们中间的每一个可以在保持在它前面给定的邻近点不变的情况下连续地变动. 为了用一个例子来说明它, 我们考虑 O_h(假设 $h > 1$). 这个邻近点由所有其起始项为

$$ax + a_1 x^h$$

的幂级数所决定的分支组成. 此处 x^h 的系数 (只是偶尔取值零) 可连续变动. 相应的结论对 $O_1, \cdots, O_{h+1}$ 这些点, 以及对 $O_{H+1}, \cdots, O_{H+k+1}$, 等同样成立. 可是 $O_{h+2}, \cdots, O_H$ 不是自由的, 因为当 $O_1, \cdots, O_{h+1}$ 固定后, 它们只能由一些算术数据来决定. 它们依赖于展开式 (9.1.1) 中第二项的存在及它的指数 $\frac{\nu + \nu'}{\nu}$ 的值, 而不依赖于这项系数 a_1 的值. 这样的非自由的邻近点称为它前面的紧接自由邻近点组的随从点 (satellitpunkte).

练 习 9.2

1. 一个线性分支所属的邻近点都是 O 点的自由的简单的邻近点.

2. 对于一个二次分支

$$y = a_1 x + a_2 x^2 + \cdots + a_s x^s + a_{s+1} x^{s+\frac{1}{2}} + a_{s+2} x^{s+1} + \cdots,$$

紧接着二重点 O, 开始是 $s-1$ 个自由的二重邻近点 $O_1, \cdots, O_{s-1}$, 然后是一个自由的简单点 O_s, 一个简单随从点 O_{s+1}, 最后全部是自由的简单邻近点 $O_{s+2}, O_{s+3}, \cdots$, 对普通的尖点有 $s = 1$.

3. 在一个分支 $\mathfrak{z}$ 上的在 O 所属的邻近点, 自某一个编号起就全都是自由和简单的邻近点.

4. 当 $(\nu, \nu', \cdots, \nu^{(s+1)}) > (\nu, \nu', \cdots, \nu^{(s)})$, 因而有 $\varrho_s > 1$, 则称在级数 (1) 中带指数 $\frac{\nu + \nu' + \cdots + \nu^{(s+1)}}{\nu}$ 的项为特征项(charackteristisches glied). 级数 (9.1.1) 有有限多个特征项. 且特征项所属的自由邻近点, 一定是紧跟着随从点.

我们较仔细地去研究上面所定义的分支在邻近点 $O_1, \cdots, O_{h+1}, \cdots, O_{H+1}$ 处的重数 $\nu\nu_1, \cdots, \nu_\sigma, \cdots$, 则可知对一个具有重数 ν_i 邻近点 O_n, 有两种可能: ① 或是紧接的邻近点 O_{n+1} 也有重数 ν_i, 这时我们称 O_{n+1} 是 O_n 的后继者 (nachfolger); ② 或是 O_{n+1} 具有较小的重数 ν_{i+1}; 这时, 根据 (9.1.4) 或 (9.1.5) 应有下列两个方程之一

$$\nu_i = q\nu_{i+1} + \nu_{i+2}, \tag{9.2.2a}$$

$$\nu_i = q\nu_{i+1}. \tag{9.2.2b}$$

在这两种情况下, 在 O_n 后面开头是 q 个具有重数 ν_{i+1} 的邻近点 $O_{n+1}, \cdots, O_{n+q}$, 而在情况 (9.2.2a) 下还有一个重数 ν_{i+2} 的邻近点. 所有这些点我们都称为 O_n 的后继者[1].

假设第一个后继者属于数序 $(p, p_1, \cdots, p_j)$, 则 O_n 的后继者总是用数序

$$(p, p_1, \cdots, p_j),$$
$$(p, p_1, \cdots, p_j, 1),$$
$$(p, p_1, \cdots, p_j, 2)$$
$$\cdots$$

来给定的; 依次继续直到它们离开所研究的分支为止. 据此, 当在一分支上的 O_{n+k} 属于点 O_n 的后继者, 则对在每一通过 $O_n, O_{n+1}, \cdots, O_{n+k}$ 的分支上的点也是这样.

关系式 (9.2.2) 给出了下面的定理, 这一定理对于仅有重数相等的后继者的情况是显然正确的.

定理 9.2.2 在一个分支 $\mathfrak{z}$ 上, O_n 的重数等于 O_n 在分支 $\mathfrak{z}$ 上的后继者的重数之和.

当用点 O 代替 O_n 时, 定理 9.2.2 也成立.

在定理 9.2.1 中, 如果我们仅考虑那种同时还属于第二个分支 $\mathfrak{z}'$ 的后继者, 则等号应代以 $\geqslant$.

练 习 9.2

5. 我们把 $O, O_1, O_2, \cdots$ 依次地画在一条线段上, 画的时候, 当 O_{n+1} 的重数比 O_n 的重数小时, 我们就在 O_{n+1} 处弯折此线 (参见下图), 这样, 点 O_{n+1} 是 O_n 的后继者, 而如 O_{n+1} 是折点, 则它后面的点, 一直到最靠近它的折点 (算在内) 或直到最靠近的自由点 (不算在内) 是 O_n 的后继. 特别地把特征点 (参见练习 9.2 题 3)、紧接着随从点的自由点标出 (在下图中用小圈标出). 那么, 我们就可以从下图中立刻认出后继者, 且借助于定理 9.2.2, 从最后一个 $\nu_\omega = 1$ 出发, 算出重数 $\nu, \nu_1 \cdots, \nu_\omega$ 来. 由一个邻近点所属的数序 $(p, p_1, \cdots, p_{j+1})$ 可以得出, 多少步方能达到折点, 为了从像 O 或 O_H 这样的一点能达到这个邻近点, 我们必须经历多少步.

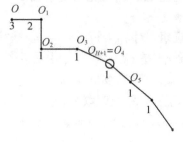

6. 试作出分支 $y = x^{\frac{3}{2}}$ 和 $y = x^{\frac{7}{5}}$ 在练习 9.2 题 5 意义下的图示, 并在每个点标出它的重数.

---

[1] Enriques: Punti prossimi. Zariski: Proximate points.

定理 9.2.3　将一个分支的邻近点序列 $O_1, O_2, \cdots$ 在任一点 O_m 处切断, 则必有曲线, 它在 O 只有一个分支, 且这个分支通过 $O_1, \cdots, O_m$ 而不通过 O_{m+1}, 且这分支在 O_m 处的重数为 1, 而这个分支的 O_m 的后继者是自由的.

证明　首先我们从 $\nu_\tau = 1$ 出发, 利用关系式 (9.2.2) 倒推地去计算所要求的分支的重数 $\nu, \nu_1, \cdots, \nu_\tau$. 这些数决定了这个分支级数展开式的指数. 我们如下去决定级数展开式的系数; 要求这级数的开头几项和给定的分支一致. 紧接着的项 (属于 O_m 的自由后继者) 系数可以随便选择, 只要使它不等于给定分支展开式 (或其共轭) 的相应系数. 然后我们令要求的级数在此项切断, 这切断后的幂级数 ω_1 连同它的共轭 $\omega_2, \cdots, \omega_\nu$ 决定一条代数曲线

$$(y - \omega_1)(y - \omega_2) \cdots (y - \omega_\nu) = 0,$$

它满足所有的要求.　　　　　　　　　　　　　　　　　　　　　　　　　　　　　$\square$

现在我们来研究点 O 有多个分支的曲线. 我们定义这样一条曲线在 O 的邻近点 O_n 处的重数为这曲线包含点 O_n 的各个分支在点 O_n 的重数之和, 那么显然, 定理 9.2.1 对两个任意的曲线在 O 的相交重数也成立.

我们来研究一固定分支 $\mathfrak{z}'$, 它在 O 所属的邻近点是 $O_1, O_2, \cdots$, 我们要问, 是否有曲线 C, 它在 $O, O_1, \cdots, O_s$ 有预先给定的重数 $r_0, r_1, \cdots, r_s$. 下面的后继关系 (nachfolgerbeziehungen)

$$r_n \geqslant r_{n+1} + \cdots + r_{n+q} \tag{9.2.3}$$

无论如何是必须满足的, 此处求和遍历 O_n 支 $\mathfrak{z}'$ 的所有后继者 $O_{n+1}, \cdots, O_{n+q}$. 因为根据定理 9.2.2, 曲线 C 的每一个分支 $\mathfrak{z}$ 必须满足不等式 (9.2.3), 从而 C 本身亦然.

但是, 条件 (9.2.3) 也是充分的.

定理 9.2.4　设后继关系 (9.2.3) 已满足, 则存在一条曲线 C, 它在 $O, O_1, \cdots, O_s$ 的重数是 $r_0, r_1, \cdots, r_s$.

证明　对 $r_0 + r_1 + \cdots + r_s$ 施行完全归纳法. 当和等于零, 命题是显然的. 现在, 设 r_m 是 $r_0, r_1, \cdots, r_s$ 中最后一个不等于 0 的数, 则根据定理 9.2.3, 存在一条曲线 C_m, 它的重数是 $\varrho_0, \varrho_1, \cdots, \varrho_s$(当 $m = 0$, 选通过 O 且和 $\mathfrak{z}'$ 不相切的任一直线作为 C_m). 从给定的数 $r_0, r_1, \cdots, r_s$. 减去 C_m 的重数 $\varrho_0, \varrho_1, \cdots, \varrho_s$, 根据定理 9.2.3 有 $\varrho_m = 1, \varrho_{m+1} = \cdots = \varrho_s = 0$. 曲线 C_m 满足的后继关系是甚至等式:

$$\varrho_n = \varrho_{n+1} + \cdots + \varrho_{n+q} \quad (n < m). \tag{9.2.4}$$

从 (9.2.3) 减 (9.2.4) 得

$$(r_n - \varrho_n) \geqslant (r_{n+1} - \varrho_{n+1}) + \cdots + (r_{n+q} - \varrho_{n+q}) \quad (n < m).$$

由于当 $n \geqslant m$, 这不等式右边等于 0, 故不等式对 $n \geqslant m$ 也成立. 从而, 利用归纳假设存在一曲线 C' 具有重数 $r_0 - \varrho_0, \cdots, r_s - \varrho_s$. 于是曲线 $C = C_m + C'$ 适合要求得条件. □

把证明中用到的曲线 C_m 在 $O, O_1, \cdots, O_m$ 的重数详细地用

$$\rho_{m0}, \quad \varrho_{m1}, \quad \cdots, \quad \varrho_{mm}$$

标记. 具有预先给定重数 $r_0, r_1, \cdots, r_s$ 的一条曲线, 如果它和 C_m 没有异于 $O_1, \cdots, O_m$ 的公共点, 则根据定理 9.2.1, 它和 C_m 的交点重数是

$$\sigma_m = r_0 \varrho_{m0} + r_1 \varrho_{m1} + \cdots + r_m \varrho_{mm} \quad (m = 0, 1, \cdots, s). \tag{9.2.5}$$

但 C_m 依赖于一个自由参数, 而且在这个参数的一般的选择下, 式 (9.2.5) 正好表示 C 和 C_m 的交点重数.

定理 9.2.5 反过来, 如给定的曲线 C, 在当 $C_m (m = 0, 1, \cdots, s)$ 中出现的参数做一般的选择时, C 和 C_m 的交点重数用 (9.2.5) 表出的, 则 C 在 $O, O_1, \cdots, O_s$ 的重数是 $r_0, r_1, \cdots, r_s$.

证明 可直接由对 s 施行归纳法导得: 当 $s = 0$ 时, 命题是显然的, 而当 $r_0, r_1, \cdots, r_{s-1}$ 一旦和曲线 C 的重数一致, 则由方程组 (9.2.5) 的最后一式得出对 r_s 也成立. □

对于每一个 m, 满足下述条件的次数固定的曲线构成一线性系, 这条件是: 在 C_m 中出现参数的一般选择下, 曲线和 C_m 的相交重数大于等于 σ_m, 其中 σ_m 由 (9.2.5) 给出; 因为将 C_m 的一个分支的一个级数展开式代入到 C 的方程并令阶数小于 σ_m 的项系数为零, 给出了对 C 的系数的线性条件. 现在如果一条曲线 C 对 $m = 0, 1, \cdots, s$ 都属于上述定义的线性系, 因而上述线性条件都得到满足. 所以我们说, 曲线 C 在 $O, O_1, \cdots, O_s$ 具有虚拟重数 $r_0, r_1, \cdots, r_s$. 曲线 C 实际的重数 $\bar{r}_0, \bar{r}_1, \cdots, \bar{r}_s$ 可以一部分比它大, 一部分比它小; 它们必定满足下面不等式:

$$\bar{r}_0 \varrho_{m0} + \bar{r}_1 \varrho_{m1} + \cdots + \bar{r}_m \varrho_{mm} \geqslant \sigma_m.$$

练 习 9.2

7. 试证当 ν 重点 O 用 $\nu - 1$ 重代替之, 又每一个 ν_i 重邻近点用 $\nu_i - 1$ 重代替, 则后继关系照样成立.

8. 试对下述具体情况列出, 为使曲线 C 具有指定的虚拟重数, 它的系数所需满足的线性条件; 这个具体情况是: 给定的分支具有通常的尖点 (如 $y = x^{\frac{3}{2}}$), 虚拟重数是

$$r_0 = 3, \quad r_1 = 2, \quad r_2 = 1.$$

§9.3   Cremona 变换对邻近点的影响

设给出一个分支 $\mathfrak{z}$ 上的点 O, 它是坐标三角形的一个顶点 $(1, 0, 0)$, 它的两条切线不是坐标三角形的边. 我们来研究, 在 §3.10 定义的二次 Cremona 变换

$$\begin{cases} \zeta_0 : \zeta_1 : \zeta_2 = \eta_1\eta_2 : \eta_2\eta_0 : \eta_0\eta_1, \\ \eta_0 : \eta_1 : \eta_2 = \zeta_1\zeta_2 : \zeta_2\zeta_0 : \zeta_0\zeta_1 \end{cases} \tag{9.3.1}$$

下, O 的邻近点的序列 $O, O_1, O_2, \cdots$ 如何变化.

据 §3.10 指出的: 曲线 $f(\eta) = 0$, 在这一变换下变为曲线 $g(\zeta) = 0$, 此处形式 g 由

$$f(z_1z_2, z_2z_0, z_0z_1) = z_0^r z_1^s z_2^t g(z_0, z_1, z_2) \tag{9.3.2}$$

决定. 而起点是 O 的每一分支 $\mathfrak{z}$ 对应于一个分支 $\mathfrak{z}'$, 它的起点处在 $\zeta_2 = 0$ 的对边上. 假设 $\zeta_0(\tau), \zeta_1(\tau), \zeta_2(\tau)$ 是分支 $\mathfrak{z}'$ 的幂级数, 则

$$\eta_0(\tau) = \zeta_1(\tau)\zeta_2(\tau), \eta_1(\tau) = \zeta_2(\tau)\zeta_0(\tau), \eta_2(\tau) = \zeta_0(\tau)\zeta_1(\tau) \tag{9.3.3}$$

是分支 $\mathfrak{z}$ 的幂级数.

假定分支 $\mathfrak{z}$ 不处在曲线 $f = 0$ 上, 我们来研究分支 $\mathfrak{z}$ 和曲线 $f = 0$ 的相交重数. 这个重数就定义为幂级数 $f(\eta_0(\tau), \eta_1(\tau), \eta_2(\tau))$ 的阶. 把 (9.3.3) 代入 $f(\eta_0(\tau), \eta_1(\tau), \eta_2(\tau))$ 并利用 (9.3.2) 我们得到幂级数

$$\zeta_0(\tau)^r \zeta_1(\tau)^s \zeta_2(\tau)^t g(\zeta_0(\tau), \zeta_1(\tau), \zeta_2(\tau)).$$

因为当 $\tau = 0$ 时, $\zeta_1(\tau)$ 和 $\zeta_2(\tau)$ 不等于 0, 故上述幂级数的阶也等于幂级数

$$\zeta_0(\tau)^r \zeta_1(\tau)^r g(\zeta_0(\tau), \zeta_1(\tau), \zeta_2(\tau)) = \eta_2(\tau)^r g(\zeta_0(\tau), \zeta_1(\tau), \zeta_2(\tau))$$

的阶, 即等于 $g = 0$ 和 $\mathfrak{z}'$ 的相交重数加上直线 $\eta_2 = 0$ 和 $\mathfrak{z}$ 的交点重数的 r 倍. 后一重数正好是分支 $\mathfrak{z}$ 的阶 (或在分支 $\mathfrak{z}$ 上点 O 的重数) 而 r 是曲线 $f = 0$ 上点 O 的重数, 从而我们有如下定理.

定理 9.3.1   分支 $\mathfrak{z}$ 和曲线 C 的相交重数等于变换后的分支 $\mathfrak{z}'$ 和变换后的曲线 C' 的相交重数加上 C 及 $\mathfrak{z}$ 在 O 的重数的乘积.

设 $\mathfrak{z}$ 在 O 所属的邻近点依次是 $O_1, O_2, \cdots$, 又在 $O, O_1, O_2, \cdots$, $\mathfrak{z}$ 有重数 $r_0, r_1, r_2, \cdots$, 而 C 有重数 $\varrho_0, \varrho_1, \varrho_2, \cdots$. C 和 $\mathfrak{z}$ 的相交重数设为 Λ, C' 和 $\mathfrak{z}'$ 设为 Λ', 于是定理 9.3.1 给出了公式

$$\Lambda = \Lambda' + \varrho_0 r_0. \tag{9.3.4}$$

借助于定理 9.3.1 我们证明如下定理.

定理 9.3.2   变换 (9.3.1) 把分支 $\mathfrak{z}$ 在点 O 的相继邻近点 $O_1, O_2, \cdots, O_m, \cdots$ 变换为 $O', O_1', \cdots, O_{m-1}', \cdots$, 此处 O' 是变换后分支 $\mathfrak{z}'$ 的起点, $O_1', O_2', \cdots$ 是 $\mathfrak{z}'$ 在 O' 所属的相继邻近点. 如 $\mathfrak{z}$ 在 $O, O_1, O_2, \cdots, O_m$ 的重数是 $r_0, r_1, \cdots, r_m$, 则 $\mathfrak{z}'$ 在 $O_1', O_2', \cdots, O_m'$ 的重数是 $r_1, r_2, \cdots, r_m$.

证明   我们假设对 $O_1, O_2, \cdots, O_{m-1}$ 定理成立, 而去证明对 O_m 定理成立. 不难看到, 下面的证明对 $m = 1$ 也对.

取由定理 9.2.3(§9.2) 证明存在的曲线 C_m 作为曲线 C, 它在 $O, O_1, O_2, \cdots, O_m$ 的重数是 $\varrho_0, \varrho_1, \cdots, \varrho_m$, 且 $\varrho_m = 1$. 利用归纳假设 C' 在 $O', O_1', \cdots, O_{m-2}'$ 重数是 $\varrho_1, \varrho_2, \cdots, \varrho_{m-1}$. 设曲线 C' 的紧接着 O_{m-2}' 的邻近点是 O_{m-1}', 我们用 r_m' 和 ϱ_m' 来记 $\mathfrak{z}'$ 和 C' 在 O_{m-1}' 的重数. 根据定理 9.2.1 (§9.1), $\mathfrak{z}$ 和 C 的交点重数等于

$$\Lambda = \varrho_0 r_0 + \varrho_1 r_1 + \cdots + \varrho_m r_m. \tag{9.3.5}$$

另一方面, 根据定理 9.3.1 它也等于

$$\begin{cases} \Lambda = \varrho_0 r_0 + \Lambda' \\ \quad = \varrho_0 r_0 + \varrho_1 r_1 + \cdots + \varrho_{m-1} r_{m-1} + \varrho_m' r_m' + \cdots, \end{cases} \tag{9.3.6}$$

此处项 $+\cdots$ 收容了 $\mathfrak{z}'$ 和 C' 还可能公共有的, 在 O_{m-1}' 之后的其他邻近点.

比较 (9.3.5) 和 (9.3.6) 即得

$$\varrho_m r_m = \varrho_m' r_m' + \cdots, \tag{9.3.7}$$

考虑到 ϱ_m 和 ϱ_m' 是正的, 由 (9.3.7) 首先得悉 $r_m' > 0$ 的充要条件是 $r_m > 0$, 也即 $\mathfrak{z}'$ 通过邻近点 O_m' 的充要条件是 z 通过 O_m 的邻近点 O_m. 因而邻近点 O_m, 也就是通过 O_m 的分支的全体, 在变换下的确变成 O_{m-1}' 的分支的全体.

又我们已知在 C_m 的选择上还有一个自由, 这里因为 O_m 的后继者在 C_m 上是自由的. 每一 C_m 只有一个分支. 我们现在选一个 C_m 作为 C, 选另一个 C_m 的作那个单一分支 $\mathfrak{z}$, 要求这两个 C_m 公有 $O, O_1, \cdots, O_m$ 但不公有 O_m 的后继者. 于是 (9.3.7) 中 $r_m = \varrho_m = 1$. 所以右边只能出能一项且值为 1. 从而推得: 不同的 C_m 都只是包含 O_{m-1}' 一次, 且彼此不共有 O_{m-1}' 后面的邻近点.

现在我们再来考虑通过 $O, O_1, \cdots, O_m$ 的一个任意分支 $\mathfrak{z}$. 适当地选取 C_m 使得 C_m 和 $\mathfrak{z}$ 只共有 $O, O_1, \cdots, O_m$, 并且变换后的 C_m' 和 $\mathfrak{z}'$ 只共有 $O', O_1', \cdots, O_{m-1}'$. 这时 (9.3.7) 的右边项 $+\cdots$ 等于零; 再令 $\varrho_m = \varrho_m' = 1$. 导致 $r_m = r_m'$, 即 $\mathfrak{z}'$ 在 O_{m-1}' 的重数等于 $\mathfrak{z}$ 在 O_n 的重数. $\qquad\square$

因为经过一回二次 Cremona 变换 (9.3.1) 在 O 的所有邻近点的标号都减少 1, 重复地应用 k 回二次 Cremona 变换后就可将邻近点 O_k 变成普通点. 这样, 正如 Noether 原先所做的, 我们甚至可以利用变换的重复使用去定义邻近点.

　　类似的办法也可以搬到任意的 Cremona 变换 (即平面的到自身的双有理变换) 上去. 当变换在位 O 是相互单值的, 精确地说, 当变换及它的逆变换的有理形式分别的在位 O 和 O 的对应的位 O' 保持有意义, 对这种情况结果显得特别简单. 这时相应于定理 9.2.5 的命题有简单的陈述: $\mathfrak{z}$ 和 C 的相交重数在变换下不变; 代替 (9.3.3) 的是[①]

$$\varLambda = \varLambda'.$$

定理 9.3.2 使用的证明办法对这种情况保持有效, 且有简明的结果如下: 分支 $\mathfrak{z}$ 在 O 所属的邻近点列 $O_1, O_2, \cdots$ 变为 $\mathfrak{z}'$ 在 O' 的邻近点列 $O'_1, O'_2, \cdots$ 并且 $\mathfrak{z}$ 在 $O, O_1, O_2, \cdots$ 的重数不变.

　　我们可以考虑在上述研究中, 将代数曲线和分支换成一条在一固定点 O 的邻域内的解析曲线 $F(x, y) = 0$ 和解析曲线分支. 证明的办法和结果不需要本质的改变, 可以获得例如, 关于邻近点概念以及分支在 O 的邻近点的重数在这样一些解析变换下保持不变的定理, 这些变换在 O 的邻近点是单值的且为单值解析可逆的.

练　习　9.3

　　试实现提示的证明.

　　Enriques 提出了另一个邻近点的理论, 它对一任意的域成立, 并且比这里讲的理论更简单, 可参见 van Der Waerden: Infinitely near points, Proceedings Ned. Akademie Amsterdam 53(1950), p.401.

---

① 原文如此, 应为式 (9.3.6).

附录 1 论代数几何 20 · 连通性定理和重数概念

作为相交重数的一个理论的基础, 我在 1926 年提出了特殊化重数的概念并证明了这个重数在一定的假设条件下的唯一性[1], 其思路如下:

设有一"正规问题"的方程为

$$G_j(\xi, \eta) = 0, \tag{A}$$

其中 ξ 为未定元, 而 η 为未知量, 方程对未知量 $\eta_0, \cdots, \eta_n$ 为齐次. 问题 (A) 对未定元 ξ 有有限多个解 $\eta^{(1)}, \cdots, \eta^{(h)}$. 每一特殊化 $\xi \to x$ 均可扩展为下述特殊化:

$$(\xi, \eta^{(1)}, \cdots, \eta^{(h)}) \to (x, y^{(1)}, \cdots, y^{(h)}).$$

$y^{(\nu)}$ 是下述特殊化问题

$$G_j(x, y) = 0 \tag{B}$$

的解. 在文献 [1] 中证明了这些特殊化解 $y^{(1)}, \cdots, y^{(h)}$ 在下面的假设条件下的唯一性, 这个条件就是, 特殊化问题 (B) 在给定 x 下只有有限个解. 如果问题 (B) 的一个解 y 在 $y^{(\nu)}$ 的名下正好出现 μ 次, 我们就说它在特殊化 $\xi \to x$ 下具有重数 μ.

Weil[2] 在更一般的假设下证明了一个解 y 的重数 μ 的唯一性. 这就是, Weil 并不要求问题 (B) 只有有限个解, 而只要求有一解 y 是孤立的. Northcott[3] 与 Leung[4] 把 Weil 的假设条件做了更进一步的削弱.

孤立解 y 的重数的唯一性的 Weil 证明相当复杂: 他是以局部环的解析理论为基础的. Northcott 和 Leung 也采用了这个解析理论. 下面我们将给出一个借助于经典辅助工具的证明, 它是以连通性定理的一个特例为基础的.

为了阐明连通性定理 (zusammenhangssatz), 我们要先说明一些定义.

射影空间 P^n 中的一个簇 V 定义在域 k 上, 如果在将域 k 扩张后也不可能将 V 分解为两个不相交的非空子簇, 我们就说 V 是连通的 (zusammenhängend). 一个簇 V, 如果其中任两点都可以用一连串曲线 $C_1, \cdots, C_h$ 相互连结起来, 就说这个 V 是线连通的 (linear zusammenhängend). 由此显然可以推知, 这时 V 也是连通的.

闭链 (zykel)Z^d 是一些维数同为 d 的绝对不可约簇 V^d 的形式和, 和式各项的系数为整数 e_i. 我们只研究正闭链, 这种链的全部 e_i 都是正的或为零. 所有 $e_i \neq 0$ 的 V^d 的并集称之为闭链的载体 (träger).

现在设 ξ 为域 k 上的一个不可约簇 U 内的一个一般点, x 为其一特殊点. 设对点 ξ, 令一闭链 Z 与之对应, 这个闭链是定义在 $k(\xi)$ 上而且是连通的. 设簇 U

在点 x 处是解析不可约的 (analytisch irreduzibel), 即假设局部环的完全扩张是不含零因子的. 闭链 Z_ξ 的特殊化 Z_x 归属于特殊化 $\xi \to x$. 那么连通性定理就是说, 所有 Z_x 的载体的并集是连通集.

连通性定理是由 Zariski[5] 首先提出的, 并在他的代数簇上的全纯函数的范围内作出了证明. Chow[6] 给出了这个定理的一个推广并给出了一个更简单的证明.

对于我们这里所关注的应用而言, 这个定理的一个特例具有特别意义. 设闭链 Z_ξ 为一单点 η, 它有理地依赖于 ξ. 再设 x 为 V 的一个简单点. 在这种情况下, 正如 Chow 所证明的, 连通性定理可以加强, 我们可以证明, 在 $\xi \to x$ 所属下的 η 的特殊化 y 将构成一线连通的簇.

首先假设 U 为一射影空间 P^n, 在此我们要证明的定理就将表述为 (§5, 定理 2):

在从 P^m 到 P^n 中的有理映射下, 每一点 A 的像簇 V_A 是线连通的.

在 §1 中将只阐述基本概念. 在 §2 与 §3 中将用经典的方法来证明经典的代数几何中的一些已知结果. 对于行家来说, §1 至 §3 没有什么新东西.

在 §4 中将在 $U = P^1$ 及 $U = P^2$ 的情况下证明上述定理. 在 §5 将把 $U = P^m$ 的情况归结为 $U = P^2$ 的情况.

在 §6 中将证明, 在 $U = P^m$ 的情况下, 一个孤立解 y 的特殊化重数的唯一性可直接由定理 2 推得.

一旦我们定义了特殊化重数, 那么我们也就可以步 Weil 之后尘定义闭链的相交重数. 这将在 §7 中详细完成

在 §8 中将对 x 为一任意簇 U 的简单点的情况下来证明线连通定理. 通过一平行投影就可将一般情况归结为 $U = P^m$ 的情况.

§1　基　本　概　念

设 k 为一固定的基域, Ω 为一在 Weil[2] 意义下的**万有域** (universalkörper), 即一个在 k 上的有无限超越次数的代数封闭扩张域. 一个在 k 上定义的 P^m 与 P^n 之间的对应 (korrespondenz) k 是指以 Ω 中的元为坐标点点对 (x, y) 的全体, 这些点对满足一组齐次方程

$$G_j(x, y) = 0 \tag{1}$$

方程中的系数是 k 中的元, 在 x 空间中, 我们常常令 $x_0 = 1$, 并引入非齐次坐标 $x_1, \cdots, x_n$. 但 y 空间则为完整的射影空间 P^n.

如对应 K 在 k 上为不可约, 则它是由所有那些点对 (x, y) 组成, 这些点对是一个一般点对 (ξ, η) 的特殊化. 所谓 (x, y) 是 k 上 (ξ, η) 的一个**特殊化**, 是指系数在

k 中的所有的齐次方程 $H(\xi,\eta)=0$ 当它们对点对 (ξ,η) 成立时, 对点对 (x,y) 也成立. ξ 的特殊化构成了对应 K 的原簇 (urvarietät), 而 η 的特殊化则构成了对应 K 的像簇 (bildvarietät), 这时我们就说它是 U 与 V 之间的一个对应 K.

如果 η 的坐标比是 ξ 的坐标比的有理函数, 则称对应 K 是一个有理映射 (rationale Abbildung). 于是我们就有

$$\beta\eta_k = F_k(\xi), \tag{2}$$

这里形式 F_k 含 $\xi_0,\cdots,\xi_m$ 的次数相同, 它们不会全都为零.

对那些满足有理映射 (2) 的一般对 (ξ,η) 来说, 下述方程

$$\eta_j F_k(\xi) - \eta_k F_j(\xi) = 0 \tag{3}$$

应该属于那齐次方程 $H(\xi,\eta)=0$. 因此, 对每一对 (x,y) 应有

$$y_j F_k(x) - y_k F_j(x) = 0, \tag{4}$$

从而有

$$\gamma y_k = F_k(x). \tag{5}$$

如果对于点 x 不是所有的 $F_k(x)$ 都是为零, 则我们就说点 x 对映射言为正则的 (regulär). 那么, 它就有一个通过 (5) 确定的唯一的像点 y, 如所有的 $F_k(x)$ 都等于零, 点 x 对映射是奇异的 (singulär), 则它就会有多个像点. 不论何种情况下, 点 x 的像点 y 形成一个簇 V_x; 我们把它称为点 x 在由 (2) 所定义的映射下的像簇 (bildvarietät).

我们将在 §2 中指出, 如何通过级数展开来得到像簇 V_x 中的单个的点 y. 这个级数展开构成了在 §4 与 §5 中证明像簇 V_x 的线连通性时的最重要的辅助工具.

我们需要用到来自代数曲线理论的几个概念. P^m 中一条曲线 C 可以通过一双有理变换变成 P^n 中的一条没有重点的曲线 C'(例如, 见我的《代数几何论》, §45, 或中译本 §7.4). 曲线 C 的一个点 A 可能对应 C' 上的多个点 A'; 这些点的每一个定义了曲线 C 在点 A 的一个分支 $\mathfrak{z}$. 我们称 A 为分支 $\mathfrak{z}$ 的起点 (anfangspunkt). 如果 C'' 是 C 的另一条双有理变换下的像, 则 C'' 的点是一对一地与 C' 的点相对应, 因此分支概念与像曲线的选择无关.

对每一分支 $\mathfrak{z}$ 我们可以选一个局部单值化变量 τ, 并将 C 的一般点的坐标展成 τ 的级数:

$$X_i(\tau) = a_i + b_i\tau + \cdots, \tag{6}$$

这里 a_i 是分支 $\mathfrak{z}$ 的起始点 A 的坐标.

现在我们用空间 P^m 中的一条超曲面 $F = 0$ 来与曲线 C 相交, 我们要问如何得到在 A 点处的相交重数 $(C \cdot F)_A$. 设超曲面 $F = 0$ 由下述形式

$$F(X) = F(X_0, X_1, \cdots, X_m)$$

定义. 要想准确地讲, 就必须将超曲面 $F = 0$ 与 $(m - 1)$ 维闭链 F 区别开来, 后者是这样获得的: 将形式 F 在代数封闭域 $\bar{k}$ 上分解为带指数 e_i 的素因子 P_i, 每一个这样的素因子 P_i 确定一个不可分的超曲面 $P_i = 0$, 可简洁地表示为超曲面 P_i. 将这些超曲面按 e_i 次计算并相加, 我们得到该 $(m - 1)$ 维闭链

$$F = \sum e_i P_i.$$

我们用同一个字母 F 来表示形式 $F(X)$ 以及这个闭链也是适当的.

分支 $\mathfrak{z}$ 与闭链 F 在点 A 的相交重数 $(\mathfrak{z} \cdot F)_A$ 可以这样来确定: 将分支的幂级数 $X_i(\tau)$ 代入形式 F 中. 如有

$$F(X_i(\tau)) = c\tau^\mu + \cdots \quad (c \neq 0),$$

则 μ 就是要求的相交重数:

$$(\mathfrak{z} \cdot F)_A = \mu.$$

曲线 C 与闭链 F 在点 A 的相交重数 $(C \cdot F)_A$ 就是曲线的各个分支与 F 在 A 的相交重数之和:

$$(C \cdot F)_A = \sum (\mathfrak{z} \cdot F)_A \tag{7}$$

[式 (7) 的证明可参阅我的代数几何引论一书的 §20, 或其中译本 §3.5]. 顺便提一下, 就本文的需要来说, 我们把式 (7) 当作曲线 C 与一 $(m - 1)$ 维闭链 F 的相交重数的定义就足够了.

§2　如何获得一点 x^0 在一有理映射下的全部像点?

设有一通过方程 (1) 定义的不可约对应 K. 我们可以用下述代换

$$z_{ik} = x_i y_k \tag{8}$$

将 K 映射到一射影空间 P_N 内一个像簇. 我们仍用 K 来记这个像簇; 它的维数设为 d.

如果特别有 K 是一个有理映射 (2), 则那些使所有的 $F_k(x)$ 为零的奇异点对 (singulären paare) 就形成一个其维数最高为 $d - 1$ 的子簇 K'. 设像点为 z^0 的点对

(x^0, y^0) 为奇异点对. 通过 z^0 作一超平面 u, 它不含 K' 的任何 $(d-1)$ 维的部分. 通过与 u 的相交, K 和 K' 的维数都各会减小一个单位. 重复这样做下去; 经 $d-1$ 步后我们将获得 K 上的一条曲线 C^*, 它将通过 z^0 且与 K' 只有有限个公共交. 设 C 为这种 C^* 的通过 z^0 的绝对不可约组成部分. 设 C 的一般点为 Z, 由 Z 不位于 K' 内, 相应的点对 (X, Y) 就是正则的.

曲线 C 至少有一分支 $\mathfrak{z}$ 以 z^0 为原点. 如 τ 为这个分支 $\mathfrak{z}$ 的局部单位化变量, 则点 X 与 Y 的坐标可以表示为 τ 的幂级数.

在点 x^0 的领域内我们可以引入非齐次坐标 $x_1, \cdots, x_n$, 以 x^0 作为坐标原点. 于是点 X 与 Y 的坐标的级数展开看起来就是:

$$X_i(\tau) = a_i\tau + b_i\tau^2 + \cdots \quad (i = 1, \cdots, m), \tag{9}$$

$$Y_k(\tau) = c_k + d_k\tau + e_k\tau^2 + \cdots \quad (k = 0, 1, \cdots, n). \tag{10}$$

由于对 $X(\tau), Y(\tau)$ 是正则的, 故有

$$\gamma Y_k(\tau) = F_k(X(\tau)) \quad (\gamma \neq 0). \tag{11}$$

如幂级数 $X_i(\tau)$ 已给, 则我们可以计算式 (11) 的右端. 如果这样算得的幂级数的首项幂为 τ^r, 则我们可以写 F

$$F_k(X(\tau)) = p_k\tau^r + q_k\tau^{r+1} + \cdots, \tag{12}$$

其中 p_k 不会全为零. 式 (11) 的左边我们可以选 $\gamma = \tau^r$, 从而得

$$\tau^r Y_k(\tau) = p_k\tau^r + q_k\tau^{r+1} + \cdots$$

或

$$Y_k(\tau) = p_k + q_k\tau + \cdots. \tag{13}$$

令 $\tau = 0$ 我们就得到了曲线分支的起点 y^0:

$$y_k^0 = p_k. \tag{14}$$

由此导出我们想要的结果:

定理 1 x^0 的每一个像点 y^0 可以用以下方式来获得. 在 U 上这样来选取以 x^0 为起点的曲线分支, 使得这个分支的一般点 $X(\tau)$ 对映射为正规的. 将坐标 $X_i(\tau)$ 展成 τ 的幂级数. 再将这个幂级数代入多项式 F_k, 并按式 (12) 展开, 于是所得起始系数 p_k 就是像点 y^0 的坐标.

我们可将这个方法简短地描述如下: "在分支 $\mathfrak{z}$ 上向点 x^0 逼近, 其极限点就是像点 y^0".

不言而喻, 我们也可将同样的方法应用到正规点 x^0 上; 只不过此时的结果与分支的选择无关.

如果特别地 U 是整个空间 P^m, 则我们可以完全任意选定幂级数 (9) 中的各个系数 $a_i, b_i, \cdots$. 只要不使所有的 $F_k(X(\tau))$ 作为 τ 的函数恒等于零. 这个系数选择的自由度可以用来将幂级数 (9) 在幂为 τ^r 的项以后切断: 反正后面的项对 y^0 没有影响. 因此, 我们就可以将 $X_i(\tau)$ 选为 τ 的多项式.

§3　用 Cremona 变换约化平面曲线的相交重数

Noether 在他的奠基性的工作中对代数曲线的分解的研究时证明了, 通过一适当的 Cremona 变换可以把两条平面曲线 F 与 G 在 A 点的相交重数 $(F \cdot G)_A$ 减小. Noether 应用下述 Cremona 变换:

$$x_0 = z_1 z_2, \quad x_1 = z_2 z_0, \quad x_2 = z_1 z_2. \tag{15}$$

如 F 在 A 点有一 r 重点, G 在 A 有一 s 重点, 则 Noether 告诉我们, 通过上述变换可将相交重数 $(F \cdot G)_A$ 减小 rs.

我们可以用一个比式 (15) 更简单些的变换:

$$x_1 = z_1, \quad x_2 = z_1 z_2 \tag{16}$$

来代替式 (15). 这样来选择非齐次坐标 x_1, x_2, 使点 A 的坐标为 $(0,0)$, 同时是坐标轴 $x_2 = 0$ 不与曲线 F 和 G 在 A 点相切. 方程为 $F(x_1, x_2) = 0$ 的曲线 F 将为以下变换:

$$F(z_1, z_1, z_2) = \Phi(z_1, z_2) = z_1^r \varphi(z_1, z_2) \tag{17}$$

在 z 平面中的曲线 φ 称为曲线 F 的约化变换曲线 (reduzierte tranformierte). 用同样的方式可获得曲线 G 的约化变换曲线 ψ. 曲线 φ 和 ψ 在直线 $z_1 = 0$ 上可能只有一个或多个交点 α. 在变换 $z \to x$ 下这些交点全部变换到一个点 A, 而且有

$$(F, G)_A = rs + \sum_\alpha (\varphi, \psi)_\alpha. \tag{18}$$

对式 (18) 的证明来说, 是用 Cremona 变换式 (15) 还是用较简单的变换式 (16), 这无关紧要. 证明这个公式最简单的办法是这样, 首先令曲线 F 与曲线 G 的一单个分支 $_3$ 在 A 点相交. 这种分支的幂级数可以这样来写:

$$X_1(\tau) = a_1 \tau^v + b_1 \tau^{v+1} + \cdots,$$

$$X_2(\tau) = a_2 \tau^v + b_2 \tau^{v+1} + \cdots,$$

其中 $a_1 \neq 0$. 指数 v 叫做分支 $\mathfrak{z}$ 在点 A 处的重数 (vielfacheit). 变换 $x \to z$ 将 $\mathfrak{z}$ 变为 z 平面上的分支 $\mathfrak{z}'$, 这个分支的起点 α 位于轴 $z_1 = 0$ 上. 现在要证明的就是

$$(F, \mathfrak{z})_A = rv + (\varphi, \mathfrak{z}')_\alpha. \tag{19}$$

通过对曲线 G 在点 Λ 处的所有分支 $\mathfrak{z}$ 求和就可直接由式 (19) 得到式 (18).

我在论文 "论无穷临近点 (on infinitely near points)" [7] 中证明了有关一超曲面与一曲线分支 $\mathfrak{z}$ 在空间的相交重数的更普通的公式, 式 (19) 是它的一个特例.

设变换后的分支 $\mathfrak{z}'$ 的级数展开为

$$\begin{aligned}
Z_1(\tau) &= a_1\tau^v + b_1\tau^{v+1} + \cdots, \\
Z_2(\tau) &= p + q\tau.
\end{aligned} \tag{20}$$

我们由此通过变换 (16) 得到分支 $\mathfrak{z}$ 的级数展开

$$X_1 = X_1(\tau) = Z_1(\tau),$$

$$X_2 = X_2(\tau) = Z_1(\tau)Z_2(\tau).$$

将它们代入 F 并注意到有式 (17), 就得到

$$\begin{aligned}
F(X_1, X_2) &= F(Z_1, Z_2 Z_2) \\
&= Z_1^r \varphi(Z_1, Z_2).
\end{aligned} \tag{21}$$

如果将 $\varphi_1(Z_1, Z_2)$ 按 τ 的幂级数展开, 其首项为 τ^w, 则我们由式 (21) 可知, $F(X_1, X_2)$ 的展开将以

$$\tau^{rv+w}$$

为首项. 由此得出式 (19), 从而也得到式 (18).

由式 (18) 可推知, 左边每一单项均小于右边:

$$(\varphi, \psi)_\alpha < (F, G)_A. \tag{22}$$

这就是我们下面要用到的全部结论.

§4　$U = P^1$ 及 $U = P^2$ 时的线连通定理的证明

A. $U = P^1$ 的情形

设将射影直线 P^1 变换到像簇 R 的有理映射由式 (23) 给出:

$$\beta\eta_k = F_k(\tau_0, \tau_1), \tag{23}$$

这里 F_k 是次数均相同的形式, 如 $D(\tau)$ 为形式 F_k 的最大公因子, 则可令 $\beta = D(\tau)$, 并将左右两边的因子 $D(\tau)$ 消掉, 于是就得到

$$\eta_k = f_k(\tau_0, \tau_1). \tag{24}$$

现在形式 f_k 已经再没有公因子了, 因此也不会有共同的零点. 这样, 射影直线的每一点 t 对映射来说都是正则的, 而像点 y 由

$$y_k = f_k(t_1, t_2) \tag{25}$$

唯一决定. 在这种情况下线连通性定理就是平庸的.

对应 K 的方程为

$$y_j f_k(t) - y_k f_j(t) = 0. \tag{26}$$

像簇 R 的维数为 1 或 0. 如果维数为 1, 则 R 是一条有理曲线, 以式 (25) 为其参数表示. 如果维数为零, 则 R 是一单个的点.

B. $U = P^2$ 的情形

设有一从 P^2 到 P^n 的有理映射由式 (27) 给出:

$$\beta \eta_k = F_k(\xi_0, \xi_1, \xi_2). \tag{27}$$

我们仍可假设这些形式 F_k 没有公共的因子. 要证明的是, P^2 中一个点 A 的像簇 V_A 是线连通的.

令点 A 的坐标为 $(1,0,0)$. 仍令 $x_0 = 1$, 并引进非齐次坐标 x_1, x_2. 形式 $F_k(X)$ 在代入 $X_0 = 1$ 后变为非齐次多项式 $F_k(X_1, X_2)$. 我们把它们表为按次数递增的, 分别为 $r, r+1, \cdots$ 的齐次多项式之和:

$$F_k = L_k + M_k + \cdots. \tag{28}$$

为了获得所有的像点, 我们要把所有以 A 为起点的分支 $\mathfrak{z}$ 的级数展开式代入多项式 F_k. 设这样一个分支 $\mathfrak{z}$ 的级数展开由式 (29) 给出:

$$\begin{aligned} X_1(\tau) &= a_1\tau^v + b_1\tau^{v+1} + \cdots, \\ X_2(\tau) &= a_2\tau^v + b_2\tau^{v+1} + \cdots, \end{aligned} \tag{29}$$

其中 a_1 与 a_2 不会同时为零. 比值 $a_2 : a_1$ 决定了分支 $\mathfrak{z}$ 的切线方向.

将 (29) 代入 (28), 则得

$$F_k(X(\tau) = \tau^{rv} L_k(a_1, a_2) + \cdots. \tag{30}$$

能使所有的 $L_k(a_1, a_2)$ 为零的切线方向只能有有限个. 我们称这些方向为 **难度切线方向** (schwierige tangentenrichtungen). 对其他方向来说, 像点就可简单地通过

$$y_k = L_k(a_1, a_2) \tag{31}$$

来给出. 方程 (31) 在像空间中确定了一条有理曲线 R 或一个单独的点 R. 不管是曲线还是这个点都属于像簇 V_A. V_A 所有其他部分都源自难度切线方向.

用 $2(n+1)$ 个独立的未定元 λ_k 及 μ_k 我们可以构造两个 F_k 的线性组合:

$$F_\lambda = \sum \lambda_k F_k, \tag{32}$$

$$F_\mu = \sum \mu_k F_k. \tag{33}$$

由于这些 F_k 没有公因子, 所以 F_λ 与 F_μ 也没有公因子. 因而闭链 F_λ 与 F_μ 在 A 点有一确定的相交重数 m. 如 $m = 0$, 则 F_k 在点 A 不会全为零. 于是点 A 是正则的, V_A 就是一个单独的点, V_A 的线连通性就是平庸的. 因此, 我们设 $m > 0$ 并按 m 作完全归纳. 即对某一确定的 m, 按归纳假设, 设 V_A 为线连通这个结论对所有小于这个 m 的值均成立, 我们要来证明这个结论对 m 也成立.

设在 x 平面上这样来选择坐标系, 使得坐标轴 $x_1 = 0$ 不与难度切线方向重合. 方程

$$x_1 = s_1, \quad x_2 = s_1 s_2 \tag{34}$$

和在 §3 中一样确定一个有理映射 $s \to x$. 映射 $s \to x$ 与前面给出的有理映射 $x \to y$ 的复合就给出一个有理映射 $s \to y$. s 平面上具有未定坐标 s_1, s_2 的点 (S_1, S_2) 在这个映射下对应于点 η, 其坐标为

$$\beta \eta_k = F_k(S_1, S_1 S_2) = \Phi_k(S_1, S s_2). \tag{35}$$

和在 §3 中一样, 可以令

$$\Phi_k(S_1, S_2) = S_1^r \varphi_k(S_1, S_2), \tag{36}$$

其中 φ_k 不会全都能被 S_1^r 除尽. 由 (35) 与 (36) 推得

$$\beta \eta_k = F_k(S_1, S_1 S_2) = s_1^r \varphi_k(S_1, S_2)$$

或再令 $\beta = \gamma S_1^r$ 后有

$$\gamma \eta_k = \varphi_k(S_1, S_2). \tag{37}$$

因此映射 $s \to y$ 就可用多项式 φ_k 来计算. 将 (35) 及 (36) 乘以 λ_k 并对 k 求和, 就得到

$$F_\lambda(S_1, S_1 S_2) = \sum \lambda_k \Phi_k(S_1, S_2) = S_1^r \sum \lambda_k \varphi_k(S_1, S_2)$$

或当将右边的求和结果记为 φ_λ, 则有

$$F_\lambda(S_1, S_1S_2) = S_1^r\varphi_\lambda(S_1, S_2).$$

同样地还有

$$F_\mu(S_1, S_1S_2) = S_1^r\varphi_\mu(S_1, S_2).$$

因而闭链 φ_λ 和 φ_μ 就是闭链 F_λ 与 F_μ 的在 §3 的意义下的约化变换后的结果. 因此, φ_λ 与 φ_μ 在轴 $s_1 = 0$ 上任一点 α 处的相交重数 m' 就小于 F_λ 与 F_μ 在点 AS 处的相交重数 m. 因而依据归纳假设, 点 α 的在映射 $s \to y$ 下的像簇 W_α 就是线连通的.

现在来证明 V_A 的连通性就很容易了. V_A 是那些像点 y 的全体组成的集合, 这些像点是由 x 平面上以 A 为起点的单个分支 $\mathfrak{z}'$ 所提供的. 不带难度切线方向的分支给出的是有理曲线 R 上的点. 而有一确定的难度切线方向的分支 $\mathfrak{z}$ 在逆变换 $x \to s$ 下变为分支 $\mathfrak{z}'$, 这个分支的起点都在轴 $s_1 = 0$ 上的某一点 α. 我们可将在分支 $\mathfrak{z}$ 上应用变换 $x \to y$ 代之以在分支 $\mathfrak{z}'$ 上应用变换 $s \to y$, 结果是完全一样的, 都是那个 y. 因此, 我们由每一分支 $\mathfrak{z}$ 所得到的点 y 也同样形成像簇 W_α. 这样, V_A 就是由有理曲线 R 和由那些属于难度切线方向的有限个线连通簇 W_α 组成的并集.

现在我们来证明, R 与每一个簇 W_α 都有一个公共点. 由此直接推知, V_A 是线连通的.

轴 $s_1 = 0$, 补上一无穷远点, 记为 g. 在映射 $s \to x$ 下, g 的每一点与点 A 处的一个方向 $a_1 : a_2$ 相对应. 而后其又在映射 $x \to y$ 对应于 R 上的一个点. 固此映射将直线 g 映射到曲线 R 上.

令在直线 g 上向一点 α 逼近, 则我们会在映射 $s \to y$ 得到一个极限点 y_α, 它既在 R 中, 又在 W_α 中. 因此 R 与每一 W_α 有一公共点 y_α, 由于 R 与所有 W_α 各自都是线连通的, 所以它们的并集也是线连通的 (见下图).

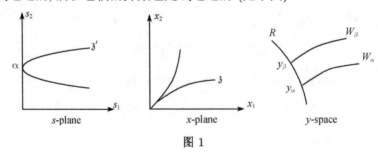

图 1

§5　$U = P^m$ 时线连通性定理的证明

设从 P^m 到 P^n 的一个有理映射由

$$\beta\eta_k = F_k(\xi_0, \cdots, \xi_n) \tag{38}$$

给出. 在 P^m 中的那个点 A 的坐标设为 $(1, 0, \cdots, 0)$. 我们要证明, 像簇 V_A 是线连通的, 就是说, 对 V_A 中的任意两个点 y' 与 y'' 可以用完全在 V_A 中的一连串有理曲线连接起来.

根据 §2, 在 P^m 中存在两条以 A 为起点的分支 $\mathfrak{z}'$ 与 $\mathfrak{z}''$, 它们在映射下所对应的在 P^n 中的分支, 其起始点就是为 y' 与 y''. 在分支 $\mathfrak{z}'$ 的级数展开中, 我们可将全部 $X_i(\tau)$ 均除以 $X_0(\tau)$, 从而将有 $X_0(\tau) = 1$. 我们用 σ 来代替 τ, 用 $x_i{}'$ 代替 X_i, 则对分支 $\mathfrak{z}'$ 我们将得到级数

$$x_i'(\sigma) = a_i\sigma + b_i\sigma^2 + \cdots \quad (i = 1, \cdots, m).$$

根据 §2, 我们可以切断展开的级数而不致改变像点 y', 因此我们可以假定

$$x_i'(\sigma) = a_i\sigma + b_i\sigma^2 + \cdots + e_i\sigma^q. \tag{39}$$

同样地对 $\mathfrak{z}''$ 有

$$x_i''(\tau) = g_i\tau + h_i\tau^2 + \cdots + k_i\tau^r, \tag{40}$$

其中 σ 与 τ 为未定元. 现在我们作和

$$x_i(\sigma, \tau) = x_i'(\sigma) + x_i''(\tau). \tag{41}$$

如果我们用某个域元 s 与 t 替换 σ 与 τ 来代入, 则式 (41) 仍保持有意义, 并由此得到一个将仿射平面 (s, t) 映入空间 P^m 的映射

$$(s, t) \to x.$$

对此映射来说仿射平面上的所有点都是正则的. s 轴 $(t = 0)$ 在此变换下对应于分支 $\mathfrak{z}'$, t 轴对应于分支 $\mathfrak{z}''$.

现在再把映射 $(s, t) \to x$ 和映射 $x \to y$ 复合起来, 则得到一个从仿射平面 (s, t) 到空间 P^n 的映射. 点 $Q(0, 0)$ 在这个映射下的完整的像 W_Q 可以这样来得到, 即先取所有以 Q 为起点的分支 $\mathfrak{z}$, 首先通过映射 $(s, t) \to x$ 映入 P^m, 然后再通过映射 $x \to y$ 映入 P^n, 这样所得分支的起点就是 W_Q. 显然, W_Q 含于 V_A 之中. 当在 s 轴上向 Q 点逼近时, 我们将获得点 y' 作为在 y 空间中的像点. 而当在 t 轴上逼近 Q 时将得到像点 y''. 根据 §4 W_Q 是线连通的, 因而可以在 W_Q 内用一连串的有理曲线将 y' 与 y'' 相互连接起来.

于是我们证明定理 2.

定理 2 在从 $U = P^m$ 到 P^n 的一个有理映射 F, 一点 A 的像簇 V_A 是线连通的.

显然, 当 U 为仿射空间 A^m 时, 证明仍然有效.

§6　在 $U = P^m$ 或 $U = A^m$ 时重数的唯一性

设有一正规问题由下述方程所定义:

$$G_j(x, y) = 0, \tag{42}$$

其中点 x 在一射影空间 $U = P^m$ 或在一仿射空间 $U = A^m$ 中变动. 对此空间中的一个一般点 ξ 这个问题有有限个解 $\eta^{(1)}, \cdots, \eta^{(h)}$. 特殊化 $\xi \to x$ 可以扩展为下述特殊化

$$(\xi, \eta^{(1)}, \cdots, \eta^{(h)}) \to (x, \eta^{(1)}, \cdots, \eta^{(h)}). \tag{43}$$

我们来证明如下定理.

定理 3　如属于点 x 的解 y 的簇 V_x 分解为两个互不相交的部分 M 与 N, 则落在 M 中的特殊化解 $y^{(\nu)}$ 的个数是唯一确定的. 我们将这个数称为 M 的重数.

为了证明我们用未定元 U_i 作下述积:

$$P(U) = \gamma \prod_\nu (U_0 \eta_0^{(\nu)} + \cdots + U_n \eta_n^{(\nu)}), \tag{44}$$

其中 γ 为一任意不为零的常数. 如将坐标 η 规范化 (即当 η_s 为第一个不为零的坐标时, 规定 $\eta_s = 1$), 则 (44) 中右边的积是唯一确定的, 且对 $\eta^{(1)}, \cdots, \eta^{(h)}$ 为对称. 如 $\eta^{(\nu)}$ 在 $k(\xi)$ 上是可分的, 则上述积对 ξ 为有理的. 如 $\eta^{(\nu)}$ 是不可分的, 则积有一第 q 次幂于 ξ 为有理, 这里 $q = p^e$ 为域 k 特征的一个幂.

下面将只对可分的情况进行证明. 在不可分情况下的改动很简单: 只需将所有公式提高一个 p^e 次幂就可以了. 因此我们假定积 $P(U)$ 对 ξ 为有理. 通过适当地选取 γ, 我们甚至可以使得 $P(U)$ 对 ξ 为整有理的.

设形式 (44) 中的系数为 $\zeta_0, \cdots, \zeta_N$. 它是一个闭链 ζ 的坐标, 这个闭链是将点 $\eta^{(1)}, \cdots, \eta^{(h)}$ 各计入一次形成的, ζ_i 也可以理解为在射影空间 P^N 中的一个像点 ζ 的坐标.

比较式 (44) 左右两边幂积的系数就得到

$$\zeta_k = \gamma g_k(\eta^{(1)}, \cdots, \eta^{(h)}). \tag{45}$$

由 (45) 推出

$$\zeta_j g_k(\eta) - \zeta_k g_j(\eta) = 0. \tag{46}$$

反过来由 (46) 可以推出 (45) 和 (44). 因此, 方程 (46) 表示了闭链 ζ 恰好是由点 $\eta^{(1)}, \cdots, \eta^{(h)}$ 形成的.

每一特殊化 (43) 均可扩展为特殊化

$$(\xi, \eta^{(1)}, \cdots, \eta^{(h)}, \zeta) \to (x, y^{(1)}, \cdots, y^{(h)}, z). \tag{47}$$

在此特殊化下式 (46) 仍有效, 因此闭链 z 正好是由点 $y^{(1)}, \cdots, y^{(h)}$ 形成的. 特别地会推出

$$(\xi, \zeta) \to (x, z) \tag{48}$$

为一特殊化. 反之, 每一特殊化 (48) 能扩展成特殊化 (47), 因此每一个通过特殊化 (48) 所得到的点 z 都描述了一个由点 $\eta^{(1)}, \cdots, \eta^{(h)}$ 形成的闭链. 换言之:

寻求所有特殊化 (43) 的问题完全就是寻求式 (48) 所表示的所有特殊化.

我们已知, 乘积 (44) 中的系数, 也就是闭链 ζ 的坐标 ζ_k, 是 ξ_i 的有理函数. 因此存在一个有理映射

$$\beta\zeta_k = F_k(\xi). \tag{49}$$

这个映射的对 (x, z) 正好就是一般点 (ξ, η) 的特殊化. 对给定的 x 寻求其所有特殊化解 $y^{(1)}, \cdots, y^{(h)}$ 的问题就归结为这样的问题: 对给定的点 x, 寻求它在有理映射 (49) 下的全部像点 z. 根据 §5, 这样像点的集合 W_x 为一线连通簇.

定理 3 的前提假设是说, 属于点 x 的解 y 的簇 V_x 可分解为两个互不相交的部分 M 与 N. 假设落入 M 中的点 $y^{(\nu)}$ 的个数不是唯一确定的. 那么就有这样一个特殊化 $y^{(1)}, \cdots, y^{(h)}$, 它只有 r 个点 $y^{(\nu)}$ 落入 M 中, 其余 $n - r$ 个在 N 中, 而在另一个特殊化中至少有 $r + 1$ 个点 $y^{(\nu)}$ 落在 M 中. 我来用下述方程定义 $y^{(1)}, \cdots, y^{(h)}$ 与 z 之间的一个对应 K:

a. 方程 $H_j(x, y^{(1)}, \cdots, y^{(h)}) = 0$ 表示

$$(\xi, \eta^{(1)}, \cdots, \eta^{(h)}) \to (x, y^{(1)}, \cdots, y^{(h)})$$

是一个特殊化. 在这些方程中 x 是固定的, 固而它只是 $y^{(1)}, \cdots, y^{(h)}$ 的方程. 在这些方程下也可能会有方程 (42) 在 $y = y^{(1)}$, 或 $\cdots$, 或 $y = y^{(h)}$ 出现的情况.

b. 类似于 (46) 形成的方程

$$z_j g_k(y^{(1)}, \cdots, y^{(h)}) - z_k g_j(y^{(1)}, \cdots, y^{(h)}) = 0 \tag{50}$$

表示闭链子正好是由点 $y^{(1)}, \cdots, y^{(h)}$ 形成.

对应 K 是由两个互不相交的部分 K_1 与 K_2 合成的. 这里 K_1 是那些点组 $(y^{(1)}, \cdots, y^{(h)}, z)$ 组成, 其中至少有 $r + 1$ 个点 $y^{(\nu)}$ 在 M 中, 而 K_2 则是由那些 $(y^{(1)}, \cdots, y^{(h)}, z)$ 组成, 其中至少有 $n - r$ 个点 $y^{(\nu)}$ 在 N 中. K_1 与 K_2 互不相交这一点是显然的. 我们还要证明的是, K_1 与 K_2 的确是对应, 即它们可以由代数方程来定义.

我们选 $r+1$ 个点的 $y^{(\nu)}$ 一个组合 κ, 并在方程 a 和 b 上再补上一个表明这 $r+1$ 个点是属于 M 的方程. 这样我们对每一组合 κ 就得到一个对应 $K_1^{(\kappa)}$. 这种 $K_1^{(\kappa)}$ 的并合起来就是 K_1. 对 K_2 有类似的结果. 因而我们就实际上将 K 分解为两个互不相交的子对应了.

K, K_1 与 K_2 是在那由点组 $y^{(1)}, \cdots, y^{(h)}$ 形成的 h 重射影空间 $P^{n,n,\cdots,n}$ 与射影空间 P^N 的点子之间的对应. 每一个这种对应在 $P^{n,n,\cdots,n}$ 中有一个原簇 (urvarietät), 而在 P^N 中有一像簇 (bildvarietät). 分别属于 K, K_1 及 K_2 的像簇 W, W_1 及 W_2 是由 P^N 中新有那些 z 所组成, 这些 z 与 $(y^{(1)}, \cdots, y^{(h)})$ 构成的数组 $(y^{(1)}, \cdots, y^{(h)}, z)$ 分别属于 K, K_1 及 K_2. 由于 K 是 K_1 与 K_2 之和, 所以 W 是 W_1 与 W_2 之和. W_1 与 W_2 也是互不相交的. 因为仅由 h 个点构成的闭链 z 不可能包含 M 中的 $r+1$ 个点, 同时又含 N 中的 $h-r$ 个点, 因此 W 就分解为互不相交的 W_1 与 W_2.

另一方面, W 又恰是由我们通过特殊化 (48) 所得的那些点子组成的. 我们在上面已指示过, 即每一个这种特殊化可以扩展成式 (47) 的特殊化. 因而 W 就正是不久前我们用 W_x 来表示的, 在有理映射 (49) 下点 x 的像簇. 但这个簇是连通的, 因而不可能分解为互不相交的 W_1 与 W_2.

定理 3 由此得证.

如果将 V_x 分解为极大的连通的部分 $M_1, \cdots, M_t$, 则每一个这种部分 M_i 根据定理 3 均有一确定的重数 μ_i. 这些重数之和应等于在一般情形下解的个数, 即

$$h = \mu_1 + \cdots + \mu_t.$$

这个命题叫做 "个数守恒原理".

我们由定理 3 可以得它的一个特例.

定理 4　一个孤立解 y 的重数是唯一的.

如果特别地有这样一个正规问题, 研究一 d 维不可约簇 V 与 d 个超平面的相交, 这 d 个超平面可理解为一般超平面的特殊化, 则根据定理 4 将有, 每一孤立的交点 y 具有一唯一确定的重数. 如给定一点 A, 则我们可通过 A 作 d 个最一般的超平面, 并使之与 U 相交. 那么如果交点 A 的重数等于一, 则称 A 为 V 的一个简单点.

§7　相 交 重 数

两个不可约簇 V^r 及 V^{n-r} 在一不可约簇 W^n 上有一孤立的交点 A, 这个 A 是 W^n 的一个简单点, 则我可以按照 Severi 和 van der Waerden[8] 或者按 Weil[2] 来定义 A 的作为 V^r 与 V^{n-r} 的交点的重数. 第一个定义原先只是对这种情况, 即

V^r 与 V^{n-r} 只有有限个交点的情况, 但在 §6 所阐述的特殊化重数的一般概念的基础上, 我们可以直接将这个定义延伸到孤立交点的情况. Weil 的定义在一开始就是对孤立交点的一般性来处理的.

Severi 与 van der Waerden 的定义是分两步走的. 首先假定 V^r 与 V^{n-r} 是位于射影空间 P^n 中的. 然而通过一个带不定系数 τ_{ik} 的射影变换把 V^r 带到相对 V^{n-r} 的一般位置. 如果 V^r 方程为

$$F_\nu(x_0, \cdots, x_n) = 0,$$

则变换后的簇 $(V^r)^T$ 的方程为

$$F_\nu\left(\sum \tau_{ik} x_k\right) = 0.$$

这个簇与 V^{n-r} 交于有限多个点. 如将矩阵 $T = (\tau_{ik})$ 特殊化为单位矩阵, 则孤立交点 P 将有一确定的重数. 这个数就被定义交点 A 的相交重数.

第二, 设 V^r 与 V^{n-r} 是 W^n 上的簇, 这里 W^n 是嵌入射影空间 P^N 中的. 我们用直线将 V^r 中的点与 P^N 中的一个一般性子空间 L^{N-n-1} 中的点连起来, 由此获得一个投影锥 K^{N+r-n}. 我们把作为 K^{N+r-n} 与 V^{n-r} 的交点 P 的重数定义为 V^r 与 V^{n-r} 的交点 A 的重数.

Weil 的定义也分成两步. 首先定义 V^r 与仿射空间 A^m 中一个线性子空间 L^{n-r} 的孤立交点的重数, 这里他把 L^{n-r} 理解为一个一般性子空间的特殊化. 第二, 如果现在给了 V^r 与 V^{n-r} 在 W^n 中的一个孤立交点 A, 这里 W^n 位于仿射空间 A^N 中, 且 A 为 W^n 的一个简单点, 则 Weil 作 $A^N \times A^N$ 中的积 $V^r \times V^{n-r}$. 点 $A \times A$ 是 $V^r \times V^{n-r}$ 与 $A^N \times A^N$ 的对角线 $\triangle$ 的孤立交点. 这条对角线是在 $A^N \times A^N$ 中的一个线性空间, 由下述方程给出:

$$X_k - X_k' = 0 \quad (k = 1, \cdots, N).$$

Weil 用这 N 个方程构造了 n 个线性组合式

$$F_i(X - X') = 0 \quad (i = 1, \cdots, n), \tag{51}$$

其中线性形式 F_i 这样来选择, 使得由方程 $F_i(X - P) = 0$ 所定义的 A^N 的线性子空间 L^{N-n} 与 W^n 在 A 点的切空间只有一个公共点 Weil 把这样一组 n 个线性形式 F_i 称为 "U^n 在 A 处的单值化线性形式组". 如果线性形式是这样选择的, 方程 (51) 就定义了 $A^N \times A^N$ 中的这样一个线性子空间, 它与 $V^r \times V^{n-r}$ 有孤立交点 $A \times A$. 这个交点的重数就被定义为作为 V^r 与 V^{n-r} 的交点 A 的重数.

Leung[4] 证明了 Severi 与 van der Waerden 的定义与 Weil 的定义是等价的.

Chevalley[9] 给出过相交重数的另一个定义. Samuel[10] 证明了 Chevalley 的定义与 Weil 的定义是等价的.

§8　任意簇 U 上简单点的线连通性定理

通过投影我们可以将 U 上简单点 x 的线连通性定理归结为 $U = P^m$ 这一特殊情况. 方法就是和我早先在论文[11] 中用来证明特殊化重数的唯一性所采用的方法一样的.

设点 x 齐次坐标为

$$x_0 = 1, \quad x_i = 0, \quad \cdots, \quad x_N = 0.$$

对 U 的一个一般点有 $\xi_0 \neq 0$; 因而可以令 $\xi_0 = 1$, 并引入非齐次坐标 $\xi_1, \cdots, \xi_N$. 设有一有理映射 $U \to V$ 由式 (52) 给出:

$$\beta\eta_k = F_k(\xi_1, \cdots, \xi_N). \tag{52}$$

我们要来证明的是: 简单点 x 的像簇 V_x 是线连通的.

设基域 k 是完全的, 添加 N^2 个未定元 u_{ik} 我们就得到一个新的基域

$$K = k(u_{ik}).$$

通过线性变换

$$\xi_i^* = \sum u_{ik}\xi_k$$

可做到使 $\xi_1^*, \cdots, \xi_m^*$ 为 K 上的代数无关量, 而所有的 ξ_i^* 都是 $\xi_1^*, \cdots, \xi_m^*$ 的可分函数. 对这点的证明可参见文献 [12] §6. 现在我们将整个仿射空间 A^N 及特别是簇 U 投影到由头 m 个坐标轴所张成的子空间 A^m 上去, 即我们保持 m 个坐标不变:

$$\tau_1 = \xi_1^*, \quad \cdots, \quad \tau_m = \xi_m^*,$$

把其余的 ξ_i^* 定为零, 或者干脆舍去不论更好. 因此这个投影就由式 (53) 来规定

$$\tau_i = \sum_1^N u_{ik}\xi_k \quad (i = 1, \cdots, m). \tag{53}$$

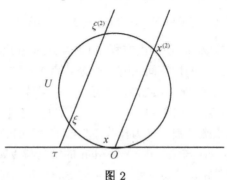

图 2

这些 τ_i 在 K 上是代数无关的, 因此也可以理解为独立的未定元. ξ_k 是 ξ_i^* 的线性函数, 因而是 $\tau_1, \cdots, \tau_m$ 的可分代数函数.

现在我们来由给定的 τ 寻求 U 的那样一些点 X, 它们在投影下得出同一个点 τ. 它们必须满足 U 的方程, 此外还要满足线性方程

$$\sum u_{ik} X_k = \tau_i \tag{54}$$

或写成齐次形式

$$\sum u_{ik} X_k - \tau_i X_0 = 0. \tag{55}$$

在 U 上又满足 (55) 的无穷远点不存在, 这是因为 U 与无穷远超平面 X_0 的 $(m-1)$ 维交集与那 m 个一般超平面 $\sum u_{ik} X_k = 0$ 没有公共点. 因此, 在 (55) 中我们又令 $X_0 = 1$, 并回到非齐次方程 (54).

方程 (54) 在 U 中的每一个解在 K 上最大的超越次数为 m, 因为根据式 (54), 在域 $K(X)$ 上有 m 个独立域元 $\tau_1, \cdots, \tau_m$. 因此 X 是 U 在 K 上的一般点. 因而, 对每一点 X 有一个 K 上的同构, 它把 ξ 变为 X. 由于式 (53) 及式 (54), 这个同构保持 τ_i 不变, 因此 ξ 与 X 在 $K(\tau)$ 上共轭. 因此只有有限多个 X 点, 即与 ξ 共轭的点

$$\xi = \xi^{(1)}, \xi^{(2)}, \cdots, \xi^{(g)}.$$

个数 g 为 U 的次数: U 与由 (55) 所表示的 m 个一般超平面的交点的个数. $\xi^{(1)}, \cdots, \xi^{(g)}$ 的对称函数全部对 τ_i 都是有理的.

点 $\xi = \xi^{(1)}, \xi^{(2)}, \cdots, \xi^{(g)}$ 在映射 (52) 下有确定的像点 $\eta = \eta^{(1)}, \cdots, \eta^{(g)}$. $\eta^{(1)}, \cdots, \eta^{(g)}$ 的全部对称函数, 特别是由这些点所形成的闭链 ζ 的坐标 ζ_k, 都是 $\tau_1, \cdots, \tau_m$ 的有理函数:

$$\gamma \zeta_k = G_k(\tau_1, \cdots, \tau_m). \tag{56}$$

为了得到简单点 $x = (0, \cdots, 0)$ 在映射 (52) 下的所有像点, 就得用所有可能的方式将特殊化 $\xi \to x$ 扩展为特殊化

$$(\xi, \eta) \to (x, y). \tag{57}$$

通过 (53) 所定义的 τ_i 在特殊化 $\xi \to x$ 下自然地变为零. 因而我们可以只这样来作特殊化的扩展

$$(\tau, \xi, \eta) \to (O, x, y). \tag{58}$$

式 (58) 中 O 为 τ 空间中坐标为零的点.

于是我们可将 (58) 扩展为

$$(\tau, \xi, \xi^{(2)}, \cdots, \xi^{(g)}; \eta, \eta^{(2)}, \cdots, \eta^{(g)}, \zeta) \to (0, x, x^{(2)}, \cdots, x^{(g)}; y, y^{(2)}, \cdots, y^{(g)}, z). \tag{59}$$

这个表示闭链 ζ 是由点 $\eta = \eta^{(1)}, \cdots, \eta^{(g)}$ 组成的方程, 在特殊化下保持不变, 因而闭链 z 就是由点 $y = y^{(1)}, \cdots, y^{(g)}$ 组成. 点 $\eta^{(\nu)}$ 是 $\xi^{(\nu)}$ 在映射 (52) 下的像点, 因此 $y^{(\nu)}$ 就是 $x^{(\nu)}$ 在同一映射下的像点. 此外, ξ 是 τ 在映射 (56) 下的像点, 因而 z 也就是 O 在同样这个映射下的像点. 点 $x^{(1)}, \cdots, x^{(g)}$ 由 $\xi^{(1)}, \cdots, \xi^{(g)}$ 通过特殊化生成, 因此它们就是 U 与下述线性空间

$$\sum u_{ik} X_k = 0 \tag{60}$$

的交点, 并具有那些该有的特殊化重数. 由于 x 是 U 的一个简单点, x 在交点 $x^{(1)}, \cdots, x^{(g)}$ 中只出现一次, 即 $x^{(2)}, \cdots, x^{(g)}$ 都与 $x^{(1)} = x$ 不同. 于是我们可以说:

点 $x^{(2)}, \cdots, x^{(g)}$ 对映射为 (52) 正则的.

证明　U 上的非正则的点形成的子簇其维数最高为 $m-1$. 依次将它与通过 x 的 m 个超平面 (60) 相交, 式 (60) 中的系数 u_{ik} 是独立的未定元, 则在头 $m-1$ 步中其维数每一次都要减 1. 经 $m-1$ 步后, 我们就得到有限多个交点 $x, x', x'', \cdots$, 我们再加上第 m 个超平面, 则只会剩下点 x 了. 因而不同于 x 的那些点 $x^{(2)}, \cdots, x^{(g)}$ 就是正则的, 它们的像点 $y^{(2)}, \cdots, y^{(g)}$ 是唯一确定的. 只有 y 这一个像点可以变动, 而且它正好遍历了点 x 的像簇 V_x. 由此直接得:

对的 V_x 每一个点 y 有一确定的闭链

$$z = y + y^{(2)} + \cdots + y^{(g)} \tag{61}$$

使得所属点 z 位于点 O 在有理映射 (56) 下的像簇 W_O 中.

但是其逆也成立:

对每一 W_O 的点有一所属的闭链 z, 它恰好具有 (61) 的形式, 其中 y 位于 V_x 中.

证明　每一特殊化 $(\xi, \eta) \to (O, z)$ 可扩展成特殊化 (59). 在这一特殊化中可以不用 $\xi = \xi^{(1)}$, 而是将另一个 $\xi^{(\nu)}$ 特殊化成 x. 但由于所有的 $\xi^{(\nu)}$ 都与 ξ 共轭, 我们可以通过域 $K(\xi^{(1)}, \cdots, \xi^{(n)})$ 的一个自同构, 将 $\xi^{(\nu)}$ 变为 ξ, 从而达到将 ξ 特殊化为 x, 而将其余的 $\xi^{(\nu)}$ 特殊化 $x^{(2)}, \cdots, x^{(g)}$ 的一任意序列. 这样, $\eta^{(2)}, \cdots, \eta^{(g)}$ 也就特殊化到唯一确定的点 $y^{(2)}, \cdots, y^{(g)}$, 而闭链 z 具有形式 (61).

用 (61) 也可定义 V_x 与 W_O 间的一个一一映射: V_x 中每一 y 对应 W_O 中一个 z, 反之亦然.

这个映射是一射影变换.

证 根据 §6, 闭链 z 的坐标 z_i 为下述积的系数:

$$P(U) = \gamma \left(\sum U_k y_k \right) \cdot \prod_{2}^{g} \left(\sum U_k y_k^{(\nu)} \right).$$

因此 z_i 就是 y_k 得线性齐次系数. 于是映射 $y \to z$ 是一个射影变换.

W_O 是线连通的, 因此 V_x 也是线连通的, 所述由此得证.

参 考 文 献

[1] VAN DER WAERDEN B L . Der multiplizitätsbegriff der algebraischen geometrie. Math. Ann, 1927, **97**: 756.

[2] WEIL A. Foundations of algebraic geometry. Amer. Math. Soc. Colloquium publications, 1962, 29.

[3] NORTHCOTT D. Specializations over a local domain. Proc. London Math. Soc., 1951, **1**(3).

[4] LEUNG K-T. Die Multiplizitäten in der algebraischen Geometrie. Math. Ann., 1958, **135**: 170.

[5] ZARISKI O. Theory and applications of holomorphic functions on algebraic varieties. Memoirs Amer. Math. Soc., 1951, **5**.

[6] CHOW W-L. On the connectedness theorem in algebraic geometry. Amer. J. of Math., 1959, **81**: 1033.

[7] VAN DER WAERDEN B L. Infinitely near points. Proceedings Akad. Amsterdam, 1950, **53**: 401.

[8] VAN DER WAERDEN B L . Zur algebraischen Geometrie 14. Math. Ann., 1938, **115**: 621.

[9] CHEVALLEY C. Intersection of algebraic and algebroid varieties. Trans. Amer. Math. Soc., 1945, **57**: 1.

[10] SAMUEL P. La notion de multiplicité. Jornal de Math., 1951, **30**: 159.

[11] VAN DER WAERDEN B L . Zur algebraischen Geometrie 6, §3. Math. Ann., 1928, **99**: 497.

[12] VAN DER WAERDEN B L . Verallgemeinerung des Bézoutschen Theorems. Math. Ann., 1928, **99**: 497.

附录 2　代数几何学基础: 从 Severi 到 André Weil

从 Max Noether 到 Severi

代数几何是由 Max Noether 所创始的. 以 Corrado Segre、Castelnuovo、Enriques 以及 Severi 等为领军人物的意大利学派营造了一座令人赞叹的大厦, 但是它的逻辑基础并不牢固. 概念定义得不够好, 证明也不充分. 然而, 正如 Bernard Shaw [①] 所讲: "在它里面有个奥林匹克的光环, 它一定是真的, 因为它是精美艺术."

Severi 论个数守恒的论文

1912 年, Francesco Severi 在 "论个数守恒原理"[1] 一文中向建立代数几何的巩固基础迈出了第一步. Severi 研究的是两个簇 U 与 V 之间的对应, 即由齐次方程 $H(x, y) = 0$ 所定义的点对 (x, y) 的集合, 其中 x 位于 U 内, y 位于 V 内. 他假定 U 是不可约的, 并设对 U 的一个一般点 ξ, V 中与之对应的点 $\eta^{(1)}, \cdots, \eta^{(h)}$ 为有限个. 当 ξ 趋向 x 时, 各点 $\eta^{(\nu)}$ $(\nu = 1, 2, \cdots, h)$ 分别趋向极限点 $y^{(1)}, \cdots, y^{(h)}$. 如 $\eta^{(\nu)}$ $(\nu = 1, 2, \cdots, h)$ 中有 μ 个点趋于同一极限点 y, 就说这个极限点的重数 (multiplicity) 为 μ, 在假设方程 $H(x, y) = 0$ 对一给定点 x 的解的数目为有限的条件下, Severi 表述了以下的结论: 第一, 重数是唯一确定的; 当他叙述这个结论时, 他并未证明它. 第二, 如所给对应是不可约的, 则方程 $H(x, y) = 0$ 的每个解 y 至少在 $y^{(\nu)}$ 中出现一次. 最后, 对于一给定点 x, 所有解 y 的重数之和等于对一一般点 ξ 的方程组 $H(\xi, \eta) = 0$ 的解的个数. 这就是个数守恒原理, Schubert[2] 最早给出了这个原理的粗浅形式. Kohn[3] 及 Rohn[4] 给出了对 Shubert 的原始表述的反例. Kohn 的反例导致 Severi 引进了 "对应为不可约" 的条件.

Severi 在他稍后的一篇文章 [29] 中承认, 他最初确认重数为唯一的那个论断还需要补充一个假设: x 为 U 的一个单点. 如果作了这个假设, Severi 的三个论断的确都是对的, 但在 Severi 撰写他较早一篇论文的 1912 年, 为证明这些结论所需的代数工具还不具备. 不管怎么说, Severi 是给出 "重数" 的严密定义并确切地表述了相关结论的第一人.

---

① Bernard Shaw (1856—1950), 英国著名文学家、剧作家, 1925 年诺贝尔文学奖获得者, 在中文文献中常译为 "肖伯纳".—— 译者注

代数工具: 从 Dedekind 到 Emmy Noether

为奠定代数几何的严格基础的代数工具有理想论、消元法理论和域论. 发展这些理论的有 Dedekind 学派, Kronecker 学派和 Hilbert 学派. 早在 1882 年, Dedekind 与 Weber[5] 发表了一篇极为重要的文章, 他们在该文中将 Dedekind 的理想理论应用到代数函数域上. Kronecker 及其学派发展了消元法理论[6]. Mertens[14] 及 Hurwitz[7] 则研究了结式系. 在多项式理想论上最重要的工作则由 Lasker[8] 与 Macaulay[9] 所完成, Lasker 是一个著名的象棋冠军, 他是从 Hilbert 那里得知这个问题的, 而 Macaulay 则是住在英国剑桥附近的一位中学教师, 在我于 1933 年访问剑桥时, 他还几乎不被剑桥的数学家们所知. 我估计 Macaulay 工作的重要性只是在 Göttingen 才得到了人们的认识. 最后, 我还必须提到 Steinitz 于 1910 年发表的有着基本重要性的论文: "体的代数理论"[10].

我于 1924 年来到 Göttingen, 当我把我在推广 Max Noether 的 "基本定理" 方面所作的工作给 Emmy Noether 看时, 她说: "你所得的结果都是对的, 但 Lasker 与 Macaulay 得到了普遍得多的结果." 她让我去研读 Steinitz 的论文和 Macaulay 论多项式理想的小册子, 并且送给我她在理想论方面所写的几篇文章[11] 以及论及 Hentzelt 消元法理论[12] 的文章.

一 般 点

于是, 在用现代代数的有力工具武装起来之后, 我重新回到我想做的主要问题: 为代数几何构建一个巩固的基础. 我寻思: 意大利的几何学家们所谓的簇上的一个一般点, 三维空间中一个一般平面等是什么意思? 显然, 一个一般点不应有某些不该有的性质. 例如, 一个一般平面不会与一给定的曲线相切, 也不会通过一给定的点, 等等. 我设问: 在一给定的簇 U 上是否可以找到一个这样的点 ξ, 除了拥有对 U 的所有的点都有的性质外, 再无别的特殊性质? 自然, 我只限于可以用代数方程来表述的代数性质.

如 U 是全空间, 则很容易构造出这样的点 ξ. 我们只要取未定元作 ξ 的坐标就可以了. 如一个其系数是基域中的元素的方程 $f(X) = 0$ 对未定元 $X_1, \cdots, X_m$ 成立, 则它对所有的特殊值 x' 也成立. 下面我们令 U 为任一不可约簇. 这时在 U 上我们能否找到这样一个下述意义下的 "一般的" 点 ξ: 如果一有常系数的方程 $F = 0$ 对 ξ 成立, 则它就对 U 的所有点均成立? Emmy Noether 论 Hentzelt 的消元法理论的论文[11] 给我指出了方向. 为了理解这篇文章的基本思想, 我们必须回到 Kronecker 的消元法理论.

    Kronecker 发展了用逐次消元来求代数方程组的全部解的一个方法[6]. 他用这个方法证明了: 第一, 每一簇都是一些不可约簇的并集; 第二, 在经过一个适当的线性变换后, 一个 d 维不可约簇 U 的全部点的坐标可如下得到, 前 d 个坐标 $x_1, \cdots, x_d$ 是任意的, 而其他的坐标是前 d 个坐标的代数函数.

    Noether 的一个学生 Hentzelt 死于第一次世界大战, 他发展了一套更为完善的消元法. Noether[12] 用这个方法重新得到了 Kronecker 的这些结果. 她不仅得到了 Hentzelt 的结果, 还补充了自己的一些新想法. 这些想法中有一个是将坐标 $x_1, \cdots, x_d$ 换成未定元 $\xi_1, \cdots, \xi_d$, 而将其他的 ξ_i 作为这些未定元在一代数扩张域 $k(\xi)$ 中的代数函数. 她把这个域称为属于该簇的素理想 $\mathfrak{p}$ 的零点体.

    在我研读 Noether 论文的过程中, 我发现坐标为 $\xi_1, \cdots, \xi_m$ 的点 ξ 恰好就是我要寻求的一般点, 我还发现 Noether 的零点体与剩余类环 $\mathfrak{o}/\mathfrak{p}$ 的商域同构, 其中 $\mathfrak{o}$ 为多项式环 $k[X]$. 因此不必采用 Hentzelt 的消元法; 我们可以从任一素理想 $\mathfrak{p} \neq \mathfrak{o}$ 出发, 构造剩余类环 $\mathfrak{o}/\mathfrak{p}$ 及其商域 $k(\xi)$, 从而求得簇 $\mathfrak{p}$ 的一个一般点 ξ.

    在这个简单想法的基础上我写了一篇论文[13], 并送给 Noether 看, 她立即为《数学年鉴》(*Mathematische Annalen*) 采纳了它, 而并未告诉我, 正好在我来 Göttingen 之前, 她已在一课程的教学中提出过相同的思想. 这是我后来从 Grell 那里听说的, 他曾经参加这个课程.

特 殊 化

    我研究的第二个问题是重数的定义. 我们来回顾一下 Severi 的做法, 他考虑 U 与 V 之间由下述齐次方程组

$$H(x, y) = 0 \tag{1}$$

所定义的对应. 他作了以下假定:

    a. U 是不可约的.

    b. 如 ξ 为 U 的一个一般点, 则方程组

$$H(\xi, \eta) = 0 \tag{2}$$

有有限个解 $\eta^{(1)}, \cdots, \eta^{(h)}$.

    c. 对一给定点 x, 方程组 a 有有限个解.

    接着, Severi 由下述极限过程

$$(\xi, \eta^{(1)}, \cdots, \eta^{(h)}) \to (x, y^{(1)}, \cdots, y^{(h)}) \tag{3}$$

来构造特殊化的解 $y^{(1)}, \cdots, y^{(h)}$.

如基域 k 是一个无拓扑结构的域, 则上述极限过程就无意义. 于是我引进如下的特殊化的概念, 或像我当初那样称之为保持关系不变的特殊化. 如所有齐次方程 $F(\xi, \eta^{(1)}, \cdots) = 0$ 对 $(x, y^{(1)}, \cdots)$ 均保持成立, 就把 $(x, y^{(1)}, \cdots)$ 叫做 $(\xi, \eta^{(1)}, \cdots)$ 的一个特殊化.

接下来我必须证明在适当的条件下特殊化 c 的存在性与唯一性. 我用消元法理论做到了这一点.

特殊化扩张的存在性

Mertens 已经对任一齐次方程组 $F_j(y) = 0$ 构造了一组结式 $R_1, \cdots, R_s$, 它们只依赖于形式 F_i 的系数, 使得方程组有非零解的充要条件是: 所有的结式均为零. 我在 1926 年送交给阿姆斯特丹科学院的一篇论文[15] 中, 以 Hilbert 零点定理为基础, 给出了一个较简单的证明.

不论是用 Mertens 的结式, 还是我的证明, 都很容易看出, 每个特殊化 $\xi \to x$ 都可以扩张成一个特殊化

$$(\xi, \eta^{(1)}, \cdots, \eta^{(h)}) \to (x, y^{(1)}, \cdots, y^{(h)}).$$

稍后, Chevalley 在不用消元法理论的情况下证明了扩张特殊化的可能性. André Weil 把 Chevalley 的证明写进了他的书中[16], 表述了这个办法 "终究会把消元法理论的最后的痕迹清除出代数几何" 这样的愿望. 显然, Weil 和 Chevalley 都不喜欢消元法理论.

特殊化重数的唯一性

更困难的是证明特殊化 c 的唯一性. 我在一篇发表于 1927 年的文章 "代数几何的重数概念"[17] 中作了以下假设:

第 1, 坐标 $\xi_1, \cdots, \xi_m$ 为独立变量.

第 2, 假设方程 a 对一给定的点 x 只有有限个解.

从这些假设出发, 我证明了特殊化解 $y^{(1)}, \cdots, y^{(h)}$ 除了它们的顺序外是唯一确定的. 因此, 任一解 y 的重数 μ 可定义为它在系列 $y^{(v)}$ 中出现的次数. 显然, 所有解 y 的重数之和等于 h. 这就是个数守恒原理. 此外, 如对应 b 是不可约的, 则特殊化问题 a 的每个解至少在 $y^{(\nu)}$ 中出现一次. 这样, Severi 在 1912 年的论文[1] 中讲的所有论断在适当的假设下于 1927 年就被严格证明了.

在我稍后的一篇文章[18] 中, 我把诸 ξ_i 为独立变量的假设 (这意味簇 U 为整个仿射空间或整个射影空间) 换成了一个较弱的假设, 即假设 x 为 U 的一个单点.

后面我们会知道, André Weil 把我的第 2 个假设, 就是特殊化问题 a 解的个数为有限的假设, 换成一个较弱的假设, 即认为有一个解 y 是孤立的. Northcott[19] 和 Leung[20] 更进一步削弱了这些假设.

相 交 重 数

接下来我要研究的问题是定义相交重数, 并推广有关两条平面曲线交点个数的 Bézout 定理.

超曲面的相交

P^n 中 n 个形式或超曲面的相交这个问题非常简单. 这时的重数可定义为这些形式的 u 结式的因子分解中的指数, 这里 u 结式就是指这 n 个形式加上一个一般的线性形式 $\sum u_k y_k$ 的结式. 所有这些在我的论文 "重数概念"[17] 的 §7 中用 1~2 页的篇幅做了解释.

一曲线与一超曲面的相交

接下来研究一不可约曲线 C 与一形式 F 的相交 (一超曲面, 即 $n-1$ 维的闭链, 将被称之为形式 F). 我们如何来定义交点的重数呢?

这个问题可以用几种方法解决. 第一个办法, 可以用代数函数的经典理论. C 上的变点 ξ 的齐次坐标之比 ξ_i/ξ_0 是一个复变量 z 的代数函数, 它们在 Riemann 曲面上是单值的. 对闭 Riemann 曲面上的每一点都有曲线 C 上的一点与之对应. 反之, 对曲线上的每一点, Riemann 曲面上也至少有一点与之对应. 考虑有理函数

$$F(\xi_0, \cdots, \xi_n)/L(\xi)^g,$$

这里 L 为一个一般的线性形式, g 为 F 的次数. 这个亚纯函数的极点对应于 L 和 C 的交点, 每一极点的阶为 g. 零点对应于 F 和 C 的交点. 现在定义任一交点的重数为 Riemann 曲面上相应零点的阶数之和. 所有零点的阶数的和等于所有极点阶数的和, 因而 C 与 F 的交点的重数之和等于 C 与 F 的次数之积. 这推广了 Bezout 定理. 这个定义及证明的思想可以在法国几何学家 Halphen 的文章中找到.

这个证明方法对任意基域照样有效, 因为我们可以用 Dedekind 和 Weber[5] 的算术理论来代替经典的函数论.

下述第 2 种定义甚至更简单些, 这个定义曾被系统地用于我从 1933 年开始发表的一系列论文 "论代数几何"[21]. 取一具有未定元系数的一般形式 F^* 的一个特

殊化形式 F, F^* 与曲线 C 相交于点 $\eta^{(1)}, \cdots, \eta^{(h)}$. 特殊化 $F^* \to F$ 可扩张为特殊化

$$(F^*, \eta^{(1)}, \cdots, \eta^{(h)}) \to (F, y^{(1)}, \cdots, y^{(h)}).$$

$y^{(\nu)}$ 为 F 与 C 的交点, 它们的重数可以定义为它们的特殊化的重数.

多项式理想的理论提供了第 3 种可能. 引进非齐次坐标. 令 $\mathfrak{p}$ 为属于曲线的素理想. 理想 $(F, \mathfrak{p})$ 是那些零维准素理想 $\mathfrak{q}$ 的交集, 这里 $\mathfrak{q}$ 对应于 F 与 C 的交集中的单点. 对每一 $\mathfrak{q}$, 剩余类环 $\mathfrak{o}/\mathfrak{q}$ 的秩为有限. 这个秩可以用交点的重数来定义.

这 3 个定义是等价的. 其证明, 可参见 Leung 的论文[20].

P^n 中两个簇的交

讨论射影空间 P^n 中两个维数分别为任意值 r 与 s 的簇 A 与 B 的相交就比较困难了. r 与 s 为任意的一般情形可以归结到 $r + s = n$ 的情形, 因此我们将假设 A 与 B 是 P^n 中维数分别为 d 及 $n - d$ 的簇, 譬如, 四维空间中的两个曲面, 它们相交于有限个点.

Lefschetz 的拓扑定义

Lefschetz[22] 在 1924 年对复基域给出了相交重数的一个拓扑定义. 他把曲面 A 和 B 看成为复射影空间 P^4 中的四维闭链. P^4 是一个八维的可定向流形. 它本身以及闭链 A 和 B 可以一种不变的典型方式来定向. 如 y 为一交点, 而且如果簇有单点, 且在 y 处无公共切线, 则它们的由单纯逼近所定义的拓扑相交重数总是等于 $+1$. 一般的情况下可能有公共切线, 我证明了这时的拓扑相交重数, 或孤立的交点的指数, 总是正的. 如果将相交重数定义为这个指数, 就可以建立一个令人完全满意的理论[23], 而 Schubert 的 "计数几何演算"[2] 就被证明是完全正确的.

射影变换的应用

当基域为任意时, 这个方法无效. 因此, 我在 1928 年提出[24], 将一系数为未定元的射影变换 T 作用于 A 与 B 中的一个, 从而将它们的相对位置变成是一般的, 变换后的簇 TA 与 B 相交于有限个点. 如将 T 特殊化为恒等变换, 则 TA 与 B 的交点就特殊化为 A 与 B 的交点. 如 A 与 B 相交于有限个点, 且其中每一交点有某个一定的特殊化重数, 不妨把这个特殊化重数定义为相交重数. 在复域的情形, 这个定义与 Lefschetz 的定义等价. 利用一位荷兰几何学家 Schaake 提出的方法, 我证明了推广了的 Bezout 定理.

我在 1928 年的论文中的证明非常复杂, 但在稍后的一篇论文[25] 中基于相同的想法, 我给出了一个简单的证明.

簇 U 上的 A 与 B: Severi 的定义

我在 1932 年的苏黎世国际数学家会议上见到了 Severi, 我问他能否对两个簇 A 与 B 的交点的重数给出一个好的代数定义, 这两个簇是一个维数为 n 的簇 U 上维数分别为 d 及 $n-d$ 的簇, 在 U 上要考虑的点是单点. 第二天他给我作了答复, 并且把它发表在 1933 年的 Hamburger Abhendlungen 上[26]. 他给出了几个等价的定义; 下面我对于三维空间中一块曲面 U 上的两条交于 U 上一单点 y 的曲线 A 和 B 这一情形来解说其中的一个.

令 S 为三维空间中的一个一般点. 连接 S 与 A 就得到一个锥面 K. 点 y, 作为曲线 B 与锥面 K 的交点, 有一个一定的重数 μ. 我们就把这个重数定义为 y 作为 U 上的 A 与 B 的交点时的重数.

这个定义可以容易地被推广到一个 n 维簇 U 上两个任意维数 r 与 s 的簇 A 与 B 的交集上去. 如 $r+s$ 大于 n, 则交集的正常维数为 $r+s-n$. 如交集的一个分支 C 的维数恰好为这个数, 那末它就叫做真分支 (proper component). 如所有的分支都是真的, 每一个都有 Severi 所定义的重数, 我们就可将这些分支 C 的以其重数 μ 为权的形式和, 定义为一个相交闭链 $A \cdot B$:

$$A \cdot B = \sum \mu C.$$

闭链及其坐标

在解说 Severi 的成果中, 我使用了闭链和相交闭链这样的术语, 相交闭链定义为不可约分支 C 乘以整数 μ 的形式和.

自然, Severi 的论文中并没有这些术语. 在 Severi 的论文中 (在我的论文中也一样), 同一个词 "簇 (variety)" 被用于两个不同的概念:

(1) 在仿射或射影空间中由代数方程所确定一个点集,

(2) 维数同为 d 的一些不约簇 C 乘以整系数 μ 的形式和.

在本文中, 词 "簇" 仅在第一种意义下被使用, 而 (2) 中的形式和, 按 Weil [16], 被称为闭链.

如系数 μ 为任意整数, 则该闭链就叫做虚闭链. 任一维数 d 的全体虚闭链形成一加法群, 它的自由生成元是不可约簇. 如整数 μ 为非负数, 则就得到正闭链. 以下我们只讨论正闭链.

闭链的簇, 如线汇和线丛、圆锥曲线的簇, 等等, 在 19 世纪就已成了研究的对象. 三维空间的直线簇就是用一组用 Plücker 坐标表示的齐次方程来定义的, 而圆锥曲线的一个线性系统就是用圆锥曲线的系数所满足的线性方程组来定义的.

Castelnuovo 在他的一篇经典论文[27] 中研究了平面曲线的线性系及其双有理变换. 该理论出 Castelnuovo、Enriques, 以及 Severi 推广到一曲面 V^2 上的 C^1 曲线组成的线性系, 以及一个簇 V^r 上 C^{r-1} 闭链的线性系. Zariski[28] 给出了这些经典理论的一个极佳的阐释.

1903 年, Severi[29] 开创了对于一个曲面上非线性曲线系上的推广; Zariski 在他的报告[28] 的第 V 章中讲述了这个理论.

通过考虑一个 C^r 簇上的 C^d 闭链的有理系和代数系, 1932 年 Severi[29] 开辟了一个新的研究领域. Severi 的 3 卷书[30] 中给出了这个理论的一个完全的阐释.

在所有这些理论中都缺少对 "闭链的簇" 这个概念的正确定义. 是 Chow(周炜良) 和 van der Waerden 在 1936 年[31] 中第一次给出了正确定义. 我们的想法是, 对每一 C^d 闭链, 令以 $u^{(0)}, u^{(1)}, \cdots, u^{(d)}$ 为其元的形式 $F(u)$ 之对应, 这个形式叫做这个闭链的相伴形式 (或叫做 Cayley 形式), 并用这个形式的系数作为该闭链的坐标 (Chow 坐标). 于是闭链的簇就用这些坐标的齐次方程来定义. 在我们合作论文[31] 中证明的主要定理是: 在 $\mathbb{P}^n$ 中全部维数为 d, 次数为 g 的 C^d 闭链是一个闭链簇, 即它可以由用闭链坐标的齐次方程来确定. 这个定理的证明归功于 Chow.

我在论文 "论代数几何 14"[25] 中进一步发展了闭链簇的一般理论. 我在该文中证明了, Severi 的相交闭链 $A \cdot B$ 的定义具有全部预想的性质, 包括相交闭链的交换律和结合律. 还有: 如果 A 在闭链簇中变动, 而如果 B 固定不变, 则相交闭链 $A \cdot B$ 也在闭链簇中变动, 与假设 A 和 B 都在闭链簇中变动的结果一样.

在 "论代数几何 14" 中所发展的相交理论是一个全局性的理论. 第一个发展相交的局部代数理论的人是 André Weil, 在他的《代数几何基础》[16] 一书中完成的. 要理解他的思想, 我们必须首先回到特殊化重数的概念上来.

Weil 的特殊化重数

Weil 研究了仿射空间中一对点的特殊化:

$$(\xi, \eta) \to (x, y'), \tag{4}$$

并做了以下假定:

(1) $\xi_1, \cdots, \xi_m$ 为独立变量,

(2) η 为 ξ 的代数函数;

(3) y' 是 ξ 特殊化到 x 上的一个孤立特殊化. 这就是说, 如果我们考虑对 ξ 及 η 成立的所有方程 $H(\xi, \eta) = 0$, 则可认为特殊化方程组

$$H(x, y) = 0 \tag{5}$$

对给定的 x 定义一个簇, y' 是这个簇中的一个孤立点. Weil 没有像我那样假设方程组 (5) 只有有限个解.

接下来 Weil 研究了 η 的共轭点 $\eta^{(\nu)}$, 并证明了 (第 III 章, §3 命题 7), 存在一个唯一的整数 μ, 叫做 y' 的**特殊化重数**, 使得 y' 在任何特殊化

$$(\xi, \eta^{(1)}, \cdots, \eta^{(h)}) \to (x, y^{(1)}, \cdots, y^{(h)})$$

中出现 μ 次.

证明要用到特殊化的解析理论, 这在 Weil 书的第 III 章中作了阐述, 看来 Weil 发展这个解析理论主要, 或者说完全是为了证明重数 μ 的唯一性, 因为在 (第一版的) 第 61 页上他这样写道:

现在读者不妨忘掉本章 §1~3 的全部内容, 只须记住 §3 的命题 7, 这个命题 $\cdots$ 将成为我们在代数几何中的重数理论的基石.

Weil 的相交重数

Weil 的相交重数理论分成两步：首先, Weil 研究仿射空间中的两个簇 A 与 B, 其中一个, 譬如说 B 为一线性子空间. 令 C 为交的一个真分支, 即维数为 $d = r + s - n$ 的一个分支. 通过与 d 个线性形式的一般组的所有簇相交, 容易将 d 约化到零. 因此我们不妨假设 d 为零, C 为 A 与 B 的交集中的一个孤立点. 此时通过特殊化由一个一般的线性簇可以得到线性簇 B. 由此即得, 相交重数可以定义为特殊化重数.

第二步, 是在 Weil 的书的第 VI 章中所采取的关键的一步. Weil 的想法是, 将 A 与 B 的交 $A \cdot B$ 的一般情形约化到 B 为线性的特殊情形. 令 A 与 B 仿射空间 S^N 中一个 n 维簇 U 的两个子簇, 令 C 为它们的交的一个真分支. 设 C 的一个一般点是在 U 上的单点. 此时 Weil 取积簇 $A \times B$ 与积空间 $S^N \times S^N$ 的对角集 Δ 的交集. 这个对角集是由 N 个线性方程 $x_i - y_i = 0$ 所确定的线性子空间. 方程的个数可能太大了, 因此 Weil 构造了 n 个一般的线性组合 $F_j(x - y) = 0$. 它们定义 $S^N \times S^N$ 中的一个线性子空间 L. $C \times C$ 的对角集 Δ_C 同时包含在 $A \times B$ 以及 L 之中, 因而也包含在它们的交集中. 此时 Weil 证明了, Δ_C 是 $A \times B$ 与 L 的交的一个真分支. 这样, 因为 L 是线性的, 它有一确定的重数 μ. 这个数 μ 就被定义为作为交 $A \cdot B$ 的真分支的 C 的重数.

我的时间已到. 对相交重数更进一步重要研究结果要归功于 Samuel、Chevalley 和 Serre. 全新的观点是由 Weil、Zariski、Chow 以及 Grothendieck 学派等引进的. 然而, 在这篇讲演中我只能限于发展的某一条线索, 这就是从 Severi 到 André Weil.

参 考 文 献

[1] SEVERI F. Il Principio della Conservazione del Numero. Rendiconti Circolo Mat. Palermo, 1912, 33: 313.

[2] SCHUBERT H. Kalcül der abzählenden Geometrie. Leipzig, 1879.

[3] KOHN G. Über das Prinzip der Erhaltung der Anzahl. Archiv der Math. und Physik, 1903, 4 (3): 312.

[4] ROHN K, Zusatz zu E, STUDY. Das Prinzip der Erhaltung der Anzahl. Berichte sächs. Akad. Leipzig, 1916, 68: 92.

[5] DEDEKIND R, WEBER H. Theorie der algebraischen Funktionen einer Veränderlichen. Journal f. reine u. angew. Math., 1882, 92: 181.

[6] KÖNIG J. Einleitung in die allgemeine Theorie der algebraischen Größen. Leipzig: Teubner, 1903.

[7] HURWITZ A. Über die Trägheitsformen eines algebraischen Moduls. Annali di Mat. Pura ed Applic., 1913, 20 (3): 113.

[8] LASKER E. Zur Theorie der moduln und Ideale. Math. Annalen, 1905, 60: 20.

[9] MACAULAY F S. Algebraic theory of modular systems. Cambridge Tracts, 1916, 19.

[10] STEINITZ E. Algebraische Theorie der Körper. Journal f. reine u. angew. Math., 1910, 137: 167.

[11] NOETHER E. Idealtheorie in Ringbereichen. Math. Annalen, 1921, 83: 24.

[12] NOETHER E. Eliminationstheorie und allgemeine Idealtheorie. Math. Annalen, 1923, 90: 229.

[13] VAN DER WAERDEN B L. Zur Nullstellentheorie der Polynomideale. Math. Annalen, 1926, 96: 183.

[14] MERTENS F. Zur Theorie der Elimination. Sitzungsber. Akad. Wien, 1899, 108: 1173-1344.

[15] VAN DER WAERDEN B L. Ein algebraisches Kriterium für die Lösbarkeit homogener Gleichungen. Proc. Acad. Amsterdam, 1926, 29: 142.

[16] WEIL A. Foundations of algebraic geometry (1st. ed., 1946). Amer. Math. Soc. Colloquium Publications 29.

[17] VAN DER WAERDEN B L. Der Multiplizitätsbegriff der algebraischen Geometrie. Math. Annalen, 1927, 97: 756.

[18] VAN DER WAERDEN B L. ZAG 6. Math. Annalen, 1934, 110: 134.

[19] NORTHCOTT D. Specializations over a local domain. Proc. London Math. Soc., 1951, 1(3).

[20] LEUNG K-T. Die Multiplizitäten in der algebraischen Geometrie. math. Ann., 1958,
      135: 170.

[21] VAN DER WAERDEN B L. ZAG 1, Math. Annalen 108 (1933) up to ZAG 13, Math.
      Annalen 115 (1938). With ZAG 14 [25] a new development begins.

[22] LEFSCHETZ S. L'Analysis situs et la géométrie algébrique. Collection Borel 1924.

[23] VAN DER WAERDEN B L. Topologische Begründung des Kalküls der abzählenden
      Geometrie. Math. Annalen, 1930, 102: 337.

[24] VAN DER WAERDEN B L. Eine Verallgemeinerung des Bézoutschen Theorems. Math.
      Ann., 1928, 99: 497.

[25] VAN DER WAERDEN B L. ZAG 14. Math. Annalen, 1938, 115: 621.

[26] SEVERI F. Über die Grundlagen der algebraischen Geometrie. Abh. Math. Sem.
      Hamburg, 1933, 9: 335.

[27] CASTELNUOVO G. Ricerche generali sopra i sistemi lineari di curve piane. Mem.
      Accad. Sci. Torino, 2nd series, 1892, 42.

[28] ZARISKI O. Algebraic Surfaces. Ergebnisse der Math. III, 1935, 5.

[29] SEVERI F. Un nouvo campo di ricerche nella geometria sopra una superficiee sopra una
      varietà algebrica. Mem. Accad. Ital. Mat., 1932, 3(5).

[30] SEVERI F. Vol. I (1942): Serie, sistemi d'equivalenza e correspondenze algebriche sulle
      varietà algebriche. Vol. II (1958) and III (1959): Geometria dei sistemi algebrici sopra
      una superficie e sopra una varietà algebrica.

[31] CHOW W-L, VAN DER WAERDEN. ZAG 9. Math. Annalen, 1937, 113: 692.

索　引